索杆张力结构设计分析
理论方法与工程应用

陈务军　张丽梅　李亚明　著

科学出版社

北京

内 容 简 介

索杆张力结构的构成和力学机理决定其最本质的特点为力与形的统一性、相关性、非保守性。索杆张力结构是力和形的统一体,力是维持形的基础,形是力的表现。根据索杆张力结构固有的力学机理,其呈现出特有的拓扑和几何形态,可适用于土木工程、航空航天、生物仿生、智能机器人等领域,索杆张力结构应用于不同领域既有差异化个性,也有基础的共同属性。本书结合作者近 20 年的基础研究和工程应用研究,力求系统地构建索杆张力结构的理论方法体系,在突出具有共性的设计分析理论方法的基础上,又包含了典型索杆张力结构体系的结构特性分析、结构工程设计等内容,涉及索网、索穹顶、轮辐式张力结构等结构形式。

本书可供土木、建筑、航空航天等领域的工程技术人员、设计人员、研究人员和高校研究生参考,也可作为大学本科和研究生的教学参考书,还可作为空间结构方向研究生的专业基础课教材。

图书在版编目(CIP)数据

索杆张力结构设计分析理论方法与工程应用/陈务军,张丽梅,李亚明著. —北京:科学出版社,2021.11
ISBN 978-7-03-070549-5

Ⅰ. ①索… Ⅱ. ①陈… ②张… ③李… Ⅲ. ①悬索结构–结构分析 Ⅳ. ①TU351.02

中国版本图书馆 CIP 数据核字(2021)第 230027 号

责任编辑:周 炜 罗 娟 / 责任校对:任苗苗
责任印制:师艳茹 / 封面设计:陈 敬

科学出版社 出版

北京东黄城根北街 16 号
邮政编码:100717
http://www.sciencep.com

北京通州皇家印刷厂 印刷

科学出版社发行 各地新华书店经销

*

2021 年 11 月第 一 版 开本:720×1000 B5
2021 年 11 月第一次印刷 印张:22
字数:439 000
定价:168.00 元
(如有印装质量问题,我社负责调换)

序

　　索杆张力结构形式独特、简洁、美观，结构高效，是实现大跨建筑空间最有效的结构体系之一，是我国近 10 年空间结构领域科学技术研究开发最活跃、发展最迅速的方向，是新材料与新型空间结构的重要分支，是我国建筑科技水平的代表性领域。

　　索杆张力结构具有显著区别于传统刚性空间结构以及刚柔组合空间结构的力学特征，因此索杆张力结构的分析理论和设计方法、制造和安装建造技术等与一般非柔性空间结构迥异，这给索杆张力结构的工程应用带来巨大挑战。

　　该书作者长期致力于索杆张力结构设计分析理论方法研究，殊为可贵的是该书作者结合我国一些重大索杆张力结构工程的实践，如中国航海博物馆中央帆体索网结构、枣庄体育场联方型索网轮辐式体系、苏州体育中心体育场单层马鞍形索网等，将理论研究与工程创新实践相结合，有力促进了行业技术进步。

　　该书基于作者及其团队近 20 年的研究成果，首先，突出独特性、原创性研究成果，包括索杆张力结构的状态和过程及其理论体系、弹性冗余度、分布式不定值与分布式冗余度、基于线性调整理论的找力和找形、投影法找力、柔性分析、预张力释放与导入分析、构件和节点重要性等；其次，兼顾索杆张力结构理论方法的系统性、完备性和工程实用性，概述基本的经典找形方法(力密度法、动力松弛法、小杨氏模量法)、平衡矩阵及矩阵分析理论、工程软件模拟方法等；最后，阐述索杆张力结构工程应用典型问题和关键问题，包含索网、索穹顶、轮辐式张力结构三类典型索杆张力结构体系的结构静/动力特性分析、索长制作误差、施工张拉模拟、结构工程设计等内容。

　　该书分析理论及数值分析方法不仅可供土木结构领域和空间结构方向研究生系统学习，亦可供工程设计院和工程单位的专业设计师与技术人员参考。同时，关于工程设计应用方面的案例与设计技术，对研究生及工程师同样具有启迪和指导及参考意义。

中国工程院院士

2020 年 12 月于杭州

前　　言

　　索杆张力结构是以拉索或杆按照特定拓扑和几何连接，通过预张力形成结构稳定形态，并保持结构刚度的自平衡体系或外界约束平衡体系。索杆张力结构的构成和力学机理决定其固有的力学特点，最本质的特点为力与形的统一性、相关性、非保守性。

　　索杆张力结构赖以维持自身形态、抵抗外界荷载与作用的刚度主要由自身弹性刚度和几何刚度两部分组成。其中，几何刚度主要由结构内预应力分布及水平决定，若索杆张力结构内不存在预应力，则无法维持所需的平衡形态。对索杆张力结构而言，平衡形态其实就是形与力两者相互作用的一种具体表现；也就是说，当结构内预应力发生变化时，其结构形态也会随之发生改变，反之亦然。

　　索杆张力结构是国内外众多学科学术研究和技术开发热点，但是本书主要针对建筑结构工程领域的索杆张力结构。在建筑结构工程领域，先进的工程材料、设计分析理论方法、施工建造技术是实现高性能工程的技术保障，源于这些领域的技术进步，近5～10年我国大型索杆张力结构体育场馆等快速发展，成为土木工程领域的亮点和技术制高点。

　　本书从张力结构全过程生命周期出发，以过程和状态及其内在逻辑演化来表述张力结构的数学力学模型，构建索杆张力结构的分析理论体系，并围绕此理论框架展开详细介绍，主要包括体系分析、找形分析、找力分析、预应力释放与导入、张拉成形、索长误差、结构静动力特性等。在突出作者研究的独特性、原创性基础之上，兼顾系统性、完备性、实用性，包含部分经典理论方法的概要介绍和工程设计应用技术，如三种经典找形方法(力密度法、动力松弛法、小杨氏模量法)、基本结构响应分析方法，以及索网、索穹顶、轮辐式张力结构的典型细部设计等。

　　作者课题组博士和硕士研究生与项目组成员的创造性工作，是对本书的重要贡献，包括博士研究生任涛、赵俊钊、周锦瑜、李瑞雄等，硕士研究生杜贵首、杜斌、朱红飞等。本书在撰写过程中还得到了同仁和同学的帮助，在此谨表谢忱。感谢国家自然科学基金项目(50878128、51278299、

52078005)对本书研究工作的支持。

限于作者水平，书中难免存在不妥之处，敬请读者批评指正。

作　者

2020 年 12 月于上海

目　　录

第1章 绪 论

1.1 索杆张力结构概述

1.1.1 索杆张力结构的定义

索杆张力结构是以拉索或杆按照特定拓扑和几何连接，通过预张力形成结构稳定形态，并保持结构刚度的自平衡体系或外界约束平衡体系。在索杆张力结构中，拉索为基本柔性受拉构件，杆可作为刚性拉杆或压杆，同时压杆也可构成有矩受力构件(弯矩构件)，因此作为形象表述的杆在索杆张力结构体系中具有丰富的力学和结构内涵。

索杆张力结构可构成独立的自承力平衡体系，如张拉整体结构，应用于生物工程、空间操控机器人或可展开空间结构(机构)等；索杆张力结构依靠平衡结构或外约束提供平衡成为张力结构体系，如建筑工程领域的索穹顶等。

索杆张力结构中受拉构件为拉索或拉杆，采用轻质高强材料，如高强钢索、高强钢拉杆、高性能碳纤维索等，压杆采用钢、轻合金或高性能复合材料等，并满足不同工业领域技术需求。

1.1.2 索杆张力结构的力学特点

索杆张力结构的构成和力学机理决定其固有的力学特点，最本质的特点为力与形的统一性、相关性和非保守性。

索杆张力结构赖以维持自身形态、抵抗外界荷载与作用的刚度主要由自身弹性刚度和几何刚度两部分组成。其中，几何刚度主要由结构内预应力分布及水平决定，若索杆张力结构内不存在预应力则无法维持所需的平衡形态。对索杆张力结构而言，平衡形态其实就是形与力相互作用的一种具体表现，也就是说，当结构内预应力发生变化时，其结构的形态也会随之改变，反之亦然。索杆张力结构的力和形是统一体，力是维持形的基础，形是力的表现。

在外荷载作用下，索杆张力结构的刚度会随着加载而改变，且卸载以后结构也不能恢复到原有状态，即索杆张力结构具有非保守性。这是由于结构的刚度主要由预应力提供，而预应力分布又与结构的刚度相关。索杆张力结构的非保守性，使得其易于被控制，具有形态可控性，使索杆张力结构体系(特别是张拉整体结构)成为自适应结构和可展开结构的理想形式。

1.2 索杆张力结构的发展与工程应用

索杆张力结构特有的组成和力学特点可充分发挥材料力学性能，具有适应跨度更大、结构自重更轻、施工速度更快等优点。近几十年来，由于高性能材料、计算理论和设计方法、先进制造和建造技术的发展，索杆张力结构在众多工业领域得到广泛应用，特别是大跨度空间结构领域，下面概要介绍。

1.2.1 张拉整体结构

张拉整体结构是由分散的压力杆单元和连续的拉力索单元构成的自平衡体系，仅依靠合理的拓扑几何就能保持自身的稳定。由于其先进的设计理念，张拉整体结构被誉为未来的结构体系，正逐渐成为建筑、生物力学、航空航天等众多领域的研究热点。

张拉整体的雏形最早可追溯至 1920 年，这一年苏联构成主义艺术家 Ioganson 创作了一件名为 Gleichgewichtkonstruktion 的雕塑作品[1]，如图 1-2-1(a)所示。该雕塑由 3 根压杆、7 根拉绳和 1 根可调节的拉索组成，可以在改变结构形态的同时保持结构自身平衡。与其构造类似的张拉整体单元(图 1-2-1(b))相比，该雕塑内不存在预应力、不是一个稳定结构，故其不是真正意义上的张拉整体，并且当时 Ioganson 并没有从中提炼出张拉整体或任何类似的概念。虽然其设计目的在于探索结构的形态改变而非实现结构的稳定，但不能否认该作品蕴含了张拉整体自平衡的思想。受该作品的启发，Emmerich[2] 开展了关于张拉整体的早期研究，创造出许多具有张拉整体特征的结构原型，并将此类结构命名为自应力结构(elementary equilibrium)。

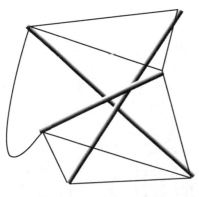
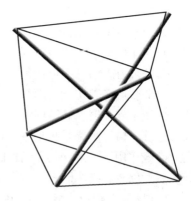

(a) Gleichgewichtkonstruktion雕塑   (b) 张拉整体单元

图 1-2-1　张拉整体的雏形和张拉整体单元[1]

　　张拉整体这一专有名词最早是由 Fuller[3]提出的,他将"tensional"和"integrity"两个词合成现在熟知的名词 tensegrity,即张拉整体。该名词代表一种设计理念,即压杆的孤岛存在于拉杆的海洋中,更反映了源于自然的哲学思想,即 "间断压连续拉" 自然规律。1949 年,Snelson[4]在其老师 Fuller 的影响下,开始将张拉整体设计理念融入雕塑创作中,其创作的双 X 型雕塑(图 1-2-2(a))被认为是现代张拉整体结构发展的开端。随着研究的逐渐深入,Emmerich[2]、Fuller[3]和 Snelson[4]分别于 1964 年、1962 年和 1965 年为自己的张拉整体研究成果申请了专利。

(a) 双X型雕塑　　　　　　　　　　　　　　　　(b) 针塔

图 1-2-2　张拉整体结构新单元

　　20 世纪 20 年代~80 年代初,张拉整体结构的早期研究多集中于建筑和艺术领域,研究多从结构几何拓扑出发且少有对结构力学特性的关注。早期研究者采用纯粹的几何分析,以正多面体为几何原型研究了许多新的张拉整体结构,可分为钻石型、回路型和 Z 字型三类。在一段相当长的时间内,张拉整体多以雕塑艺术形式问世,其中最负盛名的作品是 Snelson 分别于 1968 年和 1969 年创作的两座针塔(needle tower)(图 1-2-2(b))。然而,因为缺乏系统的分析设计理论与方法,所以并无真正的张拉整体结构以建筑物形式出现于公众视野。随着这种独特的设计理念越来越受到人们关注,越来越多的学者加入张拉整体研究的行列。其中,Motro[5]、Oliveira 和 Skelton[6]及 Burkhardt[7]等工程界学者为张拉整体的普及做出了重要贡献,对张拉整体开展了系统研究,给出了有效的归类方法、系统的分析设计理论和相应的计算方法;而 Connelly 等[8-10]数学家则从数学的角度研究张拉整体结构,研究主要涉及结构的几何稳定性、找形分析等。随着分析理论与方法的发展,如今已有张拉整体形式的建筑应用于工程实践,其中最引人瞩目的是人类建筑史上第一座张拉整体桥梁,即 2009 年建成的澳大利亚 Kurilpa 人行桥,如

图 1-2-3 所示。

图 1-2-3　澳大利亚 Kurilpa 人行桥

　　正如 Fuller 常说的，自然界中并不存在数学、物理、化学、生物、艺术和建筑学这些单独的学科，它们是一个整体，张拉整体作为一个从自然规律中升华而出的概念，既广泛应用于土木工程、建筑和艺术领域，也为航空航天、机器人学、医学、生物学等领域的众多学者带来新的思考。利用张拉整体的可展性，学者提出了可展张拉整体桅杆和可展张拉整体天线等新航天结构形式，并完成了从概念设计到模型试验的研究[11-15]；利用其可控性，研究者成功设计制造出平面与三维的步行张拉整体机器人原型；受张拉整体思想的启发，Caspar[16]发现了用二十面体构成病毒壳体的形式；Ingber 等[17-20]认为细胞(包括细胞外基质和细胞核)在力学上遵循张拉整体这一自然规律，从分子到细胞、从细胞到组织、从组织到功能性器官，其构成都具有张拉整体的模块化和分层化特性，利用张拉整体结构作为细胞骨架的概念模型，成功预测和解释了细胞力学反应与生物现象；C_{60} 原子被发现并命名为 Buckminsterfullerenes[21]，其构成形式正如 Fuller 设想中的网格式球壳。从宏观层面到微观层面，从建筑、雕塑到细胞、原子，可以看出虽然张拉整体的结构是由人类创造的，但张拉整体的思想却是自然赋予的。虽然张拉整体结构是目前工程和研究领域的热点，但是在建筑工程领域仍仅局限于雕塑、局部构件等探索性应用。

1.2.2　索网结构

　　Otto 是现代张拉结构的开拓者和奠基人，采用肥皂泡等物理模型找形、测量映射技术，建立了张拉索网结构设计、放样、张拉成形方法，创立了斯图加特大学轻型结构研究所(Institute for Lightweight Structures and Conceptual Design，ILEK)，形成了斯图加特建筑设计学派。首先建成的 ILEK 模型(图 1-2-4(a))至今仍是轻型结构研究者的圣地；一般认为最早的、真正意义的、经典的现代张拉结构体系是 1967 年 Otto 为加拿大蒙特利尔世界博览会(Expo'67)设计的德国馆(图 1-2-4(b))，设计人员花了几年时间研究制作，但现场仅 6 周安装时间，所有构

件均在德国制作,约 150t,相当于普通屋面重量的 1/5～1/3。德国馆由 8 根长 14~38m
高低错落排列的桅杆支承索网,内部索ϕ12mm、边缘索ϕ54mm。随后建成了世界
建筑奇迹——慕尼黑奥林匹克公园内的索网结构、人行景观天桥,以及慕尼黑室内
足球场(Socca Five Arena)、曼海姆植物园等,将索网结构应用推向了高峰。

(a) 斯图加特大学ILEK   (b) Expo'67 德国馆(German Pavilion)

图 1-2-4　索网结构

近 10 年来,我国索网结构工程应用取得快速发展,是国内大跨空间结构学
术研究和工程应用最活跃的领域。高强度(1870MPa)、高刚度(模量大于 160GPa)、
低松弛较大直径(>ϕ60mm)、锌-5%铝-混合稀土合金钢绞索(cable strand)技术成
熟,具有优异的力学、工艺(铺展卷绕等)和建筑性能(外表质感、防腐防火等),
以及近年发展成熟的密闭截面索(locked coil cable),同时相关的设计、制作和安
装技术发展,推动了索网结构在国内的快速发展,例如,2016 年建成的 500m 口
径球面射电望远镜(five-hundred-meter aperture spherical radio telescope,FAST)项
目(图 1-2-5),包括反射面主动索网和索系悬挂馈源并联机器人,位于我国贵州省
平塘县克度镇金科村大窝凼,其反射镜边框是长 1500m 的环形钢梁,中间钢索依
托钢梁,悬垂交错呈现索网结构。反射面采用短程线网格,可通过背拉主动索调节

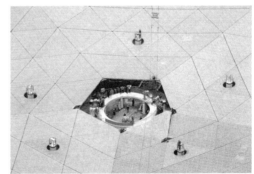

图 1-2-5　FAST 索网结构

反射面为不同抛物面，并满足不同科学观测需求，FAST 是世界上跨度最大、精度最高的索网结构，也是世界上第一个采用变位工作方式的索网体系。

2020 年建成的 2022 年冬季奥运会国家速滑馆"冰丝带"，如图 1-2-6 所示。其平面为椭圆形，屋顶为马鞍形曲面，外侧的天坛曲线幕墙勾勒出富有动感的冰丝带轮廓，该结构屋顶索网由正交的 49 对承重索和 30 对稳定索编织而成，长轴和短轴尺寸分别为 198m 和 124m，张拉后形成屋面造型所需的马鞍面。为实现复杂的建筑体型，提出了由屋顶索网、环桁架和外侧幕墙斜拉索组成的钢结构主受力体系，巧妙搭建起支撑建筑绚丽外衣的骨架。

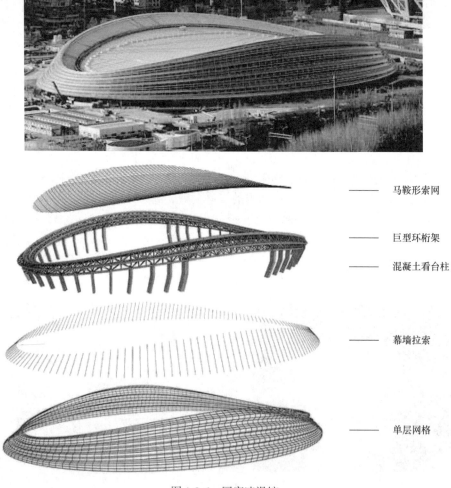

马鞍形索网

巨型环桁架

混凝土看台柱

幕墙拉索

单层网格

图 1-2-6　国家速滑馆

1.2.3 索穹顶结构

　　源于张拉整体的概念，Geiger 等提出了类似于张拉整体的索穹顶结构[22]。Geiger 型索穹顶结构主要由中心压柱(或中心受压环)、压杆、径向脊索、径向斜索、环索、其他构造索和受压圈梁组成。与钢网格结构相比，该结构随着跨度的增大用钢量增加并不显著，具有适应跨度更大、结构自重更轻等优点。最早的工程应用为 1986 年建成的韩国汉城奥运会体操馆(平面呈圆形，直径 ϕ93m，如图 1-2-7(a)所示)及击剑馆(平面呈圆形，直径 ϕ120m)。但此类结构存在平面外刚度不足的缺点。

　　针对上述问题，美国工程师 Levy 和 Jing 对其进行了改进，将径向布置的脊索变为三角化构成联方型布置，形成了 Levy 型索穹顶结构体系。如图 1-2-7(b)所示，该体系最早的工程应用是 1992 年建成的美国佐治亚穹顶(Georgia Dome)，平面跨度为 240m×193m，其用钢量不到 30kg/m²。随后，新的索穹顶结构形式不断涌现，例如，董石麟院士等提出的 Kiewitt 型索穹顶、葵花型索穹顶等。但以上所提到的索穹顶形式都没有真正满足张拉整体的设计理念。为了完全实现这一理念，陆金钰等[23]将张拉整体环梁与索穹顶结构相结合，用简单张拉整体单元组成环梁替代受压圈梁，设计出一种真正意义上的张拉整体索穹顶，称为新型环箍索穹顶结构(图 1-2-8)，该环箍为压杆接触型而非压杆孤立非连续型，但该体系尚未应用于工程实践。

(a) 韩国汉城奥运会体操馆　　　　　　　　(b) 美国佐治亚穹顶

图 1-2-7　早期索穹顶结构

　　除上述已提及的索穹顶建筑外，30 年来又有多座索穹顶结构建成并投入使用，见表 1-2-1。可以看出，由于受力合理、结构效率高、造价经济实惠、施工速度快等优点，索穹顶结构已成为国内外大跨空间结构形式的主要选择。虽然我国的索穹顶结构建设起步晚，但是发展迅速，逐步达到世界先进水平。

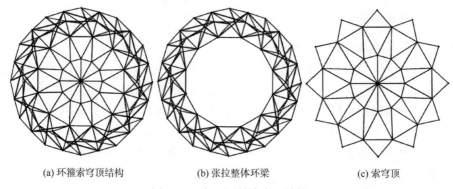

　　(a) 环箍索穹顶结构　　　　　(b) 张拉整体环梁　　　　　(c) 索穹顶

图 1-2-8　新型环箍索穹顶结构

表 1-2-1　国内外主要索穹顶结构工程

序号	工程名称	建成年份	国家	平面	跨度	屋面	类型
1	红鸟体育馆	1989	美国	椭圆形	91m×77m	膜结构	
2	太阳海岸索穹顶	1989	美国	圆形	210m	膜结构	
3	皇冠体育馆	1997	美国	圆形	100m	刚性屋面	
4	无锡太湖国际高科技园区交流中心	2010	中国	圆形	24m	刚性屋面	Geiger 型
5	伊金霍洛旗全民健身中心	2010	中国	圆形	71m	膜结构	
6	中国煤炭交易中心	2011	中国	圆形	36m	刚性屋面	
7	天津理工大学体育馆	2017	中国	椭圆形	102m×86m	膜结构/刚性屋面	Geiger/Levy 型结合
8	雅安天全县体育馆	2017	中国	圆形	77.3m	刚性屋面	葵花型

1.2.4　轮辐式张力结构

　　除了张拉整体结构、索网结构和索穹顶结构，轮辐式张力结构是又一类应用于工程实践的索杆张力结构。凭借自身轻盈的结构造型、超强的跨度适应力和优良的受力性能等优点，轮辐式张力结构形式受到众多建筑师的青睐。自戈特利布-戴姆勒体育场(Gottlieb-Daimler Stadium)(图 1-2-9)于 1992 年在德国斯图加特落成后，又不断有新的轮辐式张力结构应用于国内外大中型体育场，见表 1-2-2。轮辐式张力结构常采用双外环单内环或单外环双内环的形式[24]，并用上、下拉索连接内环和外环，拉索可径向布置或交叉布置；投影平面可采用圆形、椭圆形或不规则形状，结构立面可采用等高设计或马鞍形设计；内环处镂空形成一个大开孔空间，其余部分上覆膜材形成遮蔽周圈看台的罩棚，有关上部膜结构常见做法为安装于上索处(图 1-2-10(a))或下索处(图 1-2-10(b))，也可采用折线布置，将膜材似折扇般安装(图 1-2-10(c)~(e))，远观结构如绽放的莲花。

图 1-2-9 德国戈特利布-戴姆勒体育场

表 1-2-2 国内外主要轮辐式张力结构工程

序号	工程名称	建成/翻新年份	国家	跨度	结构类型
1	戈特利布-戴姆勒体育场 /梅赛德斯-奔驰竞技场	1992/2011(翻新)	德国	280m × 200m	
2	塞维利亚奥林匹克体育场	1999	西班牙	150m × 68m	
3	佛山世纪莲体育中心	2006	中国	310m	
4	德里尼赫鲁体育场	2010	印度	350m × 290m	双外环单内环
5	盘锦体育场	2013	中国	270m × 238m	
6	克拉斯诺达尔体育场	2016	俄罗斯	210m	
7	西里西亚体育场	2017(翻新)	波兰	105m × 68m	
8	吉隆坡国家体育场	1997/2017(翻新)	马来西亚	286m × 226m	
9	釜山体育场	2001	韩国	180m × 152m	
10	阿布贾国家体育场	2003	尼日利亚	265m × 207m	单外环双内环
11	深圳宝安体育场	2011	中国	245m	
12	铜仁奥体中心体育场	2021	中国	283m × 265m	
13	马德里万达大都会球场	1993/2007(翻新)	西班牙	286m × 248m	双外环双内环
14	马拉卡纳体育场	2012(翻新)	巴西	295m × 258m	单外环三内环
15	乐清体育场	2014	中国	229m × 211m	非闭合环
16	枣庄体育场	2017	中国	255m × 232m	菱形上屋面索和内斜索

按几何构型,轮辐式张力结构大致可分为两种基本形式:双外环单内环型和单外环双内环型。基于上述基本形式还衍生出许多新结构形态,例如,用非封闭环替代封闭环,内环、外环均采用非封闭形式,并配合多种形式的径向索桁架布置,该新型结构形式的外环仍是受压构件,而内环仍为受拉构件,代表工程为 2012

年在我国建成的乐清体育场，其外观酷似月牙[25]，如图 1-2-11(a)所示。将双外环单内环型和单外环双内环型相组合，其外环和中环组合形似双外环单内环型，中环和内环组合形似双外环单内环型，共有三个内拉环和一个外环，上、下拉索采用径向布置，径向索桁架如纺锤状，此结构形式的典型工程为 2012 年翻新的巴西马拉卡纳体育场(图 1-2-11(b))。用交叉布置的上屋面索替代常见的上径向索，并在内环内增加内斜索，使内环呈现出马鞍形的建筑效果，该结构形式的代表工程为 2017 年在我国建成的枣庄体育场(图 1-2-11(c))。上径向拉索采用刚性钢管构件和劲性腹杆构成半刚性体系，具有高刚度、抗风和屋面形态适应性好等特点，如巴西的巴西利亚国家体育场(图 1-2-11(d))。

(a) 中国深圳宝安体育场

(b) 波兰西里西亚体育场

(c) 中国佛山世纪莲体育中心

(d) 印度德里尼赫鲁体育场

(e) 西班牙马德里万达大都会球场

图 1-2-10　轮辐式张力结构实例

(a) 中国乐清体育场

(b) 巴西马拉卡纳体育场

(c) 中国枣庄体育场

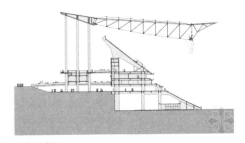

(d) 巴西巴西利亚国家体育场

图 1-2-11 新型轮辐式张力结构

1.3 索杆张力结构的分析理论与设计方法研究

1.3.1 体系分析

体系是指若干有关事物或思想意识互相联系而构成的一个整体,即在同类事物间或一定范围内根据某些内在联系或特定准则组合而成的整体,或者说由子系统构成的系统。对建筑结构而言,根据不同的特定准则可将它们划分为不同的结构体系,如按结构刚度分类,可将结构分为刚性结构体系和柔性结构体系;若按建筑材料分类,则可分为木结构体系、混凝土结构体系、钢结构体系等。而每一个体系大类,又可以根据其自身特性进行细分。用来判定系统(包括结构和机构)自身特性的方法即为体系分析。

体系分析一般是以系统的特定几何态为分析对象,利用某种有效的方法(如矩阵理论、几何学等)去探究它们构成同一类体系所依据的内在联系,并据此形成体系判定准则和分析方法。其研究内容主要有:①系统静动特性分析,判断给定系统是结构还是机构;②预应力可行性分析,考察系统是否能维持预应力且系统中维持的预应力是否能使机构刚化,即研究内力的传递和自平衡方式;③几何稳定性分析和一阶(高阶)无穷小机构的研究,判断系统在一定预应力下能否保持初始平衡状态；④可动性分析，考察系统在外荷载作用下的可动性。可以看出，体系分析旨在探究系统的力学特征，是结构分析的关键内容；对索杆张力结构而言，体系分析更是形态分析和静、动力响应分析等进一步研究工作的前提和基础。

随着人类社会对自然界认识的不断深入，体系分析理论和方法也随之不断发展和完善[26]。18 世纪，Euler 从几何学和代数拓扑学的角度给出了欧拉(Euler)公式，用以描述单联通多面体的边数、顶点数和面数之间存在的关系；随后在 19 世纪，Möbius 提出了第一个几何不变体系判定准则，Maxwell 提出了适用于铰接桁架体系的几何稳定性判定准则，即 Maxwell 准则。实际上，上述三准则皆是判断结构几何不变的必要条件。Cauchy 则给出了判定体系稳定的充分条件，即任意三角形面为凸三角形的多面体几何稳定。可以看出，上述研究都是利用纯粹的几何分析来判定结构的几何稳定性。

将结构形态与几何构形结合起来分析，Timoshenko 和 Young[27]指出决定铰接杆系结构静动特性的自应力模态数 s 和机构位移模态数 m 与其平衡矩阵 A 的秩 r_A 之间的关系。需要说明的是，自应力模态数等于静不定总数，机构位移模态数等于动不定总数。接下来 Pellegrino 和 Calladine 建立了适用于铰接杆系结构的平衡矩阵分析理论：1986 年，Pellegrino 和 Calladine 利用现代矩阵分析理论对结构的平衡矩阵进行了研究[28]，采用高斯消元法求解结构自应力模态和机构位移模态，利用矩阵空间概念揭示许多具有物理意义的结构属性，建立了一套满足 Maxwell 准则的体系判定原则；1990 年，Pellegrino[29]对动不定结构(机构)的机构位移模态进行了深入的研究；1991 年，Calladine 和 Pellegrino[30]提出了一阶无穷小位移机构的概念，并提出了关于该类型机构的预应力求解方法；1993 年，Pellegrino[31]利用奇异值分解技术提出了一种新的体系分析方法，能有效地得到结构的静动特性。可以说，此时平衡矩阵分析理论的建立基本完成，该理论其实是基于力法的线性分析理论。Vassart 等[32]则通过对大量机构的研究提出了判断体系机构阶数的方法和有限阶机构稳定性的判断方法。

上述体系分析方法多是基于拓扑几何学范畴的研究，不涉及构件刚度对结构体系的影响，反映的是整体层面的结构动静特性，并没有从构件层面分析各构件对整体结构体系的贡献。为此，基于整体冗余度是结构超静定次数的定义，Ströbel 等[33,34]提出分布式冗余度的概念，通过建立能量方程从构件层面分析索、杆和梁单元等的冗余度，指出冗余度包括弹性冗余度和几何冗余度两部分；在此基础上，Tibert[35,36]、Eriksson 和 Tibert[37]提出分布式静不定的概念及计算方法，并认为分布式静不定值即为单元的弹性冗余度；朱红飞等[38]基于势能方程推导了适用于动定结构的弹性冗余度计算公式；丁锐[39]和袁行飞等[40]根据变形形式的势能方程推导并定义了平面、空间梁单元的单元冗余度；柳承茂和刘西拉[41]提出基于刚度的结构重要性指标评估方法，并对构件的重要性与弹性冗余度的关系进行分析。

Zhou 等[42]提出基于分布式的体系分析, 该方法给出了分布式静动不定的具体定义和详细的计算公式, 完善了分布式不定值体系分析方法。

1.3.2 形态分析

基于平衡矩阵分析理论的体系判定准则可知, 大部分索杆张力结构都属于静不定、动不定体系, 仅依靠自身弹性刚度并不能维持稳定, 必须依靠由预应力提供的几何刚度来保证结构的承载力和维持结构的平衡形态。对索杆张力结构而言, 每一个可能的平衡形态本质上都是形与力相互耦合、相互作用的体现, 都受形状参数和内力参数这两者的共同支配, 而影响这两者的要素包括拓扑关系、节点的坐标、构件的拉压属性、初始长度和截面刚度, 关于力和形的统一分析称为形态分析。形态分析包括找形分析和找力分析。

给定结构拓扑关系、边界条件和预应力分布特征, 并在给定条件下(势能最小、其他约束条件等)求解优化结构平衡构型(即几何形状)的过程称为找形分析。结构的找形方法从物理意义上可分为模型法和数值法两类。模型法是人们早期研究柔性索膜结构的基本方法, 随着研究的深入, 其重要性逐渐被数值法所超越。数值法主要包括非线性有限元法[43,44]、动力松弛法[5,45,46]和力密度法[47-49]等。而根据给定的结构几何形状, 求解结构预应力分布的过程称为找力分析, 又可称为初始预应力设计, 常应用于索穹顶、轮辐式张力结构等柔性张力结构的设计, 是进行下一步结构分析的前提。按基本方程表达形式, 可将现有的找力分析方法分为三类: 非线性有限元找力分析方法、力密度找力分析方法和力法找力分析方法。

1) 非线性有限元找力分析方法

非线性有限元找力分析方法, 又称为复位平衡法[50], 其核心思想为: 根据相似原理可推测, 若两个平衡形态具有相同的几何拓扑关系和力的边界条件, 即具有几何相似性, 那么它们的预应力分布也应该相似。这意味着可通过提高两者之间的几何相似性来提高它们预应力分布的相似性, 从而求解满足给定几何形状的预应力分布。实际上该方法同时考虑了力的平衡条件、材料本构关系和变形协调条件, 具有如下形式的基本方程:

$$\boldsymbol{K}_S \boldsymbol{d} = \boldsymbol{f} \tag{1-3-1}$$

式中, $\boldsymbol{K}_S$ 为切线刚度矩阵[51]; $\boldsymbol{f}$ 为节点外荷载列向量, $\boldsymbol{f}=(f_1,f_2,\cdots,f_p)^T$; $\boldsymbol{d}$ 为节点位移列向量 $\boldsymbol{d}=(d_1,d_2,\cdots,d_p)^T$。该公式描述了外荷载与位移的关系, 称为有限元法平衡方程。

用于找力分析的非线性有限元法主要包括位移迭代法[52]和力迭代法[53]。顾名思义, 位移迭代法是关于位移的非线性分析方法, 其具体步骤为: ①给定结构的最终形态；②施加外荷载和预应力，初始预应力为一组任意的预应力；③利用式 (1-3-1)求解节点位移；④验证变形是否满足要求，若不满足则利用节点位移差调整结构形态，返回步骤②继续计算，若满足则退出计算。力迭代法的具体步骤与之类似，但不同的是在分析中始终保持结构形态不变，而将构件内力不断迭代，直至满足变形要求。

当所需分析的结构较为简单时，非线性有限元找力分析方法的收敛速度都很快。但随着构件数量的增加，结构变得更为复杂，所需的迭代次数增多，收敛速度显著降低。此外，若迭代初始条件假定不合理，与最终结构形态相差较大，则可能出现刚度矩阵奇异的情况，导致无法继续计算。

2) 力密度找力分析方法

力密度法通过引入力密度 $q = t/l$ 的概念，其中，t 为构件内力，l 为构件长度，将节点处力的平衡方程转化为节点坐标与外荷载的关系式，其基本方程如下：

$$C^{\mathrm{T}}QCX = f \tag{1-3-2}$$

式中，X 为节点坐标列向量；X_U、X_V、X_W 分别为节点在 x、y 和 z 方向上的坐标，$X = (X_U^{\mathrm{T}}, X_V^{\mathrm{T}}, X_W^{\mathrm{T}})^{\mathrm{T}}$；$C$ 为枝点矩阵，是结构拓扑关系的表现，表示为 $\mathrm{diag}(C_1, C_1, C_1)$，$C_1 \in \mathbb{R}^{b \times n}$，对于构件 i（端点编号 $k<l$），C_1 矩阵第 i 行的第 k 个和第 l 个元素分别为 1 和-1，其余元素皆为 0；Q 为结构整体力密度矩阵，$Q = \mathrm{diag}(q^1, q^2, \cdots, q^b)$，其由 3×3 的单元力密度矩阵 $q^i = \mathrm{diag}(q^i, q^i, q^i)$ 构成。上述方程称为力密度法平衡方程。

基于力密度法，Raj 和 Guest[54]采用群集理论对张拉整体结构进行找力分析，根据对称型应力矩阵 $C^{\mathrm{T}}QC$ 的分布特征，给出了不同类型杆件内力的解析关系。但该方法并不适用于过于复杂的张拉整体结构、索穹顶、索桁架张力结构等非自应力平衡结构体系。除此之外，Ströbel[55]、张丽梅等[56,57]和任涛等[58-60]在力密度法基础上应用线性调整理论将找力问题转化为使自由节点的不平衡力(节点力残差)最小的预应力分布问题，得到如下方程：

$$X_{\mathrm{geo}}^{\mathrm{T}}CC^{\mathrm{T}}X_{\mathrm{geo}}q = X_{\mathrm{geo}}^{\mathrm{T}}Cf \tag{1-3-3}$$

式中，X_{geo} 为构件端点坐标差矩阵，与平衡矩阵 A 存在 $A = C^{\mathrm{T}}X_{\mathrm{geo}}$ 的关系；对构件 i 而言，两端点编号分别为 k 和 l（假设 $k<l$），$X_{\mathrm{geo}}^i = (X_U^k - X_U^l, X_V^k - X_V^l, X_W^k - X_W^l)^{\mathrm{T}}$；$q$ 为各构件力密度组成的列向量。

通过给定 s(静不定总数)根构件的力密度，并利用式(1-3-3)求解出其余各构件的力密度，最后得到整个初始预应力分布情况。该找力方法的结果取决于给定力密度构件的选择，不同的构件选择会出现不同的预应力分布；特别是如果构件选择不合理，那么所得预应力分布会出现拉索受压的情况，不满足构件的力学特征要求。

3) 力法找力分析方法

力法是力学分析中最常见的方法，其基本方程如下：

$$At = f \tag{1-3-4}$$

式中，A 为平衡矩阵；t 为构件内力列向量；f 为节点外荷载列向量。该公式是关于构件内力与外荷载的关系式，描述了各节点处力的平衡条件，称为力法平衡方程。

最常见的力法找力分析方法是平衡矩阵分析法，Pellegrino 和 Calladine[28]利用现代矩阵理论对力法平衡矩阵进行了详细研究，提出了自应力模态的概念，并给出了一阶无穷小机构的初始预应力计算方法，认为结构初始预应力是其自应力模态的线性组合。

自应力模态矩阵 S 由结构的 s 个自应力模态列向量组成，满足 $AS = 0$；也就是说，结构的一组自应力模态实际上就是平衡矩阵 A 零空间的一组基。那么，根据平衡矩阵理论可知，结构的初始预应力可以表达为

$$t = S\alpha \tag{1-3-5}$$

式中，α 为自应力模态的组合系数，$\alpha = (\alpha_1, \alpha_2, \cdots, \alpha_s)^{\mathrm{T}}$。

对单自应力模态的结构而言，模态自然满足拉索受拉、压杆受压的构件受力特点；但对于多自应力模态的结构，由于平衡矩阵分析法采用的是数学运算，并没有特意考虑构件的受力特点，故求出的模态一般无法直接使用，还需要进一步的处理。针对上述问题，Quirant 等[61,62]提出了一种基于凸面多边形锥体的线性方法，适用于构造简单的张拉整体结构；Sánchez 等[63]提出了一种识别和找寻可行自应力模态的策略，适用于张拉整体桁架结构。罗尧治和董石麟[64]通过假定部分单元初始内力和引入索受拉的约束条件，利用广义逆方法求解式(1-3-5)中的自应力模态的组合系数 α，进而得到所需的预应力模态。上述基于力法的找力分析方法能有效避免非线性有限元找力分析方法中刚度矩阵奇异的问题，但对多自应力模态结构而言，该方法具有明显的局限性，并不一定能求出一组合适的预应力模态。

从构件的受拉和受压属性出发，袁行飞等[65,66]利用结构的几何对称性，提出了整体可行预应力的概念和求解该模态的二次奇异值法。该方法的关键在于索、杆单元的合理分组，其本质就是对自应力模态附加约束条件，从而利用该附加条件缩小了自应力模态的解空间。该方法特别适用于仅具有一组独立整体自应力模态的结构，如 Geiger 型和 Levy 型索穹顶，却并不适用于具有多组整体自应力模态的结构，如 Kiewitt 型索穹顶和索桁架张力结构。除此之外，当结构的拓扑关

系变得复杂或对称性变得难以发现时，人为分组的操作难度大幅增加，一旦采取的分组不正确，该方法将得不到所需的预应力模态。为了完善二次奇异值法，陈联盟等[67,68]从多变量优化的思路出发，采用修正单纯形法，分别以外圈环索初内力最小为优化目标和以在给定荷载工况下结构预应力水平最低为优化目标对多整体自应力模态结构进行预应力优化设计，求解获得初始预应力分布。阚远和叶继红[69]提出了不平衡力迭代法来克服二次奇异值法中构件分组错误所造成的不良后果。Tran 等[70-73]则将二次奇异值法应用于张拉整体结构，并对索穹顶结构中构件的分组进行了详细研究，为二次奇异值法的合理分组提供了参考依据。

张沛和冯健[74]从能量的角度出发，将求解整体可行预应力模态问题转变为结构应变能驻值条件问题，利用特征值分析求解一组满足初应变能驻值条件的自应力模态。一般情况下，这其中包含了整体自应力模态空间的一组标准正交基。该方法通常对 Kiewitt 型索穹顶有效，却并不适用于索桁架张力结构。Chen 等[75,76]利用群集理论将力法平衡矩阵 A 转变为对称坐标系下的矩阵 $\tilde{A}$，再利用矩阵理论求解矩阵 $\tilde{A}$ 各子矩阵的零空间，从而得到满足相应对称性的初始预应力分布。

以上所提及的所有找力方法都是基于自应力模态的概念，以平衡矩阵为切入点，利用矩阵理论求解自应力模态，进而寻找合理的预应力分布，将上述方法统称为基于平衡矩阵分析理论的找力方法。除此之外，基于力法的找力方法还包括董石麟等[77-79]提出的适用于葵花型、肋环型等索穹顶结构的简捷计算方法，该方法的主要思路是根据结构的对称性，以局部结构单元为研究对象，直接利用上述平衡方程进行逐点递推。

1.3.3　构件重要性评估

1968 年 5 月 16 日伦敦 Ronan Point 公寓 18 楼某处发生煤气爆炸，爆炸导致整个 22 层公寓楼角部整体坍塌，这一坍塌现象立刻引起工程界的关注。2001 年 9 月 11 日美国纽约世贸中心受恐袭轰然倒塌，该事件更是使连续性倒塌问题成为工程界的研究重点。为了保证结构的整体性，保障人们的人身财产安全，国内外学者从结构鲁棒性、易损性、敏感性、冗余度、重要性等不同角度，采用不同的分析方法对连续倒塌问题进行了一系列研究，但并未形成统一的理论。需要指出的是，虽然不同文献对易损性、鲁棒性、整体稳定性等概念的定义有所不同，但这些概念本质相通，仅是结构整体性在不同侧面的不同表现特征。

构件重要性反映了构件对结构整体性能的影响能力。如果某一构件的失效容易引起结构整体大规模的破坏，那么该构件在结构中至关重要。它的存在可能成为结构的致命薄弱环节，从而降低结构的鲁棒性。反之，如果结构的构件重要性分布相对均匀，结构则有较好的鲁棒性。构件重要性评估是一种评价结构整体性和鲁棒性的方法，主要可用于以下分析：在结构设计阶段，以构件重要性为指标可以改善结构的构件布置，其优化目标就是使结构没有重要性突出的构件，即拥有相对均匀的重要性分布；在评估抗连续倒塌性能的结构分析中，可利用构件重要性为变换荷载路径法确定关键构件，再将其从结构中移除，考察剩余结构能否形成"搭桥"能力，即是否能存在备用荷载传递路径，以便判断结构最后是否会发生连续倒塌；除此之外，在结构使用阶段还可以利用构件重要性评估找出结构可能存在的"命门"，对关键构件进行维修或加固。按是否考虑外荷载作用，可将已有的构件重要性评价方法分为两类：不考虑外荷载作用的评价方法；考虑外荷载作用的评价方法。

与外荷载无关的评价方法一般是通过分析结构的几何拓扑关系和刚度分布情况来评估结构构件的重要性，从而获得结构鲁棒性和整体性的信息。国内外学者常将整体结构刚度作为构件重要性的主要研究对象。基于结构易损性理论，Agarwal 等[80]利用刚度矩阵行列式概念提出了整体性指标，但该指标缺乏明确的物理含义。柳承茂和刘西拉[41]提出了基于刚度的结构构件重要性概念，将杆件两端单位平衡力系(包括轴力、剪力和弯矩)产生的相应内力和，即轴力、剪力和弯矩之和，定义为杆件的重要性系数，并利用最小势能原理证明构件重要性与结构冗余度间存在的关系。该指标虽然有明确的力学意义，也反映了结构刚度分布，但将内力值简单相加缺乏必要的解释和说明。Nafday[81]将重要性系数定义为完整结构的刚度矩阵行列式与拆除构件后不完整结构的刚度矩阵行列式的比值，其主要思路是认为结构刚度矩阵奇异代表结构不稳定。该指标虽与结构刚度矩阵直接相关，但是结构刚度矩阵行列式没有明确的工程意义，无法体现构件在工程上的重要性。胡晓斌和钱稼茹[82,83]以结构基本频率为指标衡量结构刚度，将移除后结构刚度的退化率定义为重要性评价指标。

与外荷载相关的重要性评价方法，顾名思义，除考虑几何拓扑关系和刚度分布外，还考虑了外荷载的作用，通过考虑结构的传力属性或分析抵抗外荷载的有效刚度给出构件重要性系数的计算方法。张雷明和刘西拉[84]提出基于能量的计算方法；高扬等[85,86]提出基于强度的计算方法；张成等[87-89]提出基于 H_∞ 和 H_2 鲁棒控制理论的评价方法；刘文政和叶继红[90]提出基于节点构型度概念的计算方法；Gharaibeh 等[91]提出基于系统可靠度理论的评价方法。从构件重要性的计算角度考虑，上述方法都是通过删除构件、折减刚度或等效荷载瞬时卸载来引入损伤，然后通过比较不完整结构与初始完整结构某些特性的变化来构造构件重要性的计算公式，是一种基于广义敏感性评估的构件重要性系数计算方法。从不同的角度考虑，利用不同的研究方法，国内外学者提出了不同的构件重要性评估思路和方法，定义的构件重要性都在一定程度上反映了结构的整体性和鲁棒性，为保证结构安全提供了指导。但实际上，有关构件重要性的研究虽多，但并没有统一的理论和方法，甚至是否需要考虑荷载作用对构件重要性的影响都仍然存在分歧。

1.3.4 误差敏感性分析和索长误差限值的计算

对柔性结构体系而言，预应力具有提供结构承载力和维持结构稳定性的重要作用，因此成形后结构的预应力能否满足初始预应力设计，即实际预应力能否达到设计预应力要求，是面向建造期和服役期结构分析的重要问题。现有的工程实践表明，在实际加工、安装、张拉等各环节中误差是不可避免的，这必然会引起结构初始预应力和形状的偏差；若误差因素与形成预应力的初始缺陷长度属于同一量级，则由误差引起的预应力偏差可能很大，会严重影响结构的后期承载力和安全性能。特别是在定尺定长设计与张拉的工程中，索长误差的存在，导致构件长度过小，则构件难以张拉到位，若强行张拉，则会产生巨大的预应力，引起结构安全隐患；若构件长度过大，则构件中预应力偏小，可能达不到结构刚度要求。

因此，有关索杆张力结构预应力偏差问题受到国内外学者的广泛重视，在研究中通常将误差因素分为几何误差、材料物理参数误差、张力测量误差、温度变化影响等，其中几何误差又包括拉索制作的长度误差、支座几何偏差、节点或锚具尺寸误差等，虽然各类误差一般是相互独立的影响因素，但常将这些误差在数学上转换为索长误差的形式进行研究。已有的研究主要涉及两方面：误差敏感性分析和误差限值的计算。误差敏感性是指由误差因素引起的结构成形实际状态与初始设计状态间的预应力偏差和形态偏差。误差敏感性分析主要包括根据误差值求解预应力、形态偏差和以偏差为依据确定构件对误差的敏感程度，研究误差对结构的影响程度为张力结构提供了施工验收标准，研究构件对误差的敏感程度也有助于预留补张拉索或选择合理张拉方案，从而有目的地控制结构偏差。相反，误差限值计算则是根据预应力偏差限值去寻找满足要求的最大允许误差，为高精度或新形式等非常规结构工程提供了设计和施工上的指导和帮助。

1) 误差敏感性分析

误差敏感性分析中需要解决两大问题：一是关于误差的模型，包括如何确定误差的取值、分布和组合；二是关于误差和预应力偏差的基本关系，即在已知误差分布后如何对结构预应力偏差进行定量估计。对于第一个问题，由于结构中构件相互联系、数量众多，结构的预应力偏差是各构件索长误差共同影响的结果，所以每根构件的索长误差都可认为是一个随机变量。当不同随机误差同时存在时，带来的影响并非简单的叠加或正负抵消，所以需要考虑随机误差的分布规律，从而进一步分析这些误差分布的综合效应。一般认为各索长误差均符合正态分布，各索长误差的极值符合极值I型分布[92]；也有研究称实际工程中的索长误差更加符合对称双三角形分布[93,94]；基于不同分布类型的随机误差，可利用 Monte-

Carlo 法[95]或正交实验法[96-98]等方法得到这些随机变量的组合,从而进行误差敏感性分析,或利用数理统计方法[99]得到随机预应力偏差的统计特性,从而得到各杆件长度误差敏感性评价方法。除上述基于随机误差的方法外,也可基于确定的误差值采用排列组合的方式[56]给出不同的误差分布;确定的误差值通常可以取索结构标准中规定的拉索允许偏差限值,或者也可根据索长误差的极值分布求解各索长的极值大小。对于第二个问题,求解误差引起的结构预应力偏差主要方法包括:①非线性有限元法;②动力松弛法;③基于力法提出的索长误差效应线性计算方法。

尤德清[95]认为施工误差服从基于正态分布的截断高斯分布,并采用 Monte-Carlo 法和非线性有限元法研究了施工误差对索穹顶结构初始预应力的影响。Zhang 等[92]建立了索长误差最大值的极值 I 型分布模型,利用排列组合方法和非线性有限元法对三种索穹顶类型的索长误差效应进行了研究。蒋本卫[100]建立了索长误差的正态分布随机模型,采用动力松弛法对索杆张力结构进行了索长误差敏感性分析,并且研究了在不同张拉方案的情形下初始预应力的变化情况。宋荣敏等[101,102]给出了将各类误差因素转化为索长误差的数学方法,并基于力法推导的索长误差与预应力偏差间的基本关系式,采用正态分布的随机误差模型对索杆张力结构进行误差敏感性分析。夏巨伟[103]则基于上述基本关系式,利用索长最大允许误差和矩阵谱分解理论建立了最不利预应力近似解析方法。陈联盟等[99]基于正态分布的随机误差模型,采用基于力法的索长误差效应线性计算方法和数理统计方法分析了随机预应力偏差的统计特性,得到了关于长度误差敏感性评价的方法。郭彦林等[104]基于确定的索长误差取值和基于正态分布的随机施工误差模型,利用非线性有限元法对一个实际的轮辐式索桁架结构进行索长误差分析,并提出了一个反映敏感性信息的综合指标。赵平等[105]基于 ANSYS 软件,采用 Monte-Carlo 法与响应面法相结合分析了索长误差同时存在的情况对索穹顶初始预应力的影响。Luo 等[94]统计了实际工程中的索长误差情况,得出索长误差更符合对称双三角形分布的结论,据此提出符合对称双三角形分布的随机误差模型,并利用非线性有限元法对实际工程进行了误差分析。除上述数值模拟方法外,还有部分研究者[99,106,107]针对某些实际工程进行有关索长误差的缩尺模型试验,分析了各类拉索在各类误差下对结构的影响,为实际工程建设和验收提供了参考依据。

2) 索长误差限值的计算

综上所述,近年来已有许多关于误差敏感性分析的研究工作,而对于索长误差限值计算的研究却相对较少。目前,拉索的误差限值在国内外索结构相关技术规程中是根据其长度来确定的。但在实际工程中,即使两根拉索的长度相同,其边界条件、与周围构件的连接关系不同,拉索的误差导致的索力偏差也不同。这意味着拉索在结构中的长度、边界条件和拓扑关系不同，其误差限值的取值也应该不同。针对上述问题，Quirant 等[108]应用 Monte-Carlo 法分析了索长误差对张拉整体受力性能的影响，并据此确定了索长的上下限。郭彦林和田广宇等[109-111]利用有限元软件试算得出了预应力偏差与承重索索长误差的线性关系，再利用给定范围的一次二阶矩可靠度指标来求解索长误差限值。该方法采用的线性关系仅考虑了部分构件索长误差对预应力变化的影响，降低了分析的精度；而利用上述方法考虑所有索长误差带来的综合影响，则需要大规模的计算，使得分析过程费时费力。

1.3.5　张拉成形分析

索杆张力结构已成为预应力结构体系的主要结构形式，并在国内外实际工程中得到广泛应用。与传统刚性结构体系不同，索杆张力结构依赖预应力提供的几何刚度来维持结构稳定和提供承载力，所以在实际施工中引入预应力的张拉过程显得格外重要。合理的施工张拉方案和施工监测控制分别是顺利实现结构设计的重要前提和必要保障。在张拉过程中，随着预应力水平(大小和分布)的变化，索杆张力结构的外形也在不断的自平衡更新中发生改变；由于结构在某些施工阶段可能存在机构且机构尚未刚化，其张拉成形过程常出现大位移和大转角的情况，伴随着机构运动、弹性变形及混合问题。这意味着对索杆张力结构的施工过程模拟和精度控制难度较大。

从一个平衡态运动到另一个平衡态，针对结构运动形态问题的研究主要涉及实时力学模型的建立、预应力引入过程与结构形态和刚度之间的关系、结构响应、成形过程稳定性和状态突变等方面。可分为两种研究思路：一是结构运动分析；二是张拉成形分析。结构运动分析主要研究结构整个连续的运动过程，侧重于对运动路径跟踪、轨迹控制、运动分岔判定和运动过程中稳定性等进行研究。

基于平衡矩阵理论，Kumar 和 Pellegrino[112]利用机构位移模态建立了一套适用于杆系机构的运动路径跟踪策略。从动力学角度出发，陈务军等[113]和赵孟良等[114]建立了桁架结构系的基本运动力学方程和节点附加几何约束方程，利用广义逆方法分析可展结构的运动路径，该方法适于可展折叠桁架结构的运动力学分析。陆金钰等[115]建立了结构势能方程，利用最速下降原理确定了机构位移模态间的组合系数，提出了一种求解受荷可展结构平衡态的找形方法，可适用于各种新型可展结构的形态分析。以上方法都是以机构原理为基础的成形理论研究。基于非线性有限元理论，张其林等[116]提出了索杆体系机构位移与弹性变形混合问题的非线性计算方法，能有效地实现各类索杆体系从零应力状态至预应力初始状态的跟踪分析；同样，基于有限元理论，祖义祯和邓华[25,117,118]建立了以主动索伸长量为控制变量的连杆机构运动分析基本方程，利用弧长法求解体系运动路径,并通过切线刚度矩阵最小特征值来监测结构运动形态的稳定性。

而张拉成形分析则将结构的运动过程离散为一系列平衡态,侧重于求解各平衡位置的形态,即结构的形状和预应力态。尽管从形状上看,索杆张力结构的施工过程表现出大变形的特征,但从工程的角度而言,大家更为关心的是各施工阶段完成后结构的不稳定平衡形态,而施工张拉方案的不同则可能导致这些形态的不同。因此,在理论上可以将索杆张力结构的施工形态问题转化为已知原长的构件在特定外荷载(如自重)作用下达到平衡形态的求解问题。张拉成形分析既可以对结构施工张拉方案的合理性进行判断,又能为施工过程的监测和控制提供参考依据。张拉成形分析可分为反分析法和正分析法两种思路。

反分析法包括:袁行飞和董石麟[119]基于非线性有限元理论提出的拆杆法,该方法从索穹顶设计理想成形状态开始,逐步拆除索单元,通过总刚度的集成来模拟拆杆,从而确定各施工阶段的理想施工控制参数;基于非线性有限元方法,张丽梅[56]利用升温法使索单元长度发生变化,通过分步伸长索单元长度的方法来实现逆序施工模拟分析;基于拆杆法的思想,郭彦林等[120,121]利用 ANSYS 有限元软件提出了生死单元数值分析法,提高了数值收敛性。

正分析法主要包括非线性有限元法、力密度法、动力松弛法、多体动力学法和力法等。基于非线性有限元法,唐建民等[122-124]利用五节点索单元理论和刚体位移分析方法,针对索穹顶结构进行了全过程施工模拟分析;但刚体位移分析需要假定构件的运动轨迹,对于复杂结构其构件移动轨迹不易确定。沈祖炎和张立新[125]提出了一种基于悬链线索元的非线性有限元法,由于悬链线单元在任意构形下的水平或竖直方向都具有一定刚度,该方法能有效地避免刚度矩阵奇异问题。任涛[58]首先利用广义逆方法求解索网张力结构运动方程,利用方程特解修正结构运动轨迹的方法,模拟了索网张力结构由无应力不稳定态张拉至有初始预应力的稳定平衡态的过程;再基于悬链线有限元法,采用控制索力和索段原长结合的方法,模拟了索网整体提升的施工过程。基于动力松弛法,张志宏等[126,127]、伍晓顺和邓华[128]、陈联盟等[129]利用索段原长控制法,分别对索穹顶、索杆桁架结构、Geiger 型索穹顶结构进行了张拉成形分析。赵俊钊[130]通过考虑周边梁柱结构协同作用,建立了统一的节点不平衡力列式,将动力松弛法拓展到考虑周边梁柱体系变形对索杆张力结构影响的张拉成形分析中。基于力密度法的基本思想,邓华等[131,132]提出了一种适用于松弛悬索体系张拉成形分析的数值方法,该方法无须建立刚度矩阵,可回避由其奇异性导致的计算困难;若初始迭代位形与最终平衡位形偏差较大,该方法则需要控制位移增量的步长来保证收敛性,但步长的减小会增加迭代次数,降低计算效率。利用多体动力学法,杨晖柱[133]推导了相应的运动方程、几何约束方程和动力学控制方程,提出了相应的数值计算方法,该方法能同时考虑构件的空间移动和弹性变形。基于非线性力法,罗尧治[134]采用奇异值分解数值方法对索杆张力结构的成形过程进行了模拟分析。

1.4　本书的主要内容

　　索杆张力结构是空间结构领域学术研究和工程应用最活跃的方向，基于作者及课题组长期在该领域的理论研究和工程实践，同时结合本领域的最新研究成果与工程应用，以及从内容的完备性和系统性、理论与实践结合出发，构建本书的主要内容。

　　首先，提出一个张力结构体系的理论框架，用于指引相关研究；然后，基于索杆张力结构的固有属性，深入开展相关理论研究，包括形态分析、找力分析、重要性分析等，揭示力学机理；从工程设计分析理论方法，在方法探索创新的同时考虑工程设计的需求，包括找形分析、结构静力和动力分析、施工模拟分析；从工程应用角度，概括典型索杆张力结构体系设计要领和赏析经典工程案例，并提炼结构静动力特性规律。

第2章 分析理论体系

2.1 引 言

索杆张力结构是力与形高度统一的非线性结构体系，显著区别于典型刚性结构体系，其涉及的状态和过程较为复杂，而结构设计分析又依赖于这些状态和过程的数理力学定义和准确描述，并建立有效的分析理论和数值方法。

索杆张力结构为典型的柔性张力结构，目前其分析状态一般包括零应力态、预应力态和荷载作用态[135]，如图 2-1-1 所示。此处，零应力态是设计假设初始构形或找形分析得到的平衡构形，是结构分析初始几何；预应力态是在零应力态上施加预应力进行非线性分析后得到的预应力平衡形态；基于预应力态，施加各种荷载计算得到稳定平衡形态，称为荷载作用态。从零应力态到预应力态分析称为预张力分析；从预应力态到荷载作用态称为荷载分析。

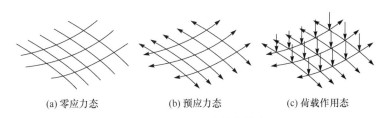

(a) 零应力态   (b) 预应力态   (c) 荷载作用态

图 2-1-1 柔性张力结构状态

预张力分析是在零应力态上施加预应力，通过非线性迭代求解得到预应力态的过程。但是研究中发现以零应力态作为初始状态重新进行预张力分析得到的预应力态与想要得到的设计形态——找形平衡态会有所不同，即结构位形及预应力分布与找形平衡态不一致，并将该现象称为位形漂移和预应力松弛。对于一般小尺度结构，这一差异很小，可以忽略，对于大跨度或者位形精度要求高的结构就必须解决这一问题。文献[136]求解了跨度为 73.2m 的马鞍形索网，发现重新平衡计算得到的预应力态与找形平衡态相比，中心点漂移 0.135m，占矢高的 1.84%，主悬索预应力松弛达到 15.27%。

索杆张力结构工程通常包括三个基本阶段：设计阶段、施工阶段、使用阶段。设计阶段分析主要包括结构找形、下料或裁剪；施工阶段分析主要包括结构预张力导入分析、弹性化分析；使用阶段分析主要包括荷载分析、预应力松弛等。不同阶段结构的物理表现形态、工程关注点和技术要求不同。

　　从索杆张力结构的设计、制备(加工)、安装、运维及其分析出发，实(物理过程)虚(分析过程)统一，提出最基本的状态和过程，构建相应的分析理论体系，并在后续章节分别展开具体理论分析。

2.2　张力结构的状态与过程

　　基于索杆张力结构的实际物理和计算模型问题及需求，拓展基本的三状态三过程概念(图 2-1-1)，提出面向全过程的状态和过程，包括 9 个状态和 7 个过程[130, 136-138]，如图 2-2-1 所示。

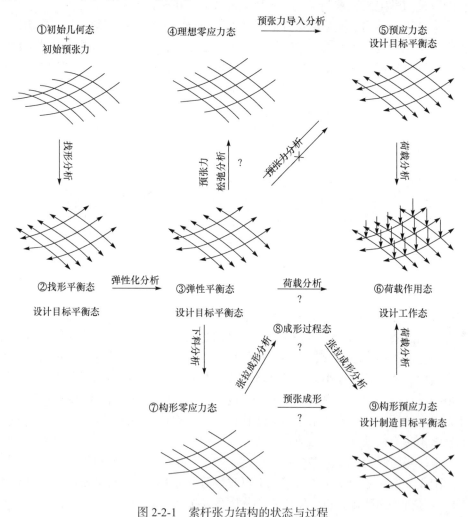

图 2-2-1　索杆张力结构的状态与过程

9 个状态分别为：①初始几何态($\overline{X}_0,\overline{L}_0,C,\overline{S}_0$)、②找形平衡态($X_t,L_t,C,S_t$)、③弹性平衡态(${}^1X_t,{}^1L_t,C,{}^1S_t,E$)、④理想零应力态($X_0,L_0,C,S_0=0,E$)、⑤预应力态(${}^1X_t^t,{}^1L_t^t,C,{}^1S_t^t,E$)、⑥荷载作用态(${}^2X_t^t,{}^2L_t^t,C,{}^2S_t^t,E$)、⑦构形零应力态($X_0',L_0',C,S_0'=0,E$)、⑧成形过程态($X_0',L_0',C,S_0',E$)、⑨构形预应力态($X_t',L_t',C,S_t',E$)。其中，$\overline{X}_0$、$\overline{L}_0$ 为初始几何态位形；X_0、L_0 为理想零应力态位形；X_0'、L_0' 为构形零应力态位形；X_t、L_t 为找形平衡态位形；${}^1X_t$、${}^1L_t$ 为弹性平衡态位形；${}^1X_t^t$、${}^1L_t^t$ 为预应力态位形；${}^2X_t^t$、${}^2L_t^t$ 为荷载作用态位形；X_t'、L_t' 为构形预应力态位形；$\overline{S}_0$ 为初始几何态下的预张力；S_0 为理想零应力态的预张力，其值是 0；S_0' 为构形零应力态的预张力，其值也是 0；S_t 为找形平衡态的预张力；${}^1S_t$ 为弹性平衡态的预张力；${}^1S_t^t$ 为预应力态的预张力；${}^2S_t^t$ 为荷载作用态的预张力；S_t' 为构形预应力态的预张力；C 为几何拓扑关系；E 为材料刚度。

7 个过程分别为找形分析、弹性化分析、预张力松弛分析、预张力导入分析、荷载分析、下料分析以及张拉成形分析。

2.2.1　张力结构的状态

(1) 初始几何态($\overline{X}_0,\overline{L}_0,C,\overline{S}_0$)。初始几何($\overline{X}_0,\overline{L}_0,C$)+预张力，初始几何为找形前几何位形，包括初始节点坐标、拓扑与几何尺寸、边界条件，预张力为找形设定预张力($\overline{S}_0$)，该状态不涉及材料特性定义，是一个理论分析状态，具有明确的物理力学意义，但不是一个结构物理状态。

(2) 找形平衡态(X_t,L_t,C,S_t)。基于初始几何和预张力，通过找形得到的平衡形态，其应力 $S_t \approx \overline{S}_0$，仍不涉及材料刚度($EA$)。

(3) 弹性平衡态(${}^1X_t,{}^1L_t,C,{}^1S_t,E$)。在找形平衡态基础上，将真实材料属性赋予每个结构模拟单元以后得到的平衡状态为弹性平衡态，材料属性的引入，将导致形和力的变化，其形态将与找形平衡态出现差异。

(4) 理想零应力态($X_0,L_0,C,S_0=0,E$)。基于弹性平衡态，通过合理应力释放，如边界约束点释放等，使索杆张力体系内部能量释放，达到零应力。相同的平衡形态，不同的释放途径，其零应力态不同。

(5) 预应力态(${}^1X_t^t,{}^1L_t^t,C,{}^1S_t^t,E$)。预应力态是以理想零应力态为基础，通过边界节点移动张拉，达到设计预张力的平衡状态；或者基于弹性平衡态弹性分析后得到的平衡形态。两者之间形和力有差异。

(6) 荷载作用态(${}^2X_t^t,{}^2L_t^t,C,{}^2S_t^t,E$)。基于预应力态，在外界荷载作用下的平衡状态，由于荷载效应其形和力发生改变,材料可假设为定常线性模型或时变非线性模型。

(7) 构形零应力态($X_0', L_0', C, S_0' = 0, E$)。构形零应力态是根据索杆张力结构内力与材料本构关系求出下料长度(下料分析),然后根据结构几何拓扑关系组装而成的一种无应力状态,该状态构件一般在施工现场摆放在工地上,可通过满足拓扑、几何无应力长度假设构建。

(8) 成形过程态(X_t', L_t', C, S_t', E)。基于构形零应力态,结合施工安装张拉方案,通过正向张拉模拟,得到结构提升过程中的中间平衡状态。

(9) 构形预应力态(X_t', L_t', C, S_t', E)。基于构形零应力态,通过张拉成形得到的实际最终成形状态。构形预应力态为实际状态,但是实际过程非常复杂,其状态与设计预应力态之间存在差异,需要现场监测和测定,确定其与设计预应力态的差异,作为工程验收核心标准。

2.2.2 张力结构的过程

(1) 找形分析是获得给定初始几何和预张力的平衡形态。

(2) 弹性化分析是将获得的找形平衡形态物理化,即将结构真实材料属性赋予对应模拟单元,得到最后设计目标态——弹性平衡态,弹性化过程状态参数保持不变。

(3) 预张力松弛分析是从弹性平衡态到理想零应力态获得结构使用中受到外界荷载作用,出现索大变形松弛等结构刚度退化的现象,与张拉成形分析是相反的过程,类似于工程领域常说的倒拆法。

(4) 预张力导入分析是根据求得的理想零应力态,通过移动边界节点而得到的一种平衡状态。如果所移动的边界节点与求解理想零应力态时所释放的节点相同,且最终移动到的位置也相同,则预应力态与弹性平衡态一致。

(5) 荷载分析是在预应力态基础上施加外界荷载(风荷载、雪荷载等),获得变形后正常使用状态下的平衡状态。

(6) 下料分析是在初始预应力态基础上按照逆分析方法获取结构零应力状态下的索杆结构几何尺寸,根据该尺寸进行施工下料尺寸的设计。通常是基于平衡形态当前长度,考虑变形下料,或者工程常用做法,采取设计张力状态下料,从而避免材料特性离散不确定性导致的下料不准确。

(7) 张拉成形分析是基于初始几何态,根据设定的施工步骤正向模拟安装张拉,将结构逐步张拉提升直至达到设计几何态,此时结构内部产生预应力,刚度也随之出现,最终达到设计初始预应力态。

2.3　张力结构的理论体系

索杆张力结构的 7 个过程联系了 9 个状态[136],揭示了状态之间的物理和力学关系。揭示和表征的这些过程及状态的力学模型与方法构成了索杆张力结构的理论体系，如图 2-3-1 所示。

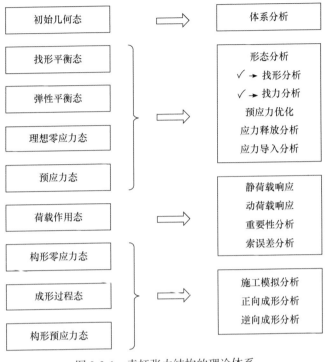

图 2-3-1 索杆张力结构的理论体系

2.4 本章小结

索杆张力结构从设计、制备(加工)、安装、运维及分析等均明显区别于刚性结构，其状态、过程复杂，包括 7 个过程和 9 个状态，分别为：找形分析、弹性化分析、预应力松弛分析、预应力导入分析、荷载分析、下料分析和张拉成形分析；初始几何态、找形平衡态、弹性平衡态、理想零应力态、预应力态、荷载作用态、构形零应力态、成形过程态和构形预应力态。索杆张力结构的理论体系从本质上揭示了状态之间的物理和力学关系，建立了表征这些状态和过程的力学模型和方法，以此指引相关的研究和本书内容。

第 3 章　体系分析理论与数值方法

3.1　引　　言

柔性张力结构的刚度取决于拓扑关系、几何形状和所施加的预应力等，不同的预应力导入方式能够改变结构体系的刚度，而体系分析可以用来判断柔性张力结构是否可以施加预应力，因此柔性张力结构的体系分析是其结构设计的重要组成部分。

对柔性结构体系分析的研究较为广泛[139]。1837 年，Mobius 提出第一个几何不变体系判定准则；而后 Maxwell 根据结构的几何拓扑关系，提出了适用于铰接桁架(索杆)体系几何稳定性判定的 Maxwell 准则；Euler 则提出了多面体面数、边数、顶点的欧拉公式；1986 年，Pellegrino 和 Calladine[28]从平衡矩阵出发提出了用于索杆体系分析的矩阵分析方法，它将形态与几何构造分析结合起来，从 Maxwell 准则出发对索杆结构的几何拓扑关系进行了分析，初步提出采用计算机分析的构想；Pellegrino 和 Calladine[29,31]在矩阵分析的基础上，提出了用奇异值分解法求解结构的平衡方程，求出的奇异值个数即为平衡矩阵的秩，进而得出结构的自应力模态数和机构位移模态数。近年来，在这些研究基础上，学者又提出了新的考虑结构刚度的柔性结构体系分析方法，Ströbel[33]提出了分布式冗余度，并将其分为弹性冗余度和几何冗余度两部分，给出了适用于第 II 类结构体系的分布式弹性冗余度计算方法；朱红飞[26]、周锦瑜[139]将这些理论进一步发展，提出了基于分布式的体系分析方法。

本章体系分析理论方法包括基于平衡矩阵的体系分析、基于冗余度的体系分析、考虑预应力的冗余度体系分析和基于分布式的体系分析。

3.2　基于平衡矩阵的体系分析

3.2.1　平衡方程

1. 索杆平衡方程

根据图 3-2-1 所示的节点坐标关系建立平衡方程[140]为

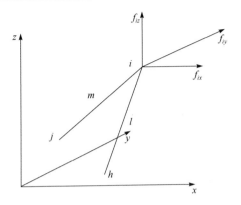

图 3-2-1　索杆节点坐标关系

$$At = f \tag{3-2-1}$$

式中，A 为平衡矩阵；t 为 b 维杆件内力向量，b 为杆件总数；f 为 j 维节点力向量，$j = 3n_t - k$，n_t 为节点总数，k 为约束总数。因为 $A^T = B$，所以几何协调方程可以表示为

$$Bd = \varepsilon \tag{3-2-2}$$

式中，B 为 $(3n_t - k) \times b$ 几何协调矩阵；d 为 j 维节点位移向量；ε 为 b 维节点杆件轴应变向量。

2. 空间梁平衡方程

空间梁单元有两个节点，每个节点有 6 个自由度，分别传递轴力、剪力、扭矩和弯矩，基本假定[7]为：①平截面，即变形后截面保持平面，并且垂直于中性轴；②线弹性，且为等截面直梁；③大变形、小应变。

1）局部坐标系下空间梁单元平衡方程

图 3-2-2 和图 3-2-3 分别为局部坐标系下空间梁单元的节点力图和内力图，其中，l 为梁单元长度。平面梁单元的平衡方程详见文献[141]。

空间梁单元的力法平衡方程同式(3-2-1)，局部坐标系下空间梁单元缩减后的平衡方程可以表示为

$$A^{e*} t^{e*} = f^e \tag{3-2-3}$$

式中，A^{e*} 为缩减后的平衡矩阵；t^{e*} 为缩减后的广义应力向量；f^e 为局部坐标系下的杆端力向量。缩减后，局部坐标系下空间梁单元共有独立的内力向量 6 个，分别为 1 个轴力、2 个扭矩、3 个弯矩。

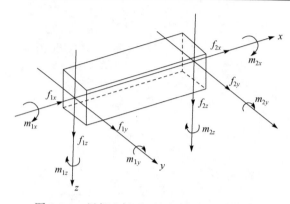

图 3-2-2　局部坐标系下空间梁单元节点力图

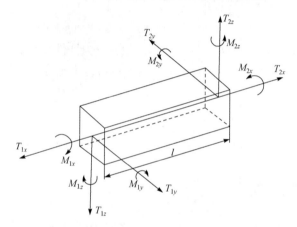

图 3-2-3　局部坐标系下空间梁单元内力图

2) 整体坐标系下空间梁单元平衡矩阵

为了从局部坐标系下的空间梁单元平衡矩阵推导整体坐标系下的空间梁单元平衡矩阵，需要先得到单元坐标转换矩阵 $\boldsymbol{\Gamma}$ [142]。

根据图 3-2-4，坐标转换过程是先将杆件轴力方向设置为 x' 轴，建立局部坐标系 $ox'y'z'$；然后将局部坐标系 $ox'y'z'$ 旋转至 $ox'\overline{y}\overline{z}$ 坐标系，形成旋转矩阵 $\boldsymbol{\lambda}_1$；最后将 $ox'\overline{y}\overline{z}$ 坐标系旋转至 $oxyz$ 坐标系(适用于 x' 轴与 z 轴不平行的情况)，形成旋转矩阵 $\boldsymbol{\lambda}_2$，转换中使用 α、θ 的方向余弦。

坐标转换矩阵 $\boldsymbol{\Gamma}$ 是旋转矩阵 $\boldsymbol{\lambda}$ 的斜对角矩阵，表示为

$$\boldsymbol{\Gamma} = \begin{bmatrix} \boldsymbol{\lambda} & & & \\ 0 & \boldsymbol{\lambda} & \text{对称} & \\ 0 & 0 & \boldsymbol{\lambda} & \\ 0 & 0 & 0 & \boldsymbol{\lambda} \end{bmatrix} \tag{3-2-4}$$

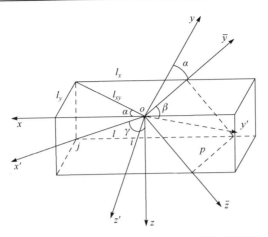

图 3-2-4　两节点等截面梁单元坐标转换示意图

式中，$\boldsymbol{\lambda}$ 为旋转矩阵，$\boldsymbol{\lambda} = \boldsymbol{\lambda}_1\boldsymbol{\lambda}_2$。

根据 $A = \boldsymbol{\Gamma}A^\mathrm{e}$ 可以将式(3-2-3)转化成整体坐标系下的平衡矩阵：

$$A = \boldsymbol{\Gamma}A^{\mathrm{e}*} \tag{3-2-5}$$

3.2.2　平衡方程求解

平衡方程的求解方法有高斯消元法、奇异值分解法以及基于正交矩阵旋转变换的计算方法[143]等。在用高斯消元法求解过程中，存在除法运算并且没有绝对零的概念，一般用无穷小代替，因此计算存在误差，稳定性较差，易出现秩亏，但是列主元高斯消元法在消元过程中可以不改变列向量的位置，应用该方法可以跟踪辨识结构的自应力模态。奇异值分解法比较稳定，可以克服方程病态的问题，找到结构正确的自应力模态数和机构位移模态数，但是它在计算过程中改变了列向量的顺序，所以不能跟踪辨识出结构的自应力模态。因此，可以采用列主元高斯消元法求解结构的自应力模态，然后采用奇异值分解法进行校核，保证自应力模态的正确性。

1) 索杆平衡方程求解

根据矩阵奇异值分解理论，索杆平衡方程中的平衡矩阵可以分解为

$$A = \boldsymbol{U}\begin{bmatrix} \boldsymbol{V} & 0 \\ 0 & 0 \end{bmatrix}\boldsymbol{W}^\mathrm{T} \tag{3-2-6}$$

式中，$\boldsymbol{V}$ 为奇异值矩阵，$\boldsymbol{V} = \mathrm{diag}(v_{11}, v_{22}, \cdots, v_{r_A r_A})$，并且 $v_{11} \geqslant v_{22} \geqslant \cdots \geqslant v_{r_A r_A} > 0$，$r_A$ 为矩阵的秩。

平衡矩阵 A 奇异值分解过程如图 3-2-5 所示，可以得出：$n_\mathrm{r} = r_A + m$，$n_\mathrm{c} = r_A + s$，其中结构的自应力模态数和机构位移模态数分别为

$$s = n_c - r_A, \quad m = n_r - r_A \tag{3-2-7}$$

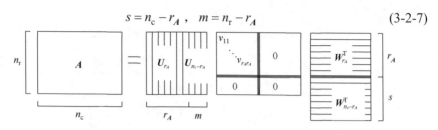

图 3-2-5　平衡矩阵 A 奇异值分解过程

在数值分析时，一般将奇异值为 $s_{r_A r_A} \times 10^{-8}$ 的微小值看作 0。在临界点或特殊位形，对临界判定值进行调整。奇异值为连续实数域，可基于整体奇异值分解，判定奇异值变化作为矩阵秩界。

如果体系的自应力模态数 $s = 0$，即 $r_A = n_c$，则平衡矩阵 A 列满秩。体系有任意微小扰动作用，协调方程仅零解，即体系内应力为 0，不存在自平衡应力。在外荷载作用下，体系内应力模态与外荷载唯一对应平衡。自应力模态数 $s = 0$ 的体系为静定体系。

若体系的自应力模态数 $s > 0$，即 $r_A < n_c$，则平衡矩阵 A 存在列线性相关向量。体系有任意微小扰动作用，式(3-2-1)存在非零解，即体系内应力非零，存在自平衡应力。对于任意外荷载，平衡方程有无穷解，此解为自应力向量的组合。自应力模态数 $s > 0$ 的体系为超静定体系。

如果体系的机构位移模态数 $m = 0$，即 $r_A = n_r$，则平衡矩阵 A 行满秩，相应几何协调矩阵 B 为列满秩，列向量为最大线性无关组。体系在任意微小干扰下，如杆无应变则机构不发生位移。机构位移模态数 $m = 0$ 的体系为几何稳定的动定体系。

若体系的机构位移模态数 $m > 0$，即 $r_A < n_r$，则平衡矩阵 A 存在行线性相关量，相应的几何协调矩阵存在列相关量。体系在无应变时，几何方程有非零解，即体系在任意微小干扰下，可产生机构位移。产生的刚体位移可以为无穷小位移、有限位移、无限位移，这还与自应力模态、外部干扰或荷载有关。

根据体系自应力模态数 s、机构位移模态数 m，可对体系几何稳定性进行判定，并且可由不同的 m、s 构成特定类型[33]，见表 3-2-1。

表 3-2-1　平衡方程、几何协调方程解与体系分类

体系	静动特性与特征参数	平衡方程、几何协调方程解及特性
I	$s = 0$，静定体系 $m = 0$，动定体系	对任意荷载，平衡方程有唯一解 对任意荷载，几何协调方程有唯一解
II	$s = 0$，静定体系 $m > 0$，动不定体系	对某些特定荷载，平衡方程有唯一解，否则无解 对任意荷载，几何协调方程有 m 维向量无穷解

续表

体系	静动特性与特征参数	平衡方程、几何协调方程解及特性
III	$s > 0$，超静定体系 $m = 0$，动定体系	对任意荷载，平衡方程有 s 维向量无穷解 对协调应变，几何协调方程有唯一解，否则无解
IV	$s > 0$，超静定体系 $m > 0$，动不定体系	对某些特定情况，平衡方程、几何协调方程 有 s、m 维向量解，否则无解

2) 索杆梁平衡方程求解

对索杆体系来说，体系的预应力均由索杆的轴力提供，只要求出结构的自应力模态数就可以求出它有多少种平衡状态，但是这些平衡并不一定是理想的索受拉、杆受压，它只是一种单纯的节点平衡体系。对索杆梁体系来说，梁单元的存在，使得弯矩可以作为一种初始预应力引入，使结构成形，这样整个结构的预应力状况就会发生改变。用奇异值分解的方法可以求出结构的自应力模态数和机构位移模态数，但无法跟踪辨识结构的各阶自应力模态和机构位移模态。为了对索杆梁结构的体系特征进行深入研究，本节对增广矩阵 $[A | I]$ 进行列主元高斯消元分析，并用奇异值分解法验证所得的结构自应力模态数和机构位移模态数的准确性，进而对这些自应力模态的产生进行分类。由于梁单元的引入，下面分析时将平衡矩阵分为两部分：索杆部分 A_{sg} 和梁单元部分 A_1，应用列主元高斯消元法[144]进行分析，如图 3-2-6 所示（$\tilde{A}$ 表示图中右侧矩阵，即计算变形后的矩阵）。

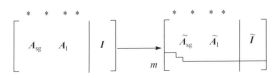

图 3-2-6　列主元高斯消元法

带*号的列是消元过程中主元为 0 的列，这些列的总数为 s，这些列线性相关，对应赘余内力，对于索杆体系就是对应杆件的轴力，对应梁单元为赘余的轴力或者弯矩。$\tilde{A} = [\tilde{A}_{sg}, \tilde{A}_e]$ 中底部为 0 的 m 行对应的 $\tilde{I}$ 中元素为独立的机构位移模态，为了求出结构的自应力模态，将高斯消元之后的 $\tilde{A}$ 分成两个部分 $\tilde{A} = [A_1, A_2]$，A_1 为非赘余内力对应的矩阵，A_2 为赘余内力对应的矩阵。相应的单元内力向量也分成 T_1、T_2。那么对第 i 阶自应力模态有

$$T_{1i} = -A_1^{-1} A_2 T_2 \tag{3-2-8}$$

给定第 i 阶对应的赘余杆件内力为单位力，其余赘余内力均为 0，即

$$T_{2i} = \pm E \tag{3-2-9}$$

这样就可以求出第 i 阶单位自应力模态：

$$T_i = \begin{Bmatrix} T_{1i} \\ T_{2i} \end{Bmatrix} \tag{3-2-10}$$

按照上述计算方法，可计算出结构的各阶自应力模态，根据结构的杆件类型，其自应力模态可以按照杆件类型表示，并且可以有效区分结构的自应力模态哪些由轴力提供，哪些由初始弯矩提供。不同预应力导入方式提供结构整体预应力的效率不同，对索杆梁结构来说，轴力和弯矩均可以提供预应力，但是只有提供预应力效率高的方式才是结构整体成形的有效手段。下面从矩阵内积入手分析多自应力模态结构的预应力产生效率问题。

对于多自应力模态结构，有 $s = n_c - r_A$ 阶自应力模态，$W_{n_c - r_A}$ 是平衡矩阵 A 的零空间基，体系内的任一自应力模态都可以用平衡矩阵 A 的零空间基线性表示。而结构体系的预应力分布是这些独立自应力模态的线性组合，可以表示为

$$T = \beta_1 T_1 + \beta_2 T_2 + \cdots + \beta_s T_s \tag{3-2-11}$$

式中，$\beta_1, \beta_2, \cdots, \beta_s$ 为组合因子，为任意实常数。

多自应力模态结构有对应的 s 种可以导入预应力的方式，给定任意一根赘余杆件单位预应力，那么相同杆件有相同的预应力，这样就可以求出其余未知杆件的预应力，形成一组对应的自应力模态 T_i。这阶自应力模态 T_i 的内积可以表示为

$$\langle T_i, T_i \rangle = T_{1i}^2 + T_{2i}^2 + \cdots + T_{bi}^2 \tag{3-2-12}$$

对比各阶自应力模态的内积大小，可得到这种预应力导入方式的效率，进而判断哪种预应力导入方式对结构产生整体预应力最为有效。

3.2.3 数值算例

下面以两个不同形状的索穹顶为例，分析索杆和索杆梁结构体系的自应力模态和预应力导入方式。

1) 算例 1[56]

图 3-2-7 为平面圆形肋环形索穹顶，直径 72m，内环高 4m，外环高 12m，由对称脊索、环索、斜拉索和竖杆组成索杆体系。节点总数 $n_t = 38$，其中固定点 12 个，杆件数 $b = 73$，平衡方程的秩 $r = 72$，所以其自应力模态数 $s = b - r = 1$，机构位移模态数 $m = (38 - 12) \times 3 - 72 = 6$，是一个静不定动不定结构。说明该结构有 1 阶自应力模态，分别对应 7 种杆件：内斜拉索、内脊索、外环索、外环竖杆、外脊索、外斜拉索和内竖杆。

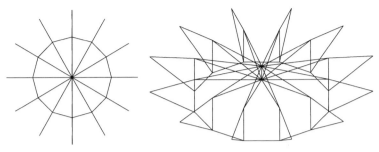

图 3-2-7 平面圆形肋环形索穹顶

2) 算例 2[56]

(1) 图 3-2-8 为切角四边形 Geiger 型索穹顶，其平面呈八边形，1/8 对称，由脊索、环索、斜拉索、竖杆和中央环组成索杆体系。其长轴 80m，短轴 72m，内环高 4m，直径 4m，外环高 12m。节点总数 $n_t=72$，其中固定点 24 个，杆件数 $b=108$，平衡方程的秩 $r=107$，所以其自应力模态数 $s=b-r=1$，机构位移模态数 $m=(72-24)\times3-107=37$，是一个静不定动不定结构。该结构有 1 阶自应力模态，对应 18 类杆件：外竖杆、内环横梁上端、内环横梁下端、内竖杆、内脊索、内斜拉索、外环索、外脊索、外斜拉索，每种类型还分成长短轴两种情况。

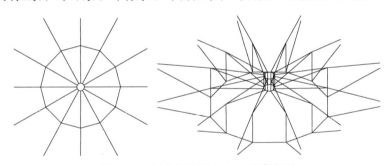

图 3-2-8 切角四边形 Geiger 型索穹顶

(2) 图 3-2-8 所示的切角四边形 Geiger 型索穹顶，当中央环为空间梁单元时，节点总数 $n_t=72$，其中固定点 24 个，杆件数 $b=108$，梁单元 36 根，索杆单元 72 根，平衡方程为 216×288 矩阵，根据奇异值分解法可以求出平衡方程的秩 $r=208$，所以其自应力模态数 $s=88$，机构位移模态数 $m=16$。用列主元高斯消元法可以求出 $\tilde{A}_{sg}$ 和 $\tilde{A}_l$，88 阶自应力模态中有 68 阶是由单元轴力产生的，有 20 阶是由梁单元弯矩产生的。从这一现象可以看出，索杆梁结构中梁单元的初始弯矩和轴力都可以作为初始量引入，使结构成形。将这些自应力模态进行分类，轴力由内脊索、外脊索、内斜拉索、外斜拉索、外环索、外竖杆、内环梁、内竖杆产生，还由内环梁的弯矩产生，将这阶自应力模态对应的内积求出，就可以得到轴力产生的自应力模态的内积分别为 4.79×10^{12}、6.3×10^{12}、0、4.5×10^{12}、2.82×10^{12}、7×10^{13}、26.92、0，弯矩产生的内积为 3.31。可以看出，由索单元轴力产生的自应力模态内积较大，是该结构整体预应力导入的有效方式。

3.3　基于冗余度的体系分析

3.3.1　冗余度

1) 超静定

从几何拓扑来看，超静定次数是指超静定结构中多余约束的个数。从静力分析来看，超静定次数等于根据平衡方程计算未知力时所缺少的方程个数，即多余未知力(多余约束力)的个数。内力是超静定的，约束有多余，这是超静定结构区别于静定结构的基本特点[145]。

超静定次数是伴随着结构体系判定或者几何稳定性分析而产生的，传统超静定次数判定的方法是基于 Maxwell 准则的。

2) 弹性冗余度

从数学角度看，冗余度[146,147]的一般定义是：可用的方程个数比求解时所必需的方程个数多出来的个数。其物理含义是结构可用杆件比满足结构正常运行所必需的杆件多出来的个数。

因为铰接杆系的刚度只有弹性刚度，不存在几何刚度，所以这里的冗余度称为弹性冗余度。在铰接杆系中弹性冗余度和超静定数是否一样，存在怎样的区别和联系是需要解决的问题。

3.3.2　杆系结构冗余度理论

1) 势能方程

铰接杆系结构(简称杆系结构)是由杆和节点组成的，节点完全铰接，只能传递轴力，不能传递弯矩。外力只作用在节点上，因此单元不存在剪力和弯矩作用，即单元只受压力和拉力作用。

图 3-3-1 中杆长为 l，横截面积为 A，只受轴力作用。杆在变形后，保持平截面并且只在 x 方向发生变形，在 y 方向和 z 方向都没有变形。由弹性力学可知，其能量方程为

$$\Pi = \underbrace{\frac{1}{2}\int_{V} \boldsymbol{\sigma}^{\mathrm{T}}\boldsymbol{\varepsilon}\mathrm{d}v}_{\Pi_{\mathrm{i}}} - \underbrace{\int_{V} \boldsymbol{p}_{\mathrm{v}}\boldsymbol{f}\mathrm{d}v - \int_{s} \boldsymbol{p}_{\mathrm{s}}\boldsymbol{f}\mathrm{d}s - \sum \boldsymbol{p}_{\mathrm{e}}\boldsymbol{f}}_{\Pi_{\mathrm{a}}} \tag{3-3-1}$$

式中，$\boldsymbol{\sigma}$ 为单元应力向量；$\boldsymbol{\varepsilon}$ 为单元应变向量；$\boldsymbol{p}_{\mathrm{v}}$ 为单元体力向量；$\boldsymbol{p}_{\mathrm{s}}$ 为单元面

荷载向量；p_e 为单元集中荷载向量；f 为单元位移向量。

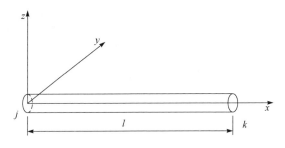

图 3-3-1　铰接杆单元示意图

2) 杆单元分析

由杆系结构特性可知，f 的第二个分量和第三个分量都为 0，只剩下位移方程 $u(x)$；单元只有轴向应力，故 σ 只有第一个分量 σ_x，其他分量 $\sigma_y = \sigma_z = 0$，E 为弹性模量。因此，式(3-3-1)中 $\sigma^T\varepsilon$ 部分可表示为

$$\sigma^T\varepsilon = \sigma_x\varepsilon_x = Eu'(x)^2 \tag{3-3-2}$$

利用式(3-3-1)和式(3-3-2)可以得到杆在内力作用下的变形能：

$$\Pi_i = \frac{1}{2}EA\int_0^l u'(x)^2 \mathrm{d}x \tag{3-3-3}$$

不考虑自重和面力，令杆端节点力分别为 N_0 和 N_l，相应的节点位移分别为 u_0 和 u_l，可以得到外荷载作用下的势能：

$$\Pi_a = u_0 N_0 + u_l N_l \tag{3-3-4}$$

由式(3-3-1)、式(3-3-3)和式(3-3-4)可得总势能表达式为

$$\Pi = \frac{1}{2}EA\int_0^l u'(x)^2 \mathrm{d}x - u_0 N_0 - u_l N_l \tag{3-3-5}$$

取线性解作为位移近似值，则对于未加载的杆单元，用 l_0 表示安装长度或无应力长度(也称为未变形长度)，用杆端节点位移表示位移和轴向拉伸率(轴向应变)ε_x，则未知位移下的总势能表示为

$$\Pi_{\text{Stab}} = \frac{1}{2}\frac{EA}{l_0}(u_l - u_0)^2 - u_0 N_0 - u_l N_l \tag{3-3-6}$$

变形后杆单元保持平截面且在 y 方向和 z 方向都没有变形，因此杆单元的中性轴总是与局部坐标系下的 x 方向一致。杆的内能表达式如下：

$$\Pi_i = \frac{1}{2}\frac{EA}{l_0}(l - l_0)^2 = \frac{1}{2}pv^2 \tag{3-3-7}$$

由此可知，变形能与变形 v 的平方有关，并乘以一个加权系数。对于杆系结构(桁架)，变形能就是单元变形 v 的加权 p 平方和。对总体结构而言，将势能对节点变量的二阶导数进行有序排列，可以得到一个二次矩阵，其正定性是存在最小势能的充要条件。这就是说，如果所有的主子式都大于 0，那么这个平衡是稳定的；如果这个矩阵为非正定矩阵，那么平衡就不稳定，其行列式就变为 0，那么它就是奇异的。这个矩阵就是刚度矩阵，对于一个杆单元就有

$$\begin{bmatrix} \dfrac{\partial^2 \Pi}{\partial u_0 \partial u_0} & \dfrac{\partial^2 \Pi}{\partial u_0 \partial u_l} \\ \dfrac{\partial^2 \Pi}{\partial u_l \partial u_0} & \dfrac{\partial^2 \Pi}{\partial u_l \partial u_l} \end{bmatrix} = \begin{bmatrix} \dfrac{EA}{l_0} & -\dfrac{EA}{l_0} \\ -\dfrac{EA}{l_0} & \dfrac{EA}{l_0} \end{bmatrix} \tag{3-3-8}$$

由于杆并没有约束，这个刚度矩阵的行列式为 0，是奇异矩阵。这个矩阵的秩为 1(需要一个约束)。

3) 杆系结构弹性冗余度

单元变形能的权系数就是杆的拉压刚度。对于一个单元数为 n、节点数为 m 的桁架，其势能表达式为

$$\Pi(\boldsymbol{x}, \boldsymbol{v}, \boldsymbol{s}) = \underbrace{\frac{1}{2} \boldsymbol{v}^{\mathrm{T}} \boldsymbol{K} \boldsymbol{v}}_{\Pi_{\mathrm{i}}} - \underbrace{\boldsymbol{s}^{\mathrm{T}} [\boldsymbol{l}_0 + \boldsymbol{v} - \boldsymbol{f}(\boldsymbol{x})]}_{0} - \underbrace{\boldsymbol{p}^{\mathrm{T}} (\boldsymbol{x} - \boldsymbol{x}_0)}_{\Pi_{\mathrm{a}}} \tag{3-3-9}$$

势能的未知变量有 n 个单元变形 $\boldsymbol{v}$、n 个单元内力 $\boldsymbol{s}$ 以及 m 个自由节点坐标 $\boldsymbol{x}$。$\boldsymbol{v}_{(1,n)}^{\mathrm{T}}$ 为单元变形向量，$\boldsymbol{s}_{(1,n)}^{\mathrm{T}}$ 为单元力向量，$\boldsymbol{l}_{0,(1,n)}^{\mathrm{T}}$、$\boldsymbol{l}_{(1,n)}^{\mathrm{T}}$ 为拉伸前后的单元长度向量，$\boldsymbol{p}_{(1,m)}^{\mathrm{T}}$ 为外荷载向量，$\boldsymbol{x}_{(1,m)}^{\mathrm{T}}$ 为平衡几何的坐标向量，$\boldsymbol{x}_{0,(1,m)}$ 为近似几何的坐标向量，$\boldsymbol{K}_{(n,n)}^{\mathrm{e}}$ 为单元刚度矩阵(对角矩阵)。

将势能方程对未知变量进行微分，并使其结果为 0，可以得到总体结构的平衡方程、物理方程和几何协调方程，其中 $\boldsymbol{f}(\boldsymbol{x})$ 为单元杆长的向量。

$$\frac{\partial \Pi}{\partial \boldsymbol{x}} = \left[\frac{\partial \boldsymbol{f}(\boldsymbol{x})}{\partial \boldsymbol{x}} \right]^{\mathrm{T}} \boldsymbol{s} - \boldsymbol{p} = 0$$

$$\frac{\partial \Pi}{\partial \boldsymbol{v}} = \boldsymbol{K} \boldsymbol{v} - \boldsymbol{s} = 0 \tag{3-3-10}$$

$$\frac{\partial \Pi}{\partial \boldsymbol{s}} = -[\boldsymbol{l}_0 + \boldsymbol{v} - \boldsymbol{f}(\boldsymbol{x})] = 0$$

平衡方程可以写成

$$\boldsymbol{A}^{\mathrm{T}} \boldsymbol{K} \boldsymbol{v} = \boldsymbol{p} \tag{3-3-11}$$

当 $A_0 = A(A^T KA)^{-1} A^T K$ 时，杆单元内力为

$$s = Kv = K(A(A^T KA)^{-1} p - (E - A_0)\tilde{l})\qquad(3\text{-}3\text{-}12)$$

由矩阵理论可知

$$r(A_0) = r(A(A^T KA)^{-1} A^T K) = r(A^T KA(A^T KA)^{-1}) = r(E) = m\qquad(3\text{-}3\text{-}13)$$

$$r(A_0^*) = r(E - A_0) = r(E) - r(A_0) = n - m\qquad(3\text{-}3\text{-}14)$$

式中，n 为单元数；m 为自由节点数。

将式(3-3-14)与 Maxwell 准则对比，可以看出它们的一致性。由此得到铰接杆系的弹性冗余度 r，即超静定数为

$$r = n - m\qquad(3\text{-}3\text{-}15)$$

外力作用得到的杆单元内力 s_p 和安装误差引起的内力 s_e 表示为

$$s_p = KA(A^T KA)^{-1} p\qquad(3\text{-}3\text{-}16a)$$

$$s_e = -K(E - A_0)\tilde{l}\qquad(3\text{-}3\text{-}16b)$$

内力部分 s_p 与初始变形(如安装误差和温度应变引起的缺陷)完全无关，从式 (3-3-16a)可以看出，它只与杆系结构的几何形状和刚度有关。

用 j 表示这个单元，并且在矩阵 $E - A_0$ 中第 j 个对角元素的冗余度为 r_j，即

$$r_j = (E - A_0)_{jj}\qquad(3\text{-}3\text{-}17)$$

外荷载 $KA(A^T KA)^{-1} p$ 部分对由安装误差变形所产生的内力没有影响。计算安装误差对其自身单元内力的影响，可得

$$\nabla s_j = -K_{jj}(E - A_0)_{jj}\nabla\tilde{l}_j = -K_{jj} r_j \nabla\tilde{l}_j = -K_{jj} r_j \nabla l_{0j}\qquad(3\text{-}3\text{-}18)$$

在小的冗余度下，安装误差对单元内力几乎没有任何影响。在静定结构中，A_0 在没有冗余的情况下是一个单位矩阵，安装误差不产生内力。相对而言，对于一个冗余度很大的单元，安装误差会产生很大的内力，单元内力在安装误差下很敏感，对于很小的安装误差，单元 j 的变形为

$$\nabla v_j = -r_j l_{0j}\qquad(3\text{-}3\text{-}19)$$

3.3.3　杆系结构冗余度算例

1) 算例 1[26]

图 3-3-2(a)、(b)均为两次超静定平面桁架，各单元的拉压刚度为 $EA = 100000\text{kN}$，其节点数为 4，支座约束数为 4，杆件总数为 6。图 3-3-2(a)和(b)的弹性冗余度计

算列表分别见表 3-3-1 和表 3-3-2(表中总计忽略了小数点后第三位的计算误差)。

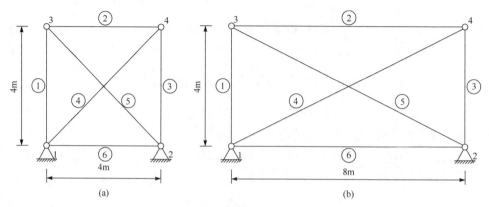

图 3-3-2 两次超静定平面桁架

表 3-3-1 桁架(a)冗余度分析

杆件	冗余度					
	没有去掉杆件	去掉杆件①	去掉杆件④	去掉杆件⑥	去掉杆件①⑥	去掉杆件④⑥
①	0.116	—	0.000	0.116	—	0.000
②	0.116	0.000	0.000	0.116	0.000	0.000
③	0.116	0.000	0.000	0.116	0.000	0.000
④	0.327	0.000	—	0.327	0.000	—
⑤	0.327	0.000	0.000	0.327	0.000	0.000
⑥	1.000	1.000	1.000	—	—	—
总计	2.000	1.000	1.000	1.000	0.000	0.000

表 3-3-2 桁架(b)冗余度分析

杆件	冗余度					
	没有去掉杆件	去掉杆件①	去掉杆件④	去掉杆件⑥	去掉杆件①⑥	去掉杆件④⑥
①	0.031	—	0.000	0.031	—	0.000
②	0.247	0.000	0.000	0.247	0.000	0.000
③	0.031	0.000	0.000	0.031	0.000	0.000
④	0.345	0.000	—	0.345	0.000	—

杆件	冗余度					
	没有去掉杆件	去掉杆件①	去掉杆件④	去掉杆件⑥	去掉杆件①⑥	去掉杆件④⑥
⑤	0.345	0.000	0.000	0.345	0.000	0.000
⑥	1.000	1.000	1.000	—	—	—
总计	2.000	1.000	1.000	1.000	0.000	0.000

由表 3-3-1 和表 3-3-2 可知，这两个桁架各有 2 个弹性冗余度，即超静定数(静不定)为 2。同样用 Maxwell 准则，可以得到其超静定次数为 2。

$$N = a + b - 2n_{\text{t}}$$

支座约束数 $a=4$，桁架单元数 $b=6$，节点总数 $n_{\text{t}}=4$，由此可得

$$N = 4 + 6 - 2 \times 4 = 2$$

桁架(a)给定一个安装误差，把杆件④缩短 1cm，由冗余度可以直接利用式 (3-3-18)得到缩短杆上力的改变，有

$$\nabla s_4 = -K_4 r_4 \nabla l_{04} = -\frac{EA_4}{l_{04}} r_4 \nabla l_{04} = -\frac{100000}{4\sqrt{2}} \times 0.327 \times (-0.01) \approx 57.81(\text{kN})$$

由此可以计算桁架(a)在杆件④缩短 1cm 这种荷载工况下各个杆件的受力情况，见表 3-3-3，其中负号为压力、正号为拉力。外力作用的荷载工况与此相互独立，即作用效果可以相互叠加。

相应地，在该安装误差下杆件④单元变形量为

$$\nabla v_4 = -r_4 l_{04} = -0.3267 \times (-10) = 3.267(\text{mm})$$

同理可以求得桁架(a)在杆件⑥缩短 1cm 这种荷载工况下各个杆件的内力和变形，见表 3-3-3。

表 3-3-3　桁架(a)中杆件的内力与变形

杆件	杆件④缩短 1cm		杆件⑥缩短 1cm	
	力/kN	单元变形量/mm	力/kN	单元变形量/mm
①	-40.75	-1.634	0.00	0.000
②	-40.75	-1.634	0.00	0.000
③	-40.75	-1.634	0.00	0.000
④	57.81	3.267	0.00	0.000
⑤	57.81	3.267	0.00	0.000
⑥	0.00	0.000	250.00	10.000

上述例子可以看出，每个杆件单元均有冗余，弹性冗余度总和即为超静定数。由于冗余度的存在，桁架结构在安装误差下会产生相应的单元内力和变形。任意杆件的拆除都会引起冗余度的重分布，也就会引起单元内力和变形的重分布。对于冗余度为 1 的杆件⑥，可以认为完全多余，删除杆件⑥冗余度总和为 1，再删除一个杆件(如删除①或④)，就会得到一个静定结构。

2) 算例 2[26]

图 3-3-3 为一个三次超静定平面桁架，其节点总数为 8，支座约束数为 4，杆件总数为 15，设水平上下弦杆和竖腹杆长度为 4m，斜腹杆长度为 $4\sqrt{2}m$，各单元的拉压刚度为 100000kN。

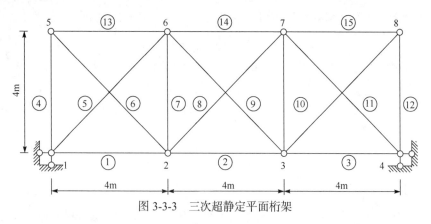

图 3-3-3　三次超静定平面桁架

该桁架弹性冗余度计算见表 3-3-4(表中总计忽略了小数点后第三位的计算误差)。

表 3-3-4　三次超静定平面桁架冗余度分析

杆件	冗余度						
	没有去掉杆件	去掉杆件①	去掉杆件①②	去掉杆件①②③	去掉杆件⑤	去掉杆件⑤⑨	去掉杆件②⑤⑨
①	0.391	—	—	—	0.345	0.333	0.000
②	0.358	0.095	—	—	0.345	0.333	—
③	0.391	0.180	0.104	—	0.381	0.333	0.000
④	0.107	0.095	0.000	0.000	0.000	0.000	0.000
⑤	0.304	0.268	0.000	0.000	—	—	—
⑥	0.304	0.268	0.000	0.000	0.000	0.000	0.000
⑦	0.107	0.095	0.000	0.000	0.000	0.000	0.000
⑧	0.000	0.000	0.000	0.000	0.000	0.000	0.000

续表

杆件	冗余度						
	没有去掉杆件	去掉杆件①	去掉杆件①②	去掉杆件①②③	去掉杆件⑤	去掉杆件⑤⑨	去掉杆件②⑤⑨
⑨	0.107	0.105	0.104	0.000	0.107	—	—
⑩	0.304	0.296	0.293	0.000	0.303	0.000	0.000
⑪	0.304	0.296	0.293	0.000	0.303	0.000	0.000
⑫	0.107	0.105	0.104	0.000	0.107	0.000	0.000
⑬	0.107	0.095	0.000	0.000	0.000	0.000	0.000
⑭	0.000	0.000	0.000	0.000	0.000	0.000	0.000
⑮	0.107	0.105	0.104	0.000	0.107	0.000	0.000
总计	3.000	2.000	1.000	0.000	2.000	1.000	0.000

从表 3-3-4 可以看出该桁架的冗余度分布,弹性冗余度总和为 3。用 Maxwell 准则可以得到其超静定次数为

$$N = a + b - 2n_t = 4 + 15 - 2 \times 8 = 3$$

即弹性冗余度总数和超静定次数相等。

删除冗余度为 0 的杆件(杆⑧和⑭),结构将会变成几何不稳定。去掉杆件①,冗余度将重新分配,冗余度总和变为 2;在此基础上删除杆件②,冗余度总和变为 1,结构内冗余度为 0 的杆件增多,这些杆件不能去掉,否则结构将失去稳定性;再去掉杆件③,整个结构变为静定结构,所有杆件的冗余度为 0。

从表 3-3-4 可以看出,结构中某些杆件不能同时拆除,如去掉杆件①、②以后,只能选择③、⑨、⑩、⑪、⑫、⑮进行拆除,否则结构将失去稳定。显然这种方法比平衡矩阵通过奇异值分解理论求得自应力模态再进行判别更加方便和直观。

在安装误差下的各个杆件内力和变形见表 3-3-5。

表 3-3-5　三次超静定桁架中杆件的内力与变形

杆件	杆件①缩短 1cm		杆件⑧缩短 1cm	
	力/kN	杆件变形量/mm	力/kN	杆件变形量/mm
①	97.82	3.913	0.00	0.000
②	80.24	3.210	0.00	0.000
③	71.93	2.877	0.00	0.000
④	17.58	0.703	0.00	0.000
⑤	−24.86	−1.406	0.00	0.000

杆件	杆件①缩短 1cm		杆件⑧缩短 1cm	
	力/kN	杆件变形量/mm	力/kN	杆件变形量/mm
⑥	-24.86	-1.406	0.00	0.000
⑦	17.58	0.703	0.00	0.000
⑧	0.00	0.000	0.00	0.000
⑨	-8.31	-0.332	0.00	0.000
⑩	11.75	0.665	0.00	0.000
⑪	11.75	0.665	0.00	0.000
⑫	-8.31	-0.332	0.00	0.000
⑬	17.58	0.703	0.00	0.000
⑭	0.00	0.000	0.00	0.000
⑮	-8.31	-0.332	0.00	0.000

从表 3-3-5 可以看出，冗余度会使安装误差在结构中产生内力和变形。冗余度为 0 的杆件产生的安装误差不会导致杆件自身以及其他杆件的内力变化，也不会产生单元变形，同时其他杆件的安装误差也不会使其产生内力和单元变形。如果所有杆件的冗余度均为 0，即结构退化为静定结构，而在静定问题中杆件会自由变形，不会在杆件中产生附加内力。

根据结构的几何拓扑关系，每个单元刚度、长度的变化对其他杆件的影响也不同。对于复杂的结构，通过冗余度可以了解结构内各个单元之间的相互作用以及联系的紧密度，可以知道一根杆件的破坏会对结构产生多大的影响。

3.4 考虑预应力的冗余度体系分析

索杆张力结构的冗余度理论分析和索网结构一样，也分为弹性冗余度和几何冗余度，因此下面通过索网冗余度理论建立索杆冗余度理论。索是受拉构件，索杆张力结构是由索组成的需要预应力提供结构刚度的结构，在体系分析过程中需要考虑预应力，下面基于冗余度理论，考虑索的预应力，建立索杆结构冗余度体系分析方法。

3.4.1 索杆冗余度理论

索的有效工作，除了需要弹性刚度，还需要几何刚度。这个几何刚度既可以由预应力提供，也可以用增加外荷载的方式激活其几何刚度。

用一个例子可以说明，几何刚度原理图如图 3-4-1 所示，在支点 i 和 k 之间有 2 个拉紧的索元，在 j 点作用一个竖向集中荷载。为了计算 j 点的位移，在 x 方向和 z 方向需要刚度。刚度的弹性部分在 z 方向上没有产生贡献，或者说没有激活几何刚度会导致在 z 方向出现奇异方程组，几何刚度因此而来。通过预应力或者外荷载的作用，在各个单元内产生张力，从而提高单元的刚度，这个增加的刚度就是几何刚度。

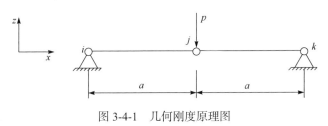

图 3-4-1　几何刚度原理图

和杆系桁架的势能一致，索网的势能也可表达为式(3-3-9)。将式(3-3-9)对节点坐标进行微分，可以得到

$$\frac{\partial \varPi}{\partial \boldsymbol{x}} = \left(\frac{\partial \boldsymbol{f}(\boldsymbol{x})}{\partial \boldsymbol{x}}\right)^{\mathrm{T}} \boldsymbol{K}(\boldsymbol{f}(\boldsymbol{x}) - \boldsymbol{l}_0) - \boldsymbol{p} = 0 \tag{3-4-1}$$

对式(3-4-1)进行泰勒展开，去掉展开式中二阶以上的部分，留下线性部分，即 $g(x_i) = g(x_{i-1}) + \dfrac{\partial g(x_{i-1})}{\partial \boldsymbol{x}} \Delta x_i$（其中，$i$ 表示在这种关系下的迭代次数），由此可得如下表达式：

$$\left[\left(\frac{\partial \boldsymbol{f}(\boldsymbol{x})}{\partial \boldsymbol{x}}\right)^{\mathrm{T}} \boldsymbol{K}\left(\frac{\partial \boldsymbol{f}(\boldsymbol{x})}{\partial \boldsymbol{x}}\right) + \left(\frac{\partial \boldsymbol{f}^2(\boldsymbol{x})}{(\partial \boldsymbol{x})^2}\right) \boldsymbol{K}(\boldsymbol{f}(\boldsymbol{x}) - \boldsymbol{l}_0)\right] \Delta \boldsymbol{x} = \boldsymbol{p} - \left(\frac{\partial \boldsymbol{f}(\boldsymbol{x})}{\partial \boldsymbol{x}}\right)^{\mathrm{T}} \boldsymbol{K}(\boldsymbol{f}(x_i) - \boldsymbol{l}_0)$$

$$\tag{3-4-2}$$

将这个方程进行简化：

$$\boldsymbol{G} \Delta \boldsymbol{x} = (\boldsymbol{A}^{\mathrm{T}} \boldsymbol{K} \boldsymbol{A} + \boldsymbol{Z}) \Delta \boldsymbol{x} = -\boldsymbol{A}^{\mathrm{T}} \boldsymbol{K}(\boldsymbol{f}(x_i) - \boldsymbol{l}_0) + \boldsymbol{p} \tag{3-4-3}$$

可知，总体刚度矩阵 $\boldsymbol{G}$ 由两部分组成：第一部分 $\boldsymbol{A}^{\mathrm{T}} \boldsymbol{K} \boldsymbol{A}$ 为弹性刚度；第二部分 $\boldsymbol{Z}$ 矩阵则是几何刚度。

1) 基本假设

采取以下基本假设[148,149]：

(1) 索是理想柔性，只能受拉而不能受压，也不能抗弯、抗剪。

(2) 索受拉符合胡克定律。

(3) 外荷载仅作用于节点。

(4) 各索段均是直线，忽略索自重的影响。

(5) 节点为理想无摩擦铰接点。

2) 弹性冗余度

将索的弹性几何协调方程线性化为

$$v_{ela} = f(x) - l_0 = f(x_i) + \frac{\partial f(x_i)}{\partial x}\Delta x - l_0 = A\Delta x - (l_0 - f(x_i)) = A\Delta x - \tilde{l} \quad (3\text{-}4\text{-}4)$$

由式(3-4-3)可得，未知量Δx为

$$\Delta x = (A^T K A + Z)^{-1}(p + A^T K_{new}\tilde{l}) = G^{-1}(p + A^T K_{new}\tilde{l}) \quad (3\text{-}4\text{-}5)$$

将式(3-4-5)代入物理方程，可得由弹性刚度产生的索单元内力为

$$s = K_{new} A G^{-1} p - K_{new}(E - A_0)\tilde{l} \quad (3\text{-}4\text{-}6)$$

式中，$A_0 = A(A^T K A + Z)^{-1} A^T K_{new}$。同杆单元一样，弹性刚度产生的索单元内力 s 由两部分组成：一部分是外荷载产生的 s_p；另一部分是由结构的初始变形产生的 s_e(如安装误差)。和桁架相似，在考虑单元具有 ∇l_0 变形的安装长度时，可以得到

$$\nabla s_j = -(K_{new})_{jj}(E - A_0)_{jj}\nabla \tilde{l}_j = -(K_{new})_{jj}(E - A_0)_{jj}\nabla l_{0j} = -(K_{new})_{jj} r_j \nabla l_{0j} \quad (3\text{-}4\text{-}7)$$

索的弹性冗余度可表示为

$$r_j = (E - A_0)_{jj} \quad (3\text{-}4\text{-}8)$$

安装误差产生的变形为

$$\nabla v = -(E - A_0)\nabla l_0 \quad (3\text{-}4\text{-}9)$$

3) 几何冗余度

与桁架不同的是，由于索中几何刚度的存在，其冗余度除有弹性部分产生的弹性冗余度之外还有几何冗余度，总的冗余度为两者之和。

索的冗余度[146]表示为

$$r = 4b + a - 3n_t \quad (3\text{-}4\text{-}10)$$

式中，r 为冗余度总和；b 为索单元数；a 为边界约束数；n_t 为节点总数。

三维情况下，杆系结构的超静定数可由 Maxwell 准则计算：

$$n_{cj} = b + a - 3n_t \quad (3\text{-}4\text{-}11)$$

式中，n_{cj} 为超静定数。

4) 索杆冗余度理论

索杆张力结构的冗余度和超静定数分别满足式(3-4-10)和式(3-4-11)。但是由于内部压杆的存在，其弹性冗余度和几何冗余度的分布与索网结构有所不同。

索杆张力结构的冗余度受到预应力的影响，力密度增大，弹性冗余度也随着

增大。预应力增加导致几何刚度增加,弹性刚度相对减小,其单元重要性系数降低,故弹性冗余度增大,其几何冗余度反而降低了。这是因为预应力主要影响几何刚度,预应力增大,其几何刚度增大,故索单元的重要性系数增大,几何冗余度减小。索杆张力结构中,所有压杆几何冗余度为 0。

索杆张力结构的弹性冗余度和几何冗余度可以用来确定结构的静不定和动不定,进而判定索杆张力结构的几何稳定性。在考虑制造精度时,弹性冗余度很大的索单元需要制得非常精确,因为缺陷会在单元上引起很大的内力变化。相对地,索单元弹性冗余度很小时,缺陷只会引起刚性变形。

3.4.2　索网冗余度算例

1) 算例 1——简单索网[26]

图 3-4-2 为一个简单的索网,施加预应力后索长为 5m, $EA = 50240\text{kN}$。计算在不同力密度 $q\,(\text{kN/m})$情况下索网冗余度,见表 3-4-1。

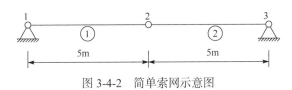

图 3-4-2　简单索网示意图

表 3-4-1　简单索网冗余度

工况	单元	弹性冗余度	几何冗余度	冗余度总和
	①	0.5000	2.0000	2.5
$q = 0.01\text{kN/m}$	②	0.5000	2.0000	2.5
	总计	1.0000	4.0000	5.0
	①	0.5005	1.9995	2.5
$q = 10\text{kN/m}$	②	0.5005	1.9995	2.5
	总计	1.0010	3.9990	5.0
	①	0.5025	1.9975	2.5
$q = 50\text{kN/m}$	②	0.5025	1.9975	2.5
	总计	1.0050	3.9950	5.0
	①	0.5049	1.9951	2.5
$q = 100\text{kN/m}$	②	0.5049	1.9951	2.5
	总计	1.0098	3.9902	5.0
$q = 10\text{kN/m}$	①	0.5015	1.9985	2.5
$q = 50\text{kN/m}$	②	0.5015	1.9985	2.5
	总计	1.0030	3.9970	5.0

由式(3-4-10)计算可得索网冗余度 $r = 4 \times 2 + 6 - 3 \times 3 = 5$。由式(3-4-11)可得其超静定数 $n_{cj} = 2 + 6 - 3 \times 3 = -1$，即该索网有 1 个超静定。

当力密度从 0.01kN/m 开始增加时，弹性冗余度也随之增大，且弹性冗余度始终大于等于 1，相应的几何冗余度减少。

当 $q = 10$kN/m 时，弹性冗余度之和为 1.0010，几何冗余度之和为 3.9990。由此可以得到该索网在这个工况下的动不定为 $3 \times 2 - 3.9990 = 2.0010$，即 6 个方程用于建立几何刚度，其中 3.9990 用于控制方程，2.0010 用于确定未知坐标，这些几何刚度的方程意味着结构具有 2.0010 个运动自由度；弹性冗余度共计 1.0010，即静不定为 1.0010。由此得到结构的超静定数为 $2.0010 - 1.0010 = 1$，与式(3-4-11)结果一样。

2) 算例 2——六边形网格索网[26]

图 3-4-3 为六边形网格索网，该索网共有 96 个单元，60 个节点，周围 6 个为约束节点，$EA = 51810$kN。在力密度为 10kN/m 时该索网冗余度见表 3-4-2(冗余度总和是对于整个索网结构，根据对称性，表中仅列出 1/4 对称模型和对称边冗余度的结果)。

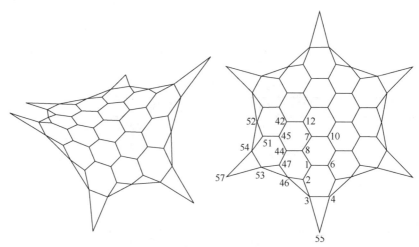

图 3-4-3 六边形网格索网示意图

表 3-4-2 六边形网格索网冗余度

节点 1 编号	节点 2 编号	弹性冗余度	几何冗余度	冗余度总和
1	2	0.003	2.203	2.206
2	3	0.007	2.390	2.397
3	4	0.006	2.476	2.482
6	1	0.004	2.201	2.205
7	8	0.003	2.080	2.083
8	1	0.004	2.190	2.194
10	7	0.003	2.058	2.061

节点 1 编号	节点 2 编号	弹性冗余度	几何冗余度	冗余度总和
12	7	0.003	2.080	2.083
12	42	0.003	2.080	2.083
8	44	0.004	2.150	2.154
42	45	0.004	2.150	2.154
45	44	0.003	2.234	2.237
2	46	0.006	2.395	2.401
44	47	0.004	2.182	2.186
47	46	0.005	2.406	2.411
45	51	0.004	2.182	2.186
52	51	0.005	2.406	2.411
47	53	0.010	2.375	2.385
51	54	0.010	2.375	2.385
54	53	0.005	2.494	2.499
55	3	0.045	2.534	2.579
3	46	0.029	2.266	2.295
46	53	0.032	2.253	2.285
53	57	0.074	2.550	2.624
57	54	0.074	2.550	2.624
54	52	0.032	2.253	2.285
总计		1.270	220.730	222

该六边形网格索网的冗余度 $r = 222$，超静定数 $n_{cj} = -66$，即有 66 个超静定。其弹性冗余度之和为 1.270，几何冗余度之和为 220.730。由此可以得到该索网在这个工况下的动不定为 $3 \times 96 - 220.730 = 67.270$，这些几何刚度的方程意味着结构具有 67.270 个运动自由度；弹性冗余度共计 1.270，即静不定为 1.270。由此得到结构的超静定数为 $67.270 - 1.270 = 66$。

由表 3-4-2 可以看出，该索网弹性冗余度较几何冗余度小得多，其中边缘索单元的弹性冗余度比中间索单元的弹性冗余度大，呈中间向四周逐渐增大的趋势。与支座相连的索单元的几何冗余度较大。

3.4.3　索杆张力结构冗余度算例

1) 张拉整体单元[26]

图 3-4-4 为张拉整体结构的一个单元体，3 根受压杆件互不接触，每个端点分别与 3 根索相连，共 9 个索单元。找形后，其节点坐标和约束条件(0 表示该方向约束，1 表示该方向自由)见表 3-4-3，两种不同力密度下的单元信息见表 3-4-4。经计算可以得到该张拉整体单元的冗余度如图 3-4-5 所示。

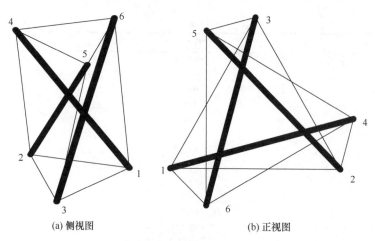

(a) 侧视图　　　　　　　　　　　　　　(b) 正视图

图 3-4-4　张拉整体单元示意图

表 3-4-3　张拉整体单元节点坐标与约束条件

节点编号	x/m	y/m	z/m	约束
1	0.000000	0.000000	0.000000	000
2	1.000000	0.000000	0.000000	100
3	0.500000	0.866025	0.000000	110
4	1.077350	0.288675	2.000000	111
5	0.211325	0.788675	2.000000	111
6	0.211325	−0.211325	2.000000	111

表 3-4-4　张拉整体单元信息

节点1编号	节点2编号	杆件长度/m	拉压刚度/kN	力密度 a 无应力长度/m	力密度 a 力密度/(kN/m)	力密度 b 无应力长度/m	力密度 b 力密度/(kN/m)
2	5	2.289982	65940	2.290777	−10.0000	2.291573	−20.0000
1	4	2.289982	65940	2.290777	−10.0000	2.291573	−20.0000
6	3	2.289982	65940	2.290777	−10.0000	2.291573	−20.0000
1	2	1.000000	3238	0.998220	5.7735	0.996447	11.5470
2	3	1.000000	3238	0.998220	5.7735	0.996446	11.5470
3	1	1.000000	3238	0.998220	5.7735	0.996446	11.5470
4	5	1.000000	3238	0.998220	5.7735	0.996446	11.5470
5	6	1.000000	3238	0.998220	5.7735	0.996447	11.5470
6	4	1.000000	3238	0.998220	5.7735	0.996446	11.5470
4	2	2.022206	3238	2.009655	10.0000	1.997259	20.0000
5	3	2.022206	3238	2.009655	10.0000	1.997259	20.0000
6	1	2.022206	3238	2.009655	10.0000	1.997259	20.0000

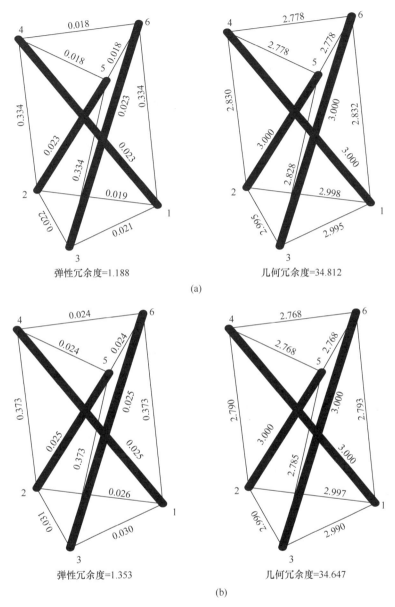

图 3-4-5　张拉整体单元冗余度

张拉整体单元冗余度 $r = 36$，其超静定数 $n_{cj}=0$，张拉整体单元为自平衡体系，外部恰好6个刚体约束，故该结构静定。该张拉整体单元弹性冗余度之和为1.188，几何冗余度之和为34.812。该结构动不定 $3 \times 12 - 34.812 = 1.188$，静不定为弹性冗余度1.188，则超静定数为0。

分析该张拉整体单元的冗余度可知，侧边三条索单元的弹性冗余度较大。压杆单元的几何冗余度恒为 3，因为其没有几何刚度，故几何完全冗余。弹性冗余度的取值范围为 0~1，几何冗余度的取值范围为 0~3。预应力主要影响几何刚度，预应力增大，其几何刚度增大，故索单元的重要性系数增大，几何冗余度减小。

2) 张拉整体结构[26]

由上述张拉整体单元拼接而成的张拉整体结构如图 3-4-6 所示。找形后，其节点坐标和约束条件(0 表示该方向约束，1 表示该方向自由)见表 3-4-5，单元信息见表 3-4-4。经计算可以得到该张拉整体结构的冗余度如图 3-4-7 所示。

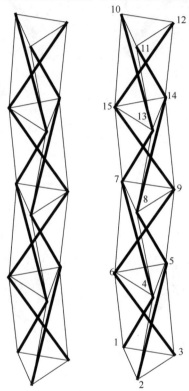

图 3-4-6　张拉整体结构示意图

表 3-4-5　张拉整体结构节点坐标与约束条件

节点号	x/m	y/m	z/m	约束
1	0.000000	0.000000	0.000000	000
2	1.000000	0.000000	0.000000	100
3	0.500000	0.866025	0.000000	110
4	1.077350	0.288675	2.000000	111
5	0.211325	0.788675	2.000000	111
6	0.211325	−0.211325	2.000000	111

节点号	x/m	y/m	z/m	约束
7	0.000000	0.000000	4.000000	111
8	1.000000	0.000000	4.000000	111
9	0.500000	0.866025	4.000000	111
10	0.000000	0.000000	8.000000	111
11	1.000000	0.000000	8.000000	111
12	0.500000	0.866025	8.000000	111
13	1.077350	0.288675	6.000000	111
14	0.211325	0.788675	6.000000	111
15	0.211325	− 0.211325	6.000000	111

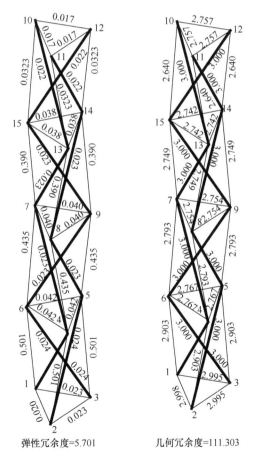

弹性冗余度=5.701　　　　　几何冗余度=111.303

图 3-4-7　张拉整体结构冗余度

总的冗余度 117.004，约等于 117，其超静定数 $n_{cj}=0$，张拉整体结构为自平衡体系，外部恰好有 6 个刚体约束，故该结构静定。由图 3-4-7 可得，该张拉整体结构的弹性冗余度为 5.701，几何冗余度为 111.303。该结构的动不定为 5.701，静不定也为 5.701，超静定为两者之差，故其值为 0。该结构侧边索单元弹性冗余度值较大，并且由低到高依次减小。横截面上索单元弹性冗余度较小，由低到高也依次减小(底面上三条索单元除外)。所有压杆的几何冗余度均为 3，索单元几何冗余度基本随着结构高度的增加而减小。

3.5　基于分布式不定值的体系分析

体系分析的目的主要在于揭示结构的内在特征，一般是以结构特定几何态为分析对象，利用某种有效的手段探究它们构成同一类体系所依据的内在联系，并据此形成体系判定准则和分析方法及理论，是结构分析的关键内容；对柔性张力结构而言，体系分析更是形态分析和静、动力响应分析等进一步研究工作的前提和基础。

已有的体系分析多是基于几何学的研究，并不涉及构件刚度(包括弹性刚度和几何刚度)对结构体系的影响，反映的是结构整体层面的静动特性，并没有体现各构件对整体的贡献。为此，以冗余度概念为基础，Ströbel[33]提出了分布式冗余度；类似地，以结构静不定概念为基础，Tibert 等[35-37]给出了分布式静不定的定义和计算方法，并认为分布式静不定值即为单元的弹性冗余度。无论是基于冗余度还是基于静不定概念的分析方法都将体系分析从系统的层面细化到了构件的层面，但都存在局限性：分布式冗余度分析法缺乏有关几何冗余度的计算方法和相应物理意义的说明；分布式静不定分析法仅能揭示构件对结构体系静不定特性的贡献，缺乏对结构体系动不定特性的分析；此外，上述两者间存在的关系也缺乏详细而深入的研究。

针对前面方法存在的问题，下面建立基于分布式不定值的体系分析方法，主要包括：①从结构不定数的概念出发，分别给出分布式静不定、动不定的定义和详细的计算公式，完善了分布式不定值体系分析方法；②从能量的角度对分布式冗余度给出了统一的推导，得出的计算公式既适用于分布式弹性冗余度又适用于分布式几何冗余度，完善了分布式冗余度体系分析方法；③对上述两种方法进行对比分析，从数学上给出弹性冗余度与分布式静不定相同的证明及成立条件。

以任一空间索杆张力结构为例，做如下基本假定：

(1) 节点总数为 n，节点铰接，外力只作用于节点上。

(2) 构件总数为 b，构件由理想柔性索和压杆组成，均为直线且忽略自身重量，压杆仅承受压力或拉力作用，而索只承受拉力作用，压杆不考虑稳定问题。

(3) 约束总数为 a，约束为与时间无关的边界条件几何约束。

(4) 结构变形满足小变形(即小位移、小应变)假设，构件材料满足线弹性假设。

受到初始误差和外荷载的共同作用，结构产生了节点位移和构件内力的变化，从一个平衡位形(位置和形状)向另一个平衡位形运动。在分布式静不定计算方法的推导过程中，考察的是初始误差对构件协调变形和内力变化的影响，故不考虑外荷载的作用；而在分布式动不定计算方法的推导过程中，考察的是外荷载对节点位移的作用，故不考虑构件变形对节点位移的影响。

3.5.1　分布式静不定

1) 分布式静不定推导

选择任意空间索杆结构，该结构在外荷载 f 和构件内力 t_0 的作用下平衡，构件长度为 l_0，将此刻结构位形记为 G_0。引入初始误差 e_0(此处代表构件长度变化量)，假设伸长为正，缩短为负。在 e_0 的作用下，结构从初始位形 G_0 移动到新的位形 G 并再次平衡，此时结构应满足的平衡方程、几何方程和物理方程如下：

$$At = f \ , \quad Bd = e \ , \quad t = t_0 + Kv \ , \quad e = v + e_0 \tag{3-5-1}$$

若把初始误差 e_0 理解为自由变形，v 可以认为是由冗余约束存在所限制的构件变形。

参照式(3-2-6)对矩阵 A 进行奇异值分解 $A = UVW_1^{\mathrm{T}}$ [145]，其中，$U = [U_1 | M]$，$V = \begin{bmatrix} V_1 & 0 \\ 0 & 0 \end{bmatrix}$ 为对角矩阵，$W = [W_1 | S]$。M 为机构位移模态矩阵，S 为自应力模态矩阵。若 $\mathrm{rank}(A) = r_A$，此时体系的静不定总数 $s = b - r_A$，动不定总数 $m = 3n - a - r_A$；传统冗余度 R 为静不定总数与动不定总数之差的绝对值。

矩阵 A 的 Moore-Penrose 广义逆矩阵[134]可写为

$$A^+ = W_1 V_1^{-1} U_1^{\mathrm{T}} \tag{3-5-2}$$

因此

$$t = A^+ f + Sa \tag{3-5-3}$$

式中，A^+ 为矩阵 A 的 Moore-Penrose 广义逆矩阵；a 为自应力模态组合系数。

位形 G 下的结构内力 t 主要包括两部分：由外荷载 f 引起的内力 t_f 和由初始误差 e_0 引起的内力 t_{e_0}。基于小变形假设和节点外荷载 f 不改变的假设，可不考虑外荷载所引起的内力变化，于是构件内力 t 可近似表达为

$$t \approx t_0 + Sa \tag{3-5-4}$$

$$\Delta t = t - t_0 = Sa$$

式中，Δt 为构件内力变化量。

此时，结构的应变能为

$$U = \frac{1}{2} e^{\mathrm{T}} K e \tag{3-5-5}$$

由驻值条件 $\delta U = 0$ 可得

$$\left[e_0 + \hat{F} S \alpha \right]^{\mathrm{T}} K \hat{F} S = 0 \tag{3-5-6}$$

式中，$\hat{F}$ 为对角柔度矩阵，构件的协调变形 v 为

$$v = -\hat{F} S (S^{\mathrm{T}} \hat{F} S)^{-1} S^{\mathrm{T}} e_0 \tag{3-5-7}$$

故构件内力变化量 Δt 为

$$\Delta t = -K v = -K \Omega e_0 \tag{3-5-8}$$

$$\Omega = \hat{F} S (S^{\mathrm{T}} \hat{F} S)^{-1} S^{\mathrm{T}} \tag{3-5-9}$$

式(3-5-8)中负号表示缩短的索长误差在构件内产生拉力。将 Ω 定义为分布式静不定矩阵，将其对角元素 γ_i $(i=1,2,\cdots,b)$ 定义为第 i 个构件的分布式静不定，$\gamma_i \in [0,1]$。易知，由式(3-5-9)计算所得的分布式静不定不仅反映了结构的几何特性对静不定总数的贡献，也体现了弹性刚度对静不定总数分配的影响。

当不考虑弹性刚度影响时，即假设 $\hat{F} = I$，矩阵 Ω 简化为

$$\Omega = S S^{\mathrm{T}} \tag{3-5-10}$$

由式(3-5-10)计算所得的分布式静不定仅反映了构件在几何上对静不定总数的贡献。

综上所述，由式(3-5-9)求得的分布式静不定，包含了几何拓扑关系和弹性刚度对结构静不定特性的影响；而由式(3-5-10)求得的分布式静不定，仅包含几何拓扑关系对结构静不定特性的影响。

2) 分布式静不定特性与体系分析

协调变形矩阵 Ω 由包含结构几何拓扑关系的自应力模态矩阵 S 和包含结构弹性刚度分布的对角柔度矩阵 $\hat{F}$ 组合构成，与荷载作用的大小、部位、方位均无关联，说明分布式静不定是一种体现结构内部属性的指标。根据对称性可知，具有同等地位的构件一定具有相同的分布式静不定值。该性质对找力分析有重要作用，将在第 4 章找力分析理论进行详细论述。

由于 S 为 $\mathrm{rank}(S) = b - r_A$ 的列满秩矩阵，$\hat{F}$ 为 $\mathrm{rank}(\hat{F}) = b$ 的满秩方阵，那么矩阵 $S^{\mathrm{T}} \hat{F} S$ 则为 $\mathrm{rank}(S^{\mathrm{T}} \hat{F} S) = b - r_A$ 的满秩方阵，故有

$$\Omega^2 = \hat{F} S (S^{\mathrm{T}} \hat{F} S)^{-1} S^{\mathrm{T}} \hat{F} S (S^{\mathrm{T}} \hat{F} S)^{-1} S^{\mathrm{T}} = \Omega \tag{3-5-11}$$

$\boldsymbol{\Omega}$ 为幂等矩阵，其秩 $\text{rank}(\boldsymbol{\Omega}) = b - r_A$，并且其迹等于秩，即

$$\text{tr}(\boldsymbol{\Omega}) = \text{rank}(\boldsymbol{\Omega}) \tag{3-5-12}$$

根据矩阵的一般性质，矩阵的迹等于矩阵对角元素的总和：

$$\text{tr}(\boldsymbol{\Omega}) = \sum_{i=1}^{b} \gamma_i \tag{3-5-13}$$

$$\sum_{i=1}^{b} \gamma_i = \text{rank}(\boldsymbol{\Omega}) = b - r_A = s \tag{3-5-14}$$

从式(3-5-14)可以看出，分布式静不定的总和 $\sum\limits_{i=1}^{b}\gamma_i$ 等于结构静不定总数 s，说明上述分布式静不定的计算方法符合传统体系分析中的 Maxwell 准则和平衡矩阵理论。当 $s=0$ 时，结构为静定结构，所有约束都是维持结构几何不变的基本约束，即无冗余约束，各个构件的分布式静不定值都为 0；当 $s>0$ 时，结构为静不定结构，有冗余约束，各构件的分布式静不定 $\gamma_i \in [0,1]$（$i=1,2,\cdots,b$），具体数值可能各不相同，反映了各构件对结构静不定特性的贡献。

从式(3-5-7)和式(3-5-8)可以看出，初始误差(如制作误差、安装误差、温度变化)引起的构件伸长或缩短会导致构件协调变形及内力的变化。以构件 i 为例，假设仅存在 $e_0^i = 1$，而其他构件初始误差为 0，当 $\gamma_i = 0$ 时，周围构件对构件 i 仅是基本约束，初始误差不会导致单元内力的变化，也不会引起协调变形；而 $\gamma_i = 1$ 时，构件 i 被完全约束，初始误差代表的自由变形受到阻碍，自由变形完全转化成构件的协调变形，构件内力的变化则取决于单元的弹性刚度 k_i。因此，分布式静不定体现了构件的内力和协调变形对初始误差的敏感性。

3.5.2 分布式动不定

1) 分布式动不定推导

由最小势能原理可知，结构需满足以下平衡方程：

$$\boldsymbol{f} = \boldsymbol{K}_s \boldsymbol{d} \tag{3-5-15}$$

$$\boldsymbol{K}_s = \boldsymbol{Z} + \boldsymbol{A}\boldsymbol{K}\boldsymbol{A}^{\text{T}} \tag{3-5-16}$$

式中，$\boldsymbol{K}_s$ 为切线刚度矩阵[150]，由几何刚度矩阵 $\boldsymbol{K}_{\text{NL}} = \boldsymbol{Z}$ 和弹性刚度矩阵 $\boldsymbol{K}_{\text{L}} = \boldsymbol{A}\boldsymbol{K}\boldsymbol{A}^{\text{T}}$ 组成。弹性刚度矩阵与几何刚度矩阵都能反映结构的自身特性。

根据能量原理，若存在外力对结构做功，则结构会发生运动；若外力对结构不做功，则结构在该力系下达到稳定状态。引入初始误差后，在初始误差 e_0 和外荷载 f 的共同作用下，结构从一个平衡位形 G_0 移动到新的平衡位形 G，此时结构在该力系下稳定，则有

$$\boldsymbol{M}^{\text{T}}(\boldsymbol{f} - \boldsymbol{K}_s \boldsymbol{d}) = 0 \tag{3-5-17}$$

即节点不平衡力 $f - K_s d$ 与所有机构位移模态矩阵 M 正交。

根据式(3-5-1)，节点位移 d 有如下广义解：

$$d = B^+ e + M\beta \tag{3-5-18}$$

式中，B^+ 为协调矩阵 B 的 Moore-Penrose 广义逆矩阵；β 为机构位移模态组合系数。可以看出，从位形 G_0 到位形 G，节点位移 d 由两部分组成：与构件变形 e 相协调的位移 d_1；与构件变形 e 不相协调的位移 d_2，即刚体位移 $M\beta$，其中不包含整体刚体位移。基于小变形假设，可不考虑构件变形对节点位移的影响，只考虑刚体位移 $M\beta$，那么

$$d = M\beta \tag{3-5-19}$$

$$M^T (f - K_s M\beta) = 0 \tag{3-5-20}$$

$$\beta = (M^T Z M)^{-1} M^T f \tag{3-5-21}$$

将式(3-5-21)代入式(3-5-19)可得

$$d = N\left[Z M (M^T Z M)^{-1} M^T \right] f = N\Phi f \tag{3-5-22}$$

$$\Xi = Z M (M^T Z M)^{-1} M^T \tag{3-5-23}$$

式中，$N = Z^{-1}$ 可理解为几何柔度矩阵。将 Ξ 定义为分布式动不定矩阵，将 Ξ 的第 $3j-2$ 个至第 $3j$ 个对角元素定义为第 j 个节点 3 个自由度对应分布式动不定分量，并分别标记为 λ_{iX}、λ_{iY} 和 λ_{iZ}；将第 j 个节点分布式动不定分量的和 $\lambda_{iX} + \lambda_{iY} + \lambda_{iZ}$ 定义为该节点的分布式动不定。因此，式(3-5-23)计算所得的分布式动不定既反映了结构的几何特性对动不定总数的贡献，也体现了几何刚度对动不定总数分配的影响。

特别地，当不考虑几何刚度影响，即假设 $Z = I$ 时，Ξ 可简化为

$$\Xi = M M^T \tag{3-5-24}$$

此时计算所得的分布式动不定只反映了构件在几何上对动不定总数的贡献。

综上所述，由式(3-5-23)计算的分布式动不定包含了几何拓扑关系和几何刚度对结构动不定特性的影响；而由式(3-5-24)计算的分布式动不定只包含几何拓扑关系对结构动不定特性的影响。

2) 分布式动不定特性与体系分析

矩阵 Ξ 通过机构位移模态矩阵 M 体现了结构几何拓扑关系的作用，又通过几何刚度矩阵 Z 反映了结构预应力分布的特性，即索单元始终处于受拉状态而杆单元则始终保持受压状态。可以看出，分布式动不定的定义与外荷载大小、部位、方位均无关联，说明分布式动不定也是结构内部属性的一种表征指标。具有同等地位的节点具有相同的分布式动不定值。

由于本章假设结构处于稳定状态，实际上隐含了切线刚度矩阵正定的假设，此

处进一步假设几何刚度矩阵 Z 为 $\mathrm{rank}(Z) = 3n_t - a$ 的满秩方阵。机构位移模态矩阵 M 为 $\mathrm{rank}(M) = 3n_t - a - r_A$ 的列满秩矩阵，那么矩阵 $M^T Z M$ 为 $\mathrm{rank}(M^T Z M) = 3n_t - a - r_A$ 的满秩方阵，则有

$$\boldsymbol{\Xi}^2 = ZM(M^T ZM)^{-1} M^T ZM(M^T ZM)^{-1} M^T = \boldsymbol{\Xi} \tag{3-5-25}$$

即 $\boldsymbol{\Xi}$ 为幂等矩阵，其秩 $\mathrm{rank}(\boldsymbol{\Xi}) = 3n_t - a - r_A$。可知

$$\sum_{i=1}^{3n-c} \lambda_i = \mathrm{rank}(\boldsymbol{\Xi}) = 3n_t - a - r_A = m \tag{3-5-26}$$

式(3-5-26)表示分布式动不定的总和 $\sum_{i=1}^{3n-c} \lambda_i$ 等于结构动不定总数 m，反映了各个节点对动不定特性的贡献。这说明分布式动不定符合 Maxwell 准则和平衡矩阵理论中的定义，即采用上述方法可以将结构动不定总数量化到每个节点在当前坐标系下的 X、Y 和 Z 方向上(无外在约束)。与分布式静不定不同，由几何刚度矩阵的性质决定分布式动不定 λ_i 可能为负，负号表示节点在该方向的潜在运动与外荷载方向相反。实际上，分布式动不定体现了各节点对整体系统稳定性的影响，即每个方向上的分布式动不定值都反映了节点在该方向上的可动性；其值越高，则意味着节点在该方向越容易发生移动。以此为判断依据，可以清楚地发现结构中最不稳定的区域。

3.5.3 算例

如图 3-5-1 所示，以一个正方形张拉整体单元为例[139]，来验证上述分布式不定值计算方法的可行性。图 3-5-1 中粗线表示杆单元，细线表示索单元。该结构由 4 根杆、12 根索和 8 个节点组成，所有节点均为自由节点；各节点到中心 O 的水平距离 $\rho = 70.71\mathrm{mm}$，结构上、下层正方形水平投影的扭转角 $\theta = 45°$，上、下平面的垂直距离 $H = 100.00\mathrm{mm}$。该结构所有构件可分为平面索、斜索和斜杆三类，各类构件的 EA 和初始预应力模态相同，见表 3-5-1。

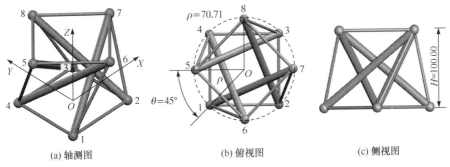

(a) 轴测图　　　　　　(b) 俯视图　　　　　　(c) 侧视图

图 3-5-1　张拉整体单元(单位：mm)

表 3-5-1　张拉整体单元初始预应力模态和弹性刚度分布

构件类型	预应力模态	EA/kN	个数
平面索	0.430	3238	8
斜索	0.691	3238	4
斜杆	−1.000	65940	4

根据平衡矩阵理论可知，该正方形张拉整体单元为静不定且动不定结构，共有 1 个自应力模态和 9 个机构位移模态(其中包含 6 个整体刚体位移模态)。即结构的静不定总数为 1 而动不定总数为 3。利用式(3-5-9)和式(3-5-10)求得各构件分布式静不定值，见表 3-5-2；利用式(3-5-23)和式(3-5-24)求得各构件分布式动不定值，见表 3-5-3。

表 3-5-2　张拉整体单元分布式静不定值

构件类型	个数	γ_i (无弹性刚度影响)	γ_i (有弹性刚度影响)
平面索	8	0.0250	0.0465
斜索	4	0.0646	0.1367
斜杆	4	0.1354	0.0203
总计	16	1.0000	1.0000

表 3-5-3　张拉整体单元分布式动不定值

节点编号	无几何刚度影响				有几何刚度影响			
	λ_{iX}	λ_{iY}	λ_{iZ}	$\lambda_{iX}+\lambda_{iY}+\lambda_{iZ}$	λ_{iX}	λ_{iY}	λ_{iZ}	$\lambda_{iX}+\lambda_{iY}+\lambda_{iZ}$
1	0.1354	0.1354	0.1043	0.375	0.1716	0.1300	0.0735	0.375
2	0.1354	0.1354	0.1043	0.375	0.1300	0.1716	0.0735	0.375
3	0.1354	0.1354	0.1043	0.375	0.1716	0.1300	0.0735	0.375
4	0.1354	0.1354	0.1043	0.375	0.1300	0.1716	0.0735	0.375
5	0.1000	0.1707	0.1043	0.375	0.1765	0.1250	0.0735	0.375
6	0.1707	0.1000	0.1043	0.375	0.1250	0.1765	0.0735	0.375
7	0.1000	0.1707	0.1043	0.375	0.1765	0.1250	0.0735	0.375
8	0.1707	0.1000	0.1043	0.375	0.1250	0.1765	0.0735	0.375
总计	1.0830	1.0830	0.8344	3.000	1.2062	1.2062	0.5880	3.000

根据计算结果可知，无论是否考虑弹性刚度影响，各类构件的分布式静不定值总是相同的，具体数值见表 3-5-2。也就是说，同类构件总是具有相等的分布式静不定值，与结构的对称性一致。根据表 3-5-2 可知，与不考虑弹性刚度作用的分布式静不定值相比，由于受弹性刚度的影响，各构件的分布式静不定值都发生了变化，但所有构件分布式静不定值总和始终等于静不定总数，即 $s=1$，始终符合 Maxwell 准则要求。这意味着弹性刚度仅影响静不定值在各个杆件上的分布

而无法影响静不定总数。而针对实际工程的分析，总是需要同时考虑几何拓扑和弹性刚度等影响因素对结构的作用；故在考虑弹性刚度影响的情况下，斜索具有最大的静不定值 $\gamma_{\max} = 0.1367$，说明该构件的内力在其自身索长误差下最为敏感，需提高其制作精度。

根据表 3-5-3 可知，与不考虑几何刚度作用的分布式动不定值相比，由于受几何刚度的影响，每个节点在各方向上的分布式动不定分量都发生了变化，但所有节点分布式动不定值总和始终等于动不定总数 $m = 3$(排除整体刚体位移模态)，始终遵循 Maxwell 准则。这说明几何刚度仅影响各节点分布式动不定值在各轴上的分量而不影响动不定总数。易发现，该结构几何拓扑关系和给定的构件预应力分布都具有对称性，所有结构的 8 个节点都可看作同类节点。它们都具有相同的可动性，且分别对结构的分布式动不定具有 3/8 的贡献。这就是无论是否考虑几何刚度的影响，该结构各个节点的分布式动不定始终等于 0.3750 的原因。

3.6　分布式冗余度

在结构力学范畴中，冗余度一般是指超静定次数，即超静定结构中多余约束的个数；从数学角度描述，是可用方程数多于求解所需方程数的个数[151]。除此之外，冗余度还被赋予了其他定义，即系统相对局部单元失效概率的比值[152]，或损伤结构与完好结构承载力之比[153]，用于反映结构整体性的优劣。上述三种冗余度的定义或有所区别，但不同的表述反映的是不同侧重面下结构冗余特性的表现。本节采用第一种冗余度定义。

3.6.1　分布式冗余度理论推导

在时刻 τ，结构处于平衡状态，构件长度为 $^{\tau}l$，构件内力为 t_0，节点坐标为 $^{\tau}X$。若此时引入初始误差，结构在初始误差和原有外力的作用下产生了 d 位移，并在时刻 $\tau + \Delta\tau$ 达到新的平衡态，构件长度变为 $^{\tau+\Delta\tau}l$，构件内力变为 t，节点坐标变为 $^{\tau+\Delta\tau}X$。用 X_U、X_V、X_W 分别代表节点在 X、Y 和 Z 方向上的坐标，则 $X = (X_U^T, X_V^T, X_W^T)^T$。如图 3-6-1 所示，以构件 i 为例，两端点编号分别为 k 和 l(假设 $k < l$)，构件端点坐标差 X_{geo}^i 可表示为

$$X_{\text{geo}}^i = (X_U^k - X_U^l, X_V^k - X_V^l, X_W^k - X_W^l)^T \tag{3-6-1}$$

从时刻 τ 到时刻 $\tau + \Delta\tau$，构件 i 端点位移差 d_{geo}^i 可表示为

$$d_{\text{geo}}^i = d^k - d^l = (^{\tau+\Delta\tau}X^k - {}^{\tau}X^k) - (^{\tau+\Delta\tau}X^l - {}^{\tau}X^l) = {}^{\tau+\Delta\tau}X_{\text{geo}}^i - {}^{\tau}X_{\text{geo}}^i \tag{3-6-2}$$

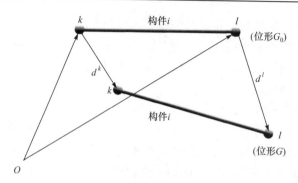

图 3-6-1　单元位移

构件 i 变形前后长度的变化，即变形的度量可表示为

$$
\begin{aligned}
(^{\tau+\Delta\tau}l^i)^2 - (^\tau l^i)^2 &= (^{\tau+\Delta\tau}X_{\mathrm{geo}}^{i\ \mathrm{T}} - {}^\tau X_{\mathrm{geo}}^{i\ \mathrm{T}})(^{\tau+\Delta\tau}X_{\mathrm{geo}}^i + {}^\tau X_{\mathrm{geo}}^i) \\
&= d_{\mathrm{geo}}^{i\ \mathrm{T}}(2{}^\tau X_{\mathrm{geo}}^i + d_{\mathrm{geo}}^i)
\end{aligned}
\tag{3-6-3}
$$

实际上，由式(3-6-3)表达的变形由线性变形与非线性变形两部分组成；针对索杆张力结构等柔性体系，主要依靠预应力提供的几何刚度来保持稳定的结构形态和承受外部荷载，故需要考虑非线性变形，从而引入几何刚度矩阵的概念。当考虑几何非线性时，根据有限元理论[154]可知，构件 i 的应变能 U^i 可表达为

$$
U^i = \frac{1}{2}e_1^i k e_1^i + \frac{1}{2}d_{\mathrm{geo}}^{i\ \mathrm{T}} q_0^i (2{}^\tau X_{\mathrm{geo}}^i + d_{\mathrm{geo}}^i)
\tag{3-6-4}
$$

式中，q_0^i 为 3×3 单元力密度矩阵，$q_0^i = \mathrm{diag}(q_0^i, q_0^i, q_0^i)$。

将式(3-6-4)从单一构件推广到整体，结构总应变能为

$$
U = \frac{1}{2}e_1^\mathrm{T} K e_1 + \frac{1}{2}d_{\mathrm{geo}}^\mathrm{T} Q_0^* (2{}^\tau X_{\mathrm{geo}} + d_{\mathrm{geo}})
\tag{3-6-5}
$$

式中，Q_0^* 为结构整体力密度矩阵，$Q_0^* = \mathrm{diag}(q_0^1, q_0^2, \cdots, q_0^b)$；对于整个结构有

$$
X_{\mathrm{geo}} = CX
\tag{3-6-6}
$$

$$
d_{\mathrm{geo}} = (d_{U\mathrm{geo}}^\mathrm{T}, d_{V\mathrm{geo}}^\mathrm{T}, d_{W\mathrm{geo}}^\mathrm{T})^\mathrm{T} = Cd
\tag{3-6-7}
$$

式(3-6-6)和式(3-6-7)中矩阵 $C = \mathrm{diag}(C_1, C_1, C_1)$，$C_1 \in \mathbb{R}^{b\times n}$ 为枝点矩阵。对构件 i(端点编号 $k<l$)，C_1 矩阵有第 i 行的第 k 个和第 l 个元素分别为 1 和 -1，其余元素皆为 0。

根据式(3-6-7)可知，结构的总势能为

$$
\Pi = \frac{1}{2}e_1^\mathrm{T} K e_1 + \frac{1}{2}d_{\mathrm{geo}}^\mathrm{T} Q_0^* d_{\mathrm{geo}} + {}^{\tau+\Delta\tau}W = \frac{1}{2}\hat{v}^\mathrm{T} \bar{Q} \hat{v} + {}^{\tau+\Delta\tau}W
\tag{3-6-8}
$$

式中，$^{\tau+\Delta\tau}W$ 为时刻 $\tau+\Delta\tau$ 的外力功，此处将式(3-6-5)中的 $\boldsymbol{d}_{\text{geo}}^{\text{T}}\boldsymbol{Q}_0^{*\,\tau}\boldsymbol{X}_{\text{geo}}$ 也并入其中；$\hat{\boldsymbol{v}}=\begin{bmatrix}\boldsymbol{e}_1^{\text{T}} & \boldsymbol{d}_{\text{geo}}^{\text{T}}\end{bmatrix}^{\text{T}}$ 是广义协调变形，其由两部分构成：构件的线性变形 $\boldsymbol{e}_1$ 和与非线性变形 $\boldsymbol{e}_2$ 相关的构件端点位移差为 $\boldsymbol{d}_{\text{geo}}$；$\bar{\boldsymbol{Q}}=\begin{bmatrix}\boldsymbol{K} & 0\\ 0 & \boldsymbol{Q}_0^*\end{bmatrix}$ 为广义协调变形对应的权系数矩阵。需要指出的是，因为可将总势能表达式中的 $1/2\,\boldsymbol{d}_{\text{geo}}^{\text{T}}\boldsymbol{Q}_0^*\boldsymbol{d}_{\text{geo}}$ 理解为与几何刚度矩阵相对应的应变能，所以将构件端点位移差 $\boldsymbol{d}_{\text{geo}}$ 作为广义上的协调变形，在某种程度上体现了非线性变形 $\boldsymbol{e}_2$。

广义协调变形 $\hat{\boldsymbol{v}}$ 与广义初始误差 $\hat{\boldsymbol{e}}_0$ 满足以下关系：

$$\hat{\boldsymbol{e}}=\hat{\boldsymbol{e}}_0+\hat{\boldsymbol{v}} \tag{3-6-9}$$

$$\hat{\boldsymbol{e}}=\begin{bmatrix}\boldsymbol{e}_1\\ \boldsymbol{d}_{\text{geo}}\end{bmatrix}=\begin{bmatrix}\boldsymbol{B}\\ \boldsymbol{C}\end{bmatrix}\boldsymbol{d}=\bar{\boldsymbol{B}}\boldsymbol{d} \tag{3-6-10}$$

式中，$\bar{\boldsymbol{B}}=\begin{bmatrix}\boldsymbol{B}^{\text{T}} & \boldsymbol{C}^{\text{T}}\end{bmatrix}^{\text{T}}$。与广义协调变形 $\hat{\boldsymbol{v}}$ 相对应，此时的广义初始误差 $\hat{\boldsymbol{e}}_0=\begin{bmatrix}\boldsymbol{e}_0^{\text{T}} & \boldsymbol{d}_{\text{geo}_0}^{\text{T}}\end{bmatrix}^{\text{T}}$，其也由两部分组成：初始误差 $\boldsymbol{e}_0$ 和由结构错位所导致的构件端点初始位移偏差 $\boldsymbol{d}_{\text{geo}_0}$。以构件 i 为例，初始误差 $\boldsymbol{e}_0^i$ 代表构件的长度误差；构件端点初始位移偏差是指 $\boldsymbol{d}_{\text{geo}_0}^i=(^{\text{real}}\boldsymbol{X}^k-^{\text{design}}\boldsymbol{X}^k)-(^{\text{real}}\boldsymbol{X}^l-^{\text{design}}\boldsymbol{X}^l)$，体现了节点实际坐标与设计坐标之间的初始偏差。

广义协调变形 $\hat{\boldsymbol{v}}$ 与广义内力变化量 $\Delta\hat{\boldsymbol{t}}$ 满足如下关系：

$$\Delta\hat{\boldsymbol{t}}=\bar{\boldsymbol{Q}}\hat{\boldsymbol{v}} \tag{3-6-11}$$

由势能驻值原理可知，在外部作用下结构达到平衡，那么结构的真实节点位移 $\boldsymbol{d}$ 使得 $\dfrac{1}{2}\hat{\boldsymbol{v}}^{\text{T}}\bar{\boldsymbol{Q}}\hat{\boldsymbol{v}}$ 取得驻值，此时，有

$$\Delta\hat{\boldsymbol{t}}=-\bar{\boldsymbol{Q}}\boldsymbol{\Omega}^*\hat{\boldsymbol{e}}_0 \tag{3-6-12}$$

$$\boldsymbol{\Omega}^*=\boldsymbol{I}_{4b\times4b}-\bar{\boldsymbol{B}}(\bar{\boldsymbol{B}}^{\text{T}}\bar{\boldsymbol{Q}}\bar{\boldsymbol{B}})^{-1}\bar{\boldsymbol{B}}^{\text{T}}\bar{\boldsymbol{Q}}=\begin{bmatrix}\boldsymbol{I}_{b\times b}-\boldsymbol{B}\boldsymbol{K}_{\text{s}}^{-1}\boldsymbol{B}^{\text{T}}\boldsymbol{K} & \boldsymbol{B}\boldsymbol{K}_{\text{s}}^{-1}\boldsymbol{C}^{\text{T}}\boldsymbol{Q}_0^*\\ \boldsymbol{C}\boldsymbol{K}_{\text{s}}^{-1}\boldsymbol{B}^{\text{T}}\boldsymbol{K} & \boldsymbol{I}_{3b\times3b}-\boldsymbol{C}\boldsymbol{K}_{\text{s}}^{-1}\boldsymbol{C}^{\text{T}}\boldsymbol{Q}_0^*\end{bmatrix}=\begin{bmatrix}\boldsymbol{\Omega}_1^* & \boldsymbol{\Omega}_2^*\\ \boldsymbol{\Omega}_3^* & \boldsymbol{\Omega}_4^*\end{bmatrix} \tag{3-6-13}$$

式中，矩阵 $\bar{\boldsymbol{B}}^{\text{T}}\bar{\boldsymbol{Q}}\bar{\boldsymbol{B}}=\boldsymbol{B}^{\text{T}}\boldsymbol{K}\boldsymbol{B}+\boldsymbol{C}^{\text{T}}\boldsymbol{Q}_0^*\boldsymbol{C}=\boldsymbol{K}_{\text{L}}+\boldsymbol{K}_{\text{NL}}=\boldsymbol{K}_{\text{s}}$，即为切线刚度矩阵；$\boldsymbol{I}$ 为单位矩阵；$\boldsymbol{\Omega}^*(\in\mathbb{R}^{4b\times4b})$ 定义为分布式冗余度矩阵，其对角元素是各构件的冗余度。根据分块矩阵的性质，$\boldsymbol{\Omega}^*$ 中的子矩阵 $\boldsymbol{\Omega}_1^*(\in\mathbb{R}^{b\times b})$ 对角元素是弹性冗余度

$r^*_{\mathrm{Ela}_i}$ $(i=1,2,\cdots,b)$，结构总弹性冗余度 $R^*_{\mathrm{ela}}=\sum\limits_{i=1}^{b}r^*_{\mathrm{Ela}_i}$；子矩阵 $\boldsymbol{\varOmega}^*_4(\in\mathbb{R}^{3b\times3b})$，其第 1 个到第 b 个对角元素 $r^*_{\mathrm{geo}_{i_1}}$ $(i_1=1,2,\cdots,3b)$ 为对应构件沿 x 方向的几何冗余度分量，第 $b+1$ 个到第 $2b$ 个对角元素为对应构件沿 y 方向的几何冗余度分量，第 $2b+1$ 个到第 $3b$ 个对角元素为对应构件沿 z 方向的几何冗余度分量，并定义 $r^*_{\mathrm{Geo}_i}=r^*_{\mathrm{geo}_i}+r^*_{\mathrm{geo}_{i+b}}+r^*_{\mathrm{geo}_{i+2b}}$ 为构件 i 的几何冗余度，结构总几何冗余度 $R^*_{\mathrm{geo}}=\sum\limits_{i_1=1}^{3b}r^*_{\mathrm{geo}_{i_1}}$；$r^*_i=r^*_{\mathrm{Ela}_i}+r^*_{\mathrm{Geo}_i}$ 则为构件 i 的冗余度，结构总的冗余度 $R^*_{\mathrm{total}}=R^*_{\mathrm{geo}}+R^*_{\mathrm{ela}}$。协调矩阵 $\boldsymbol{\varOmega}^*_1$ 的公式与文献[34] 和文献[27]中的推导结果完全一致；此外，值得注意的是，文献中首次给出了显式几何冗余度的计算公式，即 $\boldsymbol{\varOmega}^*_4=\boldsymbol{I}-\boldsymbol{C}\boldsymbol{K}^{-1}_{\mathrm{s}}\boldsymbol{C}^{\mathrm{T}}\boldsymbol{Q}^*_0$。

　　根据以上推导得到的分布式冗余度，定义分布式冗余度的变异系数为结构冗余度分布的评价指标，称为冗余度分布指数(RD)。

$$\mathrm{RD}=\frac{\sigma_{r^*}}{\mu_{r^*}}\tag{3-6-14}$$

式中，μ_{r^*} 为分布式冗余度的均值；$\sigma_{r^*}=\sqrt{\dfrac{1}{b}\sum\limits_{i=1}^{b}\left(r^*_i-\mu_{r^*}\right)^2}$ 为分布式冗余度的标准差。

　　同理，弹性冗余度分布指数(ERD)和几何冗余度分布指数(GRD)的计算公式分别为

$$\mathrm{ERD}=\frac{\sigma_{r^*_{\mathrm{Ela}}}}{\mu_{r^*_{\mathrm{Ela}}}}\tag{3-6-15}$$

$$\mathrm{GRD}=\frac{\sigma_{r^*_{\mathrm{Geo}}}}{\mu_{r^*_{\mathrm{Geo}}}}\tag{3-6-16}$$

式中，$\sigma_{r^*_{\mathrm{Ela}}}$ 和 $\sigma_{r^*_{\mathrm{Geo}}}$ 分别为分布式弹性冗余度、分布式几何冗余度的标准差；$\mu_{r^*_{\mathrm{Ela}}}$ 和 $\mu_{r^*_{\mathrm{Geo}}}$ 分别为分布式弹性冗余度、分布式几何冗余度的均值。RD、ERD 和 GRD 指标能反映结构冗余的分布情况，也可以有效地反映索杆结构力学性能。上述指标数值越小，结构冗余分布越均匀，结构力学性能分布也越均衡。

3.6.2　冗余度特性与体系分析

1) 对广义协调变形矩阵 $\boldsymbol{\varOmega}^*$ 性质的讨论

在广义协调变形矩阵 $\boldsymbol{\varOmega}^*$ 的组成中，矩阵 $\overline{\boldsymbol{B}}^{\mathrm{T}}\overline{\boldsymbol{Q}}\overline{\boldsymbol{B}}$ 为切线刚度矩阵，不仅包含

结构弹性刚度分布，也包含预应力分布的信息。冗余度的定义与结构几何拓扑关系和切线刚度矩阵的分布密切相关，而与外荷载作用的大小、部位、方位均无关联，可以说冗余度也是一种判定结构自身特性的指标，具有同等地位的构件会具有相同的冗余度。

因假设结构处于稳定状态，意味着切线刚度矩阵正定，即 $\bar{\boldsymbol{B}}^{\mathrm{T}}\bar{\boldsymbol{Q}}\bar{\boldsymbol{B}}$ 为 $\mathrm{rank}(\bar{\boldsymbol{B}}^{\mathrm{T}}\bar{\boldsymbol{Q}}\bar{\boldsymbol{B}}) = 3n_{\mathrm{t}} - a$ 的满秩方阵，故有

$$(\boldsymbol{\Omega}^{*})^{2} = (\boldsymbol{I} - \bar{\boldsymbol{B}}(\bar{\boldsymbol{B}}^{\mathrm{T}}\bar{\boldsymbol{Q}}\bar{\boldsymbol{B}})^{-1}\bar{\boldsymbol{B}}^{\mathrm{T}}\bar{\boldsymbol{Q}})(\boldsymbol{I} - \bar{\boldsymbol{B}}(\bar{\boldsymbol{B}}^{\mathrm{T}}\bar{\boldsymbol{Q}}\bar{\boldsymbol{B}})^{-1}\bar{\boldsymbol{B}}^{\mathrm{T}}\bar{\boldsymbol{Q}}) = \boldsymbol{I} - \bar{\boldsymbol{B}}(\bar{\boldsymbol{B}}^{\mathrm{T}}\bar{\boldsymbol{Q}}\bar{\boldsymbol{B}})^{-1}\bar{\boldsymbol{B}}^{\mathrm{T}}\bar{\boldsymbol{Q}} = \boldsymbol{\Omega}^{*}$$

$$(3\text{-}6\text{-}17)$$

式中，$\boldsymbol{\Omega}^{*}$ 为幂等矩阵，其秩 $\mathrm{rank}(\boldsymbol{\Omega}^{*}) = 4b + a - 3n_{\mathrm{t}}$。可知

$$\sum_{i=1}^{4b} r_i^{*} = \mathrm{rank}(\boldsymbol{\Omega}^{*}) = 4b + a - 3n_{\mathrm{t}} \tag{3-6-18}$$

2) 冗余度特性与体系分析

对于构件的分布式弹性冗余度，其弹性冗余度 $r_{\mathrm{Ela}_i}^{*}$ 越大，说明该构件拥有的冗余约束越多，存在较多的替代传力路径，即使该构件失效也不会引起较大的结构破坏，也就是说，该结构的重要性越小；反之，结构的弹性冗余度越小，说明结构的重要性越大。

杆单元受力，索单元受拉，那么赋予杆单元的预应力值为负值，索单元的预应力值为正值，所以通常情况下，杆件的分布式几何冗余度 $r_{\mathrm{geo}_i}^{*} \geqslant 3$，而拉索的分布式几何冗余度 $r_{\mathrm{geo}_i}^{*} \leqslant 3$。当 $r_{\mathrm{geo}_i}^{*} = 3$ 时，该构件无须引入预应力的作用；当 $r_{\mathrm{geo}_i}^{*} > 3$ 或 $r_{\mathrm{geo}_i}^{*} < 3$ 时，该构件需要依靠引入预应力来满足结构的稳定性。

由式(3-6-18)可知，当需要考虑预应力作用时，特别是对索杆张力结构等柔性体系而言，结构总冗余度 $R_{\mathrm{total}}^{*} = \sum_{i=1}^{4b} r_i^{*} = R_{\mathrm{ela}}^{*} + R_{\mathrm{geo}}^{*} = 4b + a - 3n_{\mathrm{t}}$，比传统定义的结构总冗余度 $R = b + a - 3n$ 多出 $3b$。不同之处在于，为了引入初始预应力分布对结构冗余特性的影响，上述推导在传统协调方程的基础上为每个构件附加了 3 个广义协调方程，即 $\boldsymbol{d}_{\mathrm{geo}}^{i} = \boldsymbol{C}\boldsymbol{d}^{i}$。实质上，这是在传统冗余度的基础上，通过引入附加方程为整体结构增加了 $3b$ 冗余度，定量地表达了几何刚度对结构冗余度的贡献。结构冗余度由弹性冗余度 R_{ela}^{*} 和几何冗余度 R_{geo}^{*} 共同组成，体现了弹性刚度与几何刚度对结构冗余特性的共同作用。而在无须考虑预应力作用的情况下，如成形和承载不依赖于预应力的刚性结构，忽略其几何刚度的影响，此时结

构不存在几何冗余度，即 $R_{\text{geo}}^* = 0$，故总冗余度与传统定义的冗余度 R 相等，即 $R_{\text{total}}^* = R_{\text{ela}}^* = R = b + a - 3n_{\text{t}}$。

基于上述考虑预应力作用后提出的冗余度概念，为了符合传统体系分析理论的习惯，可对现存的关于体系分析的基本指标进行如下扩充说明：

(1) 当考虑预应力效应后，此时结构静不定 s^* 等于结构弹性冗余度 R_{ela}^*。

(2) 当考虑预应力效应后，此时结构动不定 m^* 等于结构弹性冗余度 $3b - R_{\text{geo}}^*$。

(3) $R_{\text{total}}^* = 4b + a - n_{\text{t}}$ 为考虑预应力作用后的结构总冗余度，此时结构总冗余度 R_{total}^* 是弹性冗余度 R_{ela}^* 和几何冗余度 R_{geo}^* 之和。

(4) $R = b + a - 3n_{\text{t}}$ 为考虑预应力作用前的结构总冗余度。

(5) 根据结构理论可知，R 也等于结构的超静定数。

需要指出的是，基于上述扩充后的定义，无论是否考虑预应力的作用，超静定数始终等于动不定与静不定之差的绝对值，满足 Maxwell 准则和平衡矩阵理论。

3.6.3 算例

以一个环形交叉索桁架结构为例[139]，对冗余度计算方法的可行性进行验证，如图 3-6-2 所示。根据文献[26]可知，环形交叉索桁架结构的几何形态由以下变量控制：外环梁等分段数(I_D)、单榀索桁架跨环梁段数(C_k)、半径(ρ)、矢高(H_T)

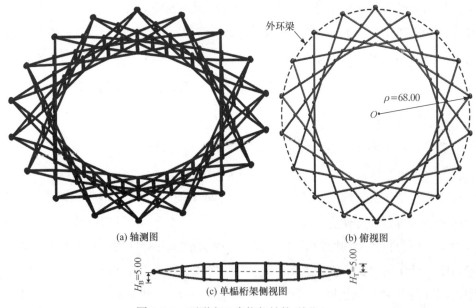

(a) 轴测图　　　　　　　　　　(b) 俯视图

(c) 单榀桁架侧视图

图 3-6-2　环形交叉索桁架结构(单位：m)

和垂深(H_B)，此处取 $I_D = 18$，$C_k = 5$，$\rho = 68.00\mathrm{m}$，$H_T = 5.00\mathrm{m}$，$H_B = 5.00\mathrm{m}$。实际上，可认为该结构由 18 榀索桁架旋转组合而成，共有 396 个构件，包含 324根索和 72 根撑杆；共计 162 个节点，其中包含 18 个边界固定节点和 144 个自由节点。各榀索桁架由上弦索、下弦索和撑杆组成，各构件的编号如图 3-6-3 所示。假定该结构所有构件 $EA = 10000\mathrm{kN}$。

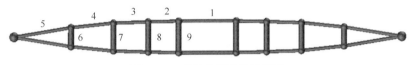

图 3-6-3　单榀索桁架构件编号

根据平衡矩阵理论可知，该结构具有静不定、动不定的特性，共有 18 个自应力模态和 54 个机构位移模态。未考虑预应力影响时，结构静不定总数 $s = 18$，动不定总数 $m = 54$。根据冗余度公式可计算得到，结构总冗余度 $R_{\mathrm{total}}^* = 1152.000$，弹性冗余度为 $R_{\mathrm{ela}}^* = 91.240$，几何冗余度为 $R_{\mathrm{geo}}^* = 1060.760$。由本节定义可知，考虑预应力影响后，结构静不定总数 $s^* = 91.240$，动不定总数 $m^* = 127.240$。各构件对应的冗余度如图 3-6-4 所示。

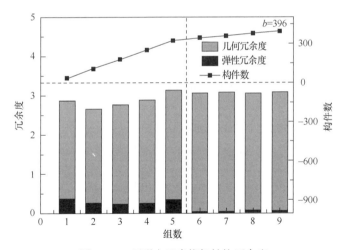

图 3-6-4　环形交叉索桁架结构冗余度

根据计算结果可知，对称构件总是具有相同的弹性冗余度和几何冗余度，如图 3-6-4 所示。索 1 具有最大的弹性冗余度 0.364，说明该构件具有相对多的冗余约束，其在结构中的重要性较小；杆 6 有最小的弹性冗余度 0.022，说明在结构中其重要性大，该杆件的破坏可能会引起较大的破坏。所有压杆的几何冗余度都大于 3，所有内部拉索的几何冗余度都小于 3，说明全部构件都需要依靠引入预应力来满足结构的稳定要求。构件弹性冗余度的均值 $\mu_{r_{Ela}^*}$=0.230 ，标准差 $\sigma_{r_{Ela}^*}$=0.101 ，弹性冗余度分布指数 ERD=0.438 ；结构几何冗余度的均值 $\mu_{r_{Geo}^*}$=2.679 ，标准差 $\sigma_{r_{Geo}^*}$=0.210 ，几何冗余度分布指数 GRD=0.078 ；构件冗余度的均值 μ_{r^*}=2.909 ，标准差 σ_{r^*}=0.172 ，冗余度分布指数 RD=0.059 。可以看出，该结构的冗余度分布相对均匀，并没有重要性突出的构件，都具备多条有效备用荷载传递路径，有利于阻止预应力损失的蔓延，具备抗连续倒塌的优势。

3.7　分布式不定值分析与分布式冗余度分析比较

分布式静不定、冗余度计算方法的推导都未考虑外荷载作用，仅考察结构的内在特性，故忽略外荷载作用是符合研究需求的一种设定。

3.7.1　分布式静不定与分布式弹性冗余度的比较

分布式静不定是一种基于平衡矩阵理论提出的概念，反映了各个构件对静不定总数的贡献。分布式静不定分析可以考虑结构的几何拓扑关系和弹性刚度分布对结构的影响，但不能考虑预应力的作用，适用于预应力引入前的体系分析方法。而弹性冗余度分析则可以通过切线刚度矩阵来考虑预应力对结构的影响，是一种适用于预应力引入后体系的分析方法。

在不考虑几何刚度动定结构体系的情况下，分布式静不定与分布式弹性冗余度相同，证明如下。

分布式弹性冗余度的计算矩阵为

$$\boldsymbol{\Omega}_1^* = \boldsymbol{I} - \boldsymbol{A}^{\mathrm{T}} \boldsymbol{K}^{-1} \boldsymbol{A} \boldsymbol{K} \tag{3-7-1}$$

因为结构动定，所以根据结构的奇异值分解可知

$$\boldsymbol{\Omega}_1^* = \boldsymbol{I} - [(\boldsymbol{V}_1 \boldsymbol{R}_1)^{\mathrm{T}} \boldsymbol{K}(\boldsymbol{V}_1 \boldsymbol{R}_1)]^{-1} (\boldsymbol{V}_1 \boldsymbol{R}_1)^{\mathrm{T}} \boldsymbol{K} \tag{3-7-2}$$

分布式静不定的计算矩阵为

$$\boldsymbol{\Omega} = (\boldsymbol{FS})[(\boldsymbol{FS})^{\mathrm{T}} \boldsymbol{K}(\boldsymbol{FS})]^{-1} (\boldsymbol{FS})^{\mathrm{T}} \boldsymbol{K} \tag{3-7-3}$$

两矩阵有如下关系：

$$\boldsymbol{\Omega} - \boldsymbol{\Omega}_1^* = \begin{bmatrix} \boldsymbol{V}_1 \boldsymbol{R}_1 & \boldsymbol{FS} \end{bmatrix} \left(\begin{bmatrix} \boldsymbol{V}_1 \boldsymbol{R}_1 & \boldsymbol{FS} \end{bmatrix}^{\mathrm{T}} [\boldsymbol{K}] \begin{bmatrix} \boldsymbol{V}_1 \boldsymbol{R}_1 & \boldsymbol{FS} \end{bmatrix} \right)^{-1} \begin{bmatrix} \boldsymbol{V}_1 \boldsymbol{R}_1 & \boldsymbol{FS} \end{bmatrix}^{\mathrm{T}} [\boldsymbol{K}] - \boldsymbol{I} = 0$$

$$\tag{3-7-4}$$

证毕。

综上所述，弹性冗余度与静不定总数之差，即 $R_{\text{ela}}^* - s$，可反映由预应力引起的结构冗余，而构件分布式弹性冗余度与考虑弹性刚度的分布式静不定之差，即 $r_{\text{Ela}_i}^* - \gamma_i$，可反映预应力引起的构件冗余，皆可用作索杆张力体系结构设计的评价指标。

3.7.2　分布式动不定与分布式几何冗余度的比较

在分布式动不定与分布式几何冗余度的推导过程中，都考虑了几何刚度的影响，即都能体现初始预应力分布对结构特性的影响。分布式动不定的定义源于节点位移与结构外荷载的关系式，其具体数值反映了各个节点对动不定总数的贡献，是结构动不定特性的体现。而几何冗余度的定义源自广义协调变形与初始误差间的关系，其具体数值反映了各个构件对几何冗余度的贡献。在几何冗余度的推导过程中，以构件端点位移差作为非线性变形的代表，向各个构件引入 $3b$ 个附加变形方程以体现预应力对结构的作用。几何冗余度的提出实际上是对传统冗余度概念的扩展，使传统冗余度分析可适用于施加了预应力之后的结构体系。

3.7.3　枣庄体育场罩棚的体系分析

将上述两种结构体系分析方法应用于枣庄体育场的罩棚结构[139]，如图 3-7-1 所示，该结构呈椭圆形，长轴 255m，短轴 232m，采用新型马鞍形轮辐式索杆张力结构，上覆由 288 根膜拱杆和 48 个聚四氟乙烯(poly tetra fluoroethylene，PTFE)膜面单元组成的膜结构。该罩棚结构是由屋面、内环和外环三大部分组成的自平衡结构系统。其中，内环受拉，采用索桁架，由上内环、下内环、刚性撑杆、斜向拉索组成；外环受压，采用钢箱梁，与外围 V 形支撑柱形成整体；屋面部分由上层菱形网格索网和肋向布置的下径向索组成，上下弦之间用拉索形成双层结构体系。与常见的轮辐式张拉结构相比，该罩棚结构具有如下不同之处：一是该罩棚结构在内环间新增内斜索以实现结构内环形式的多样性，将普通等高内环变形为马鞍状内环，使得建筑效果更加轻盈、流畅和动感；二是用交叉布置呈菱形网格状的上屋面索代替常见的肋向上径向索，大幅提高罩棚整体竖向和抗扭刚度。可以说，该结构既具有轮辐式张拉结构的基本结构特征，又与常见的轮辐式张拉结构在受力性能上有一定差异。

将其罩棚结构简化为由 288 个索单元和 48 个杆单元组成的索杆张力结构，共有 48 个固定边界节点和 96 个自由节点。结构由飞柱、下环索、上环索、内斜索、上屋面索和下径向索六大类构件组成，各类构件的布置如图 3-7-1(b) 所示。

罩棚结构的几何参数如图 3-7-2 所示；材料参数见表 3-7-1，其中最大拉力为材料的抗拉强度与构件截面面积之积。

(a) 现场俯拍　　　　　　　　　　　(b) 各类构件布置图

(c) 内环

图 3-7-1　枣庄体育场

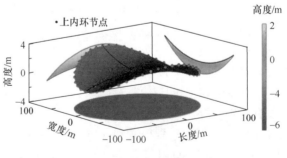

(a) 马鞍形曲面示意图

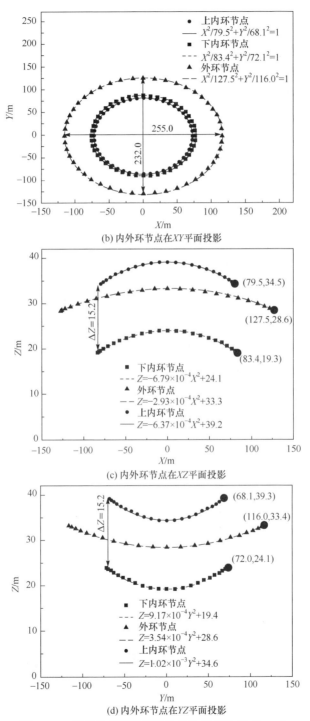

(b) 内外环节点在XY平面投影

(c) 内外环节点在XZ平面投影

(d) 内外环节点在YZ平面投影

图 3-7-2　枣庄体育场罩棚结构的几何参数(单位：m)

表 3-7-1　枣庄体育场罩棚各类构件材料参数

构件分组	规格	最大拉力/kN	面积/m²	$E/(kN/m^2)$	自重/(kN/m³)
飞柱	12ϕ375mm	—	0.0222	2.06×10^8	78.5
上环索	8ϕ85mm	8 × 7210	8 × 0.0050	1.60×10^8	78.5
上屋面索	ϕ98mm	8090	0.0057	1.55×10^8	78.5
下径向索	ϕ98mm	8090	0.0057	1.55×10^8	78.5
下环索	8ϕ95mm	8 × 8090	8 × 0.0063	1.60×10^8	78.5
内斜索	ϕ88mm	6390	0.0046	1.55×10^8	78.5

　　根据平衡矩阵理论可知，该罩棚结构为静不定、动定结构，共有 48 个自应力模态和 0 个机构位移模态。也就是说，结构静不定总数为 48，动不定总数为 0。

　　枣庄体育场分布式静不定数如图 3-7-3 所示。无论是否考虑弹性刚度的影响，按所求得的分布式静不定数大小进行分组，都可将所有构件分为 86 组，每组选择一根构件作为该组的代表构件进行编号，每类构件的编号沿结构高点向低点升序排列(图 3-7-4)。飞柱 13 总是具有最小的分布式静不定数 0.0000；当不考虑弹性刚度影响时，上环索 12 具有最大的分布式静不定数 0.5142；当考虑弹性刚度影响时，上屋面索 8 具有最大的分布式静不定数 0.5538。可以看出，弹性刚度确实会影响静不定数在构件上的分布。在实际工程的体系分析中，应当考虑弹

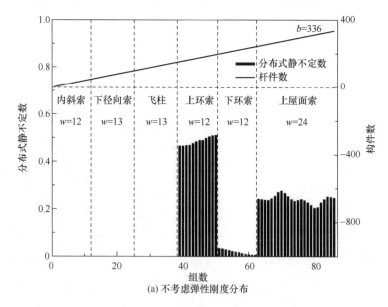

(a) 不考虑弹性刚度分布

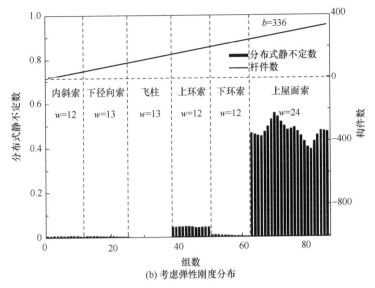

(b) 考虑弹性刚度分布

图 3-7-3　枣庄体育场分布式静不定数

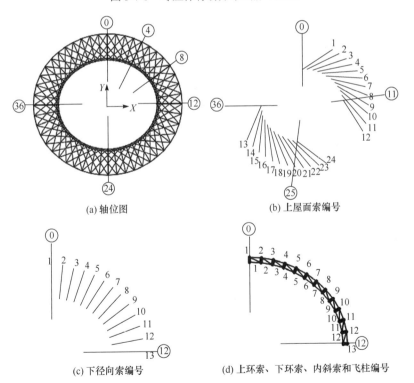

(a) 轴位图　　　　　　　　　(b) 上屋面索编号

(c) 下径向索编号　　　　(d) 上环索、下环索、内斜索和飞柱编号

图 3-7-4　构件编号

性刚度对结构静不定特性的影响。在考虑弹性刚度的情况下，所有上屋面索的

分布式静不定数都相对较大，说明该类索对自身索长误差最为敏感，应提高其制作精度。

结构的分布式弹性冗余度和几何冗余度如图 3-7-5 所示。当不考虑预应力影响时，罩棚结构的静不定总数 $s = 48$，动不定总数 $m = 0$，结构的超静定数为 $R = |0 - 48| = 48$。当考虑预应力对体系的影响时，根据冗余度公式计算可得，结构总冗余度 $R_{\text{total}}^{*} = 1056.000$，弹性冗余度 $R_{\text{ela}}^{*} = 140.480$，几何冗余度 $R_{\text{geo}}^{*} = 915.520$。由本节定义可知，考虑预应力影响后，结构静不定总数 $s^{*} = 140.480$，动不定总数 $m^{*} = 92.480$，结构的超静定数 $R = |140.480 - 92.480| = 48$。

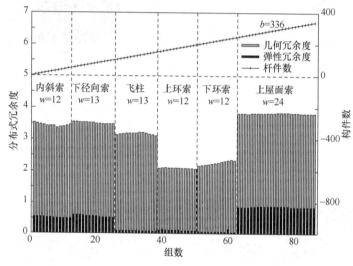

图 3-7-5　枣庄体育场分布式冗余度

根据计算结果可以看出，对称构件总是具有相同的弹性冗余度和几何冗余度，如图 3-7-5 所示。上屋面索 14 具有最大的弹性冗余度 0.863，说明该组构件具有相对多的冗余约束，重要性较小；下环索 12 具有最小的弹性冗余度 0.040，说明该组构件重要性较大。所有飞柱的几何冗余度都大于 3，其中飞柱 9 具有最大的几何冗余度 3.127；所有索单元的几何冗余度都小于 3，上环索 12 具有最小的几何冗余度 0.087。构件弹性冗余度的均值 $\mu_{r_{\text{Ela}}^{*}} = 0.418$，标准差 $\sigma_{r_{\text{Ela}}^{*}} = 0.325$，弹性冗余度分布指数 ERD=0.778；构件几何冗余度的均值 $\mu_{r_{\text{Geo}}^{*}} = 2.725$，标准差 $\sigma_{r_{\text{Geo}}^{*}} = 0.411$，几何冗余度分布指数 GRD=0.151；构件冗余度的均值 $\mu_{r^{*}} = 3.143$，标准差 $\sigma_{r^{*}} = 0.659$，冗余度分布指数 RD=0.209。综上可以看出，该结构的冗余度分布并不十分均匀，存在重要性相对突出的构件，需对结构的几何拓扑进一步优化。

将分布式弹性冗余度与考虑弹性刚度影响的分布式静不定数进行比较，如

图 3-7-6 所示。结构弹性冗余度 $R_{\mathrm{ela}}^{*}=140.480$ 远大于结构静不定总数 $s=48$，可以看出，几何刚度的引入提高了结构的冗余度。而对于各类构件，几何刚度对内斜索、下径向索和上屋面索的冗余影响远大于对飞柱、上环索和下环索的冗余影响。

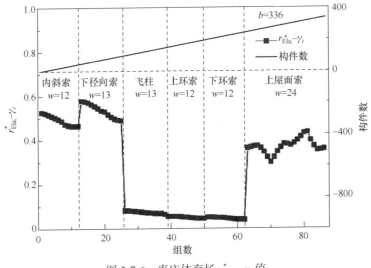

图 3-7-6　枣庄体育场 $r_{\mathrm{Ela}_i}^{*} - \gamma_i$ 值

3.8　本章小结

　　体系分析是揭示柔性张力结构力学机理的基础方法，可反映拓扑关系、几何形状、预应力等对结构特性的内在贡献，从不同层次用不同方法揭示体系特征。

　　平衡矩阵理论基于平衡矩阵的分析，通过平衡矩阵等秩变换计算零空间基矢量和矩阵秩，给出自应力模态、机构模态及其数量，据此分为四类体系。索杆张力结构体系一般具有自应力模态和机构，从而具有可动性和可刚化性。

　　基于冗余度的概念，将构件的弹性贡献引入体系分析，各构件弹性冗余度之和为结构总冗余度，即自应力模态数。进一步，针对索杆张力结构，由于几何刚度的存在，其冗余度除有弹性部分产生的弹性冗余度之外还有几何冗余度，其总的冗余度为两者之和。索杆张力结构的冗余度受到预应力的影响，力密度增大，弹性冗余度也随着增大。预应力增加导致几何刚度增加，弹性刚度相对减小，其单元重要性系数降低，故弹性冗余度增大；相反，其几何冗余度降低。这是因为预应力主要影响几何刚度，预应力增大，其几何刚度增大，故索单元的重要性系数增大，几何冗余度减小。索杆张力结构中，所有压杆几何均完全冗余。

　　针对弹性冗余度的进一步研究，提出了更完备的分布式静不定、分布式动不定与体系分析。分布式静不定值反映各构件对结构静不定特性的贡献；分布式动不定之和为系统机构总数，体现了各节点对整体系统稳定性的影响，即每个方向上的分布式动不定值都反映了节点在该方向上的可动性。

　　分布式静不定是一种基于平衡矩阵理论提出的概念，反映了各个构件对静不定总数的贡献。分布式静不定分析可以考虑结构的几何拓扑关系和弹性刚度分布对结构的影响，但不能考虑预应力的作用，是适用于预应力引入前的体系分析方法。而弹性冗余度分析则可以通过切线刚度矩阵得以考虑预应力对结构的影响，是一种适用于预应力引入后的体系分析方法。

　　在几何冗余度的推导中，以构件端点位移差作为非线性变形的代表，向各个构件引入 $3b$ 个附加变形方程以体现预应力对结构的作用。几何冗余度的提出实际上是对传统冗余度概念的扩展，使传统冗余度分析可适用于施加预应力之后的结构体系。

第4章　找力分析理论与数值方法

4.1　引　　言

　　柔性张力结构形态分析主要与结构的拓扑关系、几何形状、几何约束、材料特性、初始预应力等有关。柔性张力结构形态分析广义上称为结构找形，狭义上分成两大类[155]：已知结构的初始几何形状与预应力求最优平衡形态，称为结构找形分析；已知结构的几何形状求满足平衡的最优预应力，称为结构找力分析。

　　结构找形分析主要有经典的力密度法、动力松弛法、非线性有限元法，以及面向复杂问题的混合找形与协同找形方法等。结构找力分析是当结构几何形状已经设计完成时，根据给定的几何条件求解结构预应力的过程，也称初始预应力设计。找力分析是结构分析的基础和前提，同时也可作为非线性找形分析的迭代条件。

　　本章介绍的结构找力分析理论方法包括：基于线性调整理论的方法、基于平衡矩阵的方法、基于复位平衡迭代的方法(非线性有限元)、基于二次奇异值的方法、基于投影的方法。

4.2　基于线性调整理论的找力法

4.2.1　线性调整理论基本原理

　　如图 4-2-1 所示的简单杆单元，节点坐标向量表示为

$$\boldsymbol{X}^{\mathrm{T}} = [x_j, y_j, z_j, x_k, y_k, z_k] \tag{4-2-1}$$

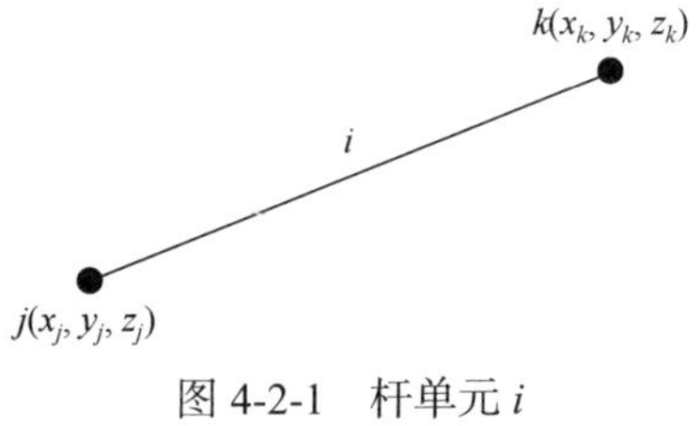

$$k(x_k, y_k, z_k)$$

$$i$$

$$j(x_j, y_j, z_j)$$

图 4-2-1　杆单元 i

节点力向量可以表示为

$$\boldsymbol{F}^{\mathrm{T}} = \left[F_{xj}, F_{yj}, F_{zj}, F_{xk}, F_{yk}, F_{zk} \right] \tag{4-2-2}$$

节点残余力向量 $\boldsymbol{F}_{\mathrm{r}}$ 可以表示为

$$\boldsymbol{F}_{\mathrm{r}}^{\mathrm{T}} = \left[\boldsymbol{F}_{\mathrm{r},xj}, \boldsymbol{F}_{\mathrm{r},yj}, \boldsymbol{F}_{\mathrm{r},zj}, \boldsymbol{F}_{\mathrm{r},xk}, \boldsymbol{F}_{\mathrm{r},yk}, \boldsymbol{F}_{\mathrm{r},zk} \right] \tag{4-2-3}$$

该单杆的拓扑关系矩阵可以表示为

$$\overline{\boldsymbol{C}} = [\boldsymbol{E}, -\boldsymbol{E}] \tag{4-2-4}$$

式中，$\boldsymbol{E}$ 为 3×3 的单位矩阵。

杆件节点坐标差可以表示为

$$\overline{\boldsymbol{U}} = \overline{\boldsymbol{C}} \boldsymbol{X} \tag{4-2-5}$$

杆件长度可以表示为

$$l_i^2 = (x_j - x_k)^2 + (y_j - y_k)^2 + (z_j - z_k)^2 \tag{4-2-6}$$

假设该杆件的力密度为 q_i，则有

$$q_i = s_i / l_i \tag{4-2-7}$$

式中，s_i 为杆件轴力。根据力法平衡方程，该杆件的平衡方程可写为

$$\boldsymbol{F} + \boldsymbol{F}_{\mathrm{r}} = \overline{\boldsymbol{C}}^{\mathrm{T}} \overline{\boldsymbol{U}} \boldsymbol{q} = \overline{\boldsymbol{C}}^{\mathrm{T}} \boldsymbol{Q} \overline{\boldsymbol{U}} = \overline{\boldsymbol{C}}^{\mathrm{T}} \boldsymbol{Q} \overline{\boldsymbol{C}} \boldsymbol{X} \tag{4-2-8}$$

式中，$\boldsymbol{Q}$ 为对角矩阵，它的对角元素为力密度 $\boldsymbol{q}$。

对于索网结构、膜结构或索杆张力结构，平衡方程可以表示为

$$\boldsymbol{F} + \boldsymbol{F}_{\mathrm{r}} = \boldsymbol{C}^{\mathrm{T}} \boldsymbol{U} \boldsymbol{q} = \boldsymbol{C}^{\mathrm{T}} \boldsymbol{Q} \boldsymbol{u} = \boldsymbol{C}^{\mathrm{T}} \boldsymbol{Q} \boldsymbol{C} \boldsymbol{X} \tag{4-2-9}$$

对于有 n_{s} 个节点和 m 根杆件的体系，$\boldsymbol{X}$、$\boldsymbol{F}$、$\boldsymbol{F}_{\mathrm{r}}$ 均为 $3n_{\mathrm{s}} \times 1$ 矩阵；$\boldsymbol{C}$ 为结构拓扑关系，为 $3m \times 3n_{\mathrm{s}}$ 矩阵；$\boldsymbol{Q}$ 为 $3m \times 3m$ 方阵；$\boldsymbol{u}$ 为结构杆件节点坐标差矩阵，为 $3m \times 1$ 矩阵；$\boldsymbol{U}$ 为结构节点坐标差矩阵，为 $3m \times m$ 矩阵。

假设 n 个已知力构成的列向量为 $\boldsymbol{F}_{\mathrm{k},n\times1}$，与之对应的加权对角阵为 $\boldsymbol{P}_{n\times n}$。残余力向量为 $\boldsymbol{F}_{\mathrm{r},n\times1}$，整个体系还有 h 个节点未知力构成列向量 $\boldsymbol{F}_{\mathrm{u},n\times1}$。根据扩展力密度方法[56]可以得出残余方程(即不平衡方程)为

$$\boldsymbol{F}_{\mathrm{k},n\times1} + \boldsymbol{F}_{\mathrm{r},n\times1} = f(\boldsymbol{F}_{\mathrm{u},n\times1}) = \boldsymbol{J} \boldsymbol{F}_{\mathrm{u},n\times1} \tag{4-2-10}$$

式中，$\boldsymbol{J}$ 为 $n \times h$ 雅可比矩阵，$\boldsymbol{J} = \dfrac{\partial f(\boldsymbol{F}_{\mathrm{u},n\times1})}{\partial \boldsymbol{F}_{\mathrm{u},n\times1}}$。如果已知力的数量 n 大于未知力的数量 h，那么方程是超静定方程，会有很多可能解的情况出现。这种情况下就引入了线性调整理论，保证方程有唯一的最优解。为了找到该最优解，根据最小范数最小二乘原理，残余力向量应该满足：

$$\phi(\boldsymbol{F}_{\mathrm{u},n\times1}) = \boldsymbol{F}_{\mathrm{r},n\times1}^{\mathrm{T}} \boldsymbol{P} \boldsymbol{F}_{\mathrm{r},n\times1} \to \min \tag{4-2-11}$$

在 ϕ 取得最小值的情况下，残余力向量也取得最小值，即有

$$\boldsymbol{J}^{\mathrm{T}} \boldsymbol{P} \boldsymbol{F}_{\mathrm{r},n\times1} = \boldsymbol{J}^{\mathrm{T}} \boldsymbol{P} (f(\boldsymbol{F}_{\mathrm{u},n\times1}) - \boldsymbol{F}_{\mathrm{k},n\times1}) \tag{4-2-12}$$

$$\boldsymbol{J}^{\mathrm{T}} \boldsymbol{P} \boldsymbol{F}_{\mathrm{r},n\times1} = \boldsymbol{J}^{\mathrm{T}} \boldsymbol{P} \boldsymbol{J} \boldsymbol{F}_{\mathrm{u},n\times1} \tag{4-2-13}$$

根据式(4-2-13)，未知力向量 $\boldsymbol{F}_{\mathrm{u},n\times1}$ 可以通过线性迭代求出，这就是线性调整理论。

4.2.2 找力法公式推导

1. 平衡方程

已知结构有 m 根杆件，n_{s} 个节点，那么结构的拓扑关系为 $\boldsymbol{C}_{\mathrm{s},3m\times3n_{\mathrm{s}}}$，杆件的力密度为 $\boldsymbol{q}_{m\times1}$，节点坐标 $\boldsymbol{X}_{3n_{\mathrm{s}}\times1}$ 是未知量，$\boldsymbol{L}_{\mathrm{v}}$ 是任意两点之间的残余距离。根据式(4-2-11)可以得出关于节点坐标的最小二乘公式：

$$\phi(\boldsymbol{X}) = \boldsymbol{L}_{\mathrm{v}}^{\mathrm{T}} \boldsymbol{P} \boldsymbol{L}_{\mathrm{v}} \to \min \tag{4-2-14}$$

假设给定附加限制条件为：任意相邻节点的距离为 0，那么根据扩展的力密度方法得出

$$0 + L_{\mathrm{v},i} = \sqrt{(x_j - x_k)^2 + (y_j - y_k)^2 + (z_j - z_k)^2} \tag{4-2-15}$$

设 $\boldsymbol{P}_i = \boldsymbol{q}_i$，则对应的式(4-2-14)可以写为

$$\phi(\boldsymbol{X}) = \sum_{i=1}^{m} \boldsymbol{q}_i L_{\mathrm{v},i}^2 = \sum_{i=1}^{m} \boldsymbol{q}_i (u_i^2 + v_i^2 + w_i^2) \to \min \tag{4-2-16}$$

将式(4-2-15)写成 3 个线性方程的形式为

$$\begin{aligned} 0 + L_{\mathrm{v},i}(x) = x_j - x_k = u_i \\ 0 + L_{\mathrm{v},i}(y) = y_j - y_k = v_i \\ 0 + L_{\mathrm{v},i}(z) = z_j - z_k = w_i \end{aligned} \tag{4-2-17}$$

则式(4-2-16)就可以表示为

$$\phi(\boldsymbol{X}) = \boldsymbol{u}^{\mathrm{T}} \boldsymbol{Q} \boldsymbol{u} = \boldsymbol{X}^{\mathrm{T}} \boldsymbol{C}_{\mathrm{s}}^{\mathrm{T}} \boldsymbol{Q} \boldsymbol{C}_{\mathrm{s}} \boldsymbol{X} \to \min \tag{4-2-18}$$

根据线性调整理论可以形成如下平衡方程：

$$\left(\frac{\partial \boldsymbol{u}}{\partial \boldsymbol{X}}\right)^{\mathrm{T}} \boldsymbol{Q} \left(\frac{\partial \boldsymbol{u}}{\partial \boldsymbol{X}}\right) \boldsymbol{X} = \boldsymbol{C}_{\mathrm{s}}^{\mathrm{T}} \boldsymbol{Q} \boldsymbol{C}_{\mathrm{s}} \boldsymbol{X} = 0 \tag{4-2-19}$$

未知的节点坐标可以由式(4-2-19)线性迭代求出。

2. 求解已知形状索杆体系的初始预应力

索杆张力结构找力分析是已知结构的几何形状，求满足这一几何形状的预应力，本节基于线性调整理论来求解该问题。其中，已知结构的拓扑关系 C_s，节点坐标 X，外部荷载 F，而结构杆件单元的力密度 q 未知。

由式(4-2-9)可知，$F + F_r = C_s^T U q$；在不考虑附加限制条件的情况下，$J = C_s^T U$；运用线性调整理论可以得出

$$J^T P J q = J^T P F \tag{4-2-20}$$

即

$$U^T C_s C_s^T U q = U^T C_s F \tag{4-2-21}$$

给出任意杆件的力密度 q_i（即已知某些节点的力向量 F），可以由式(4-2-21)求出初始的杆件力密度 q_0，根据 q_0 可以反求出节点的残余力向量 F_r，将 F_r 代入式(4-2-21)进行迭代求解，直到满足迭代精度（如 $\varepsilon \leqslant 1 \times 10^{-5}$）。最后所得的 q 值即为所求的结构初始力密度，并根据式(4-2-7)即可求出该体系的初始预应力。

已知杆件力密度值的杆件数应该根据体系的自应力模态数来决定。如果该体系有 $s(s>1)$ 个独立自应力模态，那么就应该已知 $s-1$ 个杆件的初始预应力；如果该体系的独立自应力模态数为 1，那么给定 1 根杆件的初始预应力即可。杆件的选取一般应考虑结构体系的几何对称性，并且保证相同位置的杆件取相同的力密度值。

4.2.3 算例

1) 算例 1[58]

图 4-2-2 所示的肋环向马鞍形单层索网结构，外环椭圆 50m×60m，内环椭圆 18m×21m。索段数 $m=160$，节点数 $n_s=100$，自由节点数 $n=80$，为 1 次超静定结

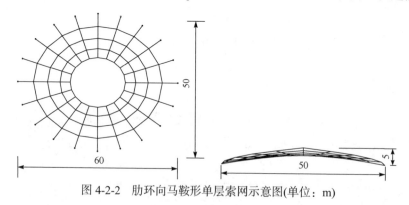

图 4-2-2　肋环向马鞍形单层索网示意图(单位：m)

构。rank$\left(\boldsymbol{U}^{\mathrm{T}}\boldsymbol{C}\boldsymbol{C}^{\mathrm{T}}\boldsymbol{U}\right)=159$，假定内侧一根索的内力为 286.2kN。采用线性调整理论计算得到结构初始内力分布如图 4-2-3 所示。

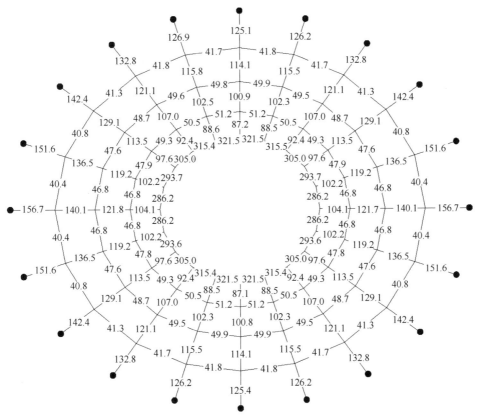

图 4-2-3　马鞍形单层索网初始内力分布(单位：kN)

2) 算例 2[58]

Levy 型索穹顶体系是美国工程师 Levy 在对 Geiger 型索穹顶进行改进的基础上形成的一种新型的索杆体系[156-158]，1996 年首次应用此概念建成 Georgia Dome(Georgia 索穹顶)。Levy 型索穹顶体系采用三角形网格，增加了结构的复杂性，但其几何稳定性明显提高。本节采用线性调整理论来求解有中心环的 Levy 型索穹顶体系的初始预应力，圆形 Levy 型索穹顶体系直径 120m，高度 17.58m，中心圆环直径 6m，如图 4-2-4 所示，由 450 根杆件组成，其中压杆 72 根。

图 4-2-4 为 Levy 型索穹顶的平面和剖面图,图中标明了节点编号和单元编号(带圈数字)。由力法平衡方程的平衡矩阵用奇异值分解法可得该结构的自应力模态数为 19、机构位移模态数为 1，故该体系为静不定动不定体系。根据线性调整

理论，假设该体系最外环 18 根环索的初始预应力值均为 2600kN，进而得出整个结构体系的初始预应力，见表 4-2-1。

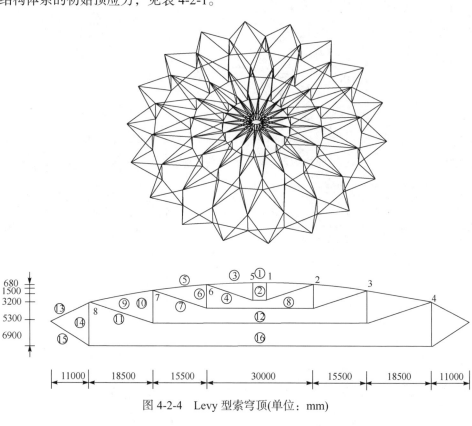

图 4-2-4　Levy 型索穹顶(单位：mm)

表 4-2-1　杆件规格和初始预应力

编号	规格	初始预应力/kN	编号	规格	初始预应力/kN
①	12ϕ325mm	1191.3	⑨	ϕ36.5mm	380.5
②	12ϕ325mm	−21.2	⑩	12ϕ325mm	−125
③	ϕ42mm	212	⑪	ϕ63.5mm	215.5
④	ϕ54mm	34.2	⑫	2ϕ39.7mm	1070
⑤	ϕ42mm	261.6	⑬	ϕ54mm	818.4
⑥	12ϕ325mm	−51.7	⑭	12ϕ400mm	−553
⑦	ϕ54mm	85.8	⑮	ϕ63.5mm	684.3
⑧	2ϕ39.7mm	442	⑯	2ϕ50.8mm	2600

4.3 基于平衡矩阵的找力法

4.3.1 平衡矩阵理论

1984 年，Pellegrino 和 Calladine[28-31]提出了平衡矩阵理论，为杆系结构的自应力分析奠定了基础。已知结构拓扑关系和几何形状，对任意自由节点建立平衡方程，然后用矩阵表示，因此平衡矩阵元素表征了各杆件内在的拓扑关系，可基于平衡矩阵建立体系的找力分析方法[134,159-162]。

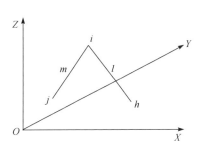

图 4-3-1 单元节点坐标关系

对于空间铰接杆系结构，设结构单元总数为 b，自由节点数为 n，对空间任意自由节点建立平衡方程，如图 4-3-1 所示。

$$\frac{x_i - x_h}{L_l}t_l + \frac{x_i - x_j}{L_m}t_m = f_{ix}$$

$$\frac{y_i - y_h}{L_l}t_l + \frac{y_i - y_j}{L_m}t_m = f_{iy} \qquad (4\text{-}3\text{-}1)$$

$$\frac{z_i - z_h}{L_l}t_l + \frac{z_i - z_j}{L_m}t_m = f_{iz}$$

对所有非约束节点建立平衡方程，并写成矩阵形式：

$$At = f \qquad (4\text{-}3\text{-}2)$$

式中，A 为平衡矩阵，是考虑了所有非约束节点的 $3n \times b$ 矩阵；t 为杆件内力矢量；f 为节点荷载矢量。

同样，在小变形假设条件下，可建立协调方程：

$$Bu = e \qquad (4\text{-}3\text{-}3)$$

式中，B 为协调矩阵；u 为节点位移矢量；e 为单元应变矢量。根据虚功原理有

$$B^{\mathrm{T}} = A \qquad (4\text{-}3\text{-}4)$$

对平衡矩阵 A 求秩[163]，参照 3.2.2 节和式(3-2-6)及图 3-2-5 可知，U、W 分别为正交矩阵，$U = \{u_1, \cdots, u_r, \cdots, u_{3n-k}\}$，$W = \{w_1, \cdots, w_r, \cdots, w_b\}$，满足：

$$Aw_i = \begin{cases} v_{ii}u_i, & i=1,\cdots,r_A \\ 0, & i=r+1,\cdots,b \end{cases} \tag{4-3-5}$$

$$A^T u_i = \begin{cases} v_{ii}w_i, & i=1,\cdots,r_A \\ 0, & i=r+1,\cdots,3n-k \end{cases} \tag{4-3-6}$$

将奇异值向量写为分块形式:

$$U_{r_A} = [u_1 \quad \cdots \quad u_{r_A}], \quad U_{n_r-r_A} = [u_{r_A+1} \quad \cdots \quad u_{n_r}] \tag{4-3-7}$$

$$W_{r_A} = [w_1 \quad \cdots \quad w_{r_A}], \quad W_{n_c-r_A} = [w_{r_A+1} \quad \cdots \quad w_{n_c}] \tag{4-3-8}$$

于是,左奇异向量、右奇异向量可以表示为

$$U = [U_r \mid U_{3n-r}], \quad W = [W_r \mid W_{b-r}] \tag{4-3-9}$$

式中,$n_r = 3n-k$; $n_c = b$。

4.3.2 奇异值分解法

通过 3.2.2 节和 4.3.1 节及式(4-3-9)的计算得到

$$AW_{b-r} = 0, \quad A^T U_{3n-r} = 0 \tag{4-3-10}$$

式中,W_{b-r} 的列向量为 A 零空间的一个标准正交基,即 W_{b-r} 为结构独立自应力模态。同理,U_{3n-r} 为结构独立机构位移模态。由此可知,结构自应力模态和机构位移模态可由平衡矩阵奇异值分解得到。

体系最终预应力状态 X 和机构位移 Z 分别是各独立自应力模态 S_i 和机构位移模态 m_i 的线性组合,即

$$X = S_1\alpha_1 + S_2\alpha_2 + \cdots + S_{b-r}\alpha_{b-r} = S\alpha \tag{4-3-11}$$

$$Z = m_1\eta_1 + m_2\eta_2 + \cdots + m_{3n-r}\eta_{3n-r} = m\eta \tag{4-3-12}$$

式中,α_i 为自应力模态组合系数;η_j 为机构位移模态组合系数,可取任意实数。

需要注意的是,一般对索网结构这种全张力结构来说,结构自应力模态数等于 1,即只有一种自应力模态,而索单元只能承受拉力,不能承受压力,这就要求自应力模态符号一致。如果自应力模态符号不一致,那么即使求得的自应力模态数等于 1,索网结构也不能施加预应力。

4.3.3 算例

1) 算例 1[151]

周围节点全部固定在边界上的双曲抛物面菱形索网如图 4-3-2 所示,节点坐标满足方程 $Z = 0.366(X/3.66)^2 - 0.366(Y/3.66)^2$,结构平面为菱形,平面尺寸为

7.32m × 7.32m，弹性模量 $E = 1.5 \times 10^5 \text{N} / \text{mm}^2$，单根索面积 $A = 78.5 \text{mm}^2$。单元平面布置如图 4-3-3 所示，自由节点数为 25，单元数为 64。索单元的力密度为 10.0kN/m。

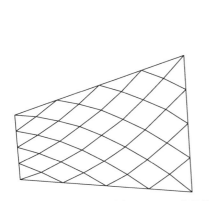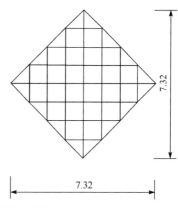

图 4-3-2　双曲抛物面菱形索网结构(单位：m)

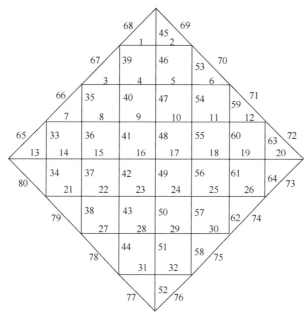

图 4-3-3　双曲抛物面菱形索网单元平面布置图

应用平衡矩阵奇异值分解法计算得到该结构的自应力模态数 $s = 1$，并且自应力模态同号，都大于 0，说明在该几何状态下存在自平衡预应力，自应力模态、$\alpha = 120$ 及理论值时索单元的自平衡预应力见表 4-3-1，根据结构对称性只取 1/4 结构单元。

表 4-3-1　索单元的自平衡预应力(算例 1)

索单元编号	自应力模态	自平衡预应力/kN	
		$\alpha=120$	理论值
1	0.1245	14.940	15
3	0.1251	15.012	15
4	0.1248	14.976	15
7	0.1254	15.048	15
8	0.1248	14.976	15
9	0.1245	14.940	15
13	0.1266	15.192	15
14	0.1257	15.084	15
15	0.1251	15.012	15
16	0.1248	14.976	15
33	0.1245	14.940	15
35	0.1251	15.012	15
36	0.1248	14.976	15
39	0.1254	15.048	15
40	0.1248	14.976	15
41	0.1245	14.940	15
45	0.1266	15.192	15
46	0.1257	15.084	15
47	0.1251	15.012	15
48	0.1248	14.976	15

2) 算例 2[164]

索网结构平面如图 4-3-4 所示,平面尺寸为 5m × 5m,周边节点全部固定。索单元弹性模量、索面积同算例 1;单元平面布置如图 4-3-5 所示。

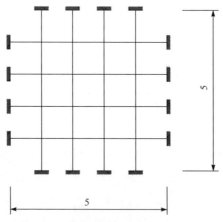

图 4-3-4　索网结构平面(单位：m)

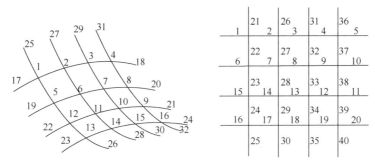

图 4-3-5　索网节点和单元编号

应用平衡矩阵奇异值分解法计算得到该结构的自应力模态数 $s=1$，并且自应力模态同号，都大于 0，说明在该几何状态下存在自平衡预应力，$\alpha=94.4$ 时的索单元预应力见表 4-3-2。

表 4-3-2　索单元的自平衡预应力(算例 2)

索单元编号	自应力模态	自平衡预应力($\alpha=94.4$)/kN
1	0.14382	13.57661
2	0.13872	13.09517
3	0.13698	12.93091
6	0.14382	13.57661
7	0.13872	13.09517
8	0.13698	12.93091
21	0.17674	16.68426
22	0.17262	16.29533
23	0.17122	16.16317
26	0.17674	16.68426
27	0.17262	16.29533
28	0.17122	16.16317

4.4　基于复位平衡迭代的找力法

4.4.1　复位平衡法基本理论

复位平衡法[127,165-168]基于自然界普遍存在的相似性原理，即自然界中的两种物质如果它们的各项性能相似，那么这两种物质相似。对于柔性张力结构，其自平衡预应力是形面几何、拓扑关系、边界条件和材料属性的函数，即

$$\sigma = f(G,T,B,M) \tag{4-4-1}$$

式中，G 为形面几何；T 为形面拓扑关系；B 为边界条件；M 为材料属性。

　　如果已经获得了一个形面的自平衡预应力，并且这个形面和给定形面的 T、B、M 一致，G 相似，那么这个形面的预应力分布和确定形面的预应力分布近似。提高两者几何之间的相似性，也就提高了两者预应力分布的相似性。

　　根据计算步骤，编制复位平衡法 MATLAB 程序[169-171]，计算流程如图 4-4-1 所示。复位平衡法的计算过程如下。

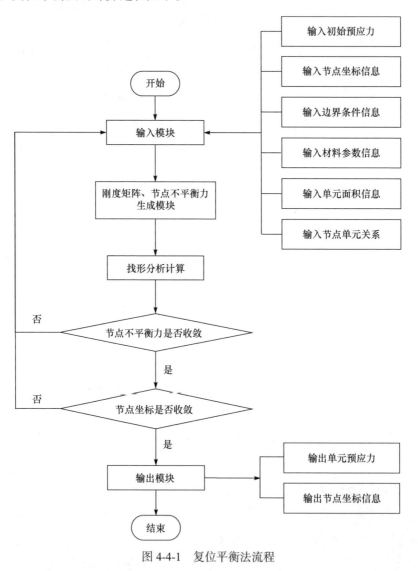

图 4-4-1　复位平衡法流程

(1) 首先给定一组初始预应力分布值，利用给定节点坐标，计算结构刚度矩阵 $\boldsymbol{K}$ 和节点不平衡力向量 $\boldsymbol{F}$ 。

(2) 用完全 Newton-Raphson 方法求解结构刚度方程，当节点的不平衡力大小 $F < \varepsilon_r$ 时迭代停止，同时输出结构的自平衡预应力值和节点坐标值。

(3) 用第(2)步得到的单元预应力值和初始节点坐标重新生成结构刚度方程，返回第(2)步进行找形计算。

(4) 重复第(2)、(3)步，直到由第(3)步计算完以后得到的各节点坐标和给定节点坐标之差 $\Delta u < \varepsilon_u$ ，迭代计算停止，并输出结构单元预应力值和各个自由节点坐标值(迭代停止的条件 ε_r 和 ε_u 视具体情况而定)。

在具体实施时，对给定形面设定一组预应力值进行相应的变形分析，通过变形分析达到力的平衡以后，获得变形后的自平衡预应力分布，然后把这组预应力作为初始预应力值，保持形面几何为给定形面参数继续做变形分析。如此反复，如果最后变形分析中变形足够小，那么预应力计算结果就和给定形面欲求解的预应力值有足够高的近似程度。

4.4.2　复位平衡迭代法

复位平衡迭代法通常在非线性有限元法获取的初始预应力基础上进行，下面简述非线性有限元法的分析和求解过程。

非线性有限元法有完全拉格朗日(total Lagrangian)法和修正拉格朗日(updated Lagrangian)法，修正拉格朗日法以时刻 t 的构形为参考构形来定义所有的变量，节省计算存储空间，因此应用较多。下面以柔性张力索杆结构为例阐述非线性有限元法的建立和求解。

索杆单元采用二节点空间索杆单元，如图 4-4-2 所示。设单元长度为 L ，ξ 为单元局部坐标轴，其方向为从 1 点指向 2 点。$OX_1X_2X_3$ 为结构整体坐标系。单元中任一点沿 X_t 方向的位移为

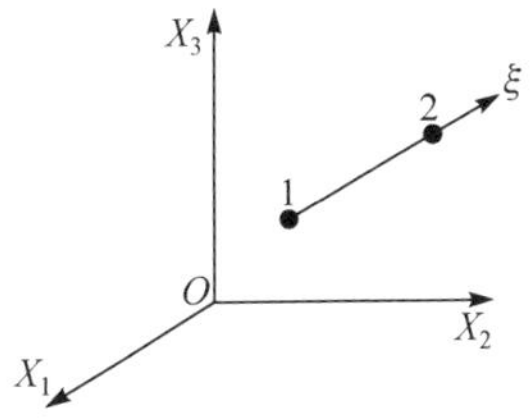

图 4-4-2　空间索杆单元

$$\boldsymbol{U} = \begin{bmatrix} U_1 \\ U_2 \\ U_3 \end{bmatrix} = \begin{bmatrix} N_1 & 0 & 0 & N_2 & 0 & 0 \\ 0 & N_1 & 0 & 0 & N_2 & 0 \\ 0 & 0 & N_1 & 0 & 0 & N_2 \end{bmatrix} \boldsymbol{U}_e = \boldsymbol{N}\boldsymbol{U}_e$$

$$(4\text{-}4\text{-}2)$$

式中，$\boldsymbol{U}_e$ 为单元节点位移矢量；N_1、N_2 为单元形函数。

$$\boldsymbol{U}_e = \left[U_1^1, U_2^1, U_3^1, U_1^2, U_2^2, U_3^2 \right]^{\mathrm{T}} \qquad (4\text{-}4\text{-}3)$$

单元内任意一点的位移增量矢量为

$$\Delta \boldsymbol{U} = \left[\Delta U_1, \ \Delta U_2, \ \Delta U_3\right]^{\mathrm{T}} = \boldsymbol{N} \Delta \boldsymbol{U}_{\mathrm{e}} \tag{4-4-4}$$

式中，$\Delta \boldsymbol{U}_{\mathrm{e}}$ 为单元节点位移增量矢量，表示为

$$\Delta \boldsymbol{U}_{\mathrm{e}} = \left[\Delta U_1^1, \Delta U_2^1, \Delta U_3^1, \Delta U_1^2, \Delta U_2^2, \Delta U_3^2\right]^{\mathrm{T}} \tag{4-4-5}$$

修正拉格朗日法有限元方程为

$$(\boldsymbol{K}_{\mathrm{L}}^{\mathrm{e}} + \boldsymbol{K}_{\mathrm{G}}^{\mathrm{e}})\Delta \boldsymbol{U}_{\mathrm{e}} = {}^{t+\Delta t}\boldsymbol{R} - \boldsymbol{F}^{\mathrm{e}} \tag{4-4-6}$$

式中，$\boldsymbol{K}_{\mathrm{L}}^{\mathrm{e}}$ 为小位移弹性刚度矩阵，$\boldsymbol{K}_{\mathrm{L}}^{\mathrm{e}} = \int_{{}^tV} \boldsymbol{B}_{\mathrm{L}}^{\mathrm{T}} \boldsymbol{D} \boldsymbol{B}_{\mathrm{L}}^t \mathrm{d}v$，取决于 t 时刻的几何；$\boldsymbol{K}_{\mathrm{G}}^{\mathrm{e}}$ 为几何刚度矩阵或初应力刚度矩阵，$\boldsymbol{K}_{\mathrm{G}}^{\mathrm{e}} = \int_{{}^tV} \boldsymbol{G}^{\mathrm{T}} \boldsymbol{\tau} \boldsymbol{G}^t \mathrm{d}v$，取决于 t 时刻的应力；${}^{t+\Delta t}\boldsymbol{R}$ 为 $t + \Delta t$ 时刻外荷载的等效节点力矢量，$\boldsymbol{F}^{\mathrm{e}} = \int_{{}^tV} \boldsymbol{B}_{\mathrm{L}}^{\mathrm{T}} \bar{\boldsymbol{\tau}}^t \mathrm{d}v$ 为 t 时刻应力的等效节点力矢量。

$$\boldsymbol{F}^{\mathrm{e}} = \boldsymbol{B}_{\mathrm{L}}^{\mathrm{T}} \boldsymbol{T} \boldsymbol{\tau} AL = A\boldsymbol{\tau} \left[-l, -m, -n, l, m, n\right]^{\mathrm{T}} \tag{4-4-7}$$

式中，l、m、n 为索单元的方向余弦，分别为

$$l = \frac{1}{L}(X_1^2 - X_1^1), \quad m = \frac{1}{L}(X_2^2 - X_2^1), \quad n = \frac{1}{L}(X_3^2 - X_3^1) \tag{4-4-8}$$

在索网结构的形状确定分析中，外荷载可忽略不计，即 ${}^{t+\Delta t}\boldsymbol{R} = 0$，则有

$$(\boldsymbol{K}_{\mathrm{L}}^{\mathrm{e}} + \boldsymbol{K}_{\mathrm{G}}^{\mathrm{e}})\Delta \boldsymbol{U}_{\mathrm{e}} = -\boldsymbol{F}^{\mathrm{e}} \tag{4-4-9}$$

式中，$\boldsymbol{K}^{\mathrm{e}}$ 为单元切线刚度矩阵，$\boldsymbol{K}^{\mathrm{e}} = \boldsymbol{K}_{\mathrm{L}}^{\mathrm{e}} + \boldsymbol{K}_{\mathrm{G}}^{\mathrm{e}}$。

然后，按文献[172]中介绍的方法组装结构的总刚度矩阵 $\boldsymbol{K}$ 和总节点不平衡力矩阵 $\boldsymbol{F}$，得到方程

$$\boldsymbol{K} \Delta \boldsymbol{U} = \boldsymbol{F} \tag{4-4-10}$$

式(4-4-10)即为索杆张力结构非线性有限元基本方程。

在非线性方程组求解中，通常采用增量逐步求解法。它的基本思想是假定第 i 步解已知，求解第 $i+1$ 步。通常采用 Newton-Raphson[29]法求解，包括完全 Newton-Raphson 法和修正 Newton-Raphson 法。本节采用 Newton-Raphson 法，其基本思想如下。

在非线性分析中，有限元平衡的必要条件是寻找如下平衡方程的解：

$$f(\boldsymbol{U}^*) = 0 \tag{4-4-11}$$

在初始形态分析中，有

$$f(\boldsymbol{U}^*) = -\boldsymbol{F}(\Delta \boldsymbol{U}^*) \tag{4-4-12}$$

假设在求解过程中，已经计算出 $\boldsymbol{U}^{i-1}$，由 Taylor 级数展开为

$$f(\boldsymbol{U}^*) = f(\boldsymbol{U}^{i-1}) + \left[\frac{\partial f}{\partial \boldsymbol{U}}\right]_{\boldsymbol{U}^{i-1}} (\boldsymbol{U}^* - \boldsymbol{U}^{i-1}) \qquad (4\text{-}4\text{-}13)$$

式(4-4-13)中略去了高阶项。

$$\left[\frac{\partial f}{\partial \boldsymbol{U}}\right]_{\boldsymbol{U}^{i-1}} (\boldsymbol{U}^* - \boldsymbol{U}^{i-1}) = -\boldsymbol{F}^{i-1} \qquad (4\text{-}4\text{-}14)$$

$$\Delta \boldsymbol{U}^i = \boldsymbol{U}^* - \boldsymbol{U}^{i-1} \qquad (4\text{-}4\text{-}15)$$

$$\boldsymbol{K}^{i-1}\Delta \boldsymbol{U}^i = -\boldsymbol{F}^{i-1} \qquad (4\text{-}4\text{-}16)$$

由于式(4-4-12)仅表示 Taylor 级数近似式，位移增量 $\Delta \boldsymbol{U}^i$ 用于得到下一步位移近似值，即

$$\boldsymbol{U}^i = \boldsymbol{U}^{i-1} + \Delta \boldsymbol{U}^i \qquad (4\text{-}4\text{-}17)$$

其迭代初始条件为

$$\boldsymbol{K} = \boldsymbol{K}^0, \quad \boldsymbol{F} = \boldsymbol{F}^0 \qquad (4\text{-}4\text{-}18)$$

式(4-4-16)～式(4-4-18)构成了求解基本平衡方程 Newton-Raphson 法的关系式。每次迭代时，计算出节点不平衡力矢量，由此产生增量位移由式(4-4-15)左边项求得。不断迭代，直到节点不平衡力矢量 $\Delta \boldsymbol{F}^{i-1}$ 或者位移增量矢量 $\Delta \boldsymbol{U}^i$ 充分小。

4.4.3 算例

1) 算例 1[164]

根据 4.3.3 节的算例 1，用平衡矩阵奇异值分解法求得的自应力模态及用复位平衡法计算得到的自平衡预应力见表 4-4-1。为便于比较，在表中列出了 $\alpha=120$ 时索单元的预应力值，根据结构对称性只取 1/4 结构单元。

表 4-4-1　结构自平衡预应力(算例 1)

索单元编号	自应力模态	预应力/kN		
		$\alpha=120$	复位平衡法	理论值
1	0.1245	14.940	14.96982	15
3	0.1251	15.012	14.99084	15
4	0.1248	14.976	14.95355	15
7	0.1254	15.048	15.05855	15
8	0.1248	14.976	14.98419	15
9	0.1245	14.940	14.94690	15
13	0.1266	15.192	15.15879	15
14	0.1257	15.084	15.04795	15
15	0.1251	15.012	14.97368	15
16	0.1248	14.976	14.93643	15
33	0.1245	14.940	14.96982	15

续表

索单元编号	自应力模态	预应力/kN		
		α=120	复位平衡法	理论值
35	0.1251	15.012	14.99084	15
36	0.1248	14.976	14.95355	15
39	0.1254	15.048	15.05855	15
40	0.1248	14.976	14.98419	15
41	0.1245	14.940	14.94690	15
45	0.1266	15.192	15.15879	15
46	0.1257	15.084	15.04795	15
47	0.1251	15.012	14.97368	15
48	0.1248	14.976	14.93643	15

　　两种数值分析方法预应力值与理论值比较如图 4-4-3 所示。由表 4-4-1 和图 4-4-3 可知，平衡矩阵奇异值分解法得到的结果与理论值的相对误差为 1.28%，发生在节点 13、45，差值为 19.2N，与复位平衡法结果的最大相对偏差为 0.27%。两种数值分析方法得到的结果接近，与理论值的偏差也在工程可接受的范围。

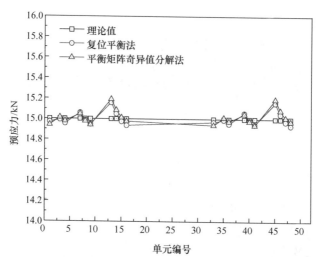

图 4-4-3　平衡矩阵奇异值分解法和复位平衡法结果与理论值的比较

2) 算例 2[164]

　　根据 4.3.3 节的算例 2，用平衡矩阵奇异值分解法求得的自应力模态及用复位平衡法计算得到的自平衡预应力见表 4-4-2。为便于比较，在表中列出了 α=94.4 时索单元预应力值，根据结构对称性只取 1/4 结构单元。

表 4-4-2　结构自平衡预应力(算例 2)

索单元编号	自应力模态	预应力/kN	
		α=94.4	复位平衡法
1	0.14382	13.57661	13.68829
2	0.13872	13.09517	13.21068
3	0.13698	12.93091	13.04615
6	0.14382	13.57661	13.57893
7	0.13872	13.09517	13.10211
8	0.13698	12.93091	12.93779
21	0.17674	16.68426	16.57144
22	0.17262	16.29533	16.17879
23	0.17122	16.16317	16.04723
26	0.17674	16.68426	16.68128
27	0.17262	16.29533	16.28722
28	0.17122	16.16317	16.15521

　　平衡矩阵奇异值分解法和复位平衡法计算结果比较如图 4-4-4 所示。根据表 4-4-2 和图 4-4-4 计算得到平衡矩阵奇异值分解法预应力计算结果与复位平衡法预应力计算结果的最大相对偏差为 0.88%。

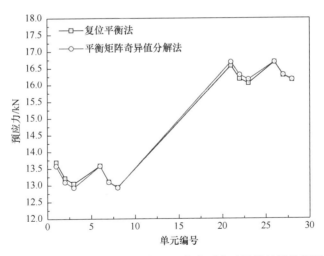

图 4-4-4　平衡矩阵奇异值分解法和复位平衡法计算结果比较图

4.5　基于二次奇异值的找力法

　　在二次奇异值法[139]中，最关键的一步就是利用结构的整体对称性对构件进行分组，使具有相同几何地位、相同长度、相同截面面积和材料属性的构件归为一组；分组的正确与否决定了二次奇异值法能否顺利求得整体可行预应力。在二次奇异值法中一般都是通过肉眼观察结构的几何对称性，人为进行分组；对于简单拓扑关系的结构进行人为分组尚属容易，但当结构的拓扑关系复杂、对称性不易发现时，人为分组的操作难度和出错的可能性就会大幅提升。于是基于分布式静不定这一体系分析指标，给出了一个同时考虑几何对称性和刚度分布对称性的分组方法。

4.5.1 基于分布式静不定的分组方法

由 3.5 节分布式静不定的理论推导可知，分布式静不定 γ 是反映结构内部特性的体系分析指标。具体而言，γ 值从构件的层面上反映了结构的几何拓扑关系和弹性刚度分布信息，实际上是各构件对结构静不定总数贡献的量化。则易知，位于相同几何地位(几何位置)且具有相同刚度信息的构件具有相同的 γ 值，这意味着分布式静不定既体现了结构的刚度分布对称性，又体现了几何分布对称性，即 γ 值可作为结构整体对称性指标。

1) 刚度分布对称性

观察分布式静不定的计算公式 $\boldsymbol{\Omega} = \hat{\boldsymbol{F}}\boldsymbol{S}(\boldsymbol{S}^{\mathrm{T}}\hat{\boldsymbol{F}}\boldsymbol{S})^{-1}\boldsymbol{S}^{\mathrm{T}}$，其中柔度矩阵 $\hat{\boldsymbol{F}}$ 是斜对角矩阵，仅对角线不为 0，对角元素表示为

$$\hat{F}_{i \times i} = \frac{l_i}{E_i A_i} \times \boldsymbol{I}_{\bar{c}_i \times \bar{c}_i} \tag{4-5-1}$$

可以看出，矩阵 $\hat{\boldsymbol{F}}$ 实际是结构弹性柔度分布，构件的弹性刚度相同则矩阵 $\hat{\boldsymbol{F}}$ 中对应的主元相等。也就是说，矩阵 $\hat{\boldsymbol{F}}$ 反映了结构关于弹性刚度的整体对称性信息。根据刚度分布的对称性，所有构件可以分为 $\bar{w}$ 组，设第 i 组中包含 $\bar{c}_i$ 根构件。

2) 几何分布对称性

当构件弹性刚度信息不明时，可假定对角柔度矩阵 $\hat{\boldsymbol{F}} = \boldsymbol{I}$，则分布式静不定计算公式可简化如下：

$$\boldsymbol{\Omega} = \boldsymbol{I}\boldsymbol{S}(\boldsymbol{S}^{\mathrm{T}}\boldsymbol{I}\boldsymbol{S})^{-1}\boldsymbol{S}^{\mathrm{T}} = \boldsymbol{S}\boldsymbol{S}^{\mathrm{T}} \tag{4-5-2}$$

由矩阵乘法法则可知，分布式静不定 γ_i 可表示为

$$\gamma_i = \sum_{j=1}^{s} s_{ij}^2 = \left(\|\tilde{s}_i\|_2\right)^2 \tag{4-5-3}$$

式中，$\|\tilde{s}_i\|_2$ 为行向量 $\tilde{s}_i$ 的欧几里得范数。当若干构件的几何地位相同，即处于对称位置时，构件具有相同的几何特性，则矩阵 $\boldsymbol{S}$ 中对应行向量的欧几里得范数

相等，即分布式静不定 γ 值相同，这就是 γ 值能够体现几何对称性的数学解释。根据几何对称性，结构的所有构件可以分为 $\tilde{w}$ 组，设第 i 组中包含 $\tilde{c}_i$ 根构件。

综上所述，分布式静不定确实可以综合反映结构构件的刚度分布对称性和几何分布对称性，具体体现为具有相同几何地位和相同刚度特性的构件具有相同的 γ 值。基于该结论，可以提出如下分组方法：采用分布式静不定为分组指标，将具有相同 γ 值的构件合并为一组，将所有构件自动分为 $w(1 \leqslant w \leqslant b)$ 组，设第 i 组中包含 c_i 根构件。

4.5.2　二次奇异值法原理

采用上述方法，将结构所有构件分为 w 组，设每组构件具有相同的预应力，即 $\boldsymbol{t}^* = [t_1^*, t_2^*, \cdots, t_w^*]^{\mathrm{T}}$，则待求解的对称预应力可表示为

$$\boldsymbol{t} = [\boldsymbol{h}_1, \boldsymbol{h}_2, \cdots, \boldsymbol{h}_i, \cdots, \boldsymbol{h}_w][t_1^*, t_2^*, \cdots, t_i^*, \cdots, t_w^*]^{\mathrm{T}} = \boldsymbol{H}\boldsymbol{t}^* \tag{4-5-4}$$

式中，$\boldsymbol{H} = [\boldsymbol{h}_1, \boldsymbol{h}_2, \cdots, \boldsymbol{h}_i, \cdots, \boldsymbol{h}_w]$，在列向量 $\boldsymbol{h}_i$ 中 i 组构件对应的行元素为 1(拉索)或–1(压杆)，其余皆为 0，即

$$\boldsymbol{h}_i = [0, 0, \cdots, \underbrace{1, 1, 1, \cdots}_{i\,\text{组}}, 0, 0]^{\mathrm{T}} \tag{4-5-5}$$

根据平衡矩阵理论可知，求解可行预应力模态本质上是寻找合理的自应力模态组合，即求解自应力模态参数 $\boldsymbol{\alpha}$：

$$\boldsymbol{t} = \boldsymbol{S}\boldsymbol{\alpha} \tag{4-5-6}$$

式中，$\boldsymbol{S} = [\boldsymbol{s}_1, \boldsymbol{s}_2, \cdots, \boldsymbol{s}_s] = [\tilde{\boldsymbol{s}}_1, \tilde{\boldsymbol{s}}_2, \cdots, \tilde{\boldsymbol{s}}_s]^{\mathrm{T}}$，$\boldsymbol{s}_i = [s_{1i}, s_{2i}, \cdots, s_{bi}]^{\mathrm{T}}$，$\tilde{\boldsymbol{s}}_i = [s_{i1}, s_{i2}, \cdots, s_{ib}]$。

自应力模态矩阵 $\boldsymbol{S}$ 由生成平衡矩阵 $\boldsymbol{A}_{(3n-c)\times b}$ 零空间 $N(\boldsymbol{A})$ 的基组成，即线性无关列向量 $\boldsymbol{s}_1, \boldsymbol{s}_2, \cdots, \boldsymbol{s}_s$ 实际是 $N(\boldsymbol{A})$ 的一组基。$N(\boldsymbol{A})$ 为 s 维线性空间，有 $\dim N(\boldsymbol{A}) = s$；且零空间 $N(\boldsymbol{A})$ 与行空间 $R(\boldsymbol{A}^{\mathrm{T}})$ 是 $\mathbb{R}^b$ 的两个正交子空间，有 $N(\boldsymbol{A}) \bigcap R(\boldsymbol{A}^{\mathrm{T}}) = \{0\}$ 和 $\dim N(\boldsymbol{A}) + \dim R(\boldsymbol{A}^{\mathrm{T}}) = b$。

将式(4-5-4)代入式(4-5-6)得

$$\bar{\boldsymbol{S}}\bar{\boldsymbol{\alpha}} - \boldsymbol{H}\boldsymbol{t}^* = 0 \tag{4-5-7}$$

式中，$\bar{\boldsymbol{S}}$ 为 $s \times (s+w)$ 的矩阵，$\bar{\boldsymbol{S}} = [\boldsymbol{S}, \boldsymbol{H}]$；$\bar{\boldsymbol{\alpha}}$ 为 $s+w$ 维的列向量，$\bar{\boldsymbol{\alpha}} = \left[\boldsymbol{\alpha}^{\mathrm{T}}, \boldsymbol{t}^{*\mathrm{T}}\right]^{\mathrm{T}}$。

二次奇异值法共采用两次奇异值分解，分别是平衡矩阵 $\boldsymbol{A}$ 的奇异值分解和矩阵 $\bar{\boldsymbol{S}}$ 的奇异值分解。同理，矩阵 $\bar{\boldsymbol{S}}$ 有如下分解：

$$\bar{\boldsymbol{S}} = \bar{\boldsymbol{U}}\boldsymbol{R}\bar{\boldsymbol{V}}^{\mathrm{T}} \tag{4-5-8}$$

设矩阵 $\bar{S}$ 的秩为 $r_{\bar{S}}$，则整体自应力模态数 $n_{\bar{S}} = s + w - r_{\bar{S}}$，当 $n_{\bar{S}} \geqslant 1$ 时，存在

$$\bar{S}\bar{v} = 0 \tag{4-5-9}$$

式中，$\bar{v}$ 由矩阵 $\bar{V}$ 的最后 $n_{\bar{S}}$ 列组成，列向量 $\bar{v}_i\ (i = r_{\bar{S}} + 1, \cdots, s + w) = [\bar{v}_{i1}^{\mathrm{T}}, \bar{v}_{i2}^{\mathrm{T}}]^{\mathrm{T}}$，其中 $\bar{v}_{i1}$ 有 s 项表示自应力模态组合系数，$\bar{v}_{i2}^{\mathrm{T}}$ 有 w 项表示各组构件待求解的预应力值。则最终求得的整体预应力模态可以表达为

$$s^* = S\bar{v}_{i1} = H\bar{v}_{i2} \tag{4-5-10}$$

当 $n_{\bar{S}} > 1$ 时，即考虑对称性后求得的整体自应力模态数仍不止一个，则需重新进行组合，如何选择合适的组合系数属于优化问题。当 $n_{\bar{S}} = 0$ 时，即 H 满秩，说明不存在满足要求的整体自应力分布，需重新设计结构体系。当 $n_{\bar{S}} = 1$ 时，结构只有一组独立的满足对称性要求的整体自应力模态。

4.5.3　算例

以文献[173]中的环形交叉索桁架结构为例，考察基于分布式静不定值分组的二次奇异值法的正确性和有效性。该结构具体几何形状和材料参数见 3.6.3 节的算例。集成平衡矩阵 $A(\in \mathbb{R}^{432 \times 396})$，对其进行奇异值分解，得到自应力模态矩阵 $S(\in \mathbb{R}^{396 \times 18})$。各构件的分布式静不定值如图 4-5-1 所示；根据分布式静不定值大小，即根据结构的对称性，可将全部构件分为 9 组，分组编号如图 4-5-2 所示。依据上述分组情况集成矩阵 $H(\in \mathbb{R}^{396 \times 9})$；对 $\bar{S} = [S, H](\in \mathbb{R}^{396 \times 27})$ 进行二次奇异值分解，可得 $n_{\bar{S}} = 1$；最后，解得最终整体可行预应力模态 $s^* = S\bar{v}_{i1} = H\bar{v}_{i2}$，如图 4-5-3 所示。

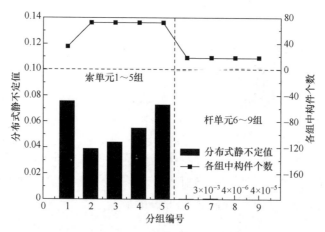

图 4-5-1　环形交叉索桁架结构分布式静不定值

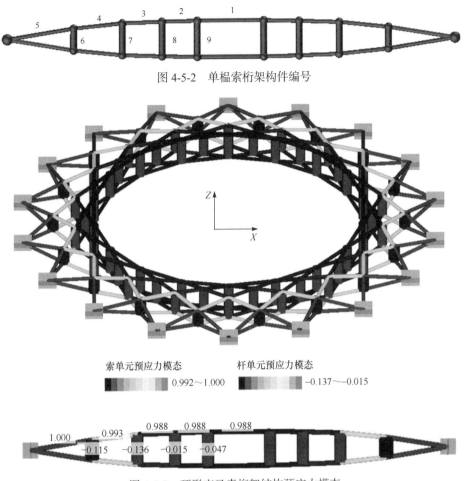

图 4-5-2　单榀索桁架构件编号

索单元预应力模态　　　　　杆单元预应力模态

$0.992\sim1.000$　　　　　$-0.137\sim-0.015$

图 4-5-3　环形交叉索桁架结构预应力模态

如图 4-5-3 所示，图中预应力模态属于整体可行预应力模态，该模态使结构在该构形下自平衡；所有杆单元都承受压力，所有索单元都承担拉力；同组构件都具有相同的初始预应力。

4.6　基于投影的找力法

根据分布式静不定原理，在位形 G_0 时，空间索杆结构在外荷载 f 和构件内力 t_0 的作用下平衡；当引入初始误差 e_0 后，结构从初始位形 G_0 移动到新的位形 G 并再次平衡。过程中发生的协调变形为

$$v = -\boldsymbol{\Omega}e_0 \tag{4-6-1}$$

对应的内力变化为

$$\Delta t = -K\Omega e_0 \qquad (4\text{-}6\text{-}2)$$

式中，Ω 为幂等矩阵，$\Omega = \hat{F}S(S^{\mathrm{T}}\hat{F}S)^{-1}S^{\mathrm{T}}$，可看作一个投影矩阵[139]。$v = -\Omega e_0$ 实际是在 $\mathbb{R}^b$ 中将 e_0 投影到一个符合结构应变能驻值条件的子空间，则 Δt 本质上是一个属于自应力模态空间的满足结构应变能驻值条件的向量，可当作初始预应力。

当取 $e_0 = [1,1,\cdots,1]^{\mathrm{T}}$ 或者其他对称形式的向量 e_0 时，Δt 即是一组所寻求的整体可行预应力，将同时满足自平衡性、构件可行性和整体对称性这三大条件。由于 Ω 实际是一个投影矩阵，故将基于式(4-6-2)的找力方法称为投影法。该方法可以同时考虑几何拓扑关系和结构刚度对初始预应力分布的影响。下面从代数和几何两个方面阐述投影法的本质。

4.6.1　欧几里得范数

根据平衡矩阵理论可知，求解可行预应力模态本质上是寻找合理的自应力模态组合，即求解自应力模态参数 α，参见式(4-5-6)。其中，自应力模态矩阵 S 由生成平衡矩阵 $A_{(3n-c)\times b}$ 零空间 $N(A)$ 的基组成。$N(A)$ 为 s 维线性空间，有 $\dim N(A) = s$；且零空间 $N(A)$ 与行空间 $R(A^{\mathrm{T}})$ 是 $\mathbb{R}^b$ 的两个正交子空间，有

$$N(A)\bigcap R(A^{\mathrm{T}}) = 0$$
$$\dim N(A) + \dim R(A^{\mathrm{T}}) = b$$

理论上，所有预应力模态的向量都属于线性空间 $N(A)$。为了寻找整体可行预应力模态，需对线性空间 $N(A)$ 进行更深入的研究。在线性空间中，因为向量间只有加法和数乘向量两种基本运算，无法反映向量长度、正交等"几何"概念，所以需要借助内积的定义将度量概念引入线性空间。本节采用如下法则：设在 $\mathbb{R}^N$ 中对向量 $\alpha = (\alpha_1,\alpha_2,\cdots,\alpha_N)^{\mathrm{T}}$ 和 $\beta = (\beta_1,\beta_2,\cdots,\beta_N)^{\mathrm{T}}$ 规定内积为 $(\alpha,\beta) = \alpha_1\beta_1 + \alpha_2\beta_2 + \cdots + \alpha_N\beta_N$。在增添内积这一额外结构后，$\mathbb{R}^N$ 成为 Euclid 空间。根据 Euclid 空间的基本定理，如果一个线性空间是 Euclid 空间，那么总是存在标准正交基。而标准正交基正是 Euclid 空间中最基本和最重要的概念之一。

为了对零空间有更清晰的认识，任选一组标准正交列向量组 $s_1,s_2,\cdots,s_b$ 来描述 $N(A)$，此时 $S = [s_1,s_2,\cdots,s_b]$ 为次酉矩阵，有 $S^{\mathrm{T}}S = I$。观察矩阵 S 的行向量 $\tilde{s}_1,\tilde{s}_2,\cdots,\tilde{s}_b$，每一行向量的 Euclid 范数为

$$\|\tilde{s}\|_2 = \sqrt{(\tilde{s},\ \tilde{s})} \qquad (4\text{-}6\text{-}3)$$

可知，行向量 $\tilde{s}$ 的 Euclid 范数不随标准正交基的选择而变化。这是因为在 Euclid

空间中，标准正交基之间的变换是酉变换(等距变换)，而 Euclid 范数为酉不变范数。对矩阵 S 进行正交变换，即 $\hat{\pmb{\Gamma}}S$，其中 $\hat{\pmb{\Gamma}}$ 为任意 $b\times b$ 的正交变换矩阵，始终有 $(\hat{\pmb{\Gamma}}S)^{\mathrm{T}}(\hat{\pmb{\Gamma}}S)=S^{\mathrm{T}}S$。因此，对于已知空间 $N(\pmb{A})$，其标准正交基行向量的 Euclid 范数固定不变。于是，在线性代数中，可利用 Euclid 范数来度量次酉矩阵 S 行向量的"长度"；在结构体系中，可利用 $\|\tilde{\pmb{s}}\|_2$ 值来表征对应构件的自应力特性，此时构件自应力特性的影响因素仅包含结构的几何拓扑关系。这与 3.2.2 节关于自应力模态内积表征预应力导入效率有内在关联。

对对称结构而言，具有如下性质：处于对称位置的构件具有相同的几何地位，这意味着同类构件具有相同的自应力特性，具有相等的 $\|\tilde{\pmb{s}}\|_2$ 值。因此，本节将每一构件的 $\|\tilde{\pmb{s}}\|_2$ 值定义为几何对称性指标。实际上，当不考虑弹性刚度影响时，构件的分布式静不定值等于自应力模态空间标准正交基组行向量 Euclid 范数的平方 $\|\tilde{\pmb{s}}\|_2^2$，即 $\gamma=\|\tilde{\pmb{s}}\|_2^2$。特别需要说明的是，利用代数指标 $\|\tilde{\pmb{s}}\|_2$ 反映出的结构对称性即式(4-5-2)结果满足整体可行条件的原因，这也就是投影方法成立的基础。

4.6.2　投影矩阵

1) 正交投影矩阵

从代数的观点出发，利用 Euclid 范数来度量零空间 $N(\pmb{A})$ 的标准正交基行向量的"长度"，观察到对称构件具有相同 $\|\tilde{\pmb{s}}\|$ 值的性质，将 $\|\tilde{\pmb{s}}\|_2$ 定义为几何对称性指标，用来判定结构的对称性，并为同类构件可具有相等初预应力这一对称性条件给出了数学解释。实际上，也可从几何的角度，利用正交投影的概念更加清晰地体现结构的对称性质，两种判定对称性的方法本质上相同。

已知 $N(\pmb{A})\bigcup R(\pmb{A}^{\mathrm{T}})=\mathbb{R}^b$，对于 $\mathbb{R}^b$ 中任何向量 $\pmb{e}=\pmb{e}_1+\pmb{e}_2$，其中 $\pmb{e}_1\in R(\pmb{A}^{\mathrm{T}})$，$\pmb{e}_2\in N(\pmb{A})$，定义线性变换 $\sigma(\pmb{e})=\pmb{e}_2(\mathbb{R}^b\to\mathbb{R}^b)$，则称 σ 是由 $\mathbb{R}^b$ 到 $N(\pmb{A})$ 的正交投影。对于 $N(\pmb{A})$ 空间，当 $\tilde{\pmb{s}}_1,\tilde{\pmb{s}}_2,\cdots,\tilde{\pmb{s}}_b$ 是一般向量基时，正交投影 σ 在 $\pmb{s}_1,\pmb{s}_2,\cdots,\pmb{s}_b$ 下的矩阵为

$$P_{N(\pmb{A})}=S(S^{\mathrm{T}}S)^{-1}S^{\mathrm{T}} \tag{4-6-4}$$

当 $\pmb{s}_1,\pmb{s}_2,\cdots,\pmb{s}_b$ 为标准正交基时，有

$$P_{N(\pmb{A})}=SS^{\mathrm{T}} \tag{4-6-5}$$

式中，$P_{N(\pmb{A})}$ 为由 $\mathbb{R}^b$ 到 $N(\pmb{A})$ 的正交投影矩阵。在数学上，$\pmb{e}_2=P_{N(\pmb{A})}\pmb{e}$ 是向量 $\pmb{e}$ 在 $N(\pmb{A})$ 上的最佳近似向量，$\|P_{N(\pmb{A})}\pmb{e}\|_2$ 的几何意义是"点" $\pmb{e}$ 到子空间 $R(\pmb{A}^{\mathrm{T}})$ 的最小距离。假设 $\pmb{e}$ 为结构的总变形，则可利用上述最佳近似向量求变形协调方程

$A^T d = e$ 的近似解。当其为矛盾方程时，对任何 $d \in \mathbb{R}^{3n-c}$ 均有 $A^T d \neq e$。此时，若存在向量 $d^0 \in \mathbb{R}^{3n-c}$，使得对任意向量 $d \in \mathbb{R}^{3n-c}$ 均有 $\left\| A^T d^0 - e \right\|_2 \leqslant \left\| A^T d - e \right\|_2$，则称 d^0 是变形协调方程的一个最小二乘解。几何上，该最小二乘解使得"点" e 到子空间 $R(A^T)$ 的距离最小；力学上，节点位移 d^0 总是使与当前位形不相容的变形 $e_2 = P_{N(A)} e$ 最小，使与当前位形相容的变形 $e_1 = P_{R(A^T)} e$ 最大，让结构朝着应变能变化最小的方向移动。

也就是说，矩阵 $P_{N(A)}$ 是一个正交投影矩阵，$e_2 = P_{N(A)} e$ 是正交投影后的投影向量，使协调变形方程 $A^T d = e$ 满足最小二乘要求，其几何意义是"点" e 到子空间 $R(A^T)$ 的最小距离，在力学上可视作一个基于纯几何求得的预应力模态。

特别地，将各个分量相等的特殊向量 $e^* = [1,1,\cdots,1]^T$ 投影到 A 矩阵的零空间 $N(A)$，得到投影向量

$$e_2^* = P_{N(A)} e^* \tag{4-6-6}$$

几何上，就是将向量 e^* 对应的点 P_1 投影到 e_2^* 对应的点 P_2，这样就可以直观地观察到点 P_2 或者说投影向量 e_2^* 各分量的"大小"；代数上，投影向量 e_2^* 各分量的大小就等于自应力矩阵 S 行向量 Euclid 范数的平方 $\|\tilde{s}\|_2^2$。所以关于对称结构有如下性质：对称构件所对应的投影向量 e_2^* 分量相同。

2) 斜投影矩阵

对角柔度矩阵 $\hat{F}$ 为正定矩阵，利用该矩阵可构造出一种内积 $(x, y)_F$，故可构造如下投影：

$$\Omega x = \underset{y \in \text{range}(S)}{\arg\min} \| x - y \|_F^2 \tag{4-6-7}$$

实际上，$\Omega = \hat{F} S (S^T \hat{F} S)^{-1} S^T$ 是满足式(3-6-13)条件的斜投影矩阵。所以，$v = -\Omega e$ 是一个斜投影后的投影向量，其物理意义是使结构应变能满足驻值条件的协调变形量，那么可将 $t = -\hat{F} \Omega e_0$ 视为基于几何条件和刚度条件的一组预应力态。

4.6.3　整体可行预应力

综上可知，对称构件所对应的投影向量分量相同，当选择特殊向量 $[1,1,\cdots,1]^T$ 作为 e^* 时，有

$$t^* = P_{N(A)} e^* \tag{4-6-8}$$

式中，t^* 为一组整体可行预应力模态，其求解仅受结构几何特性的影响；此时，相当于式(4-6-6)中的自应力模态系数，取

$$\alpha_i^* = \sum_{j=1}^{b} s_{ij}, \quad i = 1, 2, \cdots, s \tag{4-6-9}$$

式中，α_i^* 为自应力模态矩阵第 i 列所有元素之和。

当需要同时考虑结构几何和刚度作用时，可采用式(4-6-10)计算整体可行预应力：

$$t^* = -S(S^{\mathrm{T}} \hat{F} S)^{-1} S^{\mathrm{T}} e_0 \tag{4-6-10}$$

选择不同的向量 e_0，可得到不同的整体可行预应力。

4.6.4　算例

1) 算例 1——三杆结构[139]

在三维空间中，点、平面等概念都可以用简单的图像进行表示。为了能够直观地观察基于正交投影矩阵的对称性判定方法，此处以一个平面三杆结构(图 4-6-1(a))为例，对上述两种对称性判定方法的适用性和有效性进行验证。该结构平衡矩阵 A 的零空间 $N(A)$ 是 $\mathbb{R}^3$ 的一个二维子空间，即 $N(A)$ 是一个不通过原点的平面，而行空间 $R(A^{\mathrm{T}})$ 是 $\mathbb{R}^3$ 的一个一维子空间，即 $R(A^{\mathrm{T}})$ 是一个不通过原点的直线。

如图 4-6-1(b)所示，采用笛卡儿坐标系描述 $\mathbb{R}^3$，X 轴对应于杆件①，Y 轴对应于杆件②，Z 轴对应于杆件③；在该坐标系中，每个点都具有三个方向的分量，可以通过直观地比较各分量的大小来判定其对称性。

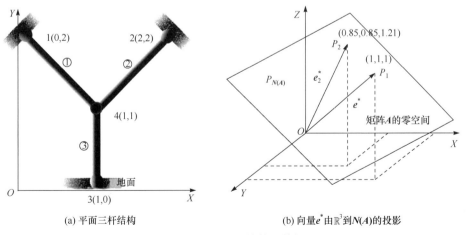

(a) 平面三杆结构　　　　　　　(b) 向量 e^* 由 $\mathbb{R}^3$ 到 $N(A)$ 的投影

图 4-6-1　平面三杆结构及其投影

根据图 4-6-1(a)中坐标系给定的节点坐标集成结构平衡矩阵 $\boldsymbol{A}$ 为 $\begin{bmatrix} \sqrt{2}/2 & -\sqrt{2}/2 & 0 \\ -\sqrt{2}/2 & -\sqrt{2}/2 & 1 \end{bmatrix}$，利用奇异值分解求得自应力模态矩阵 $\boldsymbol{S} = [1/2, 1/2, \sqrt{2}/2]^\mathrm{T}$，

根据式(4-6-5)求得由 $\mathbb{R}^3$ 到 $N(\boldsymbol{A})$ 的投影矩阵 $\boldsymbol{P}_{N(\boldsymbol{A})}$ 为 $\begin{bmatrix} 0.75 & -0.25 & 0.35 \\ -0.25 & 0.75 & 0.35 \\ 0.35 & 0.35 & 0.50 \end{bmatrix}$。

再由式(4-6-3)计算几何对称性判定指标，杆件①的 $\|\bar{s}\|_2$ 值为 $1/2$，杆件②的 $\|\bar{s}\|_2$ 值为 $1/2$，杆件③的 $\|\bar{s}\|_2$ 值为 $\sqrt{2}/2$。显然，杆件①和②具有相同的 $\|\bar{s}\|_2$ 值，有效地反映了结构的对称性。也就是说，基于 Euclid 范数的对称性判定方法的有效性得到了证明。

最后利用式(4-6-6)将向量 $\boldsymbol{e}^* = [1,1,1]^\mathrm{T}$ 投影到零空间 $N(\boldsymbol{A})$，也就是将点 P_1 投影到平面 $\boldsymbol{P}_{N(\boldsymbol{A})}$ 上的点 P_2，可得投影向量 $\boldsymbol{e}_2^* = \boldsymbol{P}_{N(\boldsymbol{A})}\boldsymbol{e}^* = [0.85, 0.85, 1.21]^\mathrm{T}$。在图 4-6-1(b)中可以直观地看出 P_2 点的坐标为 $(0.85, 0.85, 1.21)$。即几何上，向量 $\boldsymbol{e}_2^*$ 的 X 分量和 Y 分量数值相同，即点 P_2 的 X 坐标和 Y 坐标相同；对应地，结构体系上，杆件①和②处于对称位置，互为对称构件。这说明基于投影矩阵的对称性判定方法能有效地反映结构的对称性。

2) 算例 2——环箍索穹顶全张力结构[139]

以文献[23]中的环箍索穹顶全张力结构为例,利用投影法对其进行找力分析。如图 4-6-2 所示，该结构属于自平衡体系，共有 325 个构件和 98 个自由节点，几何拓扑看似复杂，难以辨别其对称关系；分解来看，该结构由内部索穹顶结构和外部环形张拉整体结构两部分组成，通过共用部分索单元和节点，实现两部分结构完美对接。其中，索穹顶采用 Levy 形式，具体几何参数如图 4-6-3 所示；环形张拉整体结构由 12 个半规则张拉整体单元经首尾相连构成，具体几何参数如图 4-6-4 所示；环箍-索穹顶结构的材料参数见表 4-6-1。

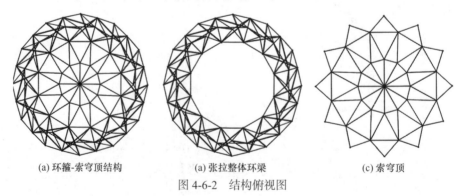

(a) 环箍-索穹顶结构　　　　　(a) 张拉整体环梁　　　　　(c) 索穹顶

图 4-6-2　结构俯视图

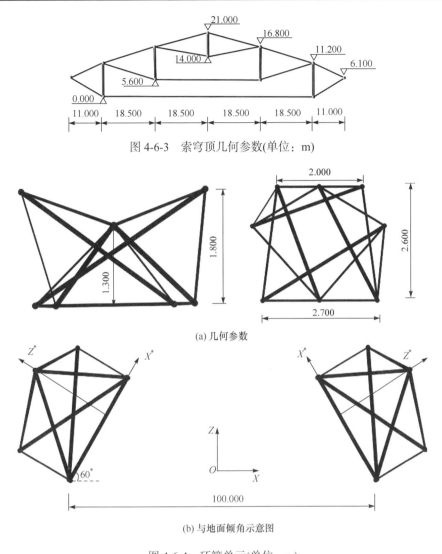

图 4-6-3 索穹顶几何参数(单位: m)

(a) 几何参数

(b) 与地面倾角示意图

图 4-6-4 环箍单元(单位: m)

表 4-6-1 环箍-索穹顶结构的材料参数

构件类型	EA/kN	个数
索单元	3238	252
杆单元	65940	73

根据平衡矩阵理论可知, 该结构具有静不定、动定特性, 共有 37 个自应力模态和 6 个整体刚体位移模态。集成平衡矩阵 $A(\in \mathbb{R}^{294\times325})$, 对其进行奇异值分解, 得到自应力模态矩阵 $S(\in \mathbb{R}^{325\times37})$。值得一提的是, 可用 MATLAB 中奇异值分解

(singular value decomposition，SVD)函数求解得到矩阵 S，其列向量即为矩阵 A 零空间 $N(A)$ 的一组标准正交基。根据式(4-6-3)求解几何对称性指标 $\|\tilde{s}\|_2$，如图 4-6-5 所示。

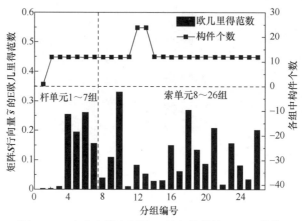

图 4-6-5　自应力模态矩阵 S 行向量 $\tilde{s}$ 的 Euclid 范数

如图 4-6-5 所示，按照 Euclid 范数的大小分组，即具有相等范数值的构件划为同一组，即根据结构的几何对称性，可将全部构件分为 26 组，每组中选择一根构件作为该组的代表构件进行编号，具体编号如图 4-6-6 所示。接下来，取特殊向量 $e_0=[1,1,\cdots,1]^{\mathrm{T}}$，再利用式(4-6-10)求解得到一组整体可行预应力模态，如图 4-6-7 所示。

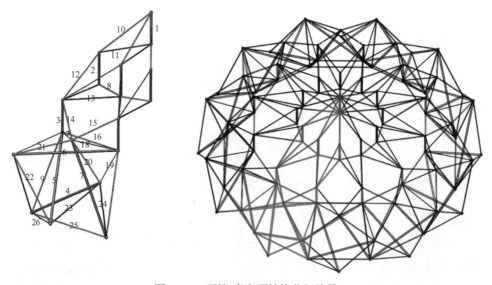

图 4-6-6　环箍-索穹顶结构分组编号

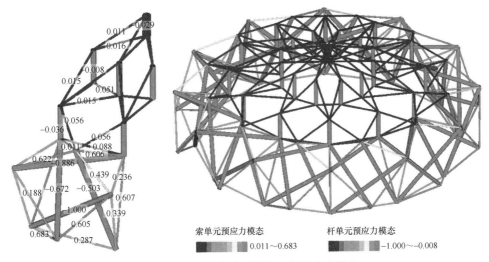

图 4-6-7　环箍-索穹顶结构可行预应力模态

如图 4-6-7 所示，图中预应力模态满足整体可行性条件：其一，经验算该预应力模态显然满足自平衡条件，即此构形下 $At^* = 0$；其二，在该模态中所有杆单元都承受压力，所有索单元都承担拉力；其三，同组构件都具有相同的初始预应力值。

4.7　本 章 小 结

与力密度法结合，基于线性调整理论建立的找力方法通过给定杆件张力可计算其他平衡内力，所设定杆数量不小于超定次数，并考虑结构对称属性，可适用于大型复杂索杆(膜)张力结构，Easy 软件建立了此方法，并广泛应用。

基于平衡矩阵找力法、二次奇异值法、投影法均是基于平衡方程平衡矩阵分析，求出自应力模态，再考虑自应力模态数量、可行性、结构属性等，建立更合理高效的找力方法，可更清楚地揭示索杆张力结构力学特征。

基于复位平衡迭代找力法是采用非线性有限元理论，通过数值分析迭代求解维持目标形态需要的内力，工程领域常采用通用分析软件(如 ANSYS、Abaqus 等)模拟实现。

第5章 找形分析理论与数值方法

5.1 引 言

找形分析是形态分析的重要内容,是基于初始几何、拓扑关系和预应力状况,求解约束条件优化平衡形状。找形分析是柔性张力结构最早开始研究的理论,经典的找形分析方法主要有力密度法、动力松弛法和非线性有限元法。1964 年,Otter[174]提出动力松弛法,其基本原理是结构状态方程的迭代,给定微小的时间增量步,使结构从初始的荷载作用状态逐渐达到稳定的平衡状态。1974 年,Schek[49]提出力密度法,应用于索网和索膜结构找形分析,后来 Linkwitz 等[175]不断完善并发展了该理论体系,使之成为索膜结构找形、计算分析的主要方法之一。1972 年,Argyris 等[176,177]提出非线性有限元法,该方法源于模拟大型索网整体施工安装的控制点逼近法,最初用于慕尼黑体育场安装成形,后来应用于索网找形研究。

然而,单一的找形方法往往难以满足实际工程的需求,因此在这些研究的基础上,出现了多种混合找形方法,例如,找力与找形混合迭代的方法,找形需要先给出力、拓扑关系、几何形状,再找形,而复杂对象的初始力无法合理给出,所以需要基于初始假设几何找力;同时,因为复杂对象的初始几何也不是很合理的假设,所以需要混合迭代;混合力密度找形主要针对部分体系是弹性体系,部分体系可以假设初应力的情况,形成整体的非线性平衡方程,混合协同找形;除此之外,还有其他协同找形方法。

本章重点介绍力密度法[49,178]、动力松弛法、非线性有限元法和协同找形分析等。

5.2 力 密 度 法

对于索膜结构、索网等,索和杆可以看作同一类单元,膜面可以简化成膜线,共同使用力密度法找形,但由于膜面的搭接、边缘索膜的连接、索网的连接等原因,在索膜之间、索索之间需要添加连接单元,这里称为 T 单元。下面介绍力密度方程,杆和节点拓扑关系及 T 单元的设置。

5.2.1　节点力密度方程

假设索杆体系中任意一个自由节点 l (图 5-2-1)上作用外荷载 P，与节点相连的杆件分别为 a、b、c、d，则节点 l 的平衡方程可表示为

$$s_a \cos(a,i) + s_b \cos(b,i) + s_c \cos(c,i)$$
$$+ s_d \cos(d,i) = p_i, \quad i = x, y, z \qquad (5\text{-}2\text{-}1)$$

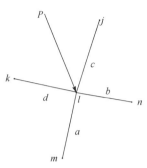

图 5-2-1　杆系结构中自由节点 l

式中，s_a、s_b、s_c、s_d 为各杆元内力；p_x、p_y、p_z 为外荷载 P 的分量。

定义力密度 $q_a = \dfrac{s_a}{l_a}$，$q_b = \dfrac{s_b}{l_b}$，$q_c = \dfrac{s_c}{l_c}$，$q_d = \dfrac{s_d}{l_d}$，l_a、l_b、l_c、l_d 为各杆元的长度，Δ_{ia}、Δ_{ib}、Δ_{ic}、$\Delta_{id}(i=x,y,z)$ 为各单元各方向上的坐标差；式(5-2-1)可表示为一个自由节点列出的力密度平衡方程组：

$$q_a \Delta_{ia} + q_b \Delta_{ib} + q_c \Delta_{ic} + q_d \Delta_{id} = p_i, \quad i = x, y, z \qquad (5\text{-}2\text{-}2)$$

对杆系结构而言，设自由节点 P_i 的坐标为 (x_i, y_i, z_i) $(i=1,\cdots,n)$；固定节点的坐标为 $(x_{\mathrm{f}i}, y_{\mathrm{f}i}, z_{\mathrm{f}i})$ $(i=1,\cdots,n_{\mathrm{f}})$。所有自由节点的坐标构成 n 维向量 $\boldsymbol{x}$、$\boldsymbol{y}$、$\boldsymbol{z}$，所有固定节点的坐标构成 n_{f} 维向量 $\boldsymbol{x}_{\mathrm{f}}$、$\boldsymbol{y}_{\mathrm{f}}$、$\boldsymbol{z}_{\mathrm{f}}$。杆元长度 l_j 及杆元力 s_j 构成 m 维向量 $\boldsymbol{l}$ 和 $\boldsymbol{s}$。荷载向量为 $\boldsymbol{p}_x$、$\boldsymbol{p}_y$、$\boldsymbol{p}_z$，第 i 个节点在 x 向、y 向和 z 向所受的节点荷载为 p_{xi}、p_{yi}、p_{zi}。

5.2.2　索杆结构力密度方程

索杆体系是由杆和节点按照一定拓扑关系组成的结构，根据任意节点力密度方程，推导固定节点、拓扑关系及荷载的索杆结构力密度。假定体系中节点编号从 1 到 n_{s}(其中 n 个自由节点，n_{f} 个固定节点，$n_{\mathrm{s}} = n + n_{\mathrm{f}}$)；杆元编号从 1 到 m；每个杆元都有两个节点编号，如以节点 i 和 k 为端点的杆元 j 有编号 $i(j)$ 和 $k(j)$。

杆元-节点矩阵 $\boldsymbol{C}_{\mathrm{s}}$ 是一个 $3m$ 行 $3n_{\mathrm{s}}$ 列的矩阵，它可以表示为 $\boldsymbol{C}_{\mathrm{s}} = [\boldsymbol{C}, \boldsymbol{C}_{\mathrm{f}}]$，其中矩阵 $\boldsymbol{C}$ 包含的是自由节点部分，矩阵 $\boldsymbol{C}_{\mathrm{f}}$ 包含的是固定节点部分。

两相邻节点间的坐标差向量 $\boldsymbol{u}$、$\boldsymbol{v}$、$\boldsymbol{w}$ 可以用杆元-节点矩阵 $\boldsymbol{C}$ 和 $\boldsymbol{C}_{\mathrm{f}}$ 表示为

$$\begin{aligned} \boldsymbol{u} &= \boldsymbol{C}\boldsymbol{x} + \boldsymbol{C}_{\mathrm{f}}\boldsymbol{x}_{\mathrm{f}} \\ \boldsymbol{v} &= \boldsymbol{C}\boldsymbol{y} + \boldsymbol{C}_{\mathrm{f}}\boldsymbol{y}_{\mathrm{f}} \\ \boldsymbol{w} &= \boldsymbol{C}\boldsymbol{z} + \boldsymbol{C}_{\mathrm{f}}\boldsymbol{z}_{\mathrm{f}} \end{aligned} \qquad (5\text{-}2\text{-}3)$$

引入 $\boldsymbol{u}$、$\boldsymbol{v}$、$\boldsymbol{w}$、$\boldsymbol{l}$ 的对角矩阵 $\boldsymbol{U}$、$\boldsymbol{V}$、$\boldsymbol{W}$、$\boldsymbol{L}$(即 $\boldsymbol{U}$ 中的对角元构成 $\boldsymbol{u}$，$\boldsymbol{U}$ 的非

对角元皆为 0，依此类推)。当各个节点上的合力都为 0 时，表明结构处于平衡状态。平衡方程可写成如下形式：

$$C^{t}UL^{-1}s = p_{x}$$
$$C^{t}VL^{-1}s = p_{y} \qquad (5\text{-}2\text{-}4)$$
$$C^{t}WL^{-1}s = p_{z}$$

引入 $q = L^{-1}s$，m 维向量 q 中的元素 q_{j} 就是杆元的力密度，因此索杆结构平衡方程可写为

$$C^{t}Uq = p_{x}$$
$$C^{t}Vq = p_{y} \qquad (5\text{-}2\text{-}5)$$
$$C^{t}Wq = p_{z}$$

由于 $Uq = Qu$，$Vq = Qv$，$Wq = Qw$（U、V、W、Q 都是属于 u、v、w、q 的对角矩阵），假设 $D = C^{t}QC$，$D_{f} = C^{t}QC_{f}$，式(5-2-5)可写成如下形式：

$$x = -D^{-1}D_{f}x_{f}$$
$$y = -D^{-1}D_{f}y_{f} \qquad (5\text{-}2\text{-}6)$$
$$z = -D^{-1}D_{f}z_{f}$$

若杆系没有孤立节点且 q 中的元素 $q_{j} > 0$，则 D 是正定矩阵，因此对于给定的固定节点、拓扑关系及荷载，一组力密度值就对应唯一的一个平衡形态。根据式(5-2-6)经过迭代就可以求出索杆张力结构找形的结果。

5.2.3　T 单元

因为索网或膜面和边缘索常采用相对独立的参数模拟，边缘索的分位点和索段节点一般不完全重合，相邻索网或膜面连接索段和膜节点也不完全重合。如果仍然采用式(5-2-5)来描述这些索单元，则边界会出现折线锯齿形状，与实际不符。为了模拟索段与边缘索连接节点、不同索网或膜面分界线节点间力的平衡关系，提出了 T 单元分析模型[135,179-182]，如图 5-2-2 所示，节点 t、p、m 组成 T 单元。

T 单元是索单元和膜线单元之间的连接单元，图 5-2-2 所示 T 单元的三个节点分别为 t、m、p；膜线单元为 h，其长度、力和力密度分别为 l_{h}、s_{h}、q_{h}；索单元用 f 表示，其长度为 l_{f}。在 T 单元中，膜线单元与索单元的交点 l 不作为初始未知节点，膜线部分作用在索上的力按照平衡条件分配到两个节点上。那么，膜线单元 h 作用在索单元 f 上的力为：p 点分配的力为 $b_{h}s_{h}/l_{f}$，m 点分配的力为 $a_{h}s_{h}/l_{f}$，膜线单元与索单元相交处的节点坐标可以通过插值给出：

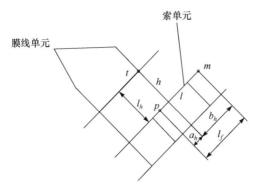

图 5-2-2　T 单元示意图

$$x_1 = \frac{b_h}{l_f} x_p + \frac{a_h}{l_f} x_m \tag{5-2-7}$$

T 单元膜节点 t 的平衡方程为

$$\sum q_h \left(x_{jk} - x_{jt} \right) + q_h \left(\frac{b_h}{l_f} x_p + \frac{a_h}{l_f} x_m - x_t \right) = 0 \tag{5-2-8}$$

索单元节点 p 的平衡方程为

$$\sum q_h \left(x_{jn} - x_{js} \right) + q_h \left[x_t - \left(\frac{b_h}{l_f} x_p + \frac{a_h}{l_f} x_m \right) \right] \frac{b_h}{l_f} = 0 \tag{5-2-9}$$

索单元节点 m 的平衡方程与式(5-2-9)相同。

按照这种方法，整个索网或膜面就可以分为两个部分：膜线(索杆)单元和 T 单元。设膜线(索杆)单元 j 的两个端点为 i 和 k；T 单元的 3 个端点为 t、m、p。就可以写出带 T 单元的索(索杆)膜结构力密度平衡方程为

$$\sum q_j \left(x_{jk} - x_{ji} \right) + \sum q_h \left[\left(\frac{b_h}{l_f} x_p + \frac{a_h}{l_f} x_m \right) - x_t \right] + \sum q_h \left[x_t - \left(\frac{b_h}{l_f} x_p + \frac{a_h}{l_f} x_m \right) \right] \cdot \frac{b_h}{l_f}$$

$$+ \sum q_h \left[x_t - \left(\frac{b_h}{l_f} x_p + \frac{a_h}{l_f} x_m \right) \right] \cdot \frac{a_h}{l_f} = 0$$

$$\tag{5-2-10}$$

5.2.4　算例

1) 菱形马鞍索网[151]

如图 5-2-3 所示，菱形马鞍索网的周边为刚性支撑，主副索对称，主索同 x 方向，副索同 y 方向，网格的初始边长为 9.15m，曲面的解析表达式为 $z = (y^2 - x^2)/366$

$(x \in [-36.6, 36.6], |y| \leqslant 36.6 - |x|)$。找形之前，先给定节点单元的连接方式和拓扑关系，对节点和索元编号如图 5-2-3 和表 5-2-1 所示，共有 41 个节点(固定节点 16 个，位于四周)，64 个索单元。

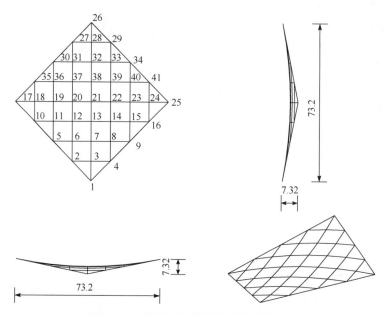

图 5-2-3 　菱形马鞍索网示意图(单位：m)

表 5-2-1 　菱形马鞍索网的约束节点坐标　　　　　(单位：m)

节点编号	1	2	4	5	9	10	16	17
x	0.00	−9.15	9.15	−18.30	18.30	−27.45	27.45	−36.60
y	−36.60	−27.45	−27.45	−18.30	−18.30	−9.15	−9.15	0.00
z	3.66	1.83	1.83	0.00	0.00	−1.83	−1.83	−3.66
节点编号	25	26	27	29	30	34	35	41
x	36.60	0.00	−9.15	9.15	−18.30	18.30	−27.45	27.45
y	0.00	36.00	27.45	27.45	18.30	18.30	9.15	9.15
z	−3.66	3.66	1.83	1.83	0.00	0.00	−1.83	−1.83

索单元的力密度为 10.0kN/m，考虑索网双轴对称，找形后结果选取其中 1/4 的节点坐标数据见表 5-2-2。

表 5-2-2　菱形马鞍索网找形后节点坐标　　　　　　(单位：m)

节点编号	x	y	z	z(解析)	z(误差)
3	−0.0000	−27.4500	2.0588	2.0588	0.0000
6	−9.1500	−18.3000	0.6863	0.6863	0.0000
7	0.0000	−18.3000	0.9150	0.9150	0.0000
11	−18.3000	−9.1500	−0.6863	−0.6863	0.0000
12	−9.1500	−9.1500	0.0000	0.0000	0.0000
13	−0.0000	−9.1500	0.2288	0.2288	0.0000
18	−27.4500	−0.0000	−2.0588	−2.0588	0.0000
19	−18.3000	−0.0000	−0.9150	−0.9150	0.0000
20	−9.1500	−0.0000	−0.2288	−0.2288	0.0000
21	−0.0000	−0.0000	0.0000	−0.0000	0.0000

2) 双层张拉整体结构[151]

图 5-2-4 所示张拉整体结构的力密度在找形分析时，给定初始力密度之后还需要一个寻找满足力密度矩阵秩亏条件可行的力密度的过程。

该双层张拉整体结构有 12 个节点，30 个单元。6 根杆单元(在图中用粗线表示)分为上下两层：①上层杆单元(upper bar)；②下层杆单元(lower bar)。24 根索单元(细线表示)分为：①上下两个多边形索(正三角形)；②鞍索；③纵向索；④对角线索[181]。将 12 个节点分为 3 层，上下两个多边形的角点，中间为异面六边形角点，每个点由 4 根索单元和一根杆单元连接。

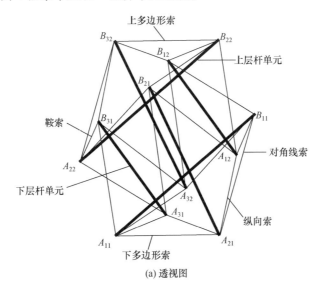

(a) 透视图

 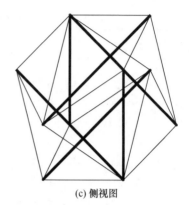

(b) 正视图   (c) 侧视图

图 5-2-4   双层张拉整体结构

在找形开始前，给定各单元节点间的拓扑关系，给 6 组单元指定一套初始力密度为 $[-10,-10,10,10,10,10]$。应用 4.5 节寻找可行力密度的算法求得的力密度为 $[-15.5862,-15.5862,10.3908,10.3908,10.3908,10.3908]$。只需要 40 次迭代就可以得到这组力密度。实际上，任意指定一组力密度，保持各力密度的比值关系，得到的可行力密度数值不一样，但比例是一定的，最终都可以得到同样的几何形状；如果设定的力密度比例不一样，得到的形状也会不一样。

得到可行的力密度后，需要指定一组相互独立的节点坐标，如图 5-2-4 所示，节点 A_{11}、A_{21} 和 A_{31} 表示下多边形的三个节点，其坐标分别为(-2.5981，-1.5，0)、(2.5981，-1.5，0)和(0，3，0)，另指定一个中间层的节点 B_{31}，其坐标为(-3.464，-3，6)。最终得到的形状如图 5-2-4 所示。同样，给定不同的坐标值，其最终结果也会不一样。最终得到的找形后的节点坐标见表 5-2-3。

表 5-2-3   双层张拉整体结构找形后节点坐标   (单位：m)

节点编号	A_{11}	A_{21}	A_{31}	B_{11}	B_{21}	B_{31}
x	-2.5981	2.5981	0.0000	4.3303	-0.8659	-3.4640
y	-1.5000	-1.5000	3.0000	-1.5000	4.5000	-3.0000
z	0.0000	-0.0000	0.0000	6.0000	6.0000	6.0000
节点编号	A_{12}	A_{22}	A_{32}	B_{12}	B_{22}	B_{32}
x	3.4642	-4.3301	0.8661	0.0002	2.5983	-2.5979
y	3.0000	1.5000	-4.5000	-3.0000	1.5000	1.5000
z	3.0000	3.0000	3.0000	9.0000	9.0000	9.0000

5.3　动力松弛法

20 世纪 60 年代，Otter 首次提出动力松弛法并用于一般结构的非线性计算。1970 年，Day 和 Bunce 将其应用于索网结构非线性分析[183]。Barnes、Lewis 等发展了该方法，并应用于索网和膜结构等铰接体系分析中[184-187]。目前，动力松弛法已成为索杆张力结构的主要分析方法之一，其最大的优点是能够由任意初始非平衡态得到平衡态，并且：①计算稳定、收敛性好；②不需要组装总体刚度矩阵、节约内存；③易引入边界约束条件；④对边界条件、中间支撑都有较大变化的形态修改问题特别有效。

5.3.1　基本方程

动力松弛法基于牛顿第二定律建立控制方程，实质是用动力方法解决静力问题。其基本思想为：在给定的构形下，体系在不平衡力作用下开始运动，类似于弹簧振子的自由振动，在经过平衡构形时动能最大，势能最小，因此在平衡构形附近将其速度设为 0，重新开始运动，这样体系的各个节点(质点)逐渐逼近平衡位置，直到体系的动能小到可以忽略，此时体系达到势能极小值。

在振动过程中任意时刻 t，任意节点 i 在 $X_j(j=1,2,3)$ 方向的动力平衡方程为

$$M_{ij}\dot{V}_{ij}^t + C_{ij}V_{ij}^t + K_{ij}U_{ij}^t = P_{ij}^t \qquad (5\text{-}3\text{-}1)$$

假定节点 i 在 t 时刻的节点不平衡力 $R_{ij}^t = P_{ij}^t - K_{ij}U_{ij}^t$，则方程(5-3-1)变为动力松弛法基本方程：

$$M_{ij}\dot{V}_{ij}^t + C_{ij}V_{ij}^t = R_{ij}^t \qquad (5\text{-}3\text{-}2)$$

式中，R_{ij}^t 为 t 时刻节点 i 在 $X_j(j=1,2,3)$ 方向上的残余力或不平衡力；M_{ij} 为节点 i 在 $X_j(j=1,2,3)$ 方向上振动时的虚拟质量；C_{ij} 为节点 i 在 $X_j(j=1,2,3)$ 上的阻尼系数；$\dot{V}_{ij}^t$ 为 t 时刻节点 i 在 $X_j(j=1,2,3)$ 上的加速度；V_{ij}^t 为 t 时刻节点 i 在 $X_j(j=1,2,3)$ 上的速度。

考虑在时间增量 Δt 内节点速度线性变化，节点速度用中心差分表示为

$$V_{ij}^t = \frac{V_{ij}^{t+\Delta t/2} + V_{ij}^{t-\Delta t/2}}{2} \qquad (5\text{-}3\text{-}3)$$

因此，在时间增量 Δt 内，通过节点速度的线性内插可以得到节点加速度为

$$\dot{V}_{ij}^t = \frac{V_{ij}^{t+\Delta t/2} - V_{ij}^{t-\Delta t/2}}{\Delta t} \tag{5-3-4}$$

将式(5-3-3)和式(5-3-4)代入式(5-3-2)，可以得到

$$M_{ij}\frac{V_{ij}^{t+\Delta t/2} - V_{ij}^{t-\Delta t/2}}{\Delta t} + C_{ij}\frac{V_{ij}^{t+\Delta t/2} + V_{ij}^{t-\Delta t/2}}{2} = R_{ij}^t \tag{5-3-5}$$

整理得

$$V_{ij}^{t+\Delta t/2} = V_{ij}^{t-\Delta t/2} + R_{ij}^t \frac{1}{\dfrac{M_{ij}}{\Delta t} + \dfrac{C_{ij}}{2}} \tag{5-3-6}$$

若采用动能阻尼(kinetic damping)，则 $C_{ij} = 0$，式(5-3-6)可简化为

$$V_{ij}^{t+\Delta t/2} = V_{ij}^{t-\Delta t/2} + R_{ij}^t \frac{\Delta t}{M_{ij}} \tag{5-3-7}$$

假定结构在 $t = 0$ 时刻从静止状态开始振动，即 $V_{ij}^0 = 0$，按直线差分可得 $V_{ij}^{-\Delta t/2} = V_{ij}^{\Delta t/2}$，由式(5-3-7)可得

$$V_{ij}^{\Delta t/2} = R_{ij}^0 \frac{\Delta t}{2M_{ij}} \tag{5-3-8}$$

那么 $t + \Delta t$ 时刻节点 i 的位移和坐标的计算公式分别为

$$d_{ij}^{t+\Delta t} = d_{ij}^t + V_{ij}^{t+\Delta t/2}\Delta t \tag{5-3-9}$$

$$X_{ij}^{t+\Delta t} = X_{ij}^t + V_{ij}^{t+\Delta t/2}\Delta t \tag{5-3-10}$$

当体系上所有节点在每个方向上的坐标都按式(5-3-10)确定后，结构在 $t + \Delta t$ 时刻的几何形状就确定了，然后计算结构上各节点在 $t + \Delta t$ 时刻新的不平衡力，这个过程一直迭代至不平衡力满足收敛条件。

5.3.2　节点不平衡力

将结构假设为一个无阻尼的自由振动，在振动过程中当节点动能达到局部峰值时，令节点的速度分量为 0，结构从新的位置开始振动，直到下一个动能峰值的出现。对各节点动能求和的结构总动能 E_k 为

$$E_k = \frac{1}{2}\sum_i M_i \sum_{j=1}^3 V_{ij}^2 \tag{5-3-11}$$

由式(5-3-8)可知，确定时间增量 Δt 和虚拟质量 M_{ij} 以后，只要求出节点不平

衡力 R_{ij}^0，即可以实现索杆结构找形。

对于索单元，假设为直线杆单元时，比较容易建立节点不平衡力方程。当假设索单元为抛物线或悬链线单元时，其节点不平衡力方程需单独研究建立。柔性索假设：线弹性、仅受拉力，大位移小应变、小垂度，索段上横向荷载沿弦长均匀分布。

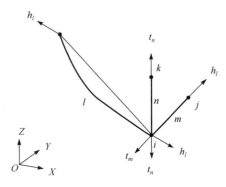

图 5-3-1　索杆体系节点

图 5-3-1 所示的索杆体系节点，节点 i 连接柔性索 l 和直线杆 m、n，其弦张力和轴拉力分别为 h_l、t_m、t_n，则节点不平衡力向量表示为

$$R = P - A\frac{t}{r} \qquad (5\text{-}3\text{-}12)$$

式中，A 为平衡矩阵；t 为单元内力向量，对杆单元为实际内力，对柔性索单元为等效内力；r 为单元弦长向量；P 为节点荷载列向量。

5.3.3　数值算法

利用动力松弛法求解不考虑边界梁柱体系的索杆张力结构成形过程的具体算法如下(图 5-3-2)：

(1) 给定单元初始几何信息和材料特性参数。

(2) 初始化节点速度、位移和动能(即置零)；设定时间增量 Δt 和节点虚拟质量，生成虚拟质量矩阵 M。

(3) 根据变形协调方程生成向量 t。

(4) 根据式(5-3-12)计算节点不平衡力向量 R。

(5) 根据式(5-3-8)和式(5-3-9)计算速度向量 $V^{t+\Delta t/2}$；同时根据式(5-3-10)更新节点坐标向量 $x^{t+\Delta t/2}$；根据式(5-3-11)计算系统动能。

(6) 判断系统动能是否达到峰值，若是，则所有节点速度置零，返回步骤(3)重新计算。

(7) 重复步骤(3)～步骤(6)，直到节点不平衡力满足终止条件 $\|R\| \leqslant \text{EPS}$。

5.3.4　算例

1) 环形索网[130]

如图 5-3-3 所示环形索网，约束节点位于半径为 75m 的圆形平面上，自由节点编号如图 5-3-3 所示。各索单元截面面积和弹性模量均为 $A = 1963.44 \times 10^{-6} \mathrm{m}^2$、$E = 1.7 \times 10^8 \mathrm{kPa}$，单位长度自重 $q = 0.1541 \mathrm{kN/m}$，节点荷载为 0。径向索无应力

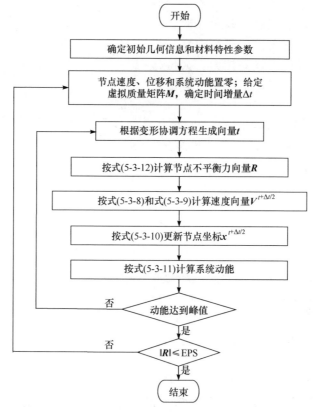

图 5-3-2　利用动力松弛法求解索杆张力结构成形过程的流程

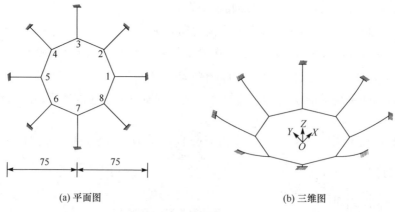

(a) 平面图　　　　　　　　　　(b) 三维图

图 5-3-3　环形索网(单位: m)

长度 40m，环向索无应力长度为 32m。表 5-3-1 列出了平衡状态自由节点坐标和文献[131]的结果。

表 5-3-1 平衡状态自由节点 1~8 坐标 (单位：m)

节点编号	坐标					
	X		Y		Z	
	本节	文献[131]	本节	文献[131]	本节	文献[131]
1	41.6379	41.643	0.000	0.000	−22.0928	−22.107
2	29.4425	29.446	29.4425	29.446	−22.0928	−22.107
3	0.000	0.000	41.6379	41.643	−22.0928	−22.107
4	−29.4425	−29.446	29.4425	29.446	−22.0928	−22.107
5	−41.6379	−41.643	0.000	0.000	−22.0928	−22.107
6	−29.4425	−29.446	−29.4425	−29.446	−22.0928	−22.107
7	0.000	0.000	−41.6379	−41.643	−22.0928	−22.107
8	29.442 5	29.446	−29.4425	−29.446	−22.0928	−22.107

2) 正交索网[130]

正交索网平面如图 5-3-4 所示。取主动索初始长度均为 36.76m，其中包括牵引长度 5m，现通过改变主动索⑤~⑫的长度来模拟成形过程。通过 5 个施工步来提升该结构，每个施工步各主动索同时缩短 1m，最终把牵引长度全部抽出，达到目标无应力长度 31.76m，此过程共包括 6 个平衡状态，图 5-3-5 为成形过程立面变化图；表 5-3-2 列出了成形过程节点 2 的坐标变化。

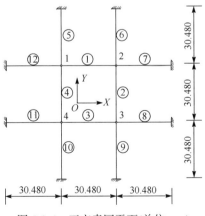

图 5-3-4 正交索网平面(单位：m)

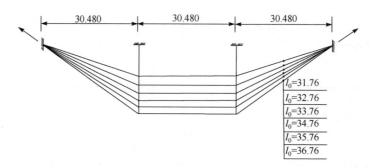

图 5-3-5   成形过程立面变化(单位：m)

表 5-3-2   成形过程节点 2 坐标   (单位：m)

主动索无应力长度 l_0	节点 2 坐标		
	X	Y	Z
36.760	15.2419	15.2419	−21.0030
35.760	15.2453	15.2453	−19.0748
34.760	15.2496	15.2496	−17.0456
33.760	15.2555	15.2555	−14.8613
32.760	15.2644	15.2644	−12.4340
31.760	15.2806	15.2806	−9.6016

5.4　非线性有限元法

5.4.1　索杆结构的非线性有限元方程

柔性索杆单元的非线性有限元方程和求解见 4.4.2 节。

5.4.2　空间梁单元几何刚度矩阵

两节点空间梁单元计算的基本假定[155]：①单元初始为直梁，并且沿轴线方向截面不变，变形过程中截面保持为平面，但是不必垂直于中性轴；②材料为弹性均质，各向同性；③不考虑截面翘曲的影响，如图 5-4-1 所示。

局部坐标系下的单元位移为

$$U = AC \tag{5-4-1}$$

梁中性轴上任一点的位移向量为

$$u = [u, v, w, \theta_x]^{\text{T}} \tag{5-4-2}$$

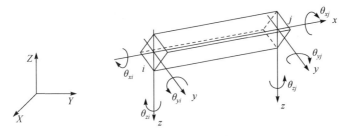

图 5-4-1　两节点直梁单元

梁受到荷载作用时发生变形，而在大挠度变形情况下单元的应变由两部分组成：一部分是小挠度时产生的弹性应变 $\Delta\boldsymbol{\varepsilon}_l$ ；另一部分是考虑位移高阶项影响后的非线性应变分量 $\Delta\boldsymbol{\varepsilon}_{nl}$ ，即

$$\Delta\boldsymbol{\varepsilon} = \Delta\boldsymbol{\varepsilon}_l + \Delta\boldsymbol{\varepsilon}_{nl} \tag{5-4-3}$$

式中

$$\Delta\boldsymbol{\varepsilon}_{nl} = \frac{1}{2}\Delta\boldsymbol{A}\theta \tag{5-4-4}$$

$$\boldsymbol{\theta} = \boldsymbol{H}\Delta\boldsymbol{U} = \boldsymbol{H}\boldsymbol{N}\Delta\boldsymbol{u} = \boldsymbol{G}\Delta\boldsymbol{u} \tag{5-4-5}$$

其中，$\boldsymbol{H}$ 为积分算子。

根据非线性有限元理论可以得到梁单元的初应力矩阵：

$$\boldsymbol{K}_G = \boldsymbol{K}_{GN} + \boldsymbol{K}_{GS} + \boldsymbol{K}_{GM} \tag{5-4-6}$$

式中，$\boldsymbol{K}_{GN}$、$\boldsymbol{K}_{GS}$、$\boldsymbol{K}_{GM}$ 分别是考虑轴力、扭矩、弯矩的初应力矩阵[56]。

5.4.3　小弹性模量找形

目前，常见的有限元找形是借助有限元软件进行的，例如，有限元软件 ANSYS 采用小弹性模量的方法找形[188,189]，即取材料初始弹性模量为真实弹性模量的 1/1000～1/100。这种方法可以使结构从初始位形到目标位形的过渡过程产生很小的附加预应力，并且这种方法在非线性求解过程中极易收敛，该方法的原理如下。

对索单元来说，其应变增量由线性增量和非线性增量共同组成，即

$$\Delta\boldsymbol{\varepsilon} = \Delta\boldsymbol{\varepsilon}_l + \Delta\boldsymbol{\varepsilon}_{nl}, \quad \Delta\boldsymbol{\varepsilon}_l = \boldsymbol{B}_l\Delta\boldsymbol{u}_e, \quad \Delta\boldsymbol{\varepsilon}_{nl} = \boldsymbol{B}_{nl}\Delta\boldsymbol{u}_e \tag{5-4-7}$$

索单元在整体坐标系下的增量关系可以表示为

$$\Delta\boldsymbol{\sigma} = \boldsymbol{E}\Delta\boldsymbol{\varepsilon} \tag{5-4-8}$$

若弹性模量为 0，式(5-4-8)中的应力增量为 0，这样索结构在实际找形过程中可以保持初始预应力的恒定。但是，如果在实际的找形过程中给定弹性模量为 0，可能会使结构产生畸变，因此一般给定一个较小的弹性模量。小弹性模量找形结束

之后，给定结构真实的弹性模量，再在前面计算所得内力和变形的基础上重新对结构进行静力计算，这些计算都是在结构当前长度的基础上进行的。

有限元找形方法是通过索结构的应力刚化实现的，对索单元来说，其初始预应力通过单元的初应力矩阵来导入，初应力模态矩阵 S 为

$$S = \frac{F}{l}\begin{bmatrix} I_3 & -I_3 \\ -I_3 & I_3 \end{bmatrix}$$ (5-4-9)

式中，F 为索单元初始预应力；l 为单元当前长度；I_3 为 3 阶单位矩阵。而单元的初始预应力表示为

$$F = EA\varepsilon$$ (5-4-10)

式中，ε 为单元的初始应变，在 ANSYS 中索的初应变采用式(5-4-10)计算；E 为弹性模量，找形中先给定小弹性模量，找形结束后再恢复真实弹性模量，找到最终的结构预应力平衡状态。给定索单元的初始应变，就可以将初始预应力导入单元刚度矩阵，从而实现结构的应力刚化。

5.4.4 算例

1) 马鞍形索网结构

采用一个马鞍形索网结构，结构长轴 33m，短轴 30m，四个角点固定约束，两个低点 z 坐标为 0m，两个高点 z 坐标分别为 10m 和 12m。内部索网采用 ϕ32mm 的钢索，初始预张力设为 200kN；边缘索采用 ϕ48mm 的钢索，初始预张力设为 1000kN；钢索的真实弹性模量为 $1.6\times10^{11}\text{N/m}^2$，结构初始几何形状由马鞍面方程确定[151]，初始几何中心为坐标原点。

根据非线性有限元找形方法(图 5-4-2)，首先进行小弹性模量找形，将钢索单元的弹性模量变为真实弹性模量的 1/1000，结合索网的初始预张力，按照式(5-4-10)

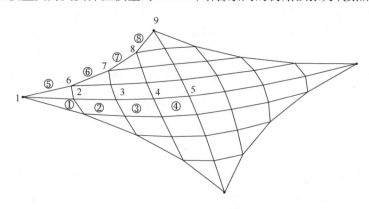

图 5-4-2　找形后的马鞍形索网

计算出索的初始应变，然后进行找形；小弹性模量找形结束后，根据钢索剩余应力值，将弹性模量恢复真实弹性模量后，再采用非线性有限元法找形，得出最终的结构形态如图 5-4-2 所示，取出结构的 1/4，节点编号 1～9，单元编号①～⑧，找形后的节点 2～8 的位移见表 5-4-1；单元①～⑧的内力见表 5-4-2。

表 5-4-1　马鞍形索网结构节点 2～8 位移　　　　　　（单位：m）

节点编号	2	3	4	5	6	7	8
x	2.044	2.126	1.264	0.015	3.089	4.107	2.905
y	−0.005	−0.012	−0.003	−0.011	−2.773	−4.092	−3.156
z	−0.112	−0.913	−0.153	−0.135	−0.133	−0.028	0.103

表 5-4-2　马鞍形索网结构单元①～⑧内力　　　　　　（单位：kN）

单元编号	①	②	③	④	⑤	⑥	⑦	⑧
有限元结果	227.20	186.88	149.86	140.09	1183.70	1071.10	1095.20	1167.20

2) 索穹顶结构[189]

索穹顶结构如图 5-4-3 所示，结构参数和初始预应力见表 5-4-3(初始预应力的两个数值分别为结构短轴和长轴的值)，钢索真实弹性模量为 $1.8×10^5 \mathrm{N/mm^2}$；杆为圆钢管，弹性模量为 $2.06×10^5 \mathrm{N/mm^2}$。采用非线性有限元法找形结果见表 5-4-4 和表 5-4-5。

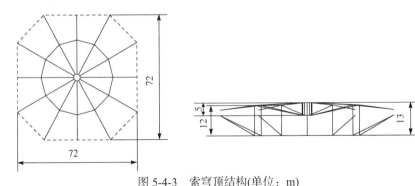

图 5-4-3　索穹顶结构(单位：m)

表 5-4-3　索穹顶结构参数

单元类型	内脊索	外脊索	内斜拉索	外斜拉索	桅杆	外环索
规格	$\phi38\mathrm{mm}$	$\phi54\mathrm{mm}$	$8\phi15.2\mathrm{mm}$	$8\phi15.2\mathrm{mm}$	$12\phi350\mathrm{mm}$	$2\phi50\mathrm{mm}$
初始预应力/kN	870/915	1096/1148	222/233	247/238	−144/−111	400/403

取 4 个节点进行对比：内环上端节点、下端节点、桅杆上端点和下端点。因为这种结构的 x、y 向位移很小，所以只比较 z 向的位移。

表 5-4-4　索穹顶结构节点位移　　　　　　　(单位：m)

节点	内环		桅杆	
	上端节点	下端节点	上端点	下端点
z 向	−0.077	−0.077	−0.021	−0.021

表 5-4-5　索穹顶结构单元内力　　　　　(单位：kN)

索的类型	内脊索	外脊索	内斜拉索	外斜拉索	桅杆	外环索
有限元结果	848/895	1102/1143	251/264	272/264	−155/−118	442/446

5.5　协同找形分析

索杆张力结构往往作为大跨空间结构的上部屋盖，屋盖的下部通常采用周边梁柱体系，在找形中梁柱支承会与索杆体系相互影响、协同作用，形成不可分割的整体，因此在实际找形中需要考虑两部分的协同作用，即通过协同找形实现整个结构体系的混合找形。通常分析中，先将索杆体系与梁柱等支承体系分离开，对索杆体系进行找形分析，得到找形平衡态，然后与支承体系集成，重新赋予预张力和索、杆材料参数进行预应力分析，并根据此状态的形和力调整预张力，多次迭代获得预期的预应力平衡态。事实上，结构是包括索单元、杆单元以及梁单元的混合结构，整个结构是一个复杂的非线性系统，在找形分析阶段，必须考虑梁柱体系的协同变形[24,130]。建立包括索杆单元、梁柱支承单元的统一结构模型。

5.5.1　协同找形分析基本思路

(1) 建立包含梁柱支承体系在内的统一结构几何模型，假设索杆体系的力密度并赋予相应的构件；赋予梁柱支承体系真实的材料属性，包括材料弹性模量 E、单元截面面积 A、惯性矩 I 等。

(2) 协同找形分析，其中索杆单元采用力密度控制(控制方程见 5.2 节)、梁单元采用弹性模型[24]。

(3) 判断协同找形分析结果的合理性，主要判断找形平衡态几何形状是否与初始态几何形状相近，同时判断预应力分布是否合理。若不合理，则返回步骤(1)，重新施加力密度或改变初始几何形状。

(4) 基于找形平衡态，计算索杆单元无应力长度，求解整体模型的零应力态。

(5) 基于零应力态，进行协同预应力分析，求解预应力平衡态。

(6) 判断预应力平衡态的合理性，主要判断预应力平衡态几何形状是否与找形平衡态相近，同时判断预应力分布是否合理。若不合理，则返回步骤(1)重新计算。

(7) 基于预应力平衡态，施加外荷载进行荷载分析，求解荷载作用下结构的变形和内力，并判断预应力平衡态是否达到承载要求。

5.5.2　算例

以图 5-5-1 的枣庄体育场罩棚[189]系统为例，该结构由索杆体系罩棚和梁柱支承部分组成，如图 5-5-2 所示。

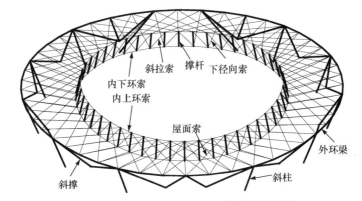

图 5-5-1　枣庄体育场罩棚系统结构模型图

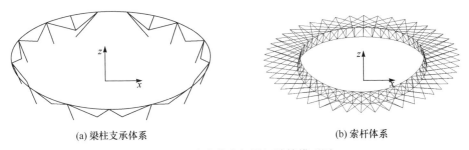

(a) 梁柱支承体系　　　　　　　　　　　　　　(b) 索杆体系

图 5-5-2　枣庄体育场罩棚计算模型图

索杆体系罩棚设计采用一种新型轮辐式索杆张拉结构体系，由双层内环索、单层外环梁、菱形网格状屋面索、下径向索以及刚性内环撑杆组成。外环梁、内环索平面投影为椭圆形，立面呈马鞍形。外环梁平面投影 254.8m × 232.1m，矢高约为 4.757m，最高点高度约为 34m；内上环索 168.8m × 146.4m，矢高约为 4.742m；内下环索 176.0m × 153.2m，内环撑杆高约为 15.831m，主要构件参数见表 5-5-1。

表 5-5-1　枣庄体育场罩棚主要构件参数

索杆类别	规格	轴向刚度/kN	承载力/kN	惯性矩/mm⁴
内上环索	8ϕ85mm	5451520	57760	—
内下环索	8ϕ95mm	6809600	72960	—
屋面索、下径向索	ϕ90mm	764000	8090	—
内环斜拉索	ϕ80mm	603680	6390	—
内环桅杆	12ϕ375mm	2872338	—	2.257×10^8
外环梁	52ϕ2000mm	66822000	—	1.511×10^{11}
钢斜撑	25ϕ1000mm	16086000	—	9.105×10^9
钢斜柱	20ϕ800mm	10290000	—	3.73×10^9

基于 3.7 节的索杆体系分析及自应力分析，本节考虑采用下部 V 形支撑协同找形方法。根据基本流程，首先建立包括梁柱支承体系和索杆体系的统一结构几何模型，如图 5-5-2 所示。参考 3.7 节可先假设索杆体系预应力，计算对应构件的力密度并赋予对应构件。由于该屋面索呈菱形网格状，结构较为特殊，初始预张力较难假设，故先不考虑梁柱体系的协同作用试算合理的预应力分布，再进行协同分析。经过初步预应力分析，假设结构预应力分布如图 5-5-3 所示。其中，内上环索 15300～18000kN、内下环索 11000～19200kN、屋面索 1300～3000kN、下径向索 1600～2200kN、斜拉索 270～2200kN、撑杆-70～-2000kN。考虑到结构的对称性，图中仅显示 1/4 模型。假设所有梁柱构件为弹性，且可受压，赋予其材料属性。索杆构件不弹性化。

协同找形分析时采用力密度控制索杆单元，采用弹性变形控制梁单元。找形几何形态和初始几何形态对比发现，找形平衡态最大节点位移为 0.16m，出现在内下环索最低点；外环梁节点最大位移 0.14m，同样出现在最低点，同时外环梁产生 X-Y 平面内的微小变形；内上环索矢高比初始几何形态略增大约 0.031m。由此可见，采用协同找形分析方法，找形平衡态结构即产生了不可忽略的变形，若以非协同找形平衡态为基础求解零应力态，必然导致较大误差，且随着梁柱支承体系刚度的减小，找形平衡态的变形增大，误差也随着增大。

非协同找形分析时，外环梁节点固结，不产生任何位移，同时，由于梁柱支承体系不参与协同变形，找形后索杆体系的变形较小。本算例中，非协同找形平衡态和初始几何形态的几何形状完全相同(因为本算例的初始预张力是通过试算得出来的，与初始几何形态有较好的对应关系，故这两个状态的几何形态吻合程度较高，一般情况下会有微小差异)。

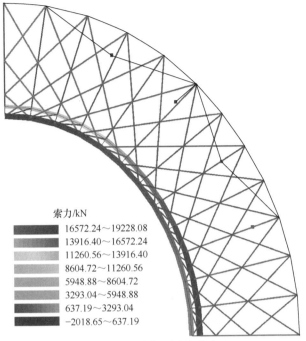

索力/kN

16572.24～19228.08
13916.40～16572.24
11260.56～13916.40
8604.72～11260.56
5948.88～8604.72
3293.04～5948.88
637.19～3293.04
-2018.65～637.19

图 5-5-3　施加预应力分布

5.6　本 章 小 结

　　找形是已知结构的拓扑关系、几何形状与预应力状况求结构的平衡几何形状，主要有力密度法、动力松弛法、非线性有限元法等。

　　力密度法通过力密度概念将非线性平衡方程线性化求解，从而提高了数值分析效率。但由于力密度法建立的平衡矩阵为稀疏满阵，大型线性方程本身仍需采用共轭矢量迭代。

　　动力松弛法基于牛顿第二定律建立控制方程，实质是用动力方法解决静力问题。在给定的构形下，体系在不平衡力作用下开始运动，在经过平衡构形时动能最大，势能最小，采用动能阻尼，即在平衡构形附近将其速度设为 0，重新开始运动，这样体系的各个节点(质点)逐渐逼近平衡位置，直到体系的动能小到可以忽略，此时体系达到势能极小值。该方法无需总体刚度，仅对节点列式，计算效率高，但容易出现局部收敛。

　　非线性有限元法又称为小模量法，将弹性模量设为小值，在非线性分析过程中，其应变增量对应力影响较小，类似于超弹橡皮筋，从而实现给定张力下的平衡计算，通用数值分析软件可实现该方法，也是工程应用最普遍有效的方法。

　　针对实际工程应用，除了基本的找形算法，通常需要与找力结合，以及考虑复杂工程边界条件进行协同找形分析等。

第6章 预应力分析与优化方法

6.1 引 言

形态分析是对形与力相互作用的分析，寻求力和形平衡优化解，不考虑材料属性和本构模型。而随着引入索杆构件材料和截面尺寸，索杆张力结构弹性化，弹性平衡态或预应力平衡态的应力分布和大小对索杆张力结构的力学性能至关重要。

本章针对索杆张力结构预应力状态，首先，通过柔性分析揭示预应力结构整体与节点柔性；其次，对预应力模态进行优化；最后，对预应力大小进行优化。

6.2 柔 性 分 析

结构易于变形的程度可以用柔度(单位荷载作用下的位移)来描述，柔性分析是对结构预应力状态、几何形状、非线性性状及单元应力等张力结构特性的分析，可以用结构的总体柔度矩阵进行描述；而对结构的单个节点而言，其柔性分析称为节点柔性分析，可以用结构总体柔度矩阵的单个节点部分——节点柔度矩阵进行描述。节点柔性分析就是评价在荷载作用下的节点位移大小以及节点位移受荷载变化的影响，这种影响也可以表示为节点对荷载的敏感性。这直接反映了结构形态和初始预应力之间的关系。对结构设计而言，时常需要确定节点荷载改变时哪些节点的位移改变最大，在哪个自由度上节点位移改变最大及位移改变量的大小，由此确定结构上最容易发生变形的节点以及在该节点的哪个自由度，即判定结构的最不利位置以及最敏感节点。

节点柔性分析是将各个节点的柔性用椭球(圆)的形式直观地表示出来，也称为柔性椭球(圆)，并应用节点柔性分析来判定节点位移对荷载作用的敏感性，确定最不利位置。

6.2.1 柔性椭球

Ströbel[33]根据测绘学中的点位误差椭圆首次在结构分析中提出误差椭圆的概念，其后 Wagner[146,147]及 Stöbel 和 Wagner[190]根据误差椭圆的特性提出了柔性椭圆及柔性椭球的概念。这种柔性椭球(圆)的方法是对结构的柔度矩阵进行推导变换，得到关于节点柔性的椭球(圆)方程，然后将该方程以椭球(圆)的形式在节点上表示出来。在求解柔性椭球时，需要应用到结构柔度矩阵在单个节点上的分量，在此将其称为节点柔度矩阵。

1) 节点柔度矩阵

柔度矩阵表示总体坐标系下节点外荷载 p 与节点位移 v 之间的关系，柔度矩阵元素 f_{ij} 的具体意义就是第 j 个节点自由度上作用一个单位力在第 i 个节点自由度上产生的位移。柔度矩阵元素可视为节点自由度上的位移在外荷载作用下的影响系数：

$$\sum f_{ij}p_j = v_i \tag{6-2-1}$$

一个三维索杆结构，每个节点具有 3 个自由度，这 3 个自由度在柔度矩阵中对应于对角线上相邻的 3 行、3 列，不记节点号用节点坐标详细表示为

$$\begin{bmatrix} \ddots & & & \vdots & & \vdots \\ & f_{xx} & f_{xy} & f_{xz} & & \vdots \\ & & f_{yy} & f_{yz} & & \vdots \\ & 对称 & & f_{zz} & & \vdots \\ & & & & & \ddots \end{bmatrix} \begin{bmatrix} \vdots \\ p_x \\ p_y \\ p_z \\ \vdots \end{bmatrix} = \begin{bmatrix} \vdots \\ v_x \\ v_y \\ v_z \\ \vdots \end{bmatrix} \tag{6-2-2}$$

给定一个外荷载，它只在一个自由节点上作用荷载，而其他节点上的荷载都为 0。因此，在这样一个荷载作用下，该节点的位移只由该节点的柔度矩阵元素分配，柔度矩阵的其他元素并不参与分配该节点的位移。将这个有外荷载作用节点的柔度矩阵元素以及其外荷载和所对应的位移单独列出来，记为

$$\tilde{F}p = v \tag{6-2-3}$$

式中，$\tilde{F}$ 为节点上的柔度矩阵元素集成的矩阵；p 为该节点上作用的荷载向量；v 为产生的位移向量。$\tilde{F}$ 并不是整个结构的柔度矩阵，它仅有柔度矩阵上一个节点的三个自由度上所对应的 9 个柔度元素。把这个 3×3 的矩阵 $\tilde{F}$ 称为节点柔度矩阵，它表示在一个自由节点上作用一个荷载对该自由节点位移的影响。

柔度是单元的特性，对单个节点而言并不具备柔度，这里的节点柔度矩阵并不能脱离总体结构而存在，它是一个结构体系总体柔度矩阵的一部分。而结构的柔度矩阵是结构的固有特性，它不依赖外部作用的荷载，只由结构的拓扑关系、材料和约束情况决定。

2) 柔性椭球

利用坐标转换矩阵将节点的外荷载 p 所对应的位移 v 进行行转换，转换矩阵记作 T_R，转换后的荷载向量记作 $\tilde{p}$，位移向量记作 $\tilde{v}$。

坐标转换矩阵是一个单位正交矩阵，其逆矩阵为其转置矩阵($T_R^{-1}=T_R^T$)，转换过程为

$$\tilde{v} = T_R^T \tilde{F} T_R \tilde{p} = D\tilde{p} \qquad (6\text{-}2\text{-}4)$$

式中，D 为节点柔度矩阵 $\tilde{F}$ 的对角矩阵，结构的柔度矩阵是总体刚度矩阵的逆矩阵，而总体刚度矩阵是一个实对称正定矩阵，故结构柔度矩阵也是实对称正定矩阵，而节点柔度矩阵由结构柔度矩阵的对角线上及其相邻行列的元素组成，故必为实对称正定矩阵。

同时，对角矩阵 D 的对角线元素就是节点柔度矩阵 $\tilde{F}$ 的特征值，而坐标转换矩阵 T_R 就是对应特征向量集成的单位正交矩阵。节点柔度矩阵 $\tilde{F}$ 的特征值是唯一存在的，其特征向量是正交的或可通过多重特征向量单位正交化形成单位正交矩阵。

设定转换后的坐标系为 (ξ, η, ζ)，这个坐标系下的荷载-位移关系为

$$\begin{bmatrix} v_\xi \\ v_\eta \\ v_\zeta \end{bmatrix} = \begin{bmatrix} d_1 & 0 & 0 \\ 0 & d_2 & 0 \\ 0 & 0 & d_3 \end{bmatrix} \begin{bmatrix} p_\xi \\ p_\eta \\ p_\zeta \end{bmatrix} \qquad (6\text{-}2\text{-}5)$$

式中，$\tilde{v} = (v_\xi, v_\eta, v_\zeta)^T$；$\tilde{p} = (p_\xi, p_\eta, p_\zeta)^T$。

当节点外荷载 p 为单位力向量时，坐标转换后所得向量 $\tilde{p}$ 也是单位向量，即

$$p_\xi^2 + p_\eta^2 + p_\zeta^2 = 1 \qquad (6\text{-}2\text{-}6)$$

式中，$p_\xi = v_\xi/d_1$；$p_\eta = v_\eta/d_2$；$p_\zeta = v_\zeta/d_3$。

由式(6-2-5)和式(6-2-6)就可以得到一个椭球方程：

$$\frac{v_\xi^2}{d_1^2} + \frac{v_\eta^2}{d_2^2} + \frac{v_\zeta^2}{d_3^2} = 1 \qquad (6\text{-}2\text{-}7)$$

当 $d_1 = d_2 = d_3$ 时，式(6-2-7)为一个球方程，它是由节点柔度矩阵经过坐标转换得到的方程，因此把 (ξ, η, ζ) 坐标系称为节点局部坐标系，该坐标系由坐标转换矩阵直接表示。把对角矩阵 D 称为节点局部坐标系下的柔度矩阵，其各个元素表示节点局部坐标系下在一个方向作用一个单位力在其他方向产生的位移，且在该节点局部坐标系下节点外荷载各个方向上的分量仅对其自身方向产生影响。把所得到的椭球称为柔性椭球，而其半轴长度 d_1、d_2 和 d_3 则为节点局部坐标系下的柔度。

此处的节点局部坐标系与建立单元刚度矩阵时所给定的局部坐标系没有联系，仅是利用坐标转换矩阵将节点柔度矩阵对角化时用到的坐标系。

对三维空间结构而言，其节点局部坐标系由坐标转换矩阵得到，坐标转换矩阵可以当作三个方向向量 r_1、r_2 和 r_3，而椭球的大小由半轴长度 d_1、d_2 和 d_3 给定，故柔性椭球的参数为 3 个方向向量和 3 个半轴长度。

对二维杆系结构(如平面桁架)而言，每个节点具有 2 个自由度，所对应的节

点柔度矩阵则为一个 2×2 的矩阵，所得到的方程为椭圆方程，所得到的图形则为柔性椭圆，即

$$\frac{v_\xi^2}{d_1^2} + \frac{v_\eta^2}{d_2^2} = 1 \tag{6-2-8}$$

节点局部坐标系只需要坐标转换的角度 φ 即可确定，柔性椭圆的大小由半轴长度 d_1 和 d_2 确定，且 d_1 和 d_2 表示节点位移的最大值和最小值。故柔性椭圆的参数为坐标方向角 φ 和半轴长度 d_1、d_2。

6.2.2 柔性椭球的应用及程序

通过以上计算可以得到一个用于结构节点柔性分析的柔性椭球(圆)，并可在结构的各个节点上产生一个椭球(圆)。通过各个节点的柔性椭球可以直观地将节点位移在其自身节点荷载作用下的变化表现出来，可以很明显地得到节点位移在各个方向上的变化情况，由此可以判定节点在哪个方向更容易发生位移，即在哪个方向上的柔性更大。定量地分析结构最不利节点以及最敏感方向，只需要对柔性椭球的半轴大小及节点局部坐标系进行分析判定。

首先，在结构的各个柔性椭球中找出半轴最大的节点(即所有节点柔度矩阵的特征值最大的节点)；然后，在该节点局部坐标系下该方向上作用一个单位力 $\tilde{p} = [1,0,0]^T$，就可以得到最大位移 $\tilde{v} = [d_1,0,0]^T$。

最后，通过坐标还原，将局部坐标系下的力与位移转换到总体坐标系下：

$$p = T_R \tilde{p} = r_1, \quad v = T_R \tilde{v} = d_1 r_1 \tag{6-2-9}$$

最不利方向其实是节点柔度矩阵的最大特征值所对应的特征向量方向，而单位力作用下的最大位移则是节点柔度矩阵的最大特征值与所对应的特征向量相乘而得到的位移向量。

对于桁架等刚性结构，其结构刚度矩阵只与单元的线刚度有关，其柔度矩阵表现为线性关系，故在柔性椭球中应用时不需要考虑荷载大小。而索网等柔性结构的荷载-位移关系为非线性，当荷载远小于预张力时呈弱非线性，此时仍可将其视为线性，在用柔性椭球分析时仍有效，但在应用时考虑到非线性影响，其单位荷载有一定要求；而当荷载比较大时其非线性明显，此时柔性椭圆分析方法失效。故在利用柔性椭球进行分析时会受到荷载和预张拉程度(张拉系数或力密度)的限制。

结构柔度矩阵的求解，由于无法简单地通过求解单元柔度矩阵再集成总体柔度矩阵的方法求得，一般是利用结构总体刚度矩阵求逆得到。但对于一个大型的工程，其节点数量较多，刚度矩阵庞大。而且通常计算一个结构时，并不会存储总体刚度矩阵，而是利用超稀疏矩阵或等带宽等方法简化计算提高计算效率。这样将不可能通过总体刚度矩阵求逆的方法得到所需要的结构柔度矩阵。而对索网

等柔性结构来说，其刚度矩阵一般为瞬时刚度矩阵，在分析过程中通过迭代来消去其非线性项，故不能直接用来求解柔度矩阵。

事实上，应用柔性椭球(圆)进行节点柔性分析时，仅需要结构总体柔度矩阵的三对角线上的元素——节点柔度矩阵，故可以利用其定义单位荷载作用下的位移来获得，过程如下：

(1) 依次在结构中各自由节点的各个自由度上施加单位荷载。

(2) 利用一般的结构静力分析方法求得节点位移，为了节省存储空间并增加计算速率，这里只需存储该自由度所在节点的各个自由度上的位移。

(3) 依次将节点各自由度上的柔度元素存储到相应节点的柔度矩阵中，得到所需的节点柔度矩阵。

由于节点柔度矩阵所需的柔度元素仅仅是结构柔度矩阵对角线上的一部分，故可以通过计算机实现程序化，图 6-2-1 就是其程序化的流程。

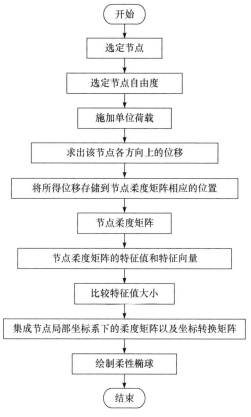

图 6-2-1　柔性椭球程序流程

通常节点位移相对于整个结构的尺寸来说是非常小的，故求解得到的柔性椭球的半轴大小也相对较小，在应用时还可以给定一定的比例，将椭球放大。

6.2.3 算例

1) 平面桁架[151]

图 6-2-2 所示为一个平面桁架，其杆长 $l = 3\mathrm{m}$，单元截面面积 $A = 6.645 \times 10^{-3} \mathrm{m}^2$，弹性模量 $E = 2 \times 10^8 \mathrm{kN/m}^2$。

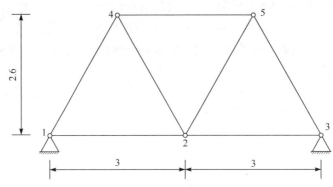

图 6-2-2　平面桁架结构简图(单位：m)

这个结构比较简单，可以用刚度矩阵的求逆直接求出该结构的柔度矩阵。外荷载作用在约束自由度上不产生位移，该自由度下柔度矩阵的元素为 0，故此处不列出。各自由节点的柔度矩阵 $\tilde{F}$ 及其局部坐标系下的柔度矩阵见表 6-2-1。

$$\tilde{F} = 10^{5} \times \begin{bmatrix} 0.1129 & 0 & 0.0564 & -0.0326 & 0.0564 & 0.0326 \\ & 0.3762 & -0.0652 & 0.1881 & 0.0652 & 0.1881 \\ & & 0.3104 & -0.0489 & 0.1795 & -0.0163 \\ & & & 0.2540 & 0.0163 & 0.0847 \\ & & \text{对称} & & 0.3104 & 0.0489 \\ & & & & & 0.2540 \end{bmatrix}$$

表 6-2-1　平面桁架的节点柔度矩阵

节点编号	节点柔度矩阵/10^{-5}m	局部坐标系下的柔度矩阵/10^{-5}m	节点局部坐标系
2	$\begin{bmatrix} 0.1129 & 0 \\ 0 & 0.3762 \end{bmatrix}$	$\begin{bmatrix} 0.3762 & 0 \\ 0 & 0.1129 \end{bmatrix}$	$\begin{bmatrix} 0 & 1 \\ 1 & 0 \end{bmatrix}$
4	$\begin{bmatrix} 0.3104 & -0.0489 \\ -0.0489 & 0.2540 \end{bmatrix}$	$\begin{bmatrix} 0.3386 & 0 \\ 0 & 0.2257 \end{bmatrix}$	$\begin{bmatrix} -0.866 & -0.5 \\ 0.5 & -0.866 \end{bmatrix}$
5	$\begin{bmatrix} 0.3104 & 0.0489 \\ 0.0489 & 0.2540 \end{bmatrix}$	$\begin{bmatrix} 0.3386 & 0 \\ 0 & 0.2257 \end{bmatrix}$	$\begin{bmatrix} -0.866 & 0.5 \\ -0.5 & -0.866 \end{bmatrix}$

　　由此得到该结构的节点柔性椭圆如图 6-2-3 所示。节点 2、4 和 5 的最大半轴依次是 0.3762×10^{-5}m、0.3104×10^{-5}m 以及 0.3104×10^{-5}m，其半轴方向在总体坐标下绕 x 方向旋转 90°、150° 和 210°。

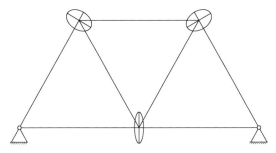

图 6-2-3　平面桁架的节点柔性椭圆

　　通过该结构的柔性椭圆可以看到，由于该结构为对称结构，节点 2 的局部坐标系为总体坐标系旋转 90° 而得，而节点 4 和节点 5 的柔性椭圆是对称的，同时也可以得出节点 2 在总体坐标系的 y 轴方向，其节点位移受荷载影响最大，即该节点为结构最不利位置，该方向为最敏感方向。

　　2) 菱形索网[151]

　　菱形索网几何参数同 5.2.4 节算例 1。索网在荷载为 2kN/m²(其节点等效荷载约为 160kN)以内荷载-位移曲线接近线性关系，因此可知应用柔性椭球进行柔性分析是有效的，在此取 10kN 作为单位荷载。部分节点的柔度矩阵和局部坐标系下的柔度矩阵见表 6-2-2。

表 6-2-2　菱形索网的节点柔度矩阵

节点编号	节点柔度矩阵/mm	局部坐标系下的柔度矩阵/mm	节点局部坐标系
3	$\begin{bmatrix} -0.155 & 0.119 & -0.821 \\ 0 & -0.887 & -0.512 \\ 0 & -0.425 & -26.89 \end{bmatrix}$	$\begin{bmatrix} -0.315 & 0 & 0 \\ 0 & 0.268 & 0 \\ 0 & 0 & -27.89 \end{bmatrix}$	$\begin{bmatrix} 0.829 & 0.559 & 0.028 \\ -0.553 & 0.812 & 0.186 \\ 0.081 & -0.170 & 0.982 \end{bmatrix}$
13	$\begin{bmatrix} -0.556 & 0.124 & -0.492 \\ 0 & -0.698 & -2.460 \\ 0 & -1.866 & -33.72 \end{bmatrix}$	$\begin{bmatrix} -0.693 & 0 & 0 \\ 0 & -0.372 & 0 \\ 0 & 0 & -33.91 \end{bmatrix}$	$\begin{bmatrix} 0.743 & 0.669 & 0.014 \\ -0.668 & 0.740 & 0.074 \\ 0.039 & -0.064 & 0.997 \end{bmatrix}$
21	$\begin{bmatrix} -0.764 & 0 & 0 \\ 0 & -0.764 & 0 \\ 0 & 0 & -34.17 \end{bmatrix}$	$\begin{bmatrix} -0.764 & 0 & 0 \\ 0 & -0.764 & 0 \\ 0 & 0 & -34.17 \end{bmatrix}$	$\begin{bmatrix} 1 & 0 & 0 \\ 0 & 1 & 0 \\ 0 & 0 & 1 \end{bmatrix}$
22	$\begin{bmatrix} -0.946 & 0 & -1.485 \\ -0.124 & -0.556 & 0.492 \\ -0.208 & 0 & -32.57 \end{bmatrix}$	$\begin{bmatrix} -0.883 & 0 & 0 \\ 0 & -0.477 & 0 \\ 0 & 0 & -32.71 \end{bmatrix}$	$\begin{bmatrix} 0.904 & -0.421 & 0.652 \\ 0.423 & 0.906 & -0.015 \\ -0.053 & 0.041 & 0.998 \end{bmatrix}$

续表

节点编号	节点柔度矩阵/mm	局部坐标系下的柔度矩阵/mm	节点局部坐标系
24	$\begin{bmatrix} -1.118 & 0 & -3.442 \\ -0.119 & -0.155 & 0.821 \\ -4.314 & 0 & -24.56 \end{bmatrix}$	$\begin{bmatrix} -0.523 & 0 & 0 \\ 0 & 0.044 & 0 \\ 0 & 0 & -25.35 \end{bmatrix}$	$\begin{bmatrix} 0.822 & -0.541 & 0.175 \\ 0.554 & 0.832 & -0.031 \\ -0.129 & 0.123 & 0.984 \end{bmatrix}$

通过分析可知，节点 21 具有最大半轴，其半轴长为 34.17mm，其最大半轴方向向量为 $[0, 0, 1]^T$。结构柔性椭球如图 6-2-4 所示，从图上可以看出，整个结构的节点柔性椭球呈长条形，这是由于菱形索网每个节点与 4 根索相连，在索网投影面内的柔度较小，其节点位移对该方向外荷载的敏感性较小，而垂直于索网投影面的柔度较大，节点位移对该方向外荷载的敏感性也就较大；外围节点的柔性椭球很小，而内围节点的柔性椭球较大。

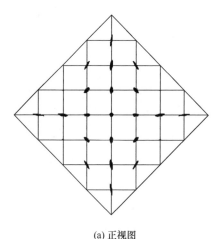

(a) 正视图

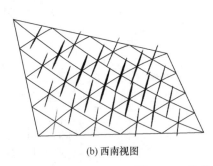

(b) 西南视图

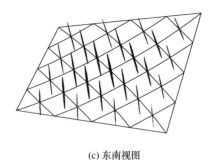

(c) 东南视图

图 6-2-4　菱形索网的柔性椭球

3) 六边形网格索网[151]

六边形网格索网如图 6-2-5 所示，主方向跨度为 72m，副方向跨度为 42m，

高点与低点的高差为 11.4m，各索单元的张拉刚度 EA=293600kN，预张力约为
800kN(力密度为 267kN/m)。索网在荷载为 0.5kN/m²(其节点等效荷载约为 12kN)
以内荷载-位移曲线接近线性关系，因此可知应用柔性椭球进行柔性分析是有效
的，在此取 1kN 作为单位荷载。部分节点的柔度矩阵和局部坐标系下的柔度矩阵
见表 6-2-3。

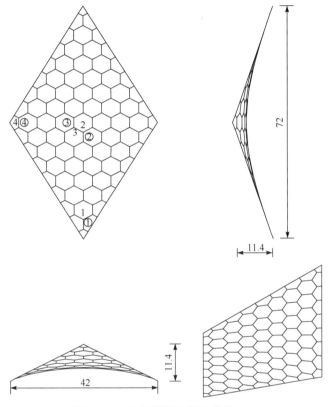

图 6-2-5　六边形网格索网(单位：m)

表 6-2-3　六边形网格索网的节点柔度矩阵

节点编号	节点柔度矩阵/mm	局部坐标系下的柔度矩阵/mm	节点局部坐标系
1	$\begin{bmatrix} -3.425 & 0.275 & -0.084 \\ 0 & -1.378 & -4.831 \\ 0 & -4.476 & -15.68 \end{bmatrix}$	$\begin{bmatrix} -3.449 & 0 & 0 \\ 0 & 0.124 & 0 \\ 0 & 0 & -17.16 \end{bmatrix}$	$\begin{bmatrix} 0.997 & 0.081 & 0 \\ -0.077 & 0.953 & 0.293 \\ 0.024 & -0.292 & 0.956 \end{bmatrix}$
2	$\begin{bmatrix} -7.450 & 0.121 & -0.014 \\ 0 & -6.967 & -1.638 \\ 0 & -1.511 & -32.09 \end{bmatrix}$	$\begin{bmatrix} -7.474 & 0 & 0 \\ 0 & -6.837 & 0 \\ 0 & 0 & -32.20 \end{bmatrix}$	$\begin{bmatrix} 0.981 & 0.194 & 0.012 \\ -0.194 & 0.979 & 0.064 \\ 0.012 & -0.064 & 0.998 \end{bmatrix}$

节点编号	节点柔度矩阵/mm			局部坐标系下的柔度矩阵/mm			节点局部坐标系		
3	$\begin{bmatrix} 07.25 & 0.146 & 1.024 \\ 0.171 & -7.128 & -0.121 \\ 1.098 & -0.072 & 32.00 \end{bmatrix}$			$\begin{bmatrix} -7.331 & 0 & 0 \\ 0 & -6.994 & 0 \\ 0 & 0 & -32.05 \end{bmatrix}$			$\begin{bmatrix} 0.775 & 0.630 & -0.044 \\ -0.631 & 0.776 & 0.005 \\ 0.038 & 0.024 & 0.999 \end{bmatrix}$		
4	$\begin{bmatrix} -1.944 & 1.611 & 3.300 \\ 1.662 & -2.989 & 0.539 \\ 3.325 & 0.546 & -10.63 \end{bmatrix}$			$\begin{bmatrix} 0.154 & 0 & 0 \\ 0 & -3.960 & 0 \\ 0 & 0 & -11.75 \end{bmatrix}$			$\begin{bmatrix} 0.828 & -0.459 & -0.321 \\ 0.486 & 0.874 & 0.003 \\ 0.280 & -0.158 & 0.947 \end{bmatrix}$		

　　分析可知，节点 2 和其对称节点具有最大半轴，半轴长度为 32.20mm，其最大半轴的方向向量皆为 $[0.012, -0.064, 0.998]^T$，结构的柔性椭球如图 6-2-6 所示。

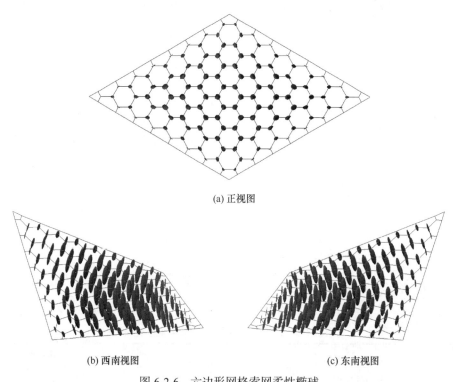

(a) 正视图

(b) 西南视图　　　　　　　　　　　　　　(c) 东南视图

图 6-2-6　六边形网格索网柔性椭球

　　由图 6-2-6 可以看出，相对于菱形网格，六边形网格索网的柔性椭球更为饱满，这是由于六边形网格的每个节点只与三根索相连，在索网投影面内的柔度相对较大；同样，外围节点的敏感性相对较小，而内围的敏感性相对较大。

　　4) 张拉整体结构[151]

　　张拉整体结构如图 6-2-7 所示，单元和节点信息见表 6-2-4，约束下三角形节点编号为1、2、3的3个节点，在其他节点上施加节点荷载。

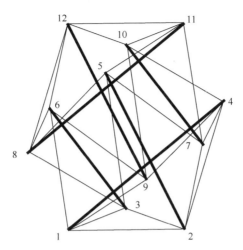

图 6-2-7 张拉整体结构简图

表 6-2-4 张拉整体结构单元信息

单元编号	节点		长度/m	张拉刚度/kN	力密度/(kN/m)	预张力/kN
1	1	4	9.16530	50000	−15.5862	−141852
2	2	5	9.16511	50000	−15.5862	−142849
3	3	6	9.16511	50000	−15.5862	−142849
4	7	10	9.16511	50000	−15.5862	−142849
5	8	11	9.16530	50000	−15.5862	−142849
6	9	12	9.16511	50000	−15.5862	−142852
7	1	2	5.19620	20000	10.3908	53992.7
8	2	3	5.19616	20000	10.3908	53992.3
9	3	1	5.19616	20000	10.3908	53992.3
10	10	11	5.19616	20000	10.3908	53992.3
11	11	12	5.19620	20000	10.3908	53992.7
12	12	10	5.19616	20000	10.3908	53992.3
13	4	9	5.47729	20000	10.3908	56913.4
14	4	7	5.47724	20000	10.3908	56912.9
15	5	7	5.47720	20000	10.3908	56912.5
16	5	8	5.47729	20000	10.3908	56913.4
17	6	8	5.47724	20000	10.3908	56912.9
18	6	9	5.47720	20000	10.3908	56912.5

单元编号	节点		长度/m	张拉刚度/kN	力密度/(kN/m)	预张力/kN
19	1	6	6.24498	20000	10.3908	64890.3
20	2	4	6.24504	20000	10.3908	64891.0
21	3	5	6.24498	20000	10.3908	64890.3
22	7	11	6.24498	20000	10.3908	64890.3
23	8	12	6.24504	20000	10.3908	64891.0
24	9	10	6.24498	20000	10.3908	64890.3
25	1	9	5.47729	20000	10.3908	56913.4
26	2	7	5.47724	20000	10.3908	56912.9
27	3	8	5.47720	20000	10.3908	56912.5
28	4	10	5.47720	20000	10.3908	56912.5
29	5	11	5.47729	20000	10.3908	56913.4
30	6	12	5.47724	20000	10.3908	56912.9

该张拉整体结构在节点等效荷载小于15kN时,荷载-位移曲线接近线性关系。由此可知,应用柔性椭球进行分析是有效的,在此取1kN作为单位荷载。各节点的柔度矩阵和局部坐标系下的柔度矩阵见表6-2-5。因此,节点7、节点8和节点9具有最大半轴,半轴长度为11.54mm,最大半轴的方向向量为$[0.768, -0.448, 0.458]^T$、$[0.004, 0.889, 0.458]^T$和$[0.771, 0.442, -0.458]^T$,张拉整体结构的柔性椭球如图6-2-8所示。

表 6-2-5　张拉整体结构的节点柔度矩阵

节点编号	节点柔度矩阵/mm	局部坐标系下的柔度矩阵/mm	节点局部坐标系
4	$\begin{bmatrix} 0.895 & 0.197 & -0.609 \\ 0.191 & 9.726 & -0.158 \\ -0.609 & -0.153 & 0.601 \end{bmatrix}$	$\begin{bmatrix} 1.367 & 0 & 0 \\ 0 & 9.734 & 0 \\ 0 & 0 & 0.122 \end{bmatrix}$	$\begin{bmatrix} 0.785 & 0.023 & 0.619 \\ -0.030 & 1.000 & 0 \\ -0.618 & -0.019 & 0.786 \end{bmatrix}$
5	$\begin{bmatrix} 7.687 & 3.719 & 0.434 \\ 3.718 & 2.926 & -0.452 \\ 0.437 & -0.451 & 0.601 \end{bmatrix}$	$\begin{bmatrix} 9.726 & 0 & 0 \\ 0 & 1.367 & 0 \\ 0 & 0 & 0.122 \end{bmatrix}$	$\begin{bmatrix} 0.878 & -0.366 & -0.309 \\ 0.479 & 0.695 & 0.536 \\ 0.018 & -0.618 & 0.786 \end{bmatrix}$
6	$\begin{bmatrix} 7.354 & -3.921 & 0.168 \\ -3.922 & 3.275 & 0.603 \\ 0.171 & 0.604 & 0.601 \end{bmatrix}$	$\begin{bmatrix} 9.739 & 0 & 0 \\ 0 & 1.369 & 0 \\ 0 & 0 & 0.123 \end{bmatrix}$	$\begin{bmatrix} 0.854 & 0.419 & -0.309 \\ -0.520 & 0.666 & -0.535 \\ -0.019 & 0.617 & 0.786 \end{bmatrix}$
7	$\begin{bmatrix} 7.130 & -3.732 & 3.714 \\ -3.728 & 2.602 & -2.460 \\ 3.718 & 2.463 & 2.895 \end{bmatrix}$	$\begin{bmatrix} 11.53 & 0 & 0 \\ 0 & 0.259 & 0 \\ 0 & 0 & 0.842 \end{bmatrix}$	$\begin{bmatrix} 0.768 & 0.127 & -0.629 \\ -0.448 & 0.808 & -0.384 \\ 0.458 & 0.576 & 0.677 \end{bmatrix}$

续表

节点编号	节点柔度矩阵/mm			局部坐标系下的柔度矩阵/mm			节点局部坐标系		
8	0.509	−0.097	0.272	0.264	0	0	0.761	0.004	0.649
	−0.089	9.136	4.450	0	11.53	0	0.294	0.889	−0.351
	0.274	4.452	2.895	0	0	0.845	−0.578	0.458	0.645
9	6.967	3.834	−3.993	11.54	0	0	0.771	−0.018	0.636
	3.837	2.782	−1.997	0	0.847	0	0.442	0.734	−0.515
	−3.993	−1.988	2.896	0	0	0.257	−0.458	0.679	0.574
10	2.682	−0.039	0.0215	2.684	0	0	0.999	0.042	−0.007
	−0.039	2.026	0.683	0	1.591	0	−0.032	0.844	0.536
	0.023	0.682	2.669	0	0	3.102	0.028	−0.525	0.844
11	2.156	−0.264	−0.604	1.589	0	0	0.751	−0.472	−0.461
	−0.265	2.552	−0.323	0	2.684	0	0.386	0.881	−0.274
	−0.602	−0.063	2.669	0	0	3.103	0.535	0.028	0.844
12	2.222	0.303	0.579	1.591	0	0	0.709	0.531	0.464
	0.303	2.483	−0.363	0	2.683	0	−0.459	0.847	−0.268
	0.579	−0.361	2.669	0	0	3.102	−0.535	−0.023	0.844

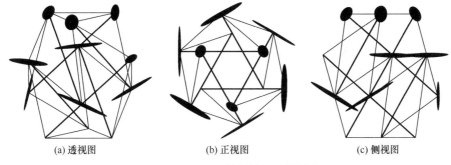

(a) 透视图　　　　　　　(b) 正视图　　　　　　　(c) 侧视图

图 6-2-8　张拉整体结构的柔性椭球

由图 6-2-8 可以看出，中间层鞍索节点的柔性椭球呈扁长条状，椭球的最大半轴相对较大；而上三角节点的椭球则在三个方向上相对比较均匀，且椭球尺寸相对较小。而从表 6-2-5 可知，z 方向坐标相同的节点柔性椭球大小一致而方向不同。

由此可知，该结构拉索节点的柔性较大，而上三角的节点柔性较小；通过压杆单元与上三角节点连接的拉索节点的柔性较大，而通过压杆单元与下三角(约束)节点连接的拉索节点柔性较小；拉索节点对各个方向的荷载位移响应差别很大，较容易受某一个方向的荷载影响，而上三角节点对各个方向的荷载位移响应比较一致，在各个方向上趋于稳定。

6.3　预应力优化方法

初始状态是指结构在预应力和自重作用下的状态，不考虑外部荷载作用，因而又称为预应力态。通常找形时不考虑自重，这在实际工程中存在一定误差。但是实际工程中要在索网上搭设其他结构，如玻璃，如果开始不考虑玻璃等的重力对索预应力的影响，在铺设玻璃以后可能导致其碎裂，因此在找形分析中结构自重是不能忽略的。

基于初始找形仅能得到满足初始预应力的平衡形状，经过结构设计、荷载分析等通常需要在初始预应力基础上对结构进行调整优化，因此在第 4 章奇异值分解法和复位平衡法等找力分析的基础上对有初始预应力的结构进行优化，得到更合理的预应力分布。

首先，用平衡矩阵奇异值分解法计算不考虑重力影响的预应力分布；然后，把该预应力值作为初始预应力值进行复位平衡法找力分析，最终求得考虑结构自重、给定形面几何和边界条件的预应力值。这样既解决了平衡矩阵奇异值分解法与实际值不符的问题，又解决了复位平衡法中预应力假定盲目性的问题，从而使结构形态和预应力分布更优。

6.3.1　平衡矩阵奇异值分解和复位平衡联合算法

平衡矩阵奇异值分解和复位平衡联合算法计算流程如图 6-3-1 所示。

(1) 用平衡矩阵奇异值分解法判断索网结构自应力模态是否存在，即 s 是否大于 0；若 $s<0$，则重新设定初始节点坐标，继续分析直到 $s>0$；同时输出自应力模态，根据实际情况设定适当的比例因子 α，得到不考虑重力的结构预应力分布。

(2) 利用第(1)步计算得到的预应力作为初始预应力值，同时考虑结构自重，在给定节点坐标的情况下计算结构刚度矩阵 $\boldsymbol{K}$ 和节点不平衡力向量 $\boldsymbol{F}$。

(3) 采用完全 Newton-Raphson 方法求解刚度方程，当节点不平衡力向量 $F<\varepsilon_{\mathrm{r}}$ 时停止迭代。

(4) 用第(3)步得到的索单元预应力和初始节点坐标重新生成结构刚度方程，返回第(3)步进行找形计算。

(5) 重复第(3)、(4)步，直到第(4)步计算完以后得到的各节点坐标和给定节点坐标之差 $\Delta u<\varepsilon_{\mathrm{u}}$ 时，停止迭代，输出预应力计算结果(迭代终止的条件 ε_{r} 和 ε_{u} 视具体情况而定)。

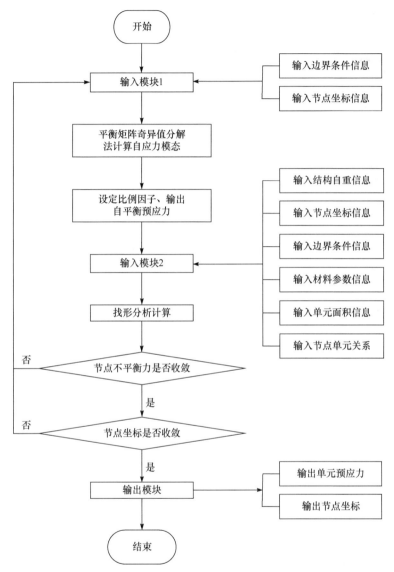

图 6-3-1　平衡矩阵奇异值分解和复位平衡联合算法计算流程

6.3.2　算例

1）算例 1[151,166]

菱形索网参数同 4.3.3 节算例 1，结构自重作用在节点上，根据设计参数取值 0.5kN，复位平衡法计算精度为：ε_r<0.0001kN，ε_u<0.0001m。平衡矩阵奇异值分解法求解自应力模态，取 α =120 得到的预应力作为复位平衡法初始预应力。通过联合计算得到考虑结构自重影响的索单元预张力分布，见表 6-3-1。不考虑

结构自重和考虑结构自重的预张力分布比较如图 6-3-2 所示。

表 6-3-1　考虑结构自重影响的索单元预张力分布(算例 1)

索单元编号	自应力模态	预张力/kN	
		$\alpha = 120$	考虑结构重力
1	0.1245	14.940	19.839
3	0.1251	15.012	20.052
4	0.1248	14.976	20.002
7	0.1254	15.048	20.136
8	0.1248	14.976	20.036
9	0.1245	14.940	19.986
13	0.1266	15.192	20.343
14	0.1257	15.084	20.194
15	0.1251	15.012	20.094
16	0.1248	14.976	20.044
33	0.1245	14.940	10.158
35	0.1251	15.012	10.021
36	0.1248	14.976	9.997
39	0.1254	15.048	10.103
40	0.1248	14.976	10.053
41	0.1245	14.940	10.028
45	0.1266	15.192	10.091
46	0.1257	15.084	10.018
47	0.1251	15.012	9.968
48	0.1248	14.976	9.944

从表 6-3-1 中可以算出，考虑结构自重得到的索单元预张力与不考虑结构自重的索单元预应力之间相差近 35%，其中，承重索预张力水平提高，稳定索预张力水平降低。从图 6-3-2 中可以明显地看出，索网结构在找力分析时结构自重是不能忽略的。

2) 算例 2[130,166]

正方形索网参数同 4.3.3 节算例 2，结构的自重作用在节点上，根据实际情况取值 0.5kN。平衡矩阵奇异值分解法求解自应力模态，取 $\alpha = 94.4$ 的预张力分布作为复位平衡法初始预张力分布，最终求得考虑结构自重影响的索预张力见表 6-3-2。考虑结构自重与不考虑结构自重的预张力比较如图 6-3-3 所示。

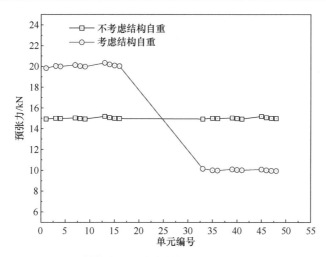

图 6-3-2　不考虑结构自重和考虑结构自重预张力分布比较(算例 1)

表 6-3-2　考虑结构自重影响的索单元预张力分布(算例 2)

索单元编号	自应力模态	预张力/kN	
		α=94.4	考虑结构重力
1	0.14382	13.57661	15.54052
2	0.13872	13.09517	14.98848
3	0.13698	12.93091	14.80025
6	0.14382	13.57661	15.55904
7	0.13872	13.09517	15.00691
8	0.13698	12.93091	14.81865
21	0.17674	16.68426	15.09985
22	0.17262	16.29533	14.74821
23	0.17122	16.16317	14.62889
26	0.17674	16.68426	15.07131
27	0.17262	16.29533	14.71979
28	0.17122	16.16317	14.60050

　　从表 6-3-2 中可以算出，考虑结构自重得到的索单元预张力与不考虑结构自重得到的索单元预张力相差很大。其中，承重索预张力水平提高约 14.5%；稳定索预张力水平降低约 9.7%。从图 6-3-3 中可看出，索网结构找力分析时结构自重不能被忽略。

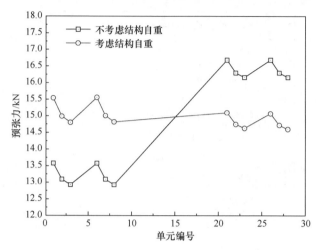

图 6-3-3　　不考虑结构自重和考虑结构自重预张力分布比较(算例 2)

6.4　预应力水平优化

6.4.1　预应力水平系数

在采用投影法或二次奇异值分解法求出整体可行预应力模态 t^* (式(4-6-10))之后，索杆张力结构的预应力设计问题即转化为单变量优化问题。引入预应力水平系数 ξ^* [139]，对该类体系进行预应力优化，选取最低预应力水平系数 ξ 为优化目标，使索杆结构的初始预应力参照式 $\boldsymbol{F}^* = \boldsymbol{t}^* \boldsymbol{\xi}^*$ 进行优化，这类问题的求解相对简单，可通过一维搜索的方法找到最优解。

优化过程需满足下列约束条件：

(1) 构件可行性条件。索杆张力结构满足所有索受拉、杆受压的构件受力属性。

(2) 应力条件。任何荷载工况下索单元的内力都必须大于 0(即保证索单元不因松弛退出工作)、杆单元内力都必须小于 0、所有构件的应力都不超过设计强度。

(3) 变形条件。满足结构的形状变形要求。

6.4.2　算例

本算例首先利用 4.6 节投影法对枣庄体育场罩棚结构进行初始预应力设计[139]，具体几何参数和材料参数见 3.7.3 节。集成平衡矩阵 $\boldsymbol{A}(\in \mathbb{R}^{288\times336})$，对其进行奇异值分解，得到自应力模态矩阵 $\boldsymbol{S}(\in \mathbb{R}^{336\times48})$。实际上，当不考虑弹性刚度影响时，构件的分布式静不定等同于自应力模态空间标准正交基组行向量的 Euclid 范数。因此，由图 3-7-3 可知，根据结构的几何对称性可以将所有构件分为 86 组。取特殊向量 $\boldsymbol{e}_0 = [1,1,\cdots,1]^{\mathrm{T}}$，再由式(4-6-10)得到一组整体可行预应力模态；最后利用一维搜索法得到满足约束条件的最优解，如图 6-4-1 所示。

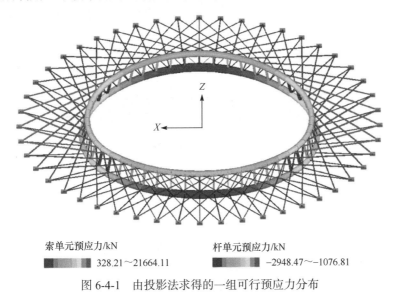

索单元预应力/kN　　　　　　　　杆单元预应力/kN
328.21～21664.11　　　　　　　−2948.47～−1076.81

图 6-4-1　由投影法求得的一组可行预应力分布

如图 6-4-1 所示，每组构件具有相同的初始预应力值。其中，位于屋面最高点处的下环索 1 组具有最大的预应力值 $2.17\times10^4\mathrm{kN}$，位于屋面最低点处的内斜索 12 组具有最小的预应力值 $3.28\times10^2\mathrm{kN}$。对于整个屋盖结构，下环索的初始预应力为 $1.17\times10^4\sim2.17\times10^4\mathrm{kN}$；上环索的初始预应力为 $1.52\times10^4\sim1.67\times10^4\mathrm{kN}$；上屋面索的初始预应力为 $1.24\times10^3\sim3.79\times10^3\mathrm{kN}$；下径向索的初始预应力为 $1.84\times10^3\sim2.50\times10^3\mathrm{kN}$；内斜索的初始预应力为 $3.28\times10^2\sim2.61\times10^3\mathrm{kN}$。值得注意的是，上环索初始预应力均值为 $1.61\times10^4\mathrm{kN}$，标准差为 $7.68\times10^2\mathrm{kN}$，变异系数为 0.048；下环索初始预应力均值为 $1.69\times10^4\mathrm{kN}$，标准差为 $3.15\times10^3\mathrm{kN}$，变异系数为 0.186。可以看出，相较于一般轮辐式张拉结构，该结构环索内力分布不均匀，变化较大，故在施工过程中节点容易发生滑移，需要予以特别注意，这要求索夹考虑防滑设计。此外，内斜索的初始预应力设计值虽然相对较小，但它对结构能否顺利张成马鞍形至关重要。

再利用二次奇异值法对枣庄体育场罩棚结构进行初始预应力设计，根据上述分组情况，利用式(4-5-5)集成矩阵 $\boldsymbol{H}(\in\mathbb{R}^{336\times86})$；对矩阵 $\bar{\boldsymbol{S}} = [\boldsymbol{S},\boldsymbol{H}](\in\mathbb{R}^{336\times134})$ 进行二次奇异值分解，可得 $n_{\bar{\boldsymbol{S}}} = 1$，故解得最终整体可行预应力模态 $\boldsymbol{s}^* = \boldsymbol{S}\bar{\boldsymbol{v}}_{i1} = \boldsymbol{H}\bar{\boldsymbol{v}}_{i2}$；

最后用一维搜索法得到满足约束条件的最优解，如图 6-4-2 所示。

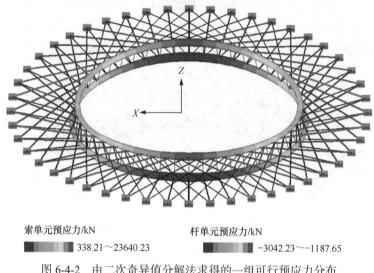

索单元预应力/kN　　　　　　　　　　　杆单元预应力/kN

338.21～23640.23　　　　　　　−3042.23～−1187.65

图 6-4-2　由二次奇异值分解法求得的一组可行预应力分布

如图 6-4-2 所示，图中预应力分布符合整体可行预应力要求。其数值分布与投影法所得结果相似，罩棚结构最大初始预应力值出现在屋面最高点处的下环索 1 组；最小值出现在屋面最低点处的内斜索 12 组；环索内力分布不均匀，变化较大，说明在施工过程中应特别注意。

6.5　本 章 小 结

节点柔性分析是将各个节点的柔性用椭球(圆)的形式直观地表示出来，也称为柔性椭球(圆)，并应用节点柔性分析来判定节点位移对荷载作用的敏感性，确定最不利位置。

针对预应力优化，首先采用平衡矩阵奇异值分解法计算不考虑重力的预应力分布；然后，把该预应力值作为初始预应力值进行复位平衡法找力分析，最终求得考虑结构自重、给定形面几何和边界条件的预应力值。这样既解决了平衡矩阵奇异值分解法与实际值不符的问题，又解决了复位平衡法中预应力假定盲目性的问题，从而使得结构形态和预应力分布更优。

在采用投影法或二次奇异值分解求出整体可行预应力模态后，索杆张力结构的预应力设计问题即转化为单变量优化问题。引入预应力水平系数，对该类体系进行预应力优化，选取最低预应力水平系数为优化目标,可通过一维搜索法求最优解。

第7章　预张力释放和导入分析方法

7.1　引　言

索杆张力结构只有施加合理设计预应力才具有结构刚度，并承受外荷载，如第 2 章介绍，索杆张力结构存在较复杂的分析过程和物理状态。目前，通用有限元分析软件(如 ANSYS、Abaqus)或较多研究文献[191]～[193]均将弹性平衡态作为理想零应力态(无应力态)，然后重新施加预应力进行预张力分析，这一计算过程忽略了结构理想零应力态的求解。预张力分析后结构将变形到新的平衡形态，产生位形漂移和预张力松弛现象，即新的平衡形态与找形平衡态和弹性平衡态不一致。

实际上，从弹性平衡形态到理想零应力态，预张力释放，结构刚度退化。当采用常用工程有限元方法时，刚度矩阵奇异，非线性有限元理论已无法解决这一问题。柔性张力结构的理想零应力态求解是个逆问题，求解精确解比较困难，陈务军等[136]首先提出了一个求解索网结构近似零应力态的方法，并进行了持续研究[130,137,138]。

相反，在预张力导入前(初始无应力态)，体系不稳定，不具有承受外荷载的结构刚度。预张力导入是从初始无应力态到有应力态的过程，在这一过程中，弹性变形与机构变形相互耦合，甚至为纯机构变形，这就使得柔性张力结构预张力导入分析存在困难。对索杆张力结构来说，预张力导入物理方法主要包括移动边界节点法、缩短主动索单元无应力长度法、伸长主动杆等。

从第 2 章关于张拉结构过程来看，索杆张拉结构分析全过程包括预张力导入分析，即从理想零应力态到预应力态的过程，此分析实质就是预张力导入问题。只有成功导入了预张力才能得到预应力态，只有得到预应力态才能进行荷载分析。如果不解决这一问题，将使得分析全过程中断在理想零应力态。也只有完成了预张力导入分析才能从弹性平衡态成功过渡到预应力态，从而避免重新进行预张力施加产生的位形漂移和预张力松弛现象。如果通过预张力导入分析得到的预应力与弹性平衡态一致，同样可以证明本章提出的理想零应力态求解方法和预张力导入分析方法的正确性。

7.2　预张力释放与零应力态分析

预张力释放是指基于找形分析平衡态或弹性平衡态，通过边界或主动构件控制，使刚化张紧结构的张力释放，达到零应力态。从索杆张力结构的体系分析可知，零应力态常为包含内部机构矩阵欠定体系，常规有限元方法刚度矩阵奇异，因此需要采用具有克服矩阵奇异性的等秩算法。

7.2.1　线性协调矩阵广义逆法

1) 基本方程

1978 年，Calladine 提出了用于索杆体系分析的矩阵分析方法[194]，Mollmann 和 Pellegrino[159,160]在矩阵分析的基础上，提出了用平衡矩阵奇异值分解来求解结构自应力模态和机构位移模态，该理论以小变形假定为前提。对柔性张力结构来说，弹性平衡态时单元内力远大于其自重，单元形状近似呈直线状态，因此从弹性平衡态求解理想零应力态时假定：①单元自重为零；②单元为直线。

在三维结构中任一自由节点 i 与节点 j、k 相连，单元张力 s_i、单元当前长度 l_i、节点荷载 p_i 和几何拓扑关系如图 7-2-1 所示，则当前状态节点平衡方程[195-197]为

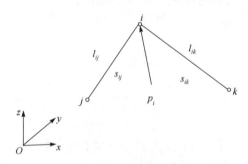

图 7-2-1　节点平衡

$$(x_i - x_j)s_{ij} / l_{ij} + (x_i - x_k)s_{ik} / l_{ik} = p_{ix}$$
$$(y_i - y_j)s_{ij} / l_{ij} + (y_i - y_k)s_{ik} / l_{ik} = p_{iy} \tag{7-2-1}$$
$$(z_i - z_j)s_{ij} / l_{ij} + (z_i - z_k)s_{ik} / l_{ik} = p_{iz}$$

针对每个节点建立平衡方程，并写为矩阵形式：

$$\boldsymbol{As} = \boldsymbol{p} \tag{7-2-2}$$

式中，$\boldsymbol{A}$ 为 $3N \times m$ 矩阵，称为平衡矩阵，N 为体系节点总数；m 为单元总数；$\boldsymbol{s}$ 为单元张力向量；$\boldsymbol{p}$ 为节点荷载向量。

同样，在小变形假设条件下，可建立协调方程：

$$B\Delta x = \underline{v} \tag{7-2-3}$$

式中，B 为协调矩阵；Δx 为节点位移向量；$\underline{v}$ 为单元轴向变形向量。

根据虚功原理有

$$B = A^{\mathrm{T}} \tag{7-2-4}$$

将式(7-2-4)代入式(7-2-3)，协调方程写成矩阵形式为

$$A^{\mathrm{T}}\Delta x = \underline{v} \tag{7-2-5}$$

通过力密度法找形分析并弹性化以后可得弹性平衡态，所以协调矩阵 B 已知，当从弹性平衡态到理想零应力态单元轴向变形向量 $\underline{v}$ 求出以后，就可以利用式 (7-2-5) 来求解从弹性平衡态到理想零应力态的节点位移。由于柔性张力结构的协调矩阵一般为长方阵，不可逆，本节利用协调矩阵的 Moore-Penrose 伪逆求节点位移的极小范数最小二乘解(least norm least square，LNLS)。从能量角度来说，该解为最小势能解。

故式(7-2-3)的解可写为

$$\Delta x = B^{+}\underline{v} \tag{7-2-6}$$

用 $X_0 = {}^{1}X_{\mathrm{t}} + \Delta x$ 更新节点坐标，可得理想零应力态位形为

$$X_0 = {}^{1}X_{\mathrm{t}} + B^{+}\underline{v} \tag{7-2-7}$$

式中，${}^{1}X_{\mathrm{t}}$ 为弹性平衡态节点坐标向量。

2) 单元轴向变形

由找形分析结果(找形平衡态)，弹性化得到弹性平衡态，节点坐标向量 ${}^{1}X_{\mathrm{t}}$、单元长度向量 ${}^{1}L_{\mathrm{t}}$、体系几何拓扑 C、单元内力向量 ${}^{1}s_{\mathrm{t}}$ 和单元截面刚度向量 EA(对膜结构为 $E_{\mathrm{mwarp}}A$，$E_{\mathrm{mweft}}A$(kN/m)，其中，A 为膜线所代表的膜面宽度的的面积)均为已知。假设单元处于小应变、线弹性工作，则单元应力为

$$\sigma = E\varepsilon \tag{7-2-8}$$

式中，σ 为单元应力；E 为弹性模量；ε 为单元应变。

同时，单元应力又可写为

$$\sigma = {}^{1}s_{\mathrm{t}} / A \tag{7-2-9}$$

式中，${}^{1}s_{\mathrm{t}}$ 为单元弹性平衡态张力；A 为截面面积。

ε 大小表示为

$$\varepsilon = \frac{{}^1 l_{\mathrm{t}} - l_0}{l_0} \tag{7-2-10}$$

式中，l_0 为单元无应力长度；${}^1 l_{\mathrm{t}}$ 为单元弹性平衡态长度。由式(7-2-8)~式(7-2-10)可得

$$l_0 = \frac{EA}{EA + {}^1 s_{\mathrm{t}}} {}^1 l_{\mathrm{t}} \tag{7-2-11}$$

从理想零应力态到弹性平衡态单元变形为

$$-\underline{v} = {}^1 l_{\mathrm{t}} - l_0 \tag{7-2-12}$$

将式(7-2-11)代入式(7-2-12)得

$$-\underline{v} = {}^1 l_{\mathrm{t}} \left(1 - \frac{EA}{EA + {}^1 s_{\mathrm{t}}} \right) \tag{7-2-13}$$

按式(7-2-13)可求解从弹性平衡态到理想零应力态的单元轴向变形向量 $\underline{v}$ ，将 $\underline{v}$ 代入式(7-2-7)就可得到理想零应力态 $\boldsymbol{X}_0$、$\boldsymbol{L}_0$、$\boldsymbol{C}$、$\boldsymbol{S}_0$、EA。将该求解理想零应力态方法定义为线性协调矩阵广义逆法。

对索杆张力结构和张拉式膜结构来说，求解理想零应力态需要将约束节点的约束撤掉(全部或部分)，不同释放条件将得到不同的零应力态，即零应力态具有不唯一性。

7.2.2 非线性协调矩阵广义逆法

由于线性协调矩阵广义逆法求得的状态不完全是理想零应力态，本节提出非线性协调矩阵广义逆法来求解理想零应力态。

首先，因为理想零应力态对应的单元内力应为 0，但是数值计算中并不存在绝对零解，而是一个极小值，因此用式(7-2-14)表示理想零应力态的判定准则：

$$\|\boldsymbol{S}_0\| \leqslant \varepsilon \tag{7-2-14}$$

式中，$\boldsymbol{S}_0$ 为当前状态单元内力向量；ε 为一极小值。

具体求解过程为：在释放约束节点后，如果通过式(7-2-6)求得的状态不能满足理想零应力态判定准则，即式(7-2-14)，就需要在当前位形重新计算协调矩阵 $\boldsymbol{B}$ 和从当前位形到理想零应力态的单元轴向变形向量 $\underline{v}$，然后用式(7-2-6)求解新节点位移向量，用式(7-2-7)更新节点坐标生成新的状态位形，重新检验式(7-2-14)是否满足。重复上述过程，直到满足理想零应力态判定准则。此过程中单元无应力长度向量为常量。

7.2.3 算例

如图 7-2-2 所示的马鞍形索网[130]，共 64 个索单元和 41 个节点。弹性平衡态时周边节点全部固定，索内力均为 200kN，均采用 ϕ32mm-WSC，弹性模量为 160GPa。

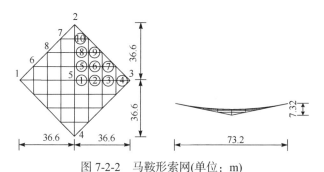

图 7-2-2 马鞍形索网(单位：m)

可采用多种释放约束点实现张力释放，如全部边界点、对称高点、对称低点、边索点等[130]，只为显示方法有效性，故下面仅给出释放边索点(除节点 1、节点 3)分析结果。

为便于清晰比较，节点(编号 1~8)在弹性平衡态和理想零应力态时的坐标及位移见表 7-2-1。

首先，基于线性协调矩阵广义逆法，索单元(编号①~⑩)在弹性平衡态和理想零应力态的张力见表 7-2-2。表 7-2-3 为理想零应力态索(编号①~⑦)长度及其无应力长度。

表 7-2-1 索网位形及节点位移(释放除节点 1、节点 3 外其他节点) (单位：m)

节点编号	弹性平衡态			理想零应力态			节点位移		
	x	y	z	x	y	z	u_x	u_y	u_z
1	−36.600	0	3.660	−36.600	0	3.660	0	0	0
2	0	36.600	−3.660	0	36.527	−3.647	0	−0.073	0.013
3	36.600	0	3.660	36.600	0	3.660	0	0	0
4	0	−36.600	−3.660	0	−36.527	−3.647	0	0.073	0.013
5	0	0	0	0	0	0.374	0	0	0.374
6	−27.450	9.150	1.830	−27.408	9.121	1.8257	0.042	−0.029	−0.0043
7	−9.150	27.450	−1.830	−9.136	27.391	−1.823	0.014	−0.059	0.007
8	−18.300	18.300	0	−18.271	18.254	0.0013	0.029	−0.046	0.0013

表 7-2-2　弹性平衡态和理想零应力态索张力　　　　　(单位：kN)

索单元编号	①	②	③	④	⑤
弹性平衡态	200	200	200	200	200
理想零应力态(线性)	2.4×10^{-3}	9.6×10^{-4}	4.5×10^{-3}	80.7	4.7×10^{-3}
索单元编号	⑥	⑦	⑧	⑨	⑩
弹性平衡态	200	200	200	200	200
理想零应力态(线性)	1.2×10^{-4}	2.2×10^{-3}	4.7×10^{-3}	1.2×10^{-4}	4.7×10^{-3}

表 7-2-3　理想零应力态索长度及其无应力长度　　　　　(单位：m)

索单元编号	①	②	③	④	⑤	⑥	⑦
理想零应力态(线性)长度	9.1387	9.1610	9.2069	9.2804	9.1387	9.1614	9.2069
无应力长度	9.1387	9.1610	9.2069	9.2746	9.1387	9.1614	9.2069

由表 7-2-1 可看出，最大位移发生在中心节点 5 两边两个节点，左侧节点位移向量为(0.014m, 0, 0.376m)，右侧节点位移向量为(−0.014m, 0, 0.376m)，最大位移比全部释放时有所增大，且中心节点 5 也发生比较大的 z 向位移 0.374m。从表 7-2-2 和表 7-2-3 中发现，单元④张力在理想零应力态时为 80.7kN，张力并没有完全释放，且单元④的理想零应力态长度与无应力长度有很大差异，因此所求状态不是理想零应力态。

针对非线性协调矩阵广义逆法，取理想零应力态判定准则$\|S_0\| \leqslant 0.1$N。表 7-2-4 为采用两个不同算法得到的索单元(编号①~⑩)理想零应力态张力。表 7-2-5 为理想零应力态索单元(编号①~⑦)长度及其无应力长度。由表可知，非线性协调矩阵广义逆法可实现预张力完全释放，达到理想零应力态，而线性协调矩阵广义逆法则存在较大误差。

表 7-2-4　采用两种不同算法得到的弹性平衡态和理想零应力态索张力对比(单位：kN)

索单元编号	①	②	③	④	⑤
弹性平衡态	200	200	200	200	200
理想零应力态(线性)	2.4×10^{-3}	9.6×10^{-4}	4.5×10^{-3}	80.7	4.7×10^{-3}
理想零应力态(非线性)	8.2×10^{-8}	2.5×10^{-11}	0	2.5×10^{-11}	0
索单元编号	⑥	⑦	⑧	⑨	⑩
弹性平衡态	200	200	200	200	200
理想零应力态(线性)	1.2×10^{-4}	2.2×10^{-3}	4.7×10^{-3}	1.2×10^{-4}	4.7×10^{-3}
理想零应力态(非线性)	0	2.5×10^{-11}	0	0	2.5×10^{-11}

表 7-2-5　采用两种不同算法得到的理想零应力态索长度及其无应力长度比较(单位：m)

索单元编号	①	②	③	④	⑤	⑥	⑦
理想零应力态(线性)	9.1387	9.1610	9.2069	9.2804	9.1387	9.1614	9.2069
理想零应力态(非线性)	9.1387	9.1610	9.2069	9.2746	9.1387	9.1614	9.2069
无应力长度	9.1387	9.1610	9.2069	9.2746	9.1387	9.1614	9.2069

7.3　预张力导入与预应力态分析方法

初始无应力状态不存在预应力，索杆体系为机构，初始矩阵奇异，为实现预张力结构张力导入分析，提出了假定初始应力的概念，基于能量原理建立基本方程，采用数值非线性迭代求解，并考虑不同的预张力导入策略。

7.3.1　基本理论

1) 基本方程

将结构的几何形状和材料特性相关联的一般方法是建立结构的能量方程，由此建立结构的平衡方程、本构方程以及几何协调方程。

杆系结构由杆和节点组成，节点完全铰接，只传递轴力，而不能传递弯矩，外力作用在节点上，因此单元不存在剪力或弯矩作用，即单元上只受压力和拉力作用。如图 7-3-1 所示，杆单元长度为 l，横截面积为 A。

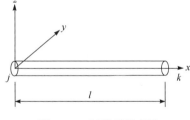

图 7-3-1　杆单元示意图

由弹性力学可知，其能量方程为

$$\Pi = \underbrace{\frac{1}{2}\int_V \boldsymbol{\sigma}^{\mathrm{T}}\boldsymbol{\varepsilon}\mathrm{d}v}_{\Pi_{\mathrm{i}}} - \underbrace{\int_V \boldsymbol{p}_{\mathrm{v}}\boldsymbol{f}\mathrm{d}v - \int_s \boldsymbol{p}_{\mathrm{s}}\boldsymbol{f}\mathrm{d}s - \sum \boldsymbol{p}_{\mathrm{e}}\boldsymbol{f}}_{\Pi_{\mathrm{a}}} \tag{7-3-1}$$

式中，Π_{i} 为变形能；Π_{a} 为外力势能；$\boldsymbol{\sigma}$ 为单元应力向量；$\boldsymbol{\varepsilon}$ 为单元应变向量；$\boldsymbol{p}_{\mathrm{v}}$ 为单元体力向量；$\boldsymbol{p}_{\mathrm{s}}$ 为面荷载向量；$\boldsymbol{p}_{\mathrm{e}}$ 为集中荷载向量；$\boldsymbol{f}$ 为位移向量。

进一步，杆内力作用下的变形能为

$$\Pi_{\mathrm{i}} = \frac{1}{2}EA\int_0^l u'(x)^2\,\mathrm{d}x \tag{7-3-2}$$

不考虑自重和面力，令杆端节点力为 N_0 和 N_l，相应的位移为 u_0 和 u_l，可得外荷载作用下的势能：

$$\Pi_a = u_0 N_0 + u_l N_l \tag{7-3-3}$$

由此可以得到总势能表达式为

$$\Pi = \frac{1}{2}EA\int_0^l u'(x)^2 \mathrm{d}x - u_0 N_0 - u_l N_l \tag{7-3-4}$$

在节点平衡的情况下，未知位移下的总势能表示为

$$\Pi = \frac{1}{2}\frac{EA}{l_0}(u_l - u_0)^2 - u_0 N_0 - u_l N_l \tag{7-3-5}$$

针对索杆，其应变可表述为

$$\varepsilon_x = \frac{u_l - u_0}{l_0} = \frac{l - l_0}{l_0} \tag{7-3-6}$$

式中，l 为杆端节点之间的拉伸后长度。

拉伸后长度和拉伸前长度之差为单元变形，有

$$\Delta l = \sqrt{(x_j - x_k)^2 + (y_j - y_k)^2 + (z_j - z_k)^2} - l_0 = l - l_0 \tag{7-3-7}$$

杆的内能有如下表达式：

$$\Pi_i = \frac{1}{2}\frac{EA}{l_0}(l - l_0)^2 = \frac{1}{2}k\Delta l^2 \tag{7-3-8}$$

由此可知，变形能 Π_i 与单元变形 Δl 的平方有关，并乘上一个加权系数。对于杆系结构，变形能就是单元变形 Δl 的加权 k 平方和。

对总体结构而言，将势能对节点变量的二阶导数进行有序排列，可以得到一个二次矩阵，即刚度矩阵，其正定性是存在最小势能值的充要条件。这就是说，如果所有的主子式都大于 0，那么这个平衡是稳定的；如果这个矩阵为非正定矩阵，那么平衡就不稳定，其行列式就变为 0，那么它就是奇异的。而柔性张力结构的有效工作，除需要弹性刚度之外还有几何刚度，这个几何刚度通过预应力提供，也可以用增加外荷载的方式激活它的几何刚度。

由弹性力学可知，索杆单元变形能的权系数就是其受拉刚度，外荷载与结构变形能的计算无关，将外荷载与未知的节点位移相乘就是外力势能，则由 n 个单元和 m 个自由节点组成的柔性张力结构总势能表达式为

$$\Pi(\boldsymbol{x}, \Delta \boldsymbol{l}, \boldsymbol{s}) = \underbrace{\frac{1}{2}\Delta \boldsymbol{l}^{\mathrm{T}} \boldsymbol{K} \Delta \boldsymbol{l}}_{\Pi_i} - \underbrace{\boldsymbol{s}^{\mathrm{T}}[\boldsymbol{l}_0 + \Delta \boldsymbol{l} - \boldsymbol{f}(\boldsymbol{x})]}_{0} - \underbrace{\boldsymbol{p}^{\mathrm{T}}(\boldsymbol{x} - \boldsymbol{x}_0)}_{\Pi_a} \tag{7-3-9}$$

势能未知变量有 n 个单元变形 Δl、n 个单元内力 s 以及 m 个自由节点坐标 x。

端节点为 i、j 的单元中，拉伸后长度与未知坐标 x 的关系为

$$l_{ij} = f_{ij}(\underline{x}) = \sqrt{(x_i - x_j)^2 + (y_i - y_j)^2 + (z_i - z_j)^2} \qquad (7\text{-}3\text{-}10)$$

单元刚度矩阵 $\boldsymbol{K}$ 的对角元素为

$$k_{ii} = \frac{(EA)_{ii}}{l_{0i}} \qquad (7\text{-}3\text{-}11)$$

式中，A 为单元截面面积；E 为单元弹性模量。

总势能分别对未知变量进行微分，并使之结果为 0，可以得到总体结构的平衡方程、本构方程和几何协调方程：

$$\frac{\partial \Pi}{\partial \boldsymbol{x}} = \left[\frac{\partial \boldsymbol{f}(\boldsymbol{x})}{\partial \boldsymbol{x}}\right]^{\mathrm{T}} \boldsymbol{s} - \boldsymbol{p} = 0 \qquad (7\text{-}3\text{-}12\text{a})$$

$$\frac{\partial \Pi}{\partial \Delta \boldsymbol{l}} = \boldsymbol{K}\Delta \boldsymbol{l} - \boldsymbol{s} = 0 \qquad (7\text{-}3\text{-}12\text{b})$$

$$\frac{\partial \Pi}{\partial \boldsymbol{s}} = -\left[\boldsymbol{l}_0 + \Delta \boldsymbol{l} - \boldsymbol{f}(\boldsymbol{x})\right] = 0 \qquad (7\text{-}3\text{-}12\text{c})$$

引入雅可比矩阵 $\dfrac{\partial \boldsymbol{f}(\boldsymbol{x})}{\partial \boldsymbol{x}} = \overline{\boldsymbol{A}}$ ，并将本构方程式(7-3-12b)代入平衡方程式 (7-3-12a)中，可得

$$\overline{\boldsymbol{A}}^{\mathrm{T}} \boldsymbol{K}\Delta \boldsymbol{l} = \boldsymbol{p} \qquad (7\text{-}3\text{-}13)$$

然后用式(7-3-9)对节点坐标进行微分，有

$$\frac{\partial \Pi}{\partial \boldsymbol{x}} = \left[\frac{\partial \boldsymbol{f}(\boldsymbol{x})}{\partial \boldsymbol{x}}\right]^{\mathrm{T}} \boldsymbol{K}\left[\boldsymbol{f}(\boldsymbol{x}) - \boldsymbol{l}_0\right] - \boldsymbol{p} = 0 \qquad (7\text{-}3\text{-}14)$$

泰勒展开式(7-3-14)，并去掉二次及二次以上高阶部分有

$$\left\{\left[\frac{\partial \boldsymbol{f}(\boldsymbol{x})}{\partial \boldsymbol{x}}\right]^{\mathrm{T}} \boldsymbol{K}\left[\frac{\partial \boldsymbol{f}(\boldsymbol{x})}{\partial \boldsymbol{x}}\right] + \left[\frac{\partial \boldsymbol{f}^2(\boldsymbol{x})}{(\partial \boldsymbol{x})^2}\right] \boldsymbol{K}\left[\boldsymbol{f}(\boldsymbol{x}_i) - \boldsymbol{l}_0\right]\right\}\Delta \boldsymbol{x} = \boldsymbol{p} - \left[\frac{\partial \boldsymbol{f}(\boldsymbol{x})}{\partial \boldsymbol{x}}\right]^{\mathrm{T}} \boldsymbol{K}\left[\boldsymbol{f}(\boldsymbol{x}_i) - \boldsymbol{l}_0\right]$$

$$(7\text{-}3\text{-}15)$$

将式(7-3-15)进行简化得

$$\boldsymbol{G}\Delta \boldsymbol{x} = (\overline{\boldsymbol{A}}^{\mathrm{T}} \boldsymbol{K}\boldsymbol{A} + \boldsymbol{Z})\Delta \boldsymbol{x} = -\overline{\boldsymbol{A}}^{\mathrm{T}} \boldsymbol{K}\left[\boldsymbol{f}(\boldsymbol{x}_i) - \boldsymbol{l}_0\right] + \boldsymbol{p} \qquad (7\text{-}3\text{-}16)$$

式中，$\boldsymbol{G}$ 为总刚度矩阵，由两个部分组成：第一部分 $\overline{\boldsymbol{A}}^{\mathrm{T}} \boldsymbol{K}\boldsymbol{A}$ 为弹性刚度部分；第

二部分 Z 则是几何刚度部分。

将体系几何协调方程(7-3-12c)线性化有

$$\Delta l = f(x) - l_0 = f(x_i) + \frac{\partial f(x_i)}{\partial x} \Delta x - l_0 = \overline{A}\Delta x - [l_0 - f(x_i)] = \overline{A}\Delta x + \tilde{l} \quad (7\text{-}3\text{-}17)$$

式中，$\tilde{l}$ 表示初始单元变形，$\tilde{l} = f(x_i) - l_0$。

将式(7-3-17)代入式(7-3-16)得到柔性张力结构预张力导入控制方程：

$$\Delta x = (\overline{A}^{\mathrm{T}} K A + Z)^{-1} (p - \overline{A}^{\mathrm{T}} K \tilde{l}) \quad (7\text{-}3\text{-}18)$$

单元内力可表示为

$$s = K\Delta l = K(\overline{A}\Delta x + \tilde{l}) = K\overline{A}(\overline{A}^{\mathrm{T}} K \overline{A} + Z)^{-1} p + K[(A_0 - E)\tilde{l}] \quad (7\text{-}3\text{-}19)$$

2) 弹性刚度和几何刚度

取一个单元 i，起点为 k、终点为 j，单元的坐标函数为

$$f_i(x_k, y_k, z_k, x_j, y_j, z_j)$$
$$= l_i = \sqrt{(x_k - x_j)^2 + (y_k - y_j)^2 + (z_k - z_j)^2} = \sqrt{\Delta x^2 + \Delta y^2 + \Delta z^2} \quad (7\text{-}3\text{-}20)$$

这个函数对未知坐标求导可以简写为向量 a_i：

$$a_i = a = \left(\frac{\Delta x}{l}, \frac{\Delta y}{l}, \frac{\Delta z}{l}, -\frac{\Delta x}{l}, -\frac{\Delta y}{l}, -\frac{\Delta z}{l} \right) \quad (7\text{-}3\text{-}21)$$

单元 i 的弹性刚度 $K_i = K = EA/l_0$。其中，单元拉压刚度为 EA、无应力长度为 l_0，则单元弹性刚度矩阵为 aKa^{T}。

对一个单元来说，有 $K[f(x) - l_0] = K(l - l_0) = K\Delta l = s$，求解坐标函数的二阶导数矩阵再乘以单元内力 s 可得到单元几何刚度，并考虑弹性刚度协调，则几何刚度可表达为

$$Z_{\mathrm{new}} = \frac{K(l - l_0)}{l} \begin{bmatrix} I & -I \\ -I & I \end{bmatrix} \quad (7\text{-}3\text{-}22)$$

式中，I 为 3 阶单位阵。

将所有单元的弹性刚度和几何刚度组装到总刚度矩阵中，然后将总刚度代入式(7-3-18)，就可得到移动边界节点或者缩短单元长度后新的存在预应力的平衡状态，引入的预应力按式(7-3-19)求解。

7.3.2　可行初始应力

对于柔性张力结构来说，在预张力导入前，体系中不存在几何刚度，这就会导致初始刚度矩阵奇异，从而使控制方程式(7-3-18)无法求解，因此本章提出可

行初始应力的概念，即假定在初始无应力状态下，体系中存在一个很小的内力，因为该内力实际上并不存在，所以称为可行初始应力。引入可行初始应力以后，体系中就产生了一定几何刚度，从而使求解可以在无限接近当前状态下得以启动。为保证体系在初始无应力状态下满足平衡条件，取初始无应力状态下的任一自应力模态元素全部大于 0 的模态作为可行初始应力。

由式(7-2-2)可得索杆张力结构体系平衡矩阵 A，r=rank(A)，则体系自应力模态数为 $n-r$。自应力模态可由平衡矩阵 A 奇异值分解求解，奇异值分解[31,163]参见 4.3.2 节。

W_{b-r} 的列向量为 A 的零空间的一个标准正交基，即 W_{b-r} 为结构独立自应力模态，取 W_{b-r} 中任意一个列向量元素全部大于 0 的模态作为假定各个单元初始内力值；对于 W_{b-r} 中不存在列向量元素全部大于 0 的情况，取所有单元假定初始应力相同(如均为 1N)，然后根据所采用的假定初始应力，求出初始无应力态下的单元假定无应力长度(以单元 ij 为例)为

$$l'_{0ij} = \frac{(EA)_{ij}}{(EA)_{ij} + s'_{ij}} l_{0ij} \tag{7-3-23}$$

式中，l_{0ij} 为初始无应力态下的单元长度；s'_{ij} 为单元假定初始应力；$(EA)_{ij}$ 为单元轴向刚度。

7.3.3　预张力导入控制方法

1) 移动边界节点预张力导入分析法

对于柔性张力结构体系，常采用移动边界约束节点来导入预张力。通过逐步移动边界约束节点使体系中逐渐建立起预张力，当体系中建立起合理预张力后，停止边界节点移动，完成预张力导入。

2) 缩短主动索无应力长度预张力导入分析法

对于柔性张力结构体系，常采用主动张拉索逐渐缩短张拉长度来导入预张力，如在索网外增加牵引索。在分析模型中考虑几何拓扑不变，通过主动索的缩短使结构体系逐渐张拉来导入预张力。

7.3.4　算例

采用力密度找形分析方法(边缘索力密度取 50kN/m；其余为 10kN/m)得到如图 7-3-2 所示的菱形索网[130]，该索网四个角点约束，平面尺寸为 7.32m×7.32m，高点与低点高差为 0.732m，包括 80 个索单元和 41 个节点。边缘索截面刚度取 EA=15000kN，其余单元截面刚度取 EA=3000kN，得到弹性平衡态，单元张力分布情况如图 7-3-3 所示。

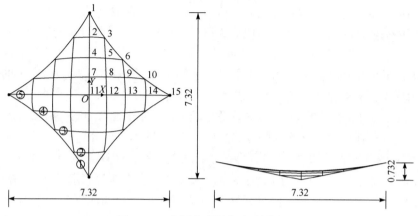

图 7-3-2　索网找形平衡态(单位：m)

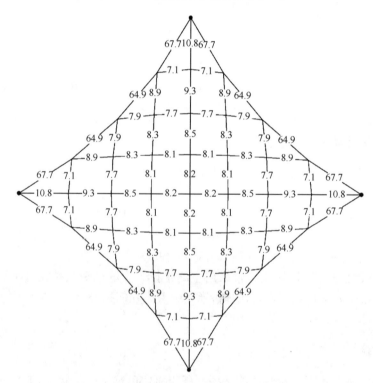

图 7-3-3　弹性平衡态单元张力分布图(单位：kN)

以弹性平衡态为起点，可分两种节点释放方式进行预张力松弛分析：①释放四个约束点；②释放两个低约束点。预张力导入分析以所求理想零应力态为起点，相应的分析过程分为：①同步移动四个约束点；②同步移动两个低约束点。移动方向与预张力松弛分析得到的约束点位移方向相反，分五个相等的位移增量进行求解，即分 5 步完成预张力导入分析。

1. 预张力松弛分析

采用 7.2 节提出的非线性协调矩阵广义逆法求解理想零应力态，取收敛准则 $\|S_0\| \leqslant 0.1N$。

1) 释放四个约束点

通过 3 次迭代得到理想零应力态，从弹性平衡态到理想零应力态节点坐标变化见表 7-3-1，节点编号如图 7-3-2 所示。

表 7-3-1　节点坐标及节点位移(四约束点释放)　　　　　(单位：m)

节点编号	弹性平衡态			理想零应力态			节点位移		
	X	Y	Z	X	Y	Z	ΔX	ΔY	ΔZ
1	0.000	3.660	−0.366	0.000	3.646	−0.356	0.000	−0.014	0.010
2	0.000	2.594	−0.201	0.000	2.588	−0.167	0.000	−0.006	0.035
3	0.708	2.521	−0.175	0.706	2.515	−0.158	−0.001	−0.006	0.017
4	0.000	1.671	−0.089	0.000	1.668	−0.058	0.000	−0.003	0.031
5	0.765	1.636	−0.066	0.763	1.633	−0.045	−0.002	−0.003	0.021
6	1.545	1.545	0.000	1.543	1.543	0.000	−0.002	−0.002	0.000
7	0.000	0.820	−0.022	0.000	0.818	−0.010	0.000	−0.002	0.012
8	0.805	0.805	0.000	0.803	0.803	0.000	−0.002	−0.002	0.000
9	1.636	0.765	0.066	1.633	0.763	0.045	−0.003	−0.002	−0.021
10	2.521	0.708	0.175	2.515	0.706	0.158	−0.006	−0.001	−0.017
11	0.000	0.000	0.000	0.000	0.000	0.000	0.000	0.000	0.000
12	0.820	0.000	0.022	0.818	0.000	0.010	−0.002	0.000	−0.012
13	1.671	0.000	0.089	1.668	0.000	0.058	−0.003	0.000	−0.031
14	2.594	0.000	0.201	2.588	0.000	0.167	−0.006	0.000	−0.035
15	3.660	0.000	0.366	3.646	0.000	0.356	−0.014	0.000	−0.010

2) 释放两个低约束点

通过 5 次迭代计算得到理想零应力态。弹性平衡态和理想零应力态时的节点坐标及节点位移见表 7-3-2。

表 7-3-2　节点坐标及节点位移(低点释放)　　　　　(单位：m)

节点编号	弹性平衡态			理想零应力态			节点位移		
	X	Y	Z	X	Y	Z	ΔX	ΔY	ΔZ
1	0.000	3.660	−0.366	0.000	3.631	−0.344	0.000	−0.029	0.022
2	0.000	2.594	−0.201	0.000	2.580	−0.117	0.000	−0.014	0.084

续表

节点编号	弹性平衡态			理想零应力态			节点位移		
	X	Y	Z	X	Y	Z	ΔX	ΔY	ΔZ
3	0.708	2.521	−0.175	0.706	2.504	−0.124	−0.002	−0.018	0.050
4	0.000	1.671	−0.089	0.000	1.666	0.035	0.000	−0.005	0.124
5	0.765	1.636	−0.066	0.763	1.631	0.046	−0.002	−0.005	0.112
6	1.545	1.545	0.000	1.544	1.537	0.062	−0.001	−0.008	0.062
7	0.000	0.820	−0.022	0.000	0.818	0.110	0.000	−0.002	0.132
8	0.805	0.805	0.000	0.803	0.803	0.125	−0.002	−0.002	0.125
9	1.636	0.765	0.066	1.633	0.763	0.168	−0.003	−0.002	0.102
10	2.521	0.708	0.175	2.521	0.706	0.219	0.000	−0.001	0.044
11	0.000	0.000	0.000	0.000	0.000	0.122	0.000	0.000	0.122
12	0.820	0.000	0.022	0.818	0.000	0.132	−0.002	0.000	0.110
13	1.671	0.000	0.089	1.669	0.000	0.166	−0.002	0.000	0.078
14	2.594	0.000	0.201	2.592	0.000	0.243	−0.002	0.000	0.042
15	3.660	0.000	0.366	3.660	0.000	0.366	0.000	0.000	0.000

　　将两种释放方式得到的 $Y=0$ 平面索形状变化分别在图7-3-4和图7-3-5中画出。通过表7-3-1和表7-3-2中理想零应力态节点坐标的比较,和图7-3-4、图7-3-5中 $Y=0$ 平面索形状的比较得出不同的节点约束释放方式会得到不同的理想零应力态。

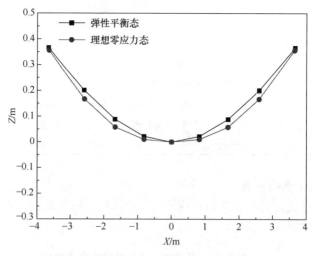

图7-3-4　$Y=0$ 平面索形状变化(释放四个约束点)

2. 预张力导入

取平衡迭代收敛条件为 $\|S_0\| \leqslant 0.1\text{N}$,进行预张力导入分析。

1) 同步移动四个约束点

预张力导入过程中，单元编号为①～⑤的索单元张力变化如图 7-3-6 所示。预应力态与弹性平衡态节点坐标见表 7-3-3。

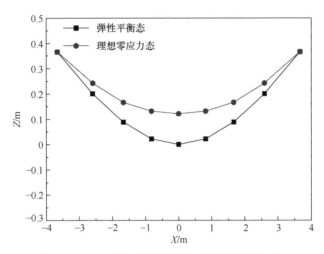

图 7-3-5　$Y=0$ 平面索形状变化(释放两个低约束点)

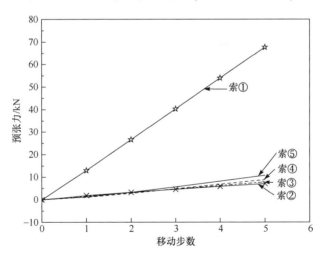

图 7-3-6　索单元张力变化(移动四个约束点)

表 7-3-3　节点坐标及坐标偏差　　　　　　　(单位：m)

节点编号	弹性平衡态			预应力态			节点偏差		
	X	Y	Z	X	Y	Z	ΔX	ΔY	ΔZ
1	0.000	3.660	−0.366	0.000	3.660	−0.366	0.000	0.000	0.000
2	0.000	2.594	−0.201	0.000	2.594	−0.201	0.000	0.000	0.000

续表

节点编号	弹性平衡态			预应力态			节点偏差		
	X	Y	Z	X	Y	Z	ΔX	ΔY	ΔZ
3	0.708	2.521	-0.175	0.708	2.521	-0.175	0.000	0.000	0.000
4	0.000	1.671	-0.089	0.000	1.671	-0.089	0.000	0.000	0.000
5	0.765	1.636	-0.066	0.765	1.636	-0.066	0.000	0.000	0.000
6	1.545	1.545	0.000	1.545	1.545	0.000	0.000	0.000	0.000
7	0.000	0.820	-0.022	0.000	0.820	-0.022	0.000	0.000	0.000
8	0.805	0.805	0.000	0.805	0.805	0.000	0.000	0.000	0.000
9	1.636	0.765	0.066	1.636	0.765	0.066	0.000	0.000	0.000
10	2.521	0.708	0.175	2.521	0.708	0.175	0.000	0.000	0.000
11	0.000	0.000	0.000	0.000	0.000	0.000	0.000	0.000	0.000
12	0.820	0.000	0.022	0.820	0.000	0.022	0.000	0.000	0.000
13	1.671	0.000	0.089	1.671	0.000	0.089	0.000	0.000	0.000
14	2.594	0.000	0.201	2.594	0.000	0.201	0.000	0.000	0.000
15	3.660	0.000	0.366	3.660	0.000	0.366	0.000	0.000	0.000

2) 同步移动两个低约束点

预张力导入过程中, 单元编号为①~⑤的索单元张力变化过程如图 7-3-7 所示。

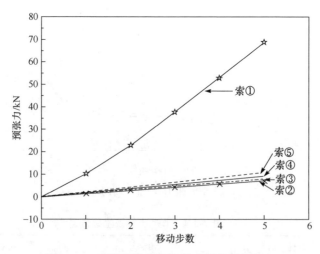

图 7-3-7　索单元张力变化(移动两个低约束点)

从图 7-3-6 可以看出, 移动四个约束点求解预应力态过程中索单元张力呈线性变化趋势; 从图 7-3-7 可以看出, 移动两个低约束点引入预张力时单元张力呈非线性变化。两种方式得到的预应力态索张力与弹性平衡态索张力相对偏差均小于 0.2%。且从表 7-3-3 可以看出，预应力态和弹性平衡态节点坐标完全一致。因此，通过预张力松弛分析和预张力导入分析避免了直接从弹性平衡态求解预应力态时产生的位形漂移和预应力松弛现象，应力释放和应力导入途径不同会导致零应力态差异，但是平衡态差异较小。

7.4　本 章 小 结

利用杆系结构平衡矩阵理论，提出了两种求解理想零应力态的数值计算方法，分别为线性协调矩阵广义逆法和非线性协调矩阵广义逆法。算例分析表明，呈线性行为的小尺度结构可以采用线性协调矩阵广义逆法来求解理想零应力态，呈强非线性的大跨结构必须采用非线性协调矩阵广义逆法来求解。对索网结构和张拉式膜结构来说，不同的节点约束释放方式会产生不同的理想零应力态。

根据柔性张力结构总势能方程，推导出柔性张力结构预张力导入控制方程。为克服初始无应力导致的结构刚度矩阵奇异难题，提出了可行初始应力的概念，并以可行自应力模态作为初始应力。提出了移动边界节点法和缩短主动索单元无应力长度法将预张力导入迭代计算方法。算例分析表明，本章算法不仅能够对柔性张力结构预张力导入问题进行求解，还可以对导入的预张力水平进行控制；不仅能够在瞬变体系中导入预张力，而且能够识别纯机构情况，并对其进行求解。

基于理想零应力态，采用本章方法进行预张力导入分析，得到预应力态，完善了柔性张力结构分析理论。算例分析表明，求解得到的预应力态与弹性平衡态形态一致，从而克服了直接从弹性平衡态(零应力态)到预应力态出现的位形漂移和预应力松弛现象。

第8章 静荷载响应分析方法与结构静力特性分析

8.1 引 言

静荷载响应分析方法是索杆张力结构工程设计分析的核心和基础，基于预应力分析状态，考虑各种静荷载或等效静荷载及其组合，进行结构非线性分析，并分析结构响应，包括变形、强度和构件稳定性等，从而完成基本工程设计。

静荷载响应分析方法多基于非线性有限元方法，采用通用或专业分析软件，先完成预应力分析，继承预应力分析平衡态(形和力)，再施加组合静荷载进行荷载分析。这里涉及第2章介绍的预应力态和零应力态问题，鉴于一般通用软件在找形分析后，再通过弹性化和预应力重置分析其预应力和状态变化，因此需要对预应力态进行迭代或采用专业软件更合理地确定预应力态，再进行静荷载响应分析。目前，上述数值方法是静荷载响应分析的主要方法。动力松弛法和与力密度法相结合的非线性分析方法也是广泛应用、专业、有效的静荷载响应分析方法。

针对设计分析荷载，由于索杆张力结构的强几何非线性，除预应力外，均应先组合荷载，再计算荷载响应，而不能采用组合荷载响应的线性叠加分析设计方法。

基于能量原理的迭代方法是计算结构非线性的有效方法，可以从宏观能量角度揭示复杂结构的受力特征，因此，本章对静荷载响应分析方法进行介绍。

最后，基于对典型索杆张力结构的研究，分别介绍索网体育场罩棚、索穹顶和轮辐式张力结构的静力响应分析及结构行为特征。

8.2 基于最小势能的静力非线性分析方法

1985年，Buchholdt 在其著作 *An Introduction to Cable Roof Structures* 以及在1999年该书的第二版中系统建立了基于最小势能的迭代分析方法[198]，即应用弹性力学最基本的原理——最小势能原理进行索网张力结构的非线性分析，该方法从最基本的结构概念出发，以最直观的形式表示结构静力分析的全过程，对研究结构静力分析具有重要的指导意义。本节以该理论作为基本思想，将其应用于索杆张力结构荷载响应非线性分析，同时该方法也可进行结构找形分析。

8.2.1　最小势能法基本原理

弹性力学的最小势能原理[145,154]是建立有限元平衡方程的一般原理。体系的总势能($\varPi_\mathrm{p}$)是弹性体变形势能和外力势能之和，即

$$\varPi_\mathrm{p} = \int_V [U(\varepsilon_{ij}) + \phi(u_i)]\mathrm{d}V - \int_{S_\sigma} \psi(u_i)\mathrm{d}S \qquad (8\text{-}2\text{-}1)$$

而最小势能原理一般表示为

$$\delta \varPi_\mathrm{p} = 0 \qquad (8\text{-}2\text{-}2)$$

对于式(8-2-1)和式(8-2-2)有：总势能在所有区域内都连续可导，并在满足边界条件的所有可能位移中，真实位移使体系的总势能取驻值、最小值。

最小势能原理一般表述为：在所有可能的位移中，真实位移使势能取得最小值；反之，使势能取得最小值的可能位移就是真实位移。数学描述即总势能的一阶变分为 0，而且二阶变分正定(大于 0)。

最小势能原理适应于所有线弹性结构，考虑到索杆等张力结构都可以视为线弹性体，可以应用最小势能原理对张力结构进行分析。在以下求解过程中，做如下假定[198]：

(1) 索单元理想柔性，不能抵抗弯曲，杆单元不考虑弯曲作用。

(2) 各单元处于线弹性状态，符合胡克定律。

(3) 各单元的轴向应变远小于其单元长度，大变形、小应变。

(4) 只受节点荷载，不考虑单元自重，各单元呈直线形。

将最小势能原理应用于索杆张力结构的非线性分析，就是用最小化总势能的方法来判定体系平衡，当势能达到最小值时就可以获得平衡状态下的节点坐标和单元内力，这就是最小势能法。

以图 8-2-1 所示的单节点二维索单元为例，说明最小势能法的应用。

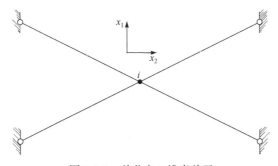

图 8-2-1　单节点二维索单元

该结构只有一个自由节点，该自由节点有两个自由度 x_1 和 x_2。该自由节点的

各种可能位移的总势能 W 是关于这两个自由度的函数, 可以用图 8-2-2 的等值线表示, 任意一条等值线上的势能为一常数。势能为最小值时的点表示在荷载作用下的结构处于平衡位置。

节点 i 在 j 方向的平衡条件可以表示为

$$\frac{\partial W}{\partial x_{ij}} = 0 \tag{8-2-3}$$

要想到达势能 W 最小的位置, 可以沿着一个方向向量 v 移动一段距离 Sv 到势能 W 在这个方向上的极值点, 则移动的距离 S 有

$$\frac{\partial W}{\partial S} = 0 \tag{8-2-4}$$

由此得到一个新的势能等值线的点, 由这一点会得到一个新的方向向量, 再重复以上方法最终可得到最小势能位置, 如图 8-2-3 所示。这个方向向量 v 称为下降向量(descent vector), 这个距离 S 称为步长(step length)。该方法的数学表达式为

$$\boldsymbol{x}_{k+1} = \boldsymbol{x}_k + S_k \boldsymbol{v}_k \tag{8-2-5}$$

式中, $\boldsymbol{x}_k$ 和 $\boldsymbol{x}_{k+1}$ 分别为第 k 迭代时和迭代后的位移; $\boldsymbol{v}_k$ 为在 $\boldsymbol{x}_k$ 处的下降向量; S_k 为第 k 次迭代的步长。

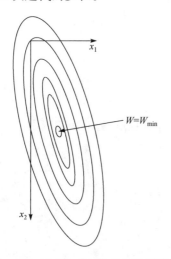
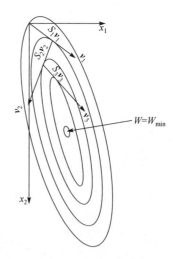

图 8-2-2　两自由度结构总势能等值线　　　图 8-2-3　两自由度结构最小化总势能过程

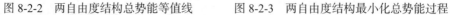

以上的分析可适用于两个自由度的结构。这是因为两个自由度的结构, 其总势能为位移的二元函数, 可以用二维的等值线直观表示。对于一个具有三个自由度的结构, 总势能则为位移的三元函数, 其表现形式则为三维的等值面。对于一

个 n 个自由度的结构,其总势能为 n 维空间曲面,无法用简单图形描述,但其理论方法与以上形式一致。

8.2.2 最小势能法计算方法

根据最小势能法基本原理,可建立索杆张力结构体系总势能、最小化下降量、迭代方法、迭代步长、位移、收敛性原则。

1) 总势能

总势能可表示为

$$W = U + V \tag{8-2-6}$$

式中,U 为结构中的应变能;V 为外荷载作用下的势能。

对索杆张力结构而言,由于结构的单元连接方式为铰接,单元只受轴拉或轴压作用,其应变能只包括轴向应变能:

$$W = U_\mathrm{p} + V \tag{8-2-7}$$

式中,下标 p 表示铰接单元。对于任意的铰接单元,在预应力和外荷载作用下的单元和节点变化如图 8-2-4 所示。图 8-2-4(a) 为无外荷载时铰接单元在预应力作用下的状态,连接单元的两个节点 i 和 j 的坐标分别为 X_i 和 X_j,单元内力为预应力 T_0,单元长度为无应力长度 l_0;图 8-2-4(b) 为在外荷载作用下铰接单元的单元变形、节点位移和单元内力,取迭代求解过程中某一次迭代的开始时刻,连接节点位移分别为 x_i 和 x_j,外荷载作用产生的单元拉伸长度为 e,单元内力改变为 EAe/l_0;图 8-2-4(c) 为迭代求解后单元状态的改变,在迭代过程中,节点沿着下降向量方向发生 Sv 的位移,单元拉伸 Δe,单元内力改变为 $EA(e+\Delta e)/l_0$。

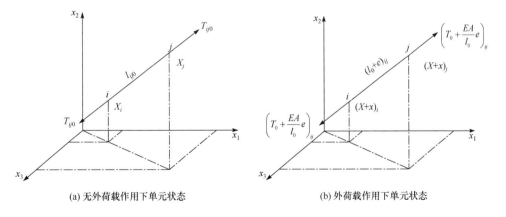

(a) 无外荷载作用下单元状态　　　　　　　(b) 外荷载作用下单元状态

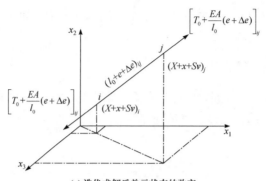

(c) 迭代求解后单元状态的改变

图 8-2-4　铰接单元和节点在迭代过程中的变化

将无外荷载作用下的结构状态作为初始状态(图 8-2-4(a))。单元在预应力作用下的初始应变能为 U_0。结构在外荷载作用下(图 8-2-4(b)),总势能 W 的表达式为

$$W = \sum_{m=1}^{M} \left[U_0 + \int_0^e (T_0 + \Delta T)\mathrm{d}e \right]_m - \sum_{n=1}^{N} \boldsymbol{F}_k \boldsymbol{x}_k \tag{8-2-8a}$$

或

$$W = \sum_{m=1}^{M} \left(U_0 + T_0 e + \frac{EA}{2l_0} e^2 \right)_m - \sum_{n=1}^{N} \boldsymbol{F}_n \boldsymbol{x}_n \tag{8-2-8b}$$

式中,右边的第一项为结构的应变能。其中, M 为单元个数; T_0 为单元预应力, ΔT 为外荷载作用下单元内力的增加; e 为外荷载作用下的单元拉伸长度; E 为材料弹性模量; A 为单元横截面面积; l_0 为单元的无应力长度(或安装长度)。第二项表示在节点荷载作用下结构的外荷载势能。其中, N 为结构的自由度个数; $\boldsymbol{F}_n$ 为作用于节点自由度 n 上的荷载; $\boldsymbol{x}_n$ 为荷载作用下节点自由度 n 发生的位移,在迭代过程中则表示在该迭代时刻该自由度相对于初始状态的坐标变化。

单元 m 两个端节点为 i 和 j,式(8-2-8b)中的单元初始长度 l_{m0} 是初始状态下两个节点 i 和 j 之间的距离,令 X 表示节点在初始状态下的坐标,有

$$l_{m0}^2 = \sum_{k=1}^{3} (X_{jk} - X_{ik})^2 \tag{8-2-9}$$

单元在荷载作用下的长度有

$$l_m^2 = (l_{m0} + e_m)^2 = \sum_{k=1}^{3} (X_{jk} + x_{jk} - X_{ik} - x_{ik})^2 \tag{8-2-10}$$

联立式(8-2-10)和式(8-2-9)可知

$$2l_{m0}e_m + e_m^2 = \sum_{k=1}^{3} \left[2(X_{jk} - X_{ik})(x_{jk} - x_{ik}) + (x_{jk} - x_{ik})^2 \right] \tag{8-2-11}$$

由假定条件(3)，单元变形远小于单元长度，可忽略单元变形的高次项，可知单元变形为

$$e_m = \frac{1}{l_{m0}} \sum_{k=1}^{3} \left[(X_{jk} - X_{ik})(x_{jk} - x_{ik}) + \frac{1}{2}(x_{jk} - x_{ik})^2 \right] \tag{8-2-12}$$

由此，结构的总势能即可表示为节点位移的函数。

在迭代时位移增量为 Sv 时，单元变形为 Δe，如图 8-2-4(c)所示，此时的总势能表达式可以写为

$$W = \sum_{m=1}^{M} \left[U_0 + T_0(e + \Delta e) + \frac{EA}{2l_0}(e + \Delta e)^2 \right]_m - \sum_{n=1}^{N} \boldsymbol{F}_n (\boldsymbol{x} + S\boldsymbol{v})_n \tag{8-2-13}$$

单元变形为

$$(e + \Delta e)_m = \frac{1}{2l_{m0}} \sum_{k=1}^{3} \left[2(X_{jk} - X_{ik})(x_{jk} + Sv_{jk} - x_{ik} - Sv_{ik}) + (x_{jk} + Sv_{jk} - x_{ik} - Sv_{ik})^2 \right]$$

$$\tag{8-2-14}$$

2) 下降向量 $\boldsymbol{v}$

理论上最小化总势能的过程可以由任意一个下降向量达到。在实际过程中，通常是利用势能梯度向量进行最小化。

总势能的梯度表示为势能对节点位移的偏导数，将式(8-2-8b)对第 s 个节点自由度的位移 $\boldsymbol{x}_s$ 进行偏微分可以得到其势能梯度向量在该自由度下的分量：

$$\boldsymbol{g}_s = \frac{\partial W}{\partial \boldsymbol{x}_s} = \sum_{m=1}^{M} \left(T_0 e + \frac{EA}{l_0} e \right)_m \frac{\partial e_m}{\partial \boldsymbol{x}_s} - \boldsymbol{F}_s \tag{8-2-15}$$

而由式(8-2-12)对 $\boldsymbol{x}_s$ 进行偏微分有

$$2 \left(l_{m0} + e_m \right) \frac{\partial e_m}{\partial \boldsymbol{x}_s} = -2 (X_{jk} - X_{ik} + x_{jk} - x_{ik}) \tag{8-2-16}$$

式中，s 为第 i 个节点的第 k 个自由度，即 $\boldsymbol{x}_s = x_{ik}$。故有

$$\frac{\partial e_m}{\partial \boldsymbol{x}_s} = -\frac{1}{l_{m0}} (X_{jk} - X_{ik} + x_{jk} - x_{ik}) \tag{8-2-17}$$

将式(8-2-17)代入式(8-2-15)有

$$\boldsymbol{g}_s = -\sum_{m=1}^{M} \left[t_m \left(X_{jk} - X_{ik} + x_{jk} - x_{ik} \right) \right] - \boldsymbol{F}_s \tag{8-2-18}$$

式中

$$t_m = \left(T_{m0} + \frac{EA}{l_m} e_m \right) \bigg/ l_{m0} \tag{8-2-19}$$

其中，t_m为连接节点 i 和 j 的单元 m 的张拉系数(或力密度)。

3) 最小化势能方法

一个标量的某一点的梯度指向标量长增长最快的方向，故下降向量可以指示总势能梯度向量的相反方向。最小化总势能的一般方法[151]有最速下降法(steepest descent)、共轭梯度法(conjugate gradient)以及在有限元中广泛应用的 Newton-Raphson 法。

8.2.3 最小势能法计算流程

利用最小势能法使结构达到平衡状态的迭代过程可以归纳为以下步骤。

首先，在迭代开始之前的准备工作如下：

(1) 计算索在预应力作用下的张拉系数。

(2) 假定单元的初始位移向量为 0。

(3) 由式(8-2-10)计算各单元在预应力作用下的单元长度。

(4) 应用最速下降法或共轭梯度法计算比例矩阵中的元素。

求解节点位移的迭代过程如下：

(1) 由式(8-2-15)计算总势能梯度向量 $\boldsymbol{g}_k$。

(2) 计算梯度向量的 Euclid 范数 R_k，在第一步时依据其计算的范数定义收敛准则 $R_{\min}$，检验是否已收敛。若 $R_k < R_{\min}$，则停止计算并输出结果；否则继续下一步。

(3) 计算下降向量 $\boldsymbol{v}_k$。

(4) 采用 Newton-Raphson 迭代法计算步长。

(5) 利用下降向量 $\boldsymbol{v}_k$ 和步长 S_k 计算张拉系数 t_{mk}。

(6) 由式(8-2-5)计算位移向量 $\boldsymbol{x}_{k+1}$。

(7) 返回第(1)步继续迭代。

在实际分析迭代过程中，当梯度向量的 Euclid 范数达其初始值的 0.01%～0.1% 时即认为达到收敛。Newton-Raphson 法通常只需要很少的迭代次数就可以收敛。

8.2.4 算例

1) 菱形马鞍索网[151]

在 5.2.4 节算例 1 菱形马鞍索网找形基础上，采用本节方法进行荷载非线性分析。图 8-2-5 给出了菱形索网典型节点编号和单元编号，其中节点 3 和单元㉝、㊺处于主索，节点 24 和单元⑳、⑰处于副索。

逐步在索网上施加垂直于投影面向下的面荷载(在计算过程中，将其转化为有效节点荷载)，得到的节点位移随荷载变化的曲线以及单元内力随荷载变化的曲线分别如图 8-2-6 和图 8-2-7 所示。

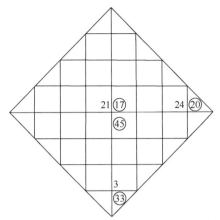

图 8-2-5　菱形索网典型节点编号和单元编号

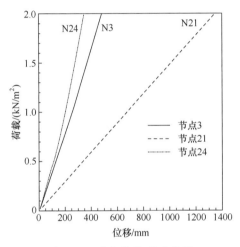

图 8-2-6　节点位移-荷载曲线

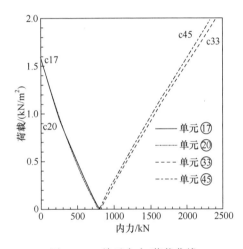

图 8-2-7　单元内力-荷载曲线

节点位移和单元内力的变化曲线与文献[3]一致,表明最小势能静力分析方法在索网张力结构体系分析中有效。

由图 8-2-7 可以得到,在作用垂直向下的荷载时,主索单元㉝、㊺的内力是随荷载增大而增大的,其内力-荷载变化曲线呈线性;而副索单元⑰、⑳的内力随荷载增大而减小,内力-荷载变化曲线呈非线性,当荷载达到 1.61kN/m² 后,单元⑳和⑰先后发生松弛。

而由图 8-2-6 可以得到,虽然索网体系属于柔性体系,其位移响应呈非线性,然而在施加合理预应力后,结构在一定荷载范围内近似线性。

2) 双层张拉整体结构静力分析[151]

张拉整体结构具有强非线性、复杂特性,为了更进一步验证最小势能的适应性,本节选用 6.2.3 节算例 4 双层张拉整体结构模型,基于 6.2.3 节找形进行静力非线性分析,模型参数同 6.2.3 节算例 4。

约束下三角形的 3 个节点,在其他自由节点上施加节点荷载。选取具有代表性的 3 个自由节点(节点坐标的 z 方向不同):节点 4(z=6.0m)、节点 7(z=3.0m)和节点 10(z=9.0m);各类单元分别选取 1 个。当荷载为向下的压力时,节点位移-荷载曲线、单元内力-荷载曲线分别如图 8-2-8 和图 8-2-9 所示。当作用的荷载为向上的拉力时,节点位移-荷载曲线、单元内力-荷载曲线分别如图 8-2-10 和图 8-2-11 所示。

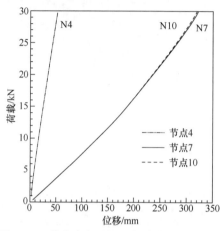

图 8-2-8　荷载为向下的压力时节点位移-荷载变化曲线

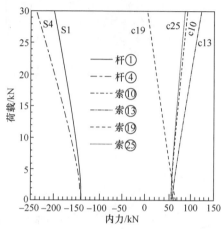

图 8-2-9　荷载为向下的压力时单元内力-荷载变化曲线

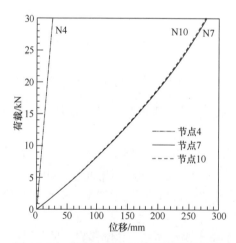

图 8-2-10　荷载为向上的拉力时节点位移-荷载变化曲线

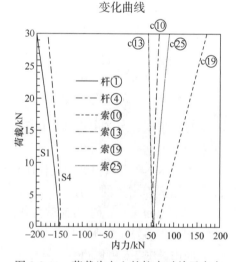

图 8-2-11　荷载为向上的拉力时单元内力-荷载变化曲线

由节点位移-荷载曲线可以看出,节点 4 与约束节点用杆单元连接,其位移变化比较小,位移-荷载曲线几乎为线性,而节点 7 与约束节点的连接为索单元,其位移变化相对较大,且具有很强的非线性,而上三角形的节点 10 与节点 7 用杆单元连接,其变化相似;无论是拉力还是压力作用,节点位移变化都是朝一个方向递增的,而且两种荷载作用下,其变化的速率几乎一致。分析结果表明了最小势能法分析强非线性张拉整体结构的有效性。

由以上的拉力和压力作用的单元内力-荷载曲线可以看出,在荷载作用下,大部分拉索单元的内力朝拉应力增大方向发展,而压杆单元内力朝压应力增大方向发展,这充分验证了张拉整体结构的恒定应力态的特性,拉力单元只受拉力作用、压力单元只受压力作用。

8.3 索网罩棚结构静力特性分析

8.3.1 索网罩棚结构分析模型

图 8-3-1 所示的单层索网罩棚[58],外环椭圆 282m × 256m、内环 118m × 109m,

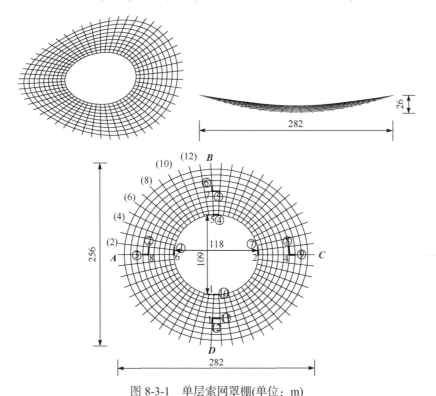

图 8-3-1 单层索网罩棚(单位:m)

环索 10 根、径向索 54 根,采用高强平行钢索(ϕ5mm × 根数-1670MPa-PWS),弹性模量 190GPa,索截面见表 8-3-1。1~8 代表节点,①~⑩代表不同类型环索,⑪和⑫代表不同类型径向索,(2)~(12)代表风振系数截面分区情况。综合考虑预应力及矢高对结构受力特性的影响,选用内环索力密度为 8000kN/m 以及矢跨比为 1/10 的模型作为研究对象,其预应力分布见表 8-3-1。

表 8-3-1　索截面和初始预应力

索编号	①	②	③	④	⑤	⑥
规格	5ϕ187mm (8 股)	5ϕ223mm	5ϕ211mm	5ϕ199mm	5ϕ187mm	5ϕ187mm
初始预应力 /(× 10³kN)	51.05~54.60	21.57~22.65	19.64~20.83	17.42~18.39	17.30~18.16	16.89~17.61

索编号	⑦	⑧	⑨	⑩	⑪	⑫
规格	5ϕ187mm	5ϕ187mm	5ϕ187mm	5ϕ187mm	5ϕ199mm	5ϕ199mm
初始预应力 /(× 10³kN)	51.05~54.60	21.57~22.65	19.64~20.83	17.42~18.39	5.91~26.64	5.91~26.64

分别计算均布荷载(工况 I)(自重+雪荷载/活荷载)和非均布荷载(工况 II)(自重+风荷载)作用下节点挠度和索内力变化,加载过程分 5 级。

8.3.2　静力特性与参数分析

1. 工况 I 作用下的静力特性

在考虑均布荷载作用时,索及其上覆膜自重取 0.3kN/m²,基本雪压 0.25kN/m²,积雪系数 1.0,加载过程分 5 级。

1) 节点位移

由图 8-3-2 可以看出,在荷载作用下节点位移逐渐增大,近似线性,非线性程度较弱。内环节点(1、2)位移基本相同,外环节点(3、4)位移基本相同,并且内环节点位移大于外环节点位移,且位移增加的趋势也要大于外环节点。最大位移与跨度之比约为 1/250。

2) 单元内力

由表 8-3-2 可以看出,随着荷载的加大,环向索拉力逐渐增加,而径向索拉力逐渐减小。曲面较低位置处环向索拉力和径向索拉力及较高位置处环向索拉力均随向下荷载的增加而增加,只有较高位置处径向索拉力随荷载增加而降低。在荷载作用下,索内力变化较小,均不超过初始张力的 10%,表明体系初始预应力对结构的承载能力及刚度起着重要作用。

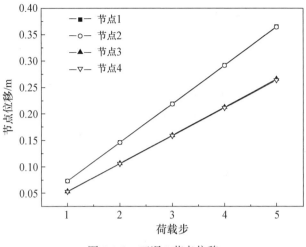

图 8-3-2　工况 I 节点位移

表 8-3-2　索拉力变化(工况 I)　　　　　　　　(单位：kN)

索编号	荷载步				
	1	2	3	4	5
①	51057	51066	51076	51089	51109
②	17305	17307	13209	17312	17314
③	16162	16172	16182	16193	16206
④	54622	54642	54665	54702	54738
⑤~⑩	18263	18166	18168	18172	18175
⑪~⑫	14544	14539	14535	14530	14528

2. 工况 II 作用下的静力特性

在计算风荷载时，整个建筑只取一个体型系数，将风荷载作为均布荷载考虑显然和工程实际误差较大。根据图 8-3-3 的 0°风向角的风压分析结果(采用 Fluent 软件计算[58])，将单层索网罩棚表面分成若干小的区域，取用不同的风荷载体型系数，具体取值如图 8-3-4 所示，可见来流方向呈现风压和背风向为风吸的非对称风荷载，且开口边缘风吸较大。基本风压为 0.45kN/m², 风压高度变化系数为 1.35(C 类地貌)，风振系数分区域选取(图 8-3-1)，加载过程分 5 级。

1) 节点位移

由图 8-3-5 可以看出，在荷载作用下节点位移线性增加，最大位移与跨度之比约为 1/200，竖向刚度较大。在局部风荷载作用下，结构对称位置上的节点位移变化并不相等，结构表面有一定扭曲，整体刚度较大。

2) 单元内力

由表 8-3-3 和图 8-3-6 可知，在局部风荷载作用下结构索内力变化较复杂。内环索①、⑦在风荷载作用下，有一卸载过程，之后随着荷载的增加，索内力逐渐加大。较低位置的径向索⑥、⑫随着荷载增加逐渐卸载，且在对称位置上的索内力变化并不相同。在局部风荷载的作用下，索内力变化较小，索内力随着荷载增加呈非线性变化。

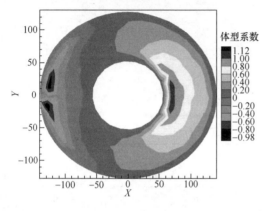

图 8-3-3　0°风向角

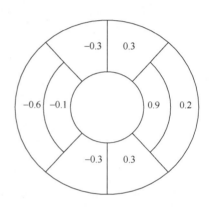

图 8-3-4　风荷载体型系数

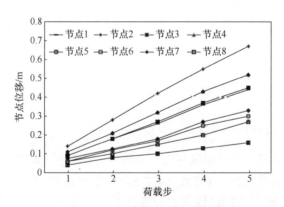

图 8-3-5　工况Ⅱ作用节点位移变化

表 8-3-3　索拉力变化(工况Ⅱ)　　　　　　　(单位：kN)

索编号	荷载步				
	1	2	3	4	5
①	51042.0	51037.0	51040.0	51047.0	51061.0
②	16890.0	16890.5	16891.7	16893.0	16895.0
③	18365.0	18370.0	18374.0	18380.0	18385.0

索编号	荷载步				
	1	2	3	4	5
④	54610.0	54625.0	54645.0	54670.0	54705.0
⑤	17612.7	17613.3	17614.5	17616.5	17619.0
⑥	16437.0	16421.0	16409.0	16396.0	16385.0
⑦	51047.0	51040.0	51037.0	51040.0	51049.0
⑧	16892.0	16894.0	16897.0	16901.0	16906.0
⑨	18380.0	18400.0	18420.0	18440.0	18460.0
⑩	54610.0	54625.0	54645.0	54670.0	54705.0
⑪	17612.7	17613.3	17614.5	17616.5	17619.0
⑫	16424.0	16424.0	16424.0	16415.0	16411.0

由以上分析可知，结构具有较大的刚度和承载力，在自重+均布雪荷载作用下，节点最大位移出现在内环节点，为 0.376m。在自重+风荷载作用下，结构索面有一定的扭曲，最大节点位移也出现在内环节点，为 0.679m。可见马鞍形索网

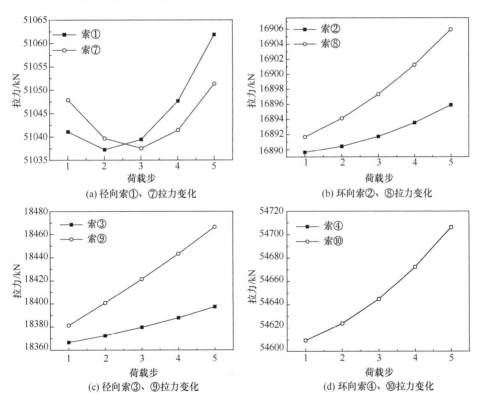

(a) 径向索①、⑦拉力变化　　　　　　(b) 环向索②、⑧拉力变化

(c) 径向索③、⑨拉力变化　　　　　　(d) 环向索④、⑩拉力变化

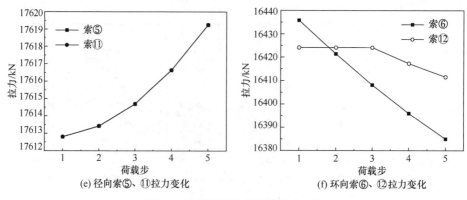

(e) 径向索⑤、⑪拉力变化　　　　　　　(f) 环向索⑥、⑫拉力变化

图 8-3-6　工况 II 作用下索拉力变化

体系是风敏感结构，风荷载为其主要控制荷载。在计算风荷载时还必须考虑不同风向角变化对索网表面风压变化的影响，随着风向角的变化，结构表面风压分布情况变化较大。在荷载作用下结构索内力变化不大，但部分索会出现松弛现象。

单层索网张力结构形式简洁，施工张拉方便，整体竖向刚度和抗扭刚度较高，适合内外环椭圆度较小、开孔小的体育场罩棚，合理的外环马鞍形是保障整体刚度的重要参数，由于径向预张拉内环被拉平，内环矢高均较小。

8.4　索穹顶结构静力特性分析

8.4.1　索穹顶结构模型

索穹顶结构模型同 5.4.4 节算例 2，基于前文的找形分析，本节进一步介绍其荷载分析与结构行为特性。

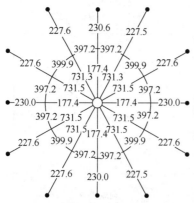

图 8-4-1　索穹顶平衡体系的预应力
分布(单位：kN)

索穹顶[56]为轻型空间结构，对风荷载和雪荷载敏感，因此采用典型的风荷载、雪荷载进行结构特性分析。假设均布雪荷载为 58.6kg/m^2，基本风压为 46kg/m^2。当采用索杆模型时，将分布荷载按照作用面积转化为节点荷载。当采用完整模型时，直接按照面荷载计算。膜采用 Sheerfill^{TM} V，面密度为 0.98kg/m^2，厚度为 0.56mm。索杆类型、参数见表 8-4-1，设定索、杆和梁计算。外环作用总荷载为160.7kN。

索穹顶平衡体系的预应力分布如图 8-4-1

所示,具体数值见表 8-4-1,在平衡形态上施加荷载进行非线性分析。将上部膜面荷载等效成节点荷载,按照荷载增量 5 级加载,从而分析结构的静力特性。

表 8-4-1　索杆类型、参数和初始预应力

索杆类型	规格	面积/cm²	线密度/(kg/m)	刚度 EA/kN	预应力/kN
内脊索	ϕ38 mm	11.3410	7.000	204138	695.0/731.0
外脊索	ϕ54 mm	22.9020	14.000	412236	876.0/914.0
外环索	2ϕ50 mm	19.6350	24.000	706860	397.2/399.9
外斜拉索	8ϕ15.2 mm	1.7678	9.600	261360	227.7/230.0
内斜拉索	8ϕ15.2 mm	1.7678	9.600	261360	188.5/177.6
外环竖杆	ϕ350mm×12	12.7420	100.027	2293614	−114.0/−89.0
内环竖杆	ϕ165mm×6	29.9710	23.527	539478	—
内环梁	H400mm×400mm×25	475.0000	225.680	8550000	—
谷索	6ϕ15.2mm	1.7678	9.600	196020	—

钢索采用高强镀锌钢绞索,弹性模量为 $1.8×10^5\,\text{N/mm}^2$;梁杆为圆钢管,弹性模量为 $2.06×10^5\,\text{N/mm}^2$ 。

8.4.2　静力特性与参数分析

以索、杆、梁构成的索穹顶体系为分析模型,孤立杆为压杆,中央环为梁,环索、脊索和斜索为索单元。

1. 满载分析

1) 节点位移

图 8-4-2(a) 为索穹顶平面布置,图 8-4-2(b) 为长轴和短轴剖面索杆节点关系图。a1、a2 和 b1、b2 分别为中央环上下弦节点,c1、c2 和 f1、f2 为压杆上下节点,e1、e2,d1、d2 为边界节点。

图 8-4-3 为节点位移与荷载步曲线。由图可知,中心环节点 a1、a2 和 b1、b2 位移最大,达到 0.49m。c1 点小于 c2 点,f1 点小于 f2 点。长轴比短轴变形小,长轴索更容易松弛,对荷载更敏感。

2) 索杆内力

因为索穹顶体系 1/8 对称,故取出两个剖面(图 8-4-2(b)),即长轴剖面和短轴剖面,这两个剖面索桁架的索杆可以反映整个体系的构件受力特性。

如图 8-4-4～图 8-4-7 可以看出:①随着荷载增加内脊索拉力逐渐减小,大约

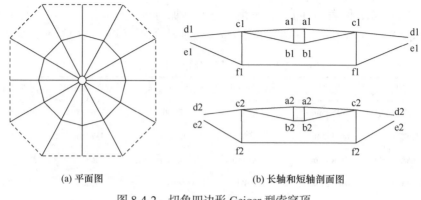

(a) 平面图　　　　　　　　　　(b) 长轴和短轴剖面图

图 8-4-2　切角四边形 Geiger 型索穹顶

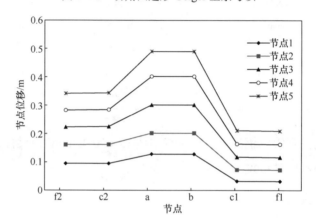

图 8-4-3　节点位移(a 包括 a1、a2，b 包括 b1、b2)

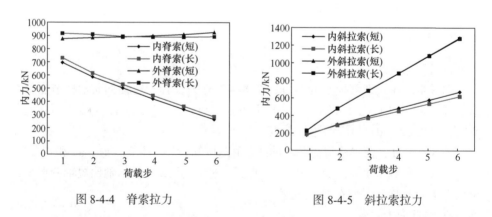

图 8-4-4　脊索拉力　　　　　　　图 8-4-5　斜拉索拉力

减小 50%，而外脊索的拉力基本不变，外脊索拉力总体大于内脊索拉力，表明随荷载增加脊索逐渐出现松弛现象；②斜拉索的拉力均随荷载增加而增大，外斜拉索拉力约增加 5 倍，高于内斜拉索拉力，且长短轴外斜拉索的拉力基本相同；

③外环索拉力随荷载增加变化显著，最大值可达 2227.8kN；④外环竖杆压力随荷载增加而增大约 5 倍，外环竖杆压力变化较内环竖杆大；⑤正常使用满载阶段索穹顶非线性显著。

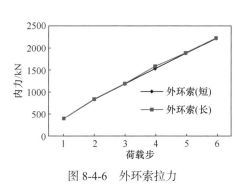

图 8-4-6　外环索拉力

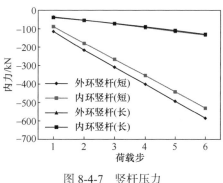

图 8-4-7　竖杆压力

2. 偏载结构特性分析

索穹顶为柔性轻型空间结构，对非对称荷载作用敏感，且在实际环境中风荷载、雪荷载、活荷载等会产生偏载现象，因此偏载常作为索穹顶等柔性结构设计的控制工况。如图 8-4-8 所示，采用一半加满载(满载区)，一半加 1/2 满载(偏载区)模拟偏载现象，并分析其结构效应。因体系 1/8 对称，有两个对称面，短轴对称和长轴对称。在偏载分析时，分别选取一榀长轴和一榀短轴的挠度、内力进行比较分析，图 8-4-9 为对应长轴和短轴索杆节点与单元编号。

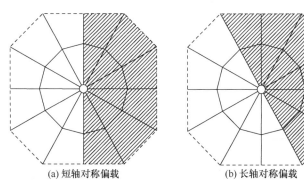

(a) 短轴对称偏载　　　　　　(b) 长轴对称偏载

图 8-4-8　偏载模型

长轴和短轴偏载的节点位移和内力变化趋势和数值基本一致，因此下面只介绍短轴对称偏载时的结构分析结果。

1) 节点位移

根据图 8-4-9 中索穹顶的对称性和长短轴的差异，绘制整体节点位移如

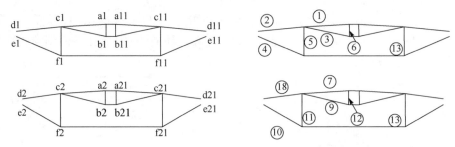

图 8-4-9　偏载索杆节点和单元编号

图 8-4-10 所示，整体呈非线性变形，满载区向下，偏载区向上，形似半余弦波，上升最大幅值 0.3m，下降最大幅值 0.25m，荷载非线性比满载时强。

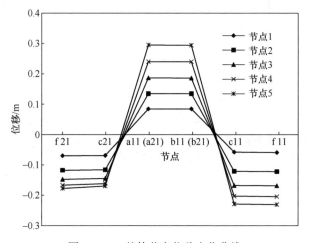

图 8-4-10　整体节点位移变化曲线

2) 索杆内力

如图 8-4-9 所示，①内脊索、②外脊索、③内斜拉索、④外斜拉索、⑤外环索和⑥外环竖杆、⑦内环竖杆。按照 5 级加载，分别为 20%。

图 8-4-11 为满载区索杆内力，从图中可以看出，短轴截面和长轴截面索杆内力分布变化相同。①～⑤索受拉力，⑥和⑦杆受压力，环索拉力最大。随荷载增加，索杆内力增大，环索变化最大约 2 倍，其余索杆内力变化较小，主要由预应力控制。

3. 不同类型索杆的内力分析

从图 8-4-12 可以看出：①偏载时外脊索(长短轴)的内力增大约 20%，而内脊索内力减小；②与图 8-4-4 满载相比，内脊索拉力变化比偏载大 14%；③偏载时，与满载区相比，偏载区短轴内脊索和外脊索的内力变化均小于长轴。

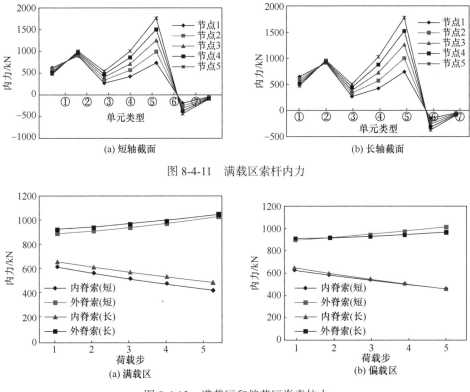

图 8-4-11　满载区索杆内力

图 8-4-12　满载区和偏载区脊索拉力

图 8-4-13～图 8-4-15 分别为偏载时索穹顶斜拉索、外环索和竖杆在分级加载过程中的内力变化。其中(a)为满载区, (b)为偏载区。与满载时(图 8-4-4～图 8-4-7)相比: 偏载时斜拉索、外环索的变化比满载时小 16%, 并且其满载区短轴的外脊索变化较小。

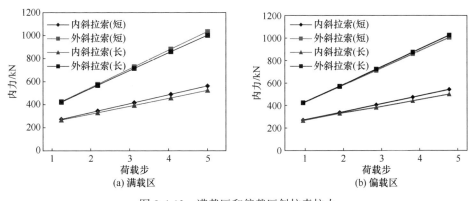

图 8-4-13　满载区和偏载区斜拉索拉力

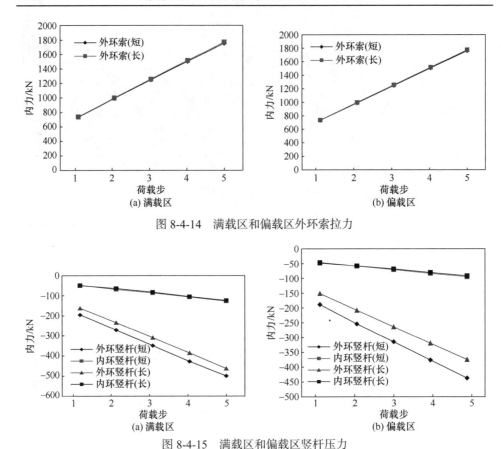

图 8-4-14　满载区和偏载区外环索拉力

图 8-4-15　满载区和偏载区竖杆压力

8.5　轮辐式张力结构静力特性分析

8.5.1　轮辐式张力结构模型

国内外建成了许多以轮辐式张力结构为看台罩棚的大型体育场,根据几何构形可分为三种基本型式[24](图 8-5-1),分别是单层外环双层内环型(single outer-ring two inner-ring spoke structure,STSS)、双层外环单层内环型(two outer-ring single inner-ring spoke structure,TSSS)以及单层索网型(saddle-shaped single-layer cable-net structure,SSCS)。三种基本型式经过形状变化衍生出其他型式,例如,STSS 型与 TSSS 型组合形成一种外环单层、中间环双层、内环单层的结构,本节称为 STTS 型;TSSS 型变化得到一种半封闭的月牙形结构(crescent non-closed plan cable-truss structure,CCTS)。

不同预应力水平对结构形状和承载能力有重要影响。下面以轮辐式张力结构为例,采用非线性有限元方法,说明预张力是轮辐式张力结构获得刚度的直接原因,预张力值直接影响结构的最终几何形态和内力分布;同时内外环的形、尺寸、径向索与水平面的夹角以及挑棚的跨度等几何参数对结构的力学特性均有不同影响。下面采用数值模拟方法,分别从预张力值、内外环尺寸、桅杆高度、挑棚跨度等方面对单层外环双层内环的轮辐式张力结构(STSS 型)进行详细分析,最后分析不同类型轮辐式索杆结构的形态特征。

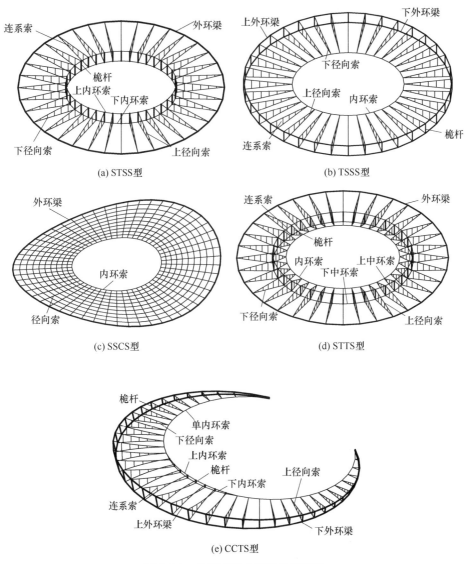

(a) STSS型　　　　　　　　　　(b) TSSS型

(c) SSCS型　　　　　　　　　　(d) STTS型

(e) CCTS型

图 8-5-1　轮辐式张力结构几何构形

8.5.2　静力特性与参数分析

1. 预张力对结构体系与力学特征的影响

假设 STSS 型轮辐式张力结构[24]内环索、外环梁投影呈椭圆形(图 8-5-2)。外环尺寸 320m × 280m，内环尺寸 212m × 172m，罩棚跨度 54m，内环桅杆高 13.5m。采用全封闭钢绞线，模量 160GPa；桅杆采用圆钢管，模量 210GPa，构件截面见表 8-5-1。

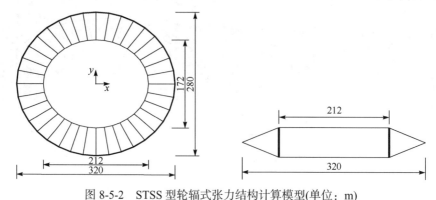

图 8-5-2　STSS 型轮辐式张力结构计算模型(单位：m)

表 8-5-1　结构构件截面选取

索类型	上、下内环索	上、下径向索	连系索	桅杆
截面规格	8 根 ϕ105mm	ϕ105mm	ϕ24mm	12ϕ325mm×12

为研究预张力变化对结构体系的影响，以径向索强度的 10%(约 1200kN)为基准预张力，成倍增大预张力到 80%(约 9600kN)，预张力施加于径向索。荷载分析时考虑 0.55kN/m² 的屋面均布荷载，暂不考虑风振作用的影响。由于结构具有轴对称性，在结果分析时仅取 1/4 模型，且除特别说明外索张力、节点位移数据均来自 6000kN 径向索预张力的计算结果。

图 8-5-3 表示不同预张力下结构荷载态索张力的变化。从图中可以得出，随着预张力的变化，荷载态内环索张力呈近似线性变化的趋势。同预应力态相比，上内环索、上径向索张力减小；下内环索、下径向索张力增大。

荷载态时，上径向索在荷载作用下产生抛物线形变形，最大变形出现在索段中间节点处(图 8-5-4 节点 3、节点 4)，达 3.06m，远大于内环索节点(图 8-5-4 节点 6)位移，径向索其他节点变形随预张力的变化如图 8-5-4 所示。随着预张力的增大，节点位移呈非线性减小趋势，位移曲线逐渐趋于平缓，说明结构变形对预张力大小变化的敏感度不断下降，某一预张力值后，预张力的增大对控制结构变形的作用可以忽略。

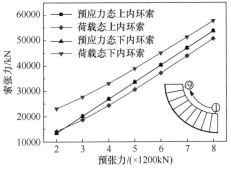

图 8-5-3　不同预张力下内环索①张力变化

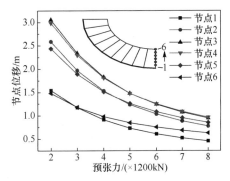

图 8-5-4　不同预张力下上径向索节点位移变化

2. 体型参数对结构静力学特性的影响

轮辐式张力结构的体型参数主要包括内环桅杆高度、径向索与水平面的夹角、内外环投影形状与尺寸、悬挑跨度等，其中桅杆高度、径向索与水平面的夹角相互关联，内外环尺寸与悬挑跨度相互关联。郭彦林等[199]对轮辐式张力结构的研究表明，内外环平面投影相似可显著减小外环梁弯矩，因此构形参数分析时取内外环平面投影相似，且假设外环固定约束。

下面以图 8-5-2 模型为基本参考模型，编号为 OI1。其余模型分别更改几何构形参数，各模型参数见表 8-5-2，材料性质参数不变。模型 O2～模型 O5 保持内环尺寸不变，外环尺寸依次增大；模型 I2～模型 I5 保持外环尺寸不变，内环尺寸依次减小；模型 OI2～模型 OI6 保持内环、外环尺寸都不变，桅杆高度依次增大。由于本节只探讨体型参数的变化对结构体系的影响，仅考虑均布荷载 0.55kN/m^2。除特别说明外，索张力、节点位移均为 6000kN 径向索预张力的计算值。

表 8-5-2　轮辐式张力结构计算模型参数

模型编号	外环尺寸/(m×m)	内环尺寸/(m×m)	径向索与水平面的夹角/(°)	悬挑跨度/m	桅杆高度/m
OI1	320 × 280	212 × 172	$a=\beta=7.1$	54	13.5
I2	320 × 280	232 × 192	$a=\beta=8.7$	44	13.5
I3	320 × 280	192 × 152	$a=\beta=6.0$	64	13.5
I4	320 × 280	172 × 132	$a=\beta=5.2$	74	13.5
I5	320 × 280	160 × 120	$a=\beta=4.8$	80	13.5
OI2	320 × 280	212 × 172	$\alpha=7.1, \beta=0$	54	6.75
OI3	320 × 280	212 × 172	$\alpha=7.1, \beta=3.4$	54	10.0
OI4	320 × 280	212 × 172	$\alpha=7.1, \beta=10.7$	54	17.0
OI5	320 × 280	212 × 172	$\alpha=7.1, \beta=14.3$	54	20.5
OI6	320 × 280	212 × 172	$\alpha=7.1, \beta=17.7$	54	24.0

模型编号	外环尺寸/(m×m)	内环尺寸/(m×m)	径向索与水平面的夹角/(°)	悬挑跨度/m	桅杆高度/m
O2	300 × 260	212 × 172	$\alpha=\beta=8.7$	44	13.5
O3	340 × 300	212 × 172	$\alpha=\beta=6.0$	64	13.5
O4	360 × 320	212 × 172	$\alpha=\beta=5.2$	74	13.5
O5	372 × 332	212 × 172	$\alpha=\beta=4.8$	80	13.5

1) 桅杆高度

桅杆设置于上内环索、下内环索之间，属于承压构件。STSS 型结构中，桅杆不仅能实现不同的屋面坡度、结构层高、照明设备安装等建筑要求，还是重要的结构构件。分析发现，当桅杆高度 $h=6.75$m，$\alpha=7.1°$，$\beta=0°$时(模型 OI2)，结构在预应力态整体下沉，且施加的预张力越大，结构下沉幅度越大，表明下径向索与水平面夹角为 0 的初始几何形态不合理。$h=10$m，$a=7.1°$，$\beta=3.4°$时(模型 OI3)，预张力 2400~3600kN 下，荷载态最大节点位移高达 3.42m；预张力大于 4800kN时，节点位移减小，但下径向索、下内环索张力超过索承载力。事实上，当 $a>\beta$时，预应力态下径向索张力即大于上径向索张力，故在荷载作用下，下径向索、下内环索张力进一步增大。为了使上索、下索张力水平相近，充分利用上索、下索的强度，避免下索提前达到破断荷载，应使初始态下径向索与水平面的夹角 β大于上径向索与水平面的夹角 α，且 β 取值应大于 0。

讨论 $\beta > \alpha$的情况。保持 $\alpha=7.1°$不变，增大 β(桅杆高度随之增大)，从图 8-5-5看出，随着 β的增大，下内环索张力显著减小，上内环索张力略增大，整体变化趋势不变。模型 OI4($\beta=10.7°$)上内环索、下内环索张力差最小，模型 OI5($\beta=14.3°$)次之，由于索张力水平相近更有利于结构的稳定以及索截面的选取，故 β 宜略大于 α，但不宜过大。图 8-5-6 呈现了不同 β取值时荷载态上径向索节点位移，从图中可以看出，β越大，节点位移越小。

分析还发现，若保持 $\beta=\alpha$，则索张力并不随桅杆高度的变化而显著变化。桅杆高度每增大 3.5m，索张力仅变化约 1%，但桅杆压力增幅较大，约 15%。上径向索节点位移仍随桅杆高度的增大而减小，变化规律与图 8-5-6 所示规律相似。

2) 内外环投影与尺寸

轮辐式张力结构内外环投影形式多样，根据建筑需要可分为椭圆形、圆形、月牙形等。观众视野决定体育场多为椭圆形，内环投影也为椭圆形。外环形状可与内环形状相似，也可不同。研究发现[51]，内外环相似可有效减小外环弯矩，故在工程设计中，宜使内外环平面投影相似。

体育场罩棚内外环投影为圆形时，内环索张力分布较均匀；内外环投影为椭圆时，内环索张力分布不均匀，一般规律是内环索张力从长轴端点向短轴端点环

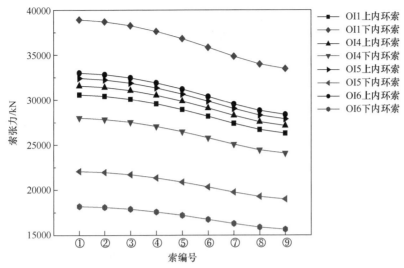

图 8-5-5　不同 β 角荷载态内环索张力变化曲线

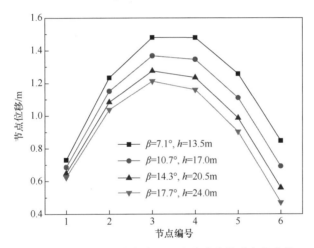

图 8-5-6　不同 β 角荷载态上径向索节点位移变化曲线

向递增，增幅随长半轴和短半轴的长度比不同而变化。从图 8-5-7 和图 8-5-8 可以看出，相同内环或外环尺寸时，悬挑跨度越大，内环索张力越大，上径向索节点位移越大；相同悬挑跨度时，内环、外环都小的结构比内环、外环都大的结构索张力和节点位移更小。

3. 轮辐式张力结构形态特征

1) 单层外环双层内环结构(STSS 型)

STSS 型结构通常由双层封闭的内环索和单层外环梁组成，双层内环通过桅

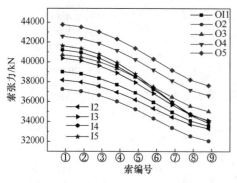

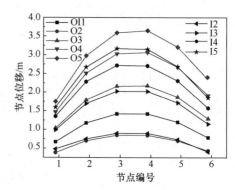

图 8-5-7　不同内外环大小上内环索张力　　图 8-5-8　不同内外环大小上径向索节点位移

杆相连,内环索、外环梁通过径向索桁架相连。内环索受拉,外环梁同时受压力、弯矩、剪力、扭矩作用。结构平面投影可为圆形、椭圆形,立面可为等高、马鞍形。根据前面的分析结果可以看出,STSS 型结构成形所需的预张力较小,体系成形并获得承载能力的预张力只需要 2400kN,随着预张力的增大,索张力不断增大,同时几何刚度增大,在外荷载作用下的变形减小。

2) 双层外环单层内环结构(TSSS 型)

TSSS 型结构由双层封闭的外环梁和单层内环索组成,上径向索、下径向索、连系索等构造同 STSS 型类似,在预应力态、荷载态内环索受拉、外环梁受压。从图 8-5-9 可以看出,相同尺寸的屋盖体系,TSSS 型节点位移远小于 STSS 型,甚至小于 STTS 型。TSSS 型荷载态内环索张力与预应力态内环索张力几乎相同,且都非常大,约为同等工况下 STSS 型上内环索、下内环索张力的总和。

TSSS 型结构外环梁为双层或桁架,通常上下外环梁之间通过 V 形腹杆相连。随着腹杆高度的增大,荷载作用下径向索、内环索张力并没有显著变化,但内环索节点位移明显减小。其在荷载作用下索张力、节点位移的变化规律同 STSS 型一致。

3) 混合型结构(STTS 型)

STTS 型结构由 STSS 型结构与 TSSS 型结构组合而成,其径向索桁架为纺锤形,索桁架中间设有桅杆,桅杆上、下两端分别连接上中环索和下中环索,内环索为单层。相同屋面坡度要求下,STTS 型可在形成大跨度挑棚的同时保持较小的结构层厚(以桅杆高度衡量),使看台观众视野更开阔。当悬挑跨度为 74m 时,在荷载作用下 STTS 型结构最大索拉力出现在下中环索,约为上中环索张力的 1.8 倍,略小于同尺寸 STSS 型(模型 I4)的最大内环索张力(约 95%)。图 8-5-9 反映 STSS 型 I4、STTS 型以及 80m 跨度 TSSS 型结构荷载态上径向索节点位移随悬挑跨度的变化趋势,从图中可以看出,STTS 型结构最大节点位移远小于 STSS 型,仅

为其 58%，略大于 TSSS 型(中环索节点位移小于 TSSS 型)。虽然 TSSS 型结构
节点位移最小，但其内环索张力在三种结构中最大。比较之下，STTS 型结构在
保持低水平索张力的同时，能有效控制节点位移，这也是 STTS 型结构的最大
优势。

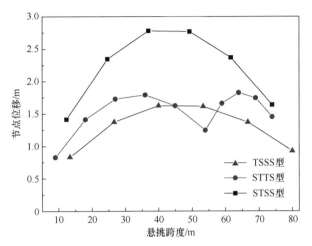

图 8-5-9　STTS 型、STSS 型与 TSSS 型结构荷载态上径向索节点位移随悬挑跨度的变化曲线

4) 单层索网结构(SSCS 型)

SSCS 型是马鞍形单层索网结构，其受力特点是由合理马鞍形负高斯曲面和
预应力水平决定的，结构轻盈简洁。除了受压外环梁，整个结构单元均受拉，施
加预张力后，结构整体刚度显著提升。图 8-5-1 所示的 SSCS 型结构内环尺寸
120m×112m，外环尺寸 282m×256m，内环矢高 3.66m，外环矢高 25.6m，最大悬
挑跨度约为 80m，采用表 8-5-3 的索截面。

表 8-5-3　SSCS 型结构构件选取

索编号	内环索	环索②	环索③	环索④	环索⑤~环索⑩	径向索
索规格	8 股 5ϕ187mm	5ϕ223mm	5ϕ211mm	5ϕ199mm	5ϕ187mm	5ϕ199mm

研究表明，荷载作用下 SSCS 型结构最大节点位移出现在内环索节点，
图 8-5-10 给出了 X 轴正方向径向索不同悬挑跨度处节点的位移曲线(悬挑跨度在
外环梁节点处为 0，至内环索节点达到最大)。可以看出，与双层结构不同，单层
索网结构径向索变形并不呈抛物线形，而是从外环梁到内环索随着悬挑跨度的增
大而逐渐增大，越靠近内环索变化趋势越趋于平缓，增幅逐渐减小，到 80m 跨度
处(内环索节点)位移达到最大。

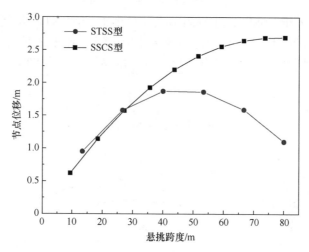

图 8-5-10　SSCS 型、STSS 型模型上径向索节点位移随悬挑跨度的变化曲线

为对比相同跨度的 STSS 型结构与 SSCS 型结构的承载能力，建立 80m 跨度 STSS 型结构模型(基于模型 I5，将 I5 的桅杆高度增大至 20m，此时其桅杆高度与跨度比为 1/4，基本符合实际工程)。图 8-5-10 表示了位移对比结果，可以看出，悬挑跨度小于 27m 时，STSS 型结构的节点位移较大；悬挑跨度大于 27m 以后，STSS 型节点位移小于 SSCS 型，且随着悬挑跨度的增大，两者的节点位移差不断增大。其中，STSS 型最大节点位移为 1.87m，远小于 SSCS 型最大位移 2.69m，STSS 型内环索节点位移仅为 SSCS 型的 40.9%。

STSS 型结构(图 8-5-1(a))由单层外环梁和双层内环索组成，双层内环索之间由桅杆连接，内环、外环之间连接径向索桁架，径向索可呈内凹型或外凸型，上径向索、下径向索之间为连系索或杆，如图 8-5-11 所示。立面可为马鞍形、平面投影可为圆形、椭圆形或不规则形状。

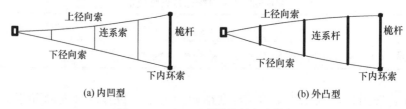

(a) 内凹型　　　　　　　　　　　　　　　(b) 外凸型

图 8-5-11　STSS 型结构径向索桁架

在实际工程中，径向索节点位移可通过给连系索施加预张力或将连系索更换为受压桅杆(图 8-5-11(b))等措施控制。内环索节点位移不易控制，只能通过改变结构几何形状、增大预张力等措施控制。改变结构几何形状往往与建筑要求冲突；增大预张力则受到索强度的限制。若要减小 SSCS 型结构内环索最大节点位移到

1.57m，所需施加的径向索预张力约 11000kN，到 0.8m 甚至需施加 22000kN 预张力，因此 SSCS 体系整体竖向刚度显著小于 STSS 体系，且提高预张力并不能有效提高竖向刚度，只有采用合理的外环梁矢高能较有效地提高竖向刚度。

5) 特殊形态结构(CCTS 型)

CCTS 型结构是一种特殊的非封闭结构体系，形状不规则，外形酷似弯月。图 8-5-1(e)所示 CCTS 型结构内环圆弧直径为 178m，外环圆弧直径为 226m，结构矢高约为 1.2m，最大挑棚跨度为 57m。该结构有 8 榀径向索桁架交叉，与之相连的内环索为双环，其他位置内环索为单环。上径向索、下径向索交叉处索张力突变，交叉节点两侧索张力差较大，交叉节点构造难度大。单层内环索张力特征与 TSSS 型类似，荷载态内环索张力大，最大达 86000kN，逼近内环索破断荷载 96144kN，此值也大于 TSSS 型荷载态内环索最大张力(约 68000kN)。为方便对比分析，该结构所施加的预张力与其他四种结构相同，但对该结构来说比较大，故其荷载态最大节点位移非常小，仅 0.13m，远小于 STSS 型、TSSS 型、SSCS 型以及 STTS 型。

8.6　本 章 小 结

利用最小势能原理，建立索杆张力结构体系总势能、最小化下降量、迭代方法、迭代步长、位移、收敛性原则，形成索杆张力结构非线性分析方法。从最基本的结构概念出发，以最直观的形式表示结构静力分析过程，对研究结构静力分析具有重要的指导意义，该方法既可找形又可进行结构静力分析，能有效用于复杂索杆张力结构分析。

索杆张力结构的静力非线性分析通常采用基于非线性有限元的数值方法，在预应力平衡形态分析的基础上，考虑荷载组合进行结构非线性分析。本章对典型的索杆张力结构体系进行了基本的静力特性分析，总结了基本的静力特性，对认识索杆张力结构特性及其工程设计应用选型具有重要参考意义，主要包括索穹顶结构、轮辐式张力结构体系。

第9章 动荷载响应分析方法与结构动力特性分析

9.1 引　言

索杆结构自重轻，刚度小，对风振敏感，鉴于上述结构特点，研究其自振特性以及风振作用下的振动特性尤为重要。国内在大跨空间结构动力特性分析方面做了大量工作。例如，杨庆山等[200-202]把随机振动离散分析方法应用于悬索结构体系的风振响应分析，并在大量数据的基础上统计风振响应与荷载之间的关系，从而拟合了悬索结构体系响应的风振系数。马星[203]采用类似的方法，进行了桅杆结构的风效应系数研究。胡继军等[204-206]推导了网壳风振随机干扰有限元法，对网壳结构的风振响应特性进行了研究，但仅限于分析风振特性的规律，而没有像悬索结构一样系统地提出实用的抗风设计方法。何艳丽等[207-209]提出了计算网壳结构风振响应分析方法——补偿模态法，即根据不同模态对整个结构在脉动风作用下应变能的贡献来定义模态对结构风振响应的贡献，并对截断模态补偿后再进行风振响应分析；同时进一步根据模态能量补偿的频域法理论，提出空间网壳结构按频域法计算的实用简便且具有较高精度的风振系数计算分析方法。

本章首先根据哈密顿变分原理得到结构广义特征方程，然后求出特征值作为索杆结构基本的动力特性。在这一基础上采用基于模态补偿的风振频域分析方法分析单层索网罩棚的风振特性；采用自回归脉动风振时域分析方法分析索穹顶结构的风振特性。

9.2 索杆结构动力特性分析方法

9.2.1 模态分析方法

根据哈密顿变分原理，结构离散化的无阻尼自由振动方程可以表示为

$$M\ddot{U} + KU = 0 \tag{9-2-1}$$

式中，M、K 分别为质量矩阵和刚度矩阵，K 包括弹性刚度和几何刚度，$K=K_e + K_\sigma$，几何刚度由初始预应力或变形产生。假设结构振动的圆频率为 ω，

将其方程代入式(9-2-1)，可得到结构的广义特征方程为

$$(\boldsymbol{K} - \omega^2 \boldsymbol{M})\boldsymbol{\varphi} = 0 \qquad (9\text{-}2\text{-}2)$$

式中，ω 为结构振动的圆频率；$\boldsymbol{\varphi}$ 为特征向量。这样只要求解出广义特征方程就可以获得结构的频率和振型。

常用的广义特征值解法主要[210-212]有子空间迭代法、分块兰乔斯法(block Lanczos)、凝聚法、非对称法、阻尼法等。求解结构模态时会形成大型的稀疏平衡矩阵，分块兰乔斯法可有效求解这种大型稀疏矩阵特征值。

9.2.2　基于模态补偿的风振频域分析方法

1. 风振有限元动力方程

脉动风作用下的荷载是个随机过程，需根据频域随机理论来求解结构的动力响应，索杆脉动风振有限元动力方程可写成如下形式：

$$\boldsymbol{M}\ddot{\boldsymbol{u}} + \boldsymbol{C}\dot{\boldsymbol{u}} + \boldsymbol{K}\boldsymbol{u} = \boldsymbol{P}(t) \qquad (9\text{-}2\text{-}3)$$

式中，$\boldsymbol{M}$、$\boldsymbol{C}$、$\boldsymbol{K}$ 分别为索杆的总体质量矩阵、阻尼矩阵和刚度矩阵，均为 $n \times n$ 的正定矩阵；$\ddot{\boldsymbol{u}}$、$\dot{\boldsymbol{u}}$、$\boldsymbol{u}$ 分别为结构的加速度矢量、速度矢量、位移矢量；$\boldsymbol{P}(t)$ 为时变的荷载矢量。

2. 结构风荷载

水平风作用于结构上任一节点 (x, y, z) 的风速 $V_i(z, t)$ 为平均风速 $\overline{v}_i(z)$ 和脉动风速 $v_i(z, t)$ 之和：

$$V_i(z, t) = \overline{v}_i(z) + v_i(z, t) \qquad (9\text{-}2\text{-}4)$$

工程应用中通常将水平风力与竖向风力分别进行计算，然后在总响应中进行叠加[213]。《建筑结构荷载规范》(GB 50009—2012)中仅给出了水平荷载的风振系数，而且索杆结构受水平风影响大，因此本节仅限于水平风荷载的研究[214]。

根据空气动力学理论，在风荷载作用下结构任意节点 i 的风压 W_i 与风速关系式为

$$
\begin{aligned}
W_i(z, t) &= \frac{1}{2}\frac{r}{g}V_i(z, t)^2 = \frac{1}{2}\frac{r}{g}\left[\overline{v}_i(z) + v_i(z, t)\right]^2 \\
&= \frac{1}{2}\frac{r}{g}\overline{v}_i^2(z) + \frac{1}{2}\frac{r}{g}[2\overline{v}_i(z) + v_i(z, t)]v_i(z, t) \qquad (9\text{-}2\text{-}5) \\
&= \overline{w}_i(z) + w_i(z, t)
\end{aligned}
$$

式中，r 为空气容重；g 为重力加速度；$\overline{w}_i(z)$ 为任意节点 i 处的平均风压；$w_i(z, t)$ 为任意节点 i 处的脉动风压。

作用于结构上由平均风引起的风荷载，称为平均风荷载，也是静力风荷载。

为了反映结构上静力风荷载受各种因素的影响情况，以便工程结构抗风设计应用，《建筑结构荷载规范》(GB 50009—2012)中计算平均风压公式为

$$\overline{w}_i(z) = \mu_{zi}\mu_{si}w_0 \qquad (9\text{-}2\text{-}6)$$

式中，w_0 为建筑物所在地区的基本风压；μ_{si} 为任意节点 i 的体型系数；μ_{zi} 为节点 i 风压高度变化系数，它考虑了地面粗糙度及风速随高度变化的影响，其值为

$$\mu_z(z) = \left(\frac{z}{H^{\mathrm{T}}}\right)^{2\alpha} \times 35^{0.32} \qquad (9\text{-}2\text{-}7)$$

式中，α、H_{T} 分别为任意地貌的粗糙度系数和梯度风高度。

索杆结构任意节点 i 承受的风荷载可以表示为

$$P_i(z,t) = \overline{p}_i(z) + p_i(z,t) = \mu_{zi}\mu_{si}w_0 A_i + w_i(z,t)A_i \qquad (9\text{-}2\text{-}8)$$

式中，$\overline{p}_i(z)$ 为节点 i 的平均风荷载；$p_i(z,t)$ 为节点 i 的脉动风荷载；A_i 为垂直于建筑物表面上任意节点 i 的受荷面积。

平均风荷载作用下，索杆结构的静力方程为

$$\boldsymbol{K}\,\overline{\boldsymbol{u}} = \overline{\boldsymbol{p}} \qquad (9\text{-}2\text{-}9)$$

式中，$\boldsymbol{K}$ 为结构的整体刚度矩阵；$\overline{\boldsymbol{u}}$ 为平均风位移；$\overline{\boldsymbol{p}}$ 为作用于结构的平均风荷载。脉动风荷载是个随机过程，需根据频域随机理论来求解结构的动力响应。

3. 脉动风速功率谱及脉动风荷载功率谱密度函数

一般风荷载呈高斯分布，其统计特性由平均函数和协方差函数确定。由于脉动风速的均值为 0，协方差函数即为相关函数；而相关函数与谱密度函数互为傅里叶变换对，只要知道脉动风荷载的功率谱密度函数，便可求解索杆结构动力特性。

1) 脉动风速功率谱

脉动风速功率谱是应用随机振动理论进行结构风振分析的基础，它是由强风观测风速得出的，一般有两种方法：一种是强风记录通过超低频过滤器，直接测出风速的功率谱曲线；另一种是通过分析强风观测记录，获得风速的相关曲线，建立数学公式，然后通过傅里叶变换求得功率谱的表达式。对风速功率谱的研究较为广泛，其中应用较多的是 Davenport 谱[215]。它是 Davenport 根据世界上不同地点、不同高度测得的 90 多次强风记录建立的脉动风速功率谱。

$$S_v(f) = 4K\overline{V}_{10}^2 \frac{x^2}{f(1+x^2)^{\frac{4}{3}}}, \quad x = \frac{1200f}{\overline{V}_{10}} \qquad (9\text{-}2\text{-}10)$$

式中，f 为频率(Hz)；$\overline{V}_{10}$ 为高度 10m 处的平均风速(m/s)；K 为表面阻尼系数。

2) 脉动风荷载功率谱密度函数

根据风压与风速的关系及脉动风速功率谱 $S_v(f)$ 可以求出对应的脉动风压功

率谱 $S_{w_f}(f)$。索杆结构上任一节点的瞬时总风压为 W，可表示为平均风压 $\overline{w}$ 与脉动风压 w_f 之和，则脉动风压的方差为

$$\sigma_{w_f}^2 = Ew_f^2 = E(W - \overline{w})^2 = 4\frac{\overline{w}^2}{\overline{v}^2}\sigma_{v_f}^2 \tag{9-2-11}$$

$$\sigma_{v_f}^2 = \int_0^\infty S_v(f)\mathrm{d}f, \quad \sigma_{w_f}^2 = \int_0^\infty S_{w_f}(x,z,f)\mathrm{d}f \tag{9-2-12}$$

因此，脉动风压功率谱密度函数为

$$S_{w_f}(x,z,f) = 16K\overline{w}\frac{\overline{V}_{10}^2}{\overline{v}^2}\frac{x^2}{f(1+x^2)^{3/4}} \tag{9-2-13}$$

脉动风压是随机荷载，因此 $w_f(x,z)$ 用统计值代入，某一节点的自功率谱密度函数为

$$S_{w_f}(x,z,f) = \sigma_{w_f}^2(x,z)S_\zeta(f) \tag{9-2-14}$$

$$S_\zeta(f) = \frac{S_{w_f}(x,z,f)}{\sigma_{w_f}^2(x,z)} = \frac{2x^2}{3f(1+x^2)^{3/4}} \tag{9-2-15}$$

式中，$S_\zeta(f)$ 采用规格化的功率。

在实际应用中，设计脉动风压取为脉动风压均方差 σ_{w_f} 与保证系数(又称为峰值因子) μ 的乘积，脉动风压与平均风压之比为脉动系数 μ_f，按照我国《建筑结构荷载规范》(GB 50009—2012)取值，因此结构高度 z 处脉动风压的均方差为

$$\sigma_{w_f}(z) = \frac{\mu_f(z)\mu_z(z)\mu_s(z)}{\mu}w_0 \tag{9-2-16}$$

对于索杆结构，必须考虑脉动风荷载的相关性，由此得到结构上脉动风荷载的互功率谱密度函数为

$$S_{P_iP_j}(f) = \gamma_{ij}\sigma_{w_f}(z_i)\sigma_{w_f}(z_j)A_iA_jS_f(f) \tag{9-2-17}$$

式中，$\sigma_{w_f}(z_i)$、$\sigma_{w_f}(z_j)$ 分别为结构第 i 个和第 j 个节点处脉动风压的标准差；A_i、A_j 分别为结构第 i 个和第 j 个节点的迎风面积；z_i、z_j 分别为结构第 i 个和第 j 个节点的高度；γ_{ij} 为脉动风荷载的相干系数：

$$\gamma_{ij} = \exp\left\{\frac{-2f\left[C_x^2(x_i-x_j)^2 + C_y^2(y_i-y_j)^2 + C_z^2(z_i-z_j)^2\right]^{1/2}}{\overline{v}(z_i)+\overline{v}(z_j)}\right\} \tag{9-2-18}$$

式中，C_x、C_y、C_z 为常数，建议 $C_x=16$，$C_y=8$，$C_z=10$ [216]。

3) 模态补偿

由于索杆结构节点数目庞大，结构振型复杂，且具有密频和耦合特性，通过频域方法直接考虑全部模态不现实，而采用常规的频域分析方法需要考虑前 10～20 阶振型的影响[217]。通过大量数值分析发现，结构风振分析中常存在一些高阶振型，它对风振响应的贡献比较大，其频率比较高。因此，为了得到较精确的结果，采用文献[218]提出的频域模态补偿法对 N 阶模态进行补偿后再在频域内进行风振分析，除考虑前 N 阶截断模态以外，还需要考虑补偿的模态。

脉动风是零均值的高斯过程，结构的风振响应也服从高斯分布，该风振响应包括三部分：平均风作用下的静力响应、拟静力响应(也称为背景响应)、共振响应。其中拟静力响应和共振响应成正比。

工程中通常将一定保证率的设计脉动风速下的系统均方响应作为系统脉动响应设计值，结构的风振响应可表示为

$$x = \overline{x} + \mu\sigma_x \mathrm{sign}(\overline{x}) = \overline{x} + x_\sigma \tag{9-2-19}$$

式中，x 为风荷载作用下结构总的位移响应向量；$\overline{x}$ 为平均风荷载作用下结构的位移响应向量；x_σ 为脉动风作用下的位移响应向量，由均方响应乘一定的保证率得到，其应变能为

$$E_0 = \frac{1}{2} x_\sigma^{\mathrm{T}} K x_\sigma \tag{9-2-20}$$

在实际工程中将计算出的结构的全部振型进行耦合叠加比较困难，一般选取结构的截断模态数 m 远小于结构的模态总数 n。如果结构风振分析所选用的截断模态数为 m，$\boldsymbol{\Phi}$ 为模态矩阵，q 为广义位移的均方值向量，则振型分解后脉动风作用下结构的均方响应 x_σ^* 可表示为

$$x_\sigma^* = \boldsymbol{\Phi} q \tag{9-2-21}$$

$$q = \frac{\boldsymbol{\Phi}^{\mathrm{T}} M x_\sigma}{\boldsymbol{\Phi}^{\mathrm{T}} M \boldsymbol{\Phi}} \tag{9-2-22}$$

如果结构风振分析所选用的截断模态数 m 包含结构的主要模态，则 E_0 与 E_0^*（x_σ^* 对应的应变能）的值很接近，即结构分析所选的模态是合适的；如果 E_0^* 比 E_0 小很多，那么说明有些贡献大的模态可能就被遗漏了。

根据基本假定，脉动风作用下结构的响应可以分为背景响应 $\sigma_{x\mathrm{back}}$ 和共振响应 $\sigma_{x\mathrm{reso}}$，同时背景响应当作拟静力响应。此处结构的总响应等于背景响应乘以系数项 ξ，因此只在背景响应下的应变能 $\overline{E}_{\mathrm{back}}$ 和截断模态下背景响应的应变能 $\overline{E}_{\mathrm{back}}^*$ 分别为

$$\overline{E}_{\mathrm{back}} = \frac{1}{2} x_{\sigma\mathrm{back}}^{*\mathrm{T}} K x_{\sigma\mathrm{back}}^*, \qquad \overline{E}_{\mathrm{back}}^* = \frac{1}{2} x_{\sigma\mathrm{back}}^{\mathrm{T}} K x_{\sigma\mathrm{back}} \tag{9-2-23}$$

式中，$x_{\sigma\text{back}}^* = \boldsymbol{\Phi} q_{\text{back}}$；$q = \dfrac{\boldsymbol{\Phi}^{\mathrm{T}} \boldsymbol{M} x_{\sigma\text{back}}}{\boldsymbol{\Phi}^{\mathrm{T}} \boldsymbol{M} \boldsymbol{\Phi}}$。

若求出的 $\overline{E}_{\text{back}}^*$ 与 $\overline{E}_{\text{back}}$ 相差很大，则所选的模态没有包含所有主要贡献模态，有些贡献大的高阶模态可能被漏掉了。为避免出现这种情况，需要进行模态能量补偿。补偿能量 $\overline{E}_{\text{bc}}$ 为

$$\overline{E}_{\text{bc}} = \overline{E}_{\text{back}} - E_{\text{back}}^* = \frac{1}{2} \boldsymbol{x}'^{\mathrm{T}} \boldsymbol{K} \boldsymbol{x}' \tag{9-2-24}$$

$$\boldsymbol{x}' = \boldsymbol{x}_{\sigma\text{back}} - \boldsymbol{x}_{\sigma\text{back}}^* = \boldsymbol{x}_{\sigma\text{back}} - \boldsymbol{\Phi} q_{\text{back}} \tag{9-2-25}$$

式中，$\boldsymbol{x}'$ 为补偿模态，对 $\boldsymbol{x}'$ 进行质量归一化，从而获得归一化后的补偿模态 $\boldsymbol{u}_x'$ 为

$$\boldsymbol{u}_x' = \frac{\boldsymbol{x}'}{\sqrt{\boldsymbol{x}'^{\mathrm{T}} \boldsymbol{M} \boldsymbol{x}'}} \tag{9-2-26}$$

与模态 $\boldsymbol{u}_x'$ 对应的频率为

$$\boldsymbol{\omega}_x = \sqrt{\frac{\boldsymbol{u}_x'^{\mathrm{T}} \boldsymbol{K} \boldsymbol{u}_x}{\boldsymbol{u}_x'^{\mathrm{T}} \boldsymbol{M} \boldsymbol{u}_x}} \tag{9-2-27}$$

4) 风振分析

求得脉动风速功率谱并对结构进行模态能量补偿之后，在频域内对大跨空间索杆结构进行风振响应分析，并考虑各模态的耦合作用。式(9-2-1)中动位移振型分解可以得到

$$\boldsymbol{u}(z,t) = \sum_{j=1}^{n} u_j(z,t) = \sum_{j=1}^{n} \Phi_j(z) q_j(t) = \boldsymbol{\Phi} q \tag{9-2-28}$$

式中，$\boldsymbol{\Phi}$ 为 $n \times m$ 的归一化模态矩阵，m 为截断模态的总数；q 为广义坐标向量，有 m 个元素。结构归一化模态矩阵 $\boldsymbol{\Phi}$ 具有以下性质：

$$\boldsymbol{\Phi}^{\mathrm{T}} \boldsymbol{M} \boldsymbol{\Phi} = \boldsymbol{I}, \quad \boldsymbol{\Phi}^{\mathrm{T}} \boldsymbol{K} \boldsymbol{\Phi} = \boldsymbol{\Omega}^2, \quad \boldsymbol{\Phi}^{\mathrm{T}} \boldsymbol{C} \boldsymbol{\Phi} = 2\zeta \boldsymbol{\Omega} \tag{9-2-29}$$

式中，ζ 为结构阻尼比，索杆结构频率分布密集，通常将各阶模态的阻尼比近似取相同值；$\boldsymbol{\Omega}$ 为结构前 m 阶模态的自振频率组成的对角矩阵。

结构在脉动风作用下的运动方程可以转化为关于广义坐标的独立振动方程的组合：

$$q + 2\zeta \boldsymbol{\Omega} q + \boldsymbol{\Omega}^2 q = \boldsymbol{F} = \boldsymbol{\Phi}^{\mathrm{T}} \boldsymbol{P} \tag{9-2-30}$$

式中，$\boldsymbol{F}$ 为相应的广义动力荷载向量，$\boldsymbol{F}$ 的空间-频率谱密度矩阵表示为

$$\boldsymbol{S}_p = \boldsymbol{S}(\boldsymbol{P} \cdot \boldsymbol{P}^{*\mathrm{T}}) = \boldsymbol{\Phi}^{\mathrm{T}} \boldsymbol{D} \boldsymbol{R}_C \boldsymbol{D} \boldsymbol{\Phi} \cdot \boldsymbol{S}_f(f) = \boldsymbol{Q} \cdot \boldsymbol{S}_f(f) \tag{9-2-31}$$

式中，$Q = \boldsymbol{\Phi}^{\mathrm{T}} \boldsymbol{DR}_C \boldsymbol{D\Phi}$ 称为结构影响矩阵，它与 ω 无关，其性质取决于结构本身。

索杆张力结构的位移响应谱密度矩阵为

$$S_u = S(u \cdot u^{\mathrm{T}}) = S(\boldsymbol{\Phi}_q \cdot q^{\mathrm{T}} \boldsymbol{\Phi}^{\mathrm{T}}) = \boldsymbol{\Phi} S_q \boldsymbol{\Phi}^{\mathrm{T}} \tag{9-2-32}$$

三维坐标下结构位移协方差矩阵 $\boldsymbol{\sigma}_u^2$ 为

$$\boldsymbol{\sigma}_u^2 = \int_0^{+\infty} S_u \mathrm{d}w = \boldsymbol{\Phi} \int_0^{+\infty} S_q \mathrm{d}w \boldsymbol{\Phi}^{\mathrm{T}} = \boldsymbol{\Phi} \boldsymbol{\sigma}_q^2 \boldsymbol{\Phi}^{\mathrm{T}} \tag{9-2-33}$$

结构在总风力作用下的节点位移总响应向量可表示为

$$U = \bar{u} + \mu \cdot \boldsymbol{\sigma}_u \cdot *\mathrm{sign}(\bar{u}) \tag{9-2-34}$$

式中，$\boldsymbol{\sigma}_u = \sqrt{\mathrm{diag}(\boldsymbol{\sigma}_u^2)}$；符号 $\cdot *$ 表示矩阵的相应元素相乘而不是矩阵相乘(MATLAB 的一种语言符号)。

5) 位移风振系数

脉动风引起的结构响应属于动力分析，为了简化计算，一般将结构的动力响应用静力响应来表示，这一思想通过风振系数来实现。现行规范中，结构的风振系数是总风荷载的概率统计值与静风荷载的概率统计值的比值，此处的总风荷载包括平均风荷载和脉动风荷载两部分。根据索杆结构的受力特点，从风致振动的节点位移出发，引入节点位移风振系数[218]。

节点位移风振系数可定义为

$$\beta_{U_i} = \frac{\bar{u}_i + \mu \cdot \boldsymbol{\sigma}_{u_i} \cdot \mathrm{sign}(\bar{u}_i)}{\bar{u}_i} = \frac{U_i}{\bar{u}_i} \tag{9-2-35}$$

式中，$\bar{u}_i$ 为平均风作用下节点 i 的位移响应；$\boldsymbol{\sigma}_{u_i}$ 为脉动风作用下节点 i 的位移均方响应；U_i 为总风荷载作用下节点 i 的位移响应；μ 为峰值因子，可取为 2.5[219]。

6) 流程图

根据上述思路，编制相应计算程序，流程如图 9-2-1 所示。

9.2.3　自回归脉动风振时域分析方法

结构风振分析首先需要得到脉动风速时程曲线，本节采用增强现实 (augmented reality，AR)法[220-223]模拟索杆结构的脉动风速时程曲线，然后将脉动风速时程曲线转化为风荷载时程曲线，之后对索杆结构进行风振时域分析。

1. 风速时程模拟

1) 脉动风速时程 AR 模型

参照式(9-2-4)结构任意一点的风速时程表达式，M 个点空间相关脉动风速方程 $v(X,Y,Z,t)$ 列向量的 AR 模型可以表示为

$$v(X,Y,Z,t) = \sum_{k=1}^{p} \boldsymbol{\psi}_k v(X,Y,Z,t-k\Delta t) + N(t) \tag{9-2-36}$$

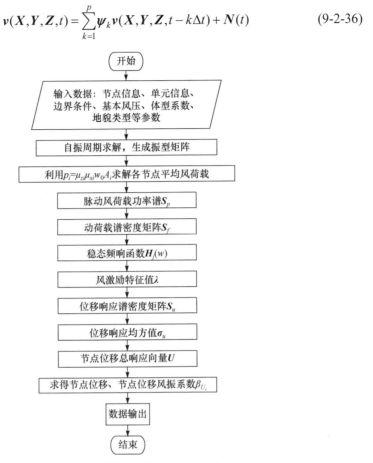

图 9-2-1　风振响应分析程序流程图

式中，X、Y、Z 为空间第 i 点坐标，$X = [x_1, x_2, \cdots, x_m]^T$，$Y = [y_1, y_2, \cdots, y_m]^T$，$Z = [z_1, z_2, \cdots, z_m]^T$，$i = 1, 2, \cdots, M$；$p$ 为 AR 模型阶数；Δt 为模拟风速时程的时间步长；$\boldsymbol{\psi}_k$ 为 AR 模型的自回归系数矩阵，其为 $M \times M$ 方阵，$k = 1, 2, \cdots, p$；$N(t)$ 为独立随机过程向量，可表示为

$$N(t) = Ln(t) \tag{9-2-37}$$

式中，$n(t) = [n_1(t), n_2(t), \cdots, n_M(t)]^T$，$n_i(t)$ 是均值为 0、方差为 1 且彼此相互独立的正态随机过程，$i = 1, 2, \cdots, M$；L 为 M 阶下三角矩阵，通过 $M \times M$ 协方差矩阵 R_N 的 Cholesky 分解确定

$$R_N = LL^T \tag{9-2-38}$$

2) 回归系数

式(9-2-36)两边同右乘 $\boldsymbol{v}^{\mathrm{T}}(\boldsymbol{X},\boldsymbol{Y},\boldsymbol{Z},t-j\Delta t)$，以下 $\boldsymbol{v}(\boldsymbol{X},\boldsymbol{Y},\boldsymbol{Z},t)$ 简化为 $\boldsymbol{v}(t)$，得到

$$\boldsymbol{v}(t)\boldsymbol{v}^{\mathrm{T}}(t-j\Delta t)=\left[\sum_{k=1}^{p}\boldsymbol{\psi}_k\boldsymbol{v}(t-k\Delta t)+\boldsymbol{N}(t)\right]\boldsymbol{v}^{\mathrm{T}}(t-j\Delta t) \qquad (9\text{-}2\text{-}39)$$

式中，$j=1,2,\cdots,p$。两边同时取数学期望，考虑到 $\boldsymbol{N}(t)$ 的均值为 0，且与随机风过程 $\boldsymbol{v}(t)$ 独立，并结合相关函数性质，有

$$\boldsymbol{R}(-j\Delta t)=E[\boldsymbol{v}(t)\boldsymbol{v}^{\mathrm{T}}(t-j\Delta t)], \quad \boldsymbol{R}(-j\Delta t)=\boldsymbol{R}(j\Delta t) \qquad (9\text{-}2\text{-}40)$$

相关函数 $\boldsymbol{R}(j\Delta t)$ 与自回归系数矩阵 $\boldsymbol{\psi}_k$ 之间的关系为

$$\boldsymbol{R}=\overline{\boldsymbol{R}}\boldsymbol{\psi}_k \qquad (9\text{-}2\text{-}41)$$

根据随机振动理论，功率谱密度与相关函数(协方差)之间符合 Wiener-Khintchine 公式，即

$$\boldsymbol{R}^{ij}(\Delta t)=\int_0^{+\infty}\boldsymbol{S}_{ij}(f)\cos(2\pi fj\Delta t)\mathrm{d}f \qquad (9\text{-}2\text{-}42)$$

3) 给定方差的随机过程 $\boldsymbol{N}(t)$

式(9-2-36)两边同时右乘 $\boldsymbol{v}(t)=[v^1(t),v^2(t),\cdots,v^M(t)]$，可以得到

$$\boldsymbol{R}(0)=-\sum_{k=1}^{p}\boldsymbol{\psi}_k\boldsymbol{R}(k\Delta t)+\boldsymbol{R}_N \qquad (9\text{-}2\text{-}43)$$

求出 $\boldsymbol{R}_N$ 后，对 $\boldsymbol{R}_N$ 进行 Cholesky 分解，就可以得到 $\boldsymbol{N}(t)=\boldsymbol{L}n(t)$。

2. 脉动风振时域分析

根据脉动风速时程曲线可以得到脉动风荷载：

$$\boldsymbol{P}(t)=\mu_s\mu_z\rho A\overline{V}^2/2+\mu_s\mu_z\rho A\overline{V}v(t) \qquad (9\text{-}2\text{-}44)$$

式中，$\boldsymbol{P}(t)$ 为风荷载；μ_z 为风压高度变化系数，可根据具体地貌和高程取值，本章取 1.48(按照 B 类地貌，平均高度 34.7m)；μ_s 为体型系数，可采用计算流体动力学方法模拟或参考规范及风洞试验得到；ρ 为空气质量密度(在国际标准大气压下，一般取 $1.25\mathrm{kg/m}^3$)。

在脉动风荷载作用下的非线性动力方程可以表示为

$$\boldsymbol{M}\ddot{x}+\boldsymbol{C}\dot{x}+\boldsymbol{K}x=\boldsymbol{P}(t)+\boldsymbol{R}(t) \qquad (9\text{-}2\text{-}45)$$

式中，$\boldsymbol{R}(t)$ 为节点不平衡力向量。阻尼系数 $\boldsymbol{C}$ 按照式(9-2-46)确定：

$$\boldsymbol{C}=\alpha\boldsymbol{M}+\lambda\boldsymbol{K} \qquad (9\text{-}2\text{-}46)$$

式中，$\alpha = 2\left(\dfrac{\zeta_i}{\omega_i} - \dfrac{\zeta_j}{\omega_j}\right)\bigg/\left(\dfrac{1}{\omega_i^2} - \dfrac{1}{\omega_j^2}\right)$；$\lambda = 2\left(\zeta_j\omega_j - \zeta_i\omega_i\right)\bigg/\left(\omega_j^2 - \omega_i^2\right)$，$\omega_i$、$\omega_j$ 为结构的两个较小频率；ζ_i、ζ_j 为频率对应的阻尼比，本节结构阻尼比取 0.03。

用 Newmark 方法[222]求解方程(9-2-45)即可以求得结构在脉动风荷载作用下的响应。结构在 $t + \Delta t$ 时刻的动力平衡方程为

$$M\ddot{x}_{t+\Delta t} + C\dot{x}_{t+\Delta t} + Kx_{t+\Delta t} = P_{t+\Delta t} + R_{t+\Delta t} \tag{9-2-47}$$

设结构在 $t + \Delta t$ 时刻速度与位移的关系为

$$\dot{x}_{t+\Delta t} = \dot{x}_t + \left[(1-\gamma)\ddot{x}_t + \gamma\ddot{x}_{t+\Delta t}\right]\Delta t \tag{9-2-48}$$

$$x_{t+\Delta t} = x_t + \dot{x}_t\Delta t + \left[\left(\frac{1}{2} - \beta\right)\ddot{x}_t + \beta\ddot{x}_{t+\Delta t}\right]\Delta t^2 \tag{9-2-49}$$

式中，β、γ 为 Newmark 参数，控制求解精度和稳定性，本节取 $\beta = 0.25$，$\gamma = 0.5$。

拟静力平衡方程为

$$K^* x_{t+\Delta t} = F^* \tag{9-2-50}$$

式中

$$K^* = \frac{1}{\beta\Delta t^2}M + \frac{\gamma}{\beta\Delta t}C + K \tag{9-2-51}$$

$$\begin{aligned} F^* = P_{t+\Delta t} + R_{t+\Delta t} + M\left[\frac{1}{\beta\Delta t^2}x_t + \frac{1}{\beta\Delta t}\dot{x}_t + \left(\frac{1}{2\beta} - 1\right)\ddot{x}_t\right] \\ + C\left[\frac{\gamma}{\beta\Delta t}x_t - \left(1 - \frac{\gamma}{\beta}\right)\dot{x}_t - \left(1 - \frac{\gamma}{2\beta}\right)\Delta t\ddot{x}_t\right] \end{aligned} \tag{9-2-52}$$

解方程(9-2-50)求得节点的位移时程，然后根据式(9-2-48)和式(9-2-49)求出节点的速度和加速度时程曲线。

9.3　索杆张力结构模态分析

9.3.1　索网模态分析

以 8.3.1 节单层索网罩棚[58]为研究对象，几何参数、构件规格、材料特性及初始预应力分布见表 8-3-1。对索网罩棚结构进行模态分析，图 9-3-1 是前 10 阶振型图，图中括号内为各阶频率。

第 1 阶振型为内环索整体竖向振动，第 2 阶振型为内环索扭转振动，第 3 阶、第 4 阶振型为内环索的反对称竖向振动，第 5 阶、第 6 阶振型为竖向内环索对称、反对称混合振动，第 7 阶振型为中间索段的竖向振动，第 8 阶、第 9 阶振型

为中间索段的反对称竖向振动，第 10 阶为内环索的扭转和中间索段的反对称混合振动。结构的第 1 阶振型是索网的整体竖向振动，说明结构的竖向刚度较弱；由于结构的对称性，出现了许多大小相差很小的频率，即密频现象。

张拉体系的刚度取决于初始预应力，不同预应力水平对体系刚度、自振特性有很大影响。分析结构体系内环索初始预应力的力密度为 2000～9000kN/m(增量 1000kN/m)时体系自振特性。表 9-3-1 给出了体系前 30 阶振型的频率，图 9-3-2、图 9-3-3 给出了体系前 30 阶振动频率、基频和预应力之间关系。

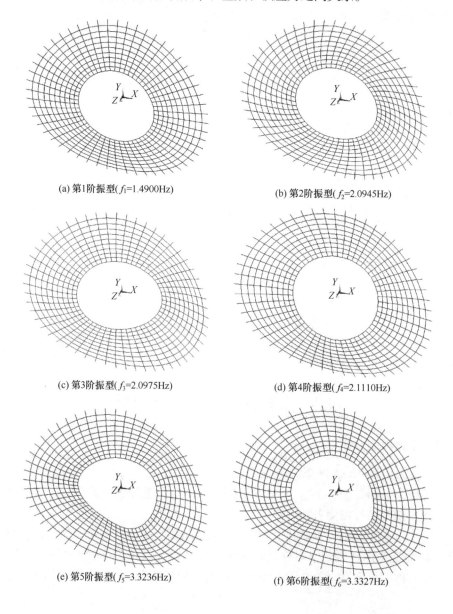

(a) 第1阶振型(f_1=1.4900Hz)

(b) 第2阶振型(f_2=2.0945Hz)

(c) 第3阶振型(f_3=2.0975Hz)

(d) 第4阶振型(f_4=2.1110Hz)

(e) 第5阶振型(f_5=3.3236Hz)

(f) 第6阶振型(f_6=3.3327Hz)

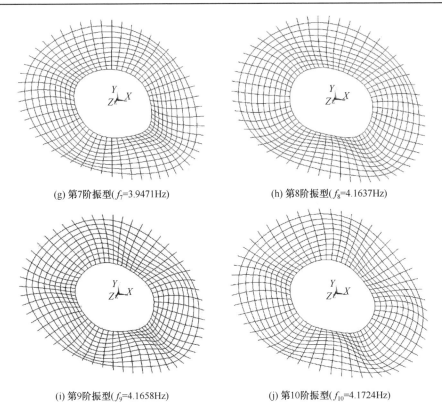

(g) 第7阶振型(f_7=3.9471Hz) (h) 第8阶振型(f_8=4.1637Hz)

(i) 第9阶振型(f_9=4.1658Hz) (j) 第10阶振型(f_{10}=4.1724Hz)

图 9-3-1 结构前 10 阶振型图

表 9-3-1 体系前 30 阶振型的频率 (单位：Hz)

阶次	力密度/(kN/m)							
	2000	3000	4000	5000	6000	7000	8000	9000
1	0.7410	0.9084	1.0498	1.1748	1.2881	1.3925	1.4900	1.5818
2	1.0409	1.2762	1.4751	1.6508	1.8102	1.9573	2.0945	2.2238
3	1.0434	1.2789	1.4780	1.6539	1.8133	1.9603	2.0975	2.2267
4	1.0499	1.2870	1.4874	1.6644	1.8249	1.9729	2.1110	2.2410
5	1.6523	2.0255	2.3411	2.6199	2.8727	3.1059	3.3236	3.5287
6	1.6817	2.0484	2.3597	2.6353	2.8857	3.1168	3.3327	3.5363
7	1.9562	2.3993	2.7745	3.1066	3.4082	3.6867	3.9471	4.1928
8	2.0652	2.5329	2.9287	3.2789	3.5966	3.8899	4.1637	4.4216
9	2.0661	2.5340	2.9301	3.2804	3.5983	3.8918	4.1658	4.4240
10	2.0673	2.5357	2.9324	3.2835	3.6024	3.8969	4.1724	4.4323
11	2.3098	2.8318	3.2732	3.6632	4.0168	4.3428	4.6468	4.9327
12	2.3108	2.8331	3.2747	3.6651	4.0190	4.3454	4.6499	4.9363

续表

阶次	力密度/(kN/m)							
	2000	3000	4000	5000	6000	7000	8000	9000
13	2.3740	2.9118	3.3672	3.7702	4.1361	4.4741	4.7901	5.0883
14	2.4144	2.9432	3.3931	3.7922	4.1552	4.4909	4.8049	5.1013
15	2.8188	3.4565	3.9962	4.4731	4.9055	5.3031	5.6658	5.8612
16	2.8192	3.4571	3.9968	4.4740	4.9065	5.3044	5.6674	5.8785
17	2.9562	3.6252	4.1913	4.6918	5.1460	5.5650	5.8494	6.0538
18	2.9563	3.6253	4.1914	4.6919	5.1461	5.5652	5.8659	6.0561
19	3.3856	4.1510	4.7983	5.3705	5.7296	5.7891	5.9561	6.3244
20	3.3857	4.1511	4.7984	5.3706	5.7408	5.8031	5.9563	6.3246
21	3.4211	4.1967	4.8538	5.4354	5.8894	6.3681	6.8149	7.2354
22	3.4845	4.2738	4.9406	5.5148	5.8896	6.3683	6.8152	7.2359
23	3.4903	4.2819	4.9526	5.5245	5.9635	6.4511	6.9062	7.3340
24	3.4939	4.2852	4.9532	5.5465	6.0861	6.5832	7.0470	7.4857
25	3.5637	4.3710	5.0546	5.6587	6.0926	6.5848	7.0511	7.4908
26	3.5637	4.3710	5.0546	5.6595	6.1104	6.6018	7.0666	7.5062
27	3.6903	4.5273	5.2365	5.7172	6.2087	6.7156	7.1890	7.6348
28	3.7110	4.5429	5.2489	5.7280	6.2090	6.7159	7.1893	7.6352
29	3.9898	4.8928	5.6061	5.8644	6.4350	6.9624	7.4557	7.9214
30	3.9906	4.8942	5.6175	5.8745	6.4433	6.9692	7.4612	7.9255

由图 9-3-2 可知，在不同预应力水平下，结构振动频率变化规律一致，振型没有发生改变，但频率有阶段性跳跃现象。说明在某一区段预应力增加并未加劲体系，体系承载力稳定。此时，满足较低预应力水平，设计合理。如图 9-3-3 所示，随着初始预应力增加，结构基频呈非线性增加。预应力水平较低时，提高预应力使刚度增加较大；而预应力较大时，相同预应力提高量对刚度提高较小。

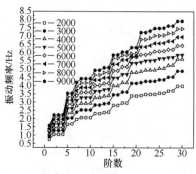

图 9-3-2 结构振动频率与预应力的关系

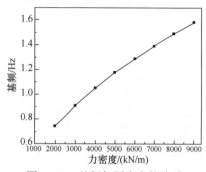

图 9-3-3 基频与预应力的关系

9.3.2 索穹顶模态分析

以 8.4.1 节的索穹顶结构[56]为研究对象，索穹顶结构的模态分析包括三部分：索杆模型模态分析；索膜模型模态分析；索穹顶整体结构模态分析。

1) 索杆模型模态分析

构件规格和材料特性见表 8-4-1，初始预应力分布如图 8-4-1 所示，下部索杆结构的主要特征振型如图 9-3-4 所示。

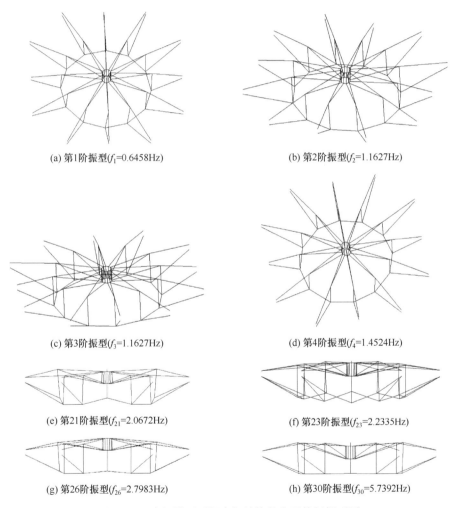

(a) 第1阶振型(f_1=0.6458Hz)

(b) 第2阶振型(f_2=1.1627Hz)

(c) 第3阶振型(f_3=1.1627Hz)

(d) 第4阶振型(f_4=1.4524Hz)

(e) 第21阶振型(f_{21}=2.0672Hz)

(f) 第23阶振型(f_{23}=2.2335Hz)

(g) 第26阶振型(f_{26}=2.7983Hz)

(h) 第30阶振型(f_{30}=5.7392Hz)

图 9-3-4 索杆模型下部索杆结构的主要特征振型图

索杆模型从第 1 阶～第 3 阶的振型是整体的环向扭转，第 4 阶～第 20 阶振型为完全对称的扭转(本节仅列出前 4 阶振型)，从第 21 阶开始出现竖向振动(取出 21、23、26、30 阶振型),这表明索杆部分的抗扭刚度较小,抗扭承载力低,而竖向刚度相对较大,承载能力较强。

2) 索膜模型模态分析

模型中央环和膜片边界固定,索膜结构形态和应力分布参照文献[56]的 3.2.4 节,膜面初始预应力分成 4kN/m 和 6kN/m 两种(膜面厚度为 0.001m),索膜模型的前 10 阶频率见表 9-3-2。

表 9-3-2　　索膜模型前 10 阶频率　　　　　　　(单位:Hz)

力密度/(kN/m)	阶数				
	1	2	3	4	5
4	3.2059	3.2064	3.2064	3.2071	3.6753
6	3.6088	3.6091	3.6091	3.6094	4.1883

力密度/(kN/m)	阶数				
	6	7	8	9	10
4	3.7521	3.7703	3.7743	3.7901	3.7901
6	4.1964	4.1964	4.2085	4.2468	4.2603

表 9-3-2 表明,频率密集、第 1 阶～第 10 阶差异较小,结构频率随着膜面初始预应力的增大而增大,因此膜面的初始预应力可以有效地增强膜面的刚度。从索杆模型的基频和索膜模型的基频对比可以看出,膜结构整体具有很大刚度。初始预应力 4kN/m 和 6kN/m 膜面的频率不同,但是其振型相似。

图 9-3-5 为膜面预应力为 4kN/m 时的前 10 阶振型。从振型图上可以看出,由于结构边界固定,其振型表现为膜面的整体振动。第 1 阶为整体膜面的反对称竖向振动,第 2 阶为两片膜的对称振动,第 3 阶为两片膜的反对称振动,第 4 阶为四片膜的对称振动,第 5 阶为膜面整体对称振动,第 6 阶为四片膜的反对称振动,

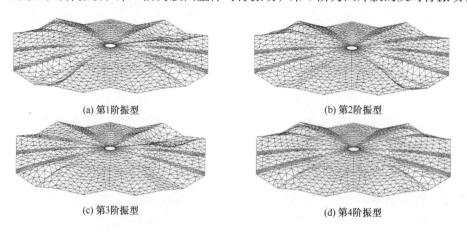

(a) 第1阶振型　　　　　　　　　　　　　　　(b) 第2阶振型

(c) 第3阶振型　　　　　　　　　　　　　　　(d) 第4阶振型

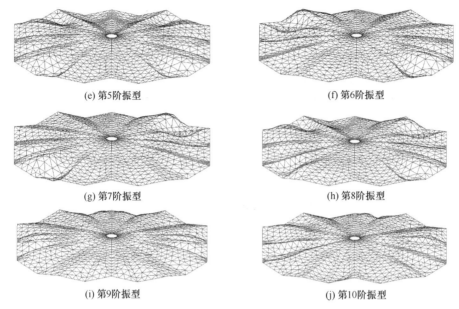

(e) 第5阶振型　　　　　　　　　　　　(f) 第6阶振型

(g) 第7阶振型　　　　　　　　　　　　(h) 第8阶振型

(i) 第9阶振型　　　　　　　　　　　　(j) 第10阶振型

图 9-3-5　索膜模型前 10 阶振型图

第 7 阶为四片膜的对称振动，第 8 阶为四片膜的反对称振动，第 9 阶为膜面整体向上振动，第 10 阶为膜面整体反对称振动。膜面主要为竖向振动，抗扭刚度大，竖向刚度小。

　　3) 索穹顶整体结构模态分析

　　索穹顶结构形态和应力分布参照文献[56]的 3.3.4 节，膜面初始预应力分别为 2kN/m 、4kN/m 和 6kN/m 三种，索穹顶体系的前 10 阶频率见表 9-3-3。

表 9-3-3　索穹顶整体结构前 10 阶频率　　　　　　(单位：Hz)

力密度/(kN/m)	阶数				
	1	2	3	4	5
2	0.8338	1.2281	1.2281	1.4559	2.1282
4	0.9254	1.2800	1.2800	2.1153	2.2849
6	1.2784	1.2784	2.0990	2.1270	2.6814

力密度/(kN/m)	阶数				
	6	7	8	9	10
2	2.2429	2.4210	2.4210	2.5304	2.6936
4	2.7569	2.9179	2.9179	2.9402	2.9577
6	2.8056	2.9449	2.9449	2.9536	3.0173

从表 9-3-3 可以看出，索穹顶的自振频率与索杆模型的自振频率接近，且振型相似，所以整个体系的振动特性主要由索杆体系的拓扑关系、预应力模态、张力水平决定。膜面的预应力主要对膜面局部振型影响较大，对索穹顶整体刚度影响较小，但对抗扭刚度提高有较大贡献。

不同初始预应力索穹顶的频率不同，但其振型相似，图 9-3-6 为索穹顶整体结构的前 10 阶振型。从振型图上可以看出，第 1 阶为结构的下部索杆整体扭转，第 2 阶为结构的整体扭转加左端向上振动，第 3 阶为结构的整体扭转加右端向上振动，第 4 阶为中间环梁整体扭转，第 5 阶为结构的整体向上振动，第 6 阶、第 7 阶为结构的整体对称振动，第 8 阶为结构反对称振动，左端向下右端向上，第 9 阶为结构反对称振动，左端向上右端向下，第 10 阶为结构整体对称向上振动。结构前 10 阶振型表明，膜面可以有效提高抗扭能力 40%～50%，整体抗扭刚度与竖向抗扭刚度接近。

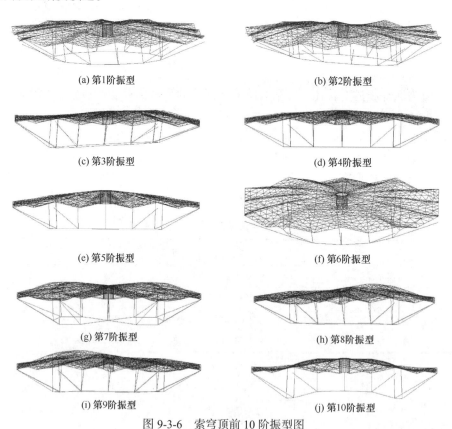

(a) 第1阶振型　　　　　　　　　　　　　　(b) 第2阶振型

(c) 第3阶振型　　　　　　　　　　　　　　(d) 第4阶振型

(e) 第5阶振型　　　　　　　　　　　　　　(f) 第6阶振型

(g) 第7阶振型　　　　　　　　　　　　　　(h) 第8阶振型

(i) 第9阶振型　　　　　　　　　　　　　　(j) 第10阶振型

图 9-3-6　索穹顶前 10 阶振型图

9.4　索杆张力结构风振响应特性分析

9.4.1　基于频域索网风振响应特性分析

根据 9.2.2 节基于模态补偿的风振频域分析方法，对 8.3.1 节单层索网罩棚结构[58]进行风振响应特性分析，首先分析截断模态的选取对节点位移风振系数的影响，然后从预应力、矢高比、阻尼比等三个方面分析索网结构的响应特性，最后分析索网结构不同节点的位移风振系数。

索网结构内环索初始预应力的力密度为 8000kN/m，C 类地貌，阻尼比统一取 0.02，矢高比为 1/10 时体系风振响应特性分析模型如图 9-4-1 所示。

1) 截断模态对风振系数的影响

该索网结构节点数目多，通常考虑前 10～20 阶振型的影响。通过大量数值分析，发现结构风振响应中往往存在一些高阶振型，它对风振响应的贡献较大，但其频率较高。为了得到较精确的结果，采用频域模态补偿法对 N 阶模态进行补偿后再在频域内进行风振分析。本节通过对体系自振特性及振型进行分析，分别取 5 阶模态、5 阶模态+补偿模态、10 阶模态、10 阶模态+补偿模态、30 阶模态、30 阶模态+补偿模态和 500 阶模态对结构进行风振响应分析，节点位移风振系数

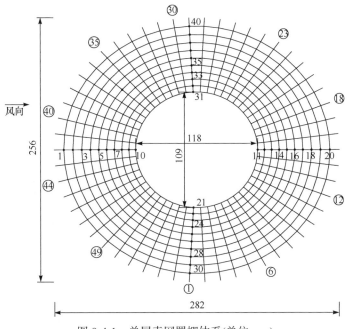

图 9-4-1　单层索网罩棚体系(单位：m)

见表 9-4-1。

表 9-4-1　单层索网罩棚体系节点位移风振系数

节点编号	节点位移风振系数						
	5 阶	5 阶+补偿模态	10 阶	10 阶+补偿模态	30 阶	30 阶+补偿模态	500 阶
1	1.723	1.914	1.943	2.469	1.947	2.462	2.589
2	1.534	1.705	1.738	2.013	1.744	2.019	2.117
3	1.428	1.586	1.623	1.782	1.631	1.798	1.880
4	1.353	1.503	1.547	1.637	1.556	1.662	1.732
5	1.298	1.442	1.495	1.539	1.505	1.579	1.637
6	1.254	1.393	1.457	1.466	1.470	1.521	1.568
7	1.216	1.351	1.427	1.409	1.447	1.470	1.512
8	1.183	1.315	1.401	1.362	1.433	1.422	1.462
9	1.156	1.285	1.377	1.325	1.424	1.392	1.427
10	1.143	1.270	1.369	1.307	1.429	1.386	1.414
21	1.300	1.444	1.458	1.710	1.459	1.722	1.802
22	1.291	1.434	1.452	1.642	1.455	1.645	1.725
23	1.279	1.421	1.443	1.593	1.448	1.601	1.677
24	1.265	1.406	1.434	1.553	1.443	1.557	1.633
25	1.250	1.388	1.426	1.519	1.437	1.523	1.597
26	1.233	1.370	1.418	1.489	1.433	1.495	1.566
27	1.215	1.350	1.409	1.460	1.432	1.461	1.534
28	1.197	1.330	1.399	1.433	1.434	1.438	1.507
29	1.180	1.312	1.387	1.409	1.438	1.420	1.485
30	1.172	1.302	1 384	1.397	1.448	1.414	1.476

对索网结构进行前 500 阶模态分析, 前 500 阶模态中对系统能量贡献最大的为第 217 阶模态, 其次为前 10 阶模态。由表 9-4-1 给出的节点位移风振系数可知, 若取 5 阶模态、5 阶+补偿模态、10 阶模态和 30 阶模态计算结果偏小; 取 10 阶+补偿模态和 30 阶+补偿模态同取 500 阶模态的计算结果较为接近, 误差为 5% 左右, 满足工程要求。从计算效率来看, 频域内补偿模态法比随机振动离散法高很多, 对于此类大型结构, 模态分析只要 10min 左右, 而随机振动离散法的计算时间要 6h 左右[20]。因此, 本节采用频域内 10 阶+补偿模态对结构进行风振响应分析。

2) 预应力对风振响应的影响

分析结构体系内环索初始预应力的力密度为 2000~9000kN/m(增量 1000kN/m)、C 类地貌、阻尼比统一取 0.02、矢高比为 1/10 时体系风振响应特性。图 9-4-2 给出马鞍形高低点径向索节点在不同预应力水平下的风振响应, 分别选取横向(节点 1~节点 11)和纵向(节点 21~节点 31)轴上的节点进行说明。

由图 9-4-2 可知，由于体型系数及节点受风作用面积不同，在平均风作用下节点最大位移并未出现在环向索的最内圈节点处，并且随着预应力水平的提高，节点位移逐渐减小，最大位移处节点位移和内环节点位移逐渐趋于一致。

脉动风作用下节点的位移均方响应最大点出现在内环节点，由内环节点向外逐渐降低。节点位移风振系数有同样的分布规律。随着预应力的增加，节点风振位移均方响应及节点位移风振系数均有较大的降低。此类张拉索网结构的刚度主要由预应力提供，可知随着预应力的增大，结构刚度逐渐增强，则结构的风振响应显著降低。

3) 矢高比对风振响应的影响

分析结构体系内环索初始预应力的力密度为 8000kN/m、C 类地貌、阻尼比

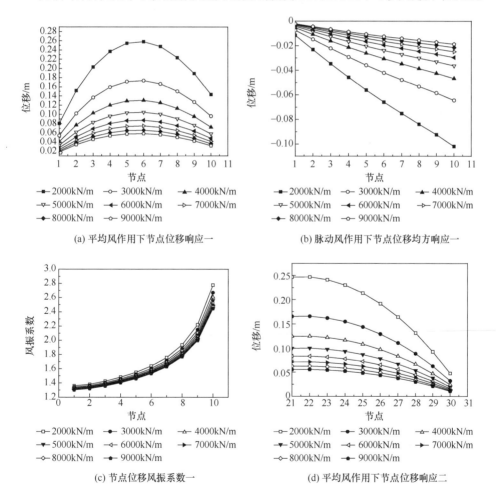

(a) 平均风作用下节点位移响应一

(b) 脉动风作用下节点位移均方响应一

(c) 节点位移风振系数一

(d) 平均风作用下节点位移响应二

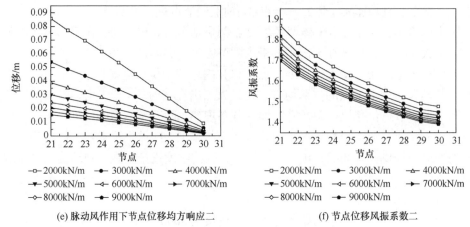

(e) 脉动风作用下节点位移均方响应二　　　　　(f) 节点位移风振系数二

图 9-4-2　不同预应力水平下结构风振响应

取 0.02 时体系在不同矢高比下的风振响应特性。

从图 9-4-3 可以看出，随着矢高比的增加，节点位移逐渐减小。但节点位移降低得并不明显，位移降低值不到节点平均风作用下的 5%。

脉动风作用下节点的位移均方响应最大值点出现在内环节点，由内环节点向外逐渐降低。节点位移风振系数有同样的分布规律。随着矢高比的增大，节点风

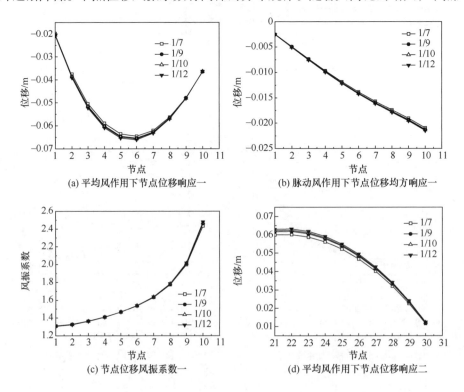

(a) 平均风作用下节点位移响应一　　　　　(b) 脉动风作用下节点位移均方响应一

(c) 节点位移风振系数一　　　　　(d) 平均风作用下节点位移响应二

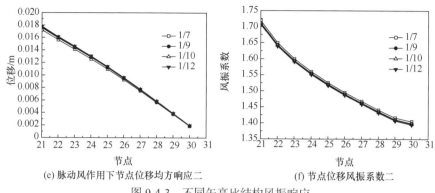

(e) 脉动风作用下节点位移均方响应二　　　　　(f) 节点位移风振系数二

图 9-4-3　不同矢高比结构风振响应

振位移均方响应及节点位移风振系数并未明显降低。此类张拉索网结构的刚度主要由预应力提供，结构体系外形形状对结构刚度也有一定的贡献，但当索网内预应力水平较高时，这种影响逐渐减弱。由此可知，随着结构矢高比的增大，体系刚度增强，则结构的风振响应逐渐降低，但改变量不大。

4) 阻尼比对风振响应的影响

分析结构体系内环索初始预应力的力密度为 8000kN/m、C 类地貌、矢高比为 1/10 时在不同阻尼比下体系的风振响应特性。

由图 9-4-4 可知，脉动风作用下的节点位移均方响应及节点位移风振系数均随阻尼比的增大而减小，在三种阻尼比下风振响应值相差 20% 左右。因此，在预应力索网的风振计算中，对阻尼比的选择应非常慎重。

5) 位移风振响应系数

表 9-4-2 给出了结构体系内环索初始预应力的力密度为 8000kN/m、矢高比 1/10、C 类地貌、阻尼比为 0.02 时的节点位移风振系数。由表 9-4-2 可知，索网节点位移风振系数分布范围较广，为 1.3~2.1，所以体系的节点位移风振系数应按节点环向位置给出相应数值。内环索①节点风振响应系数较大，为 1.5~2.3；环向索②、③风振系数较为接近，为 1.4~1.6；环向索④、⑤、⑥风振系数为 1.3~1.6；环向索⑦、⑧风振系数为 1.2~1.5；环向索⑨、⑩风振系数最小，为 1.2~1.4。节点位移风振系数可按各节点环向位置统一给出数值，为精确计算风振响应也可将各环节点再按区域给出不同的节点位移风振系数。从表中可知，节点位移风振系数存在一些数值较大的特殊点。特殊点的存在是由风振系数定义本身决定的，由于风压分布的不均匀性，结构位移曲面多为波形曲面，在平均风荷载作用下一些节点位移比较小，有些甚至接近 0，那么在这些节点上出现的位移风振系数奇大，实际上是没有意义的。通过分析可知，这些节点无论在平均风作用下的节点位移响应，还是在脉动风作用下的节点均方响应都比较小，所以研究这些节点的位移风振系数意义不大。

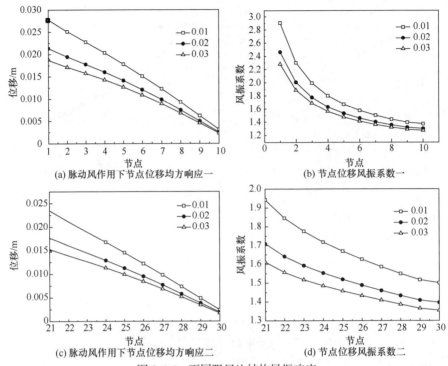

(a) 脉动风作用下节点位移均方响应一　　　　(b) 节点位移风振系数一

(c) 脉动风作用下节点位移均方响应二　　　　(d) 节点位移风振系数二

图 9-4-4　不同阻尼比结构风振响应

表 9-4-2　结构体系节点位移风振系数

索编号	由内而外径向索节点									
	1	2	3	4	5	6	7	8	9	10
①	1.710	1.748	1.688	1.553	1.596	1.557	1.521	1.487	1.354	1.367
②	1.625	1.642	1.593	1.495	1.519	1.489	1.460	1.433	1.336	1.345
③	1.564	1.568	1.527	1.453	1.467	1.442	1.419	1.397	1.320	1.328
④	1.520	1.515	1.480	1.421	1.429	1.409	1.389	1.371	1.304	1.313
⑤	1.487	1.476	1.445	1.396	1.401	1.383	1.367	1.350	1.286	1.298
⑥	1.462	1.446	1.418	1.375	1.378	1.362	1.347	1.333	1.265	1.280
⑦	1.442	1.422	1.396	1.356	1.358	1.343	1.330	1.316	1.238	1.258
⑧	1.426	1.403	1.376	1.337	1.339	1.325	1.311	1.298	1.217	1.230
⑨	1.412	1.385	1.358	1.318	1.320	1.305	1.291	1.277	1.208	1.210
⑩	1.402	1.369	1.341	1.303	1.300	1.283	1.267	1.252	1.204	1.201
⑪	1.395	1.357	1.327	1.294	1.284	1.266	1.249	1.233	1.202	1.197
⑫	1.390	1.348	1.318	1.288	1.274	1.257	1.240	1.223	1.202	1.195

续表

索编号	由内而外径向索节点									
	1	2	3	4	5	6	7	8	9	10
⑬	1.386	1.343	1.312	1.285	1.269	1.251	1.235	1.219	1.202	1.195
⑭	1.384	1.339	1.309	1.284	1.266	1.248	1.232	1.217	1.202	1.195
⑮	1.384	1.338	1.307	1.283	1.264	1.247	1.231	1.216	1.202	1.195
⑯	1.384	1.337	1.307	1.284	1.264	1.247	1.231	1.215	1.204	1.195
⑰	1.386	1.338	1.307	1.285	1.264	1.247	1.231	1.216	1.208	1.197
⑱	1.390	1.339	1.309	1.288	1.266	1.248	1.232	1.217	1.217	1.201
⑲	1.395	1.343	1.312	1.294	1.269	1.251	1.235	1.219	1.237	1.209
⑳	1.402	1.348	1.318	1.303	1.274	1.256	1.240	1.223	1.265	1.230
㉑	1.413	1.357	1.327	1.318	1.283	1.266	1.249	1.233	1.286	1.258
㉒	1.426	1.369	1.341	1.337	1.300	1.283	1.267	1.252	1.303	1.280
㉓	1.442	1.385	1.358	1.356	1.320	1.305	1.290	1.277	1.319	1.297
㉔	1.462	1.403	1.376	1.375	1.339	1.324	1.311	1.298	1.335	1.312
㉕	1.487	1.423	1.396	1.396	1.358	1.343	1.329	1.316	1.353	1.328
㉖	1.521	1.446	1.418	1.421	1.378	1.362	1.347	1.333	1.377	1.345
㉗	1.565	1.476	1.446	1.453	1.401	1.383	1.366	1.350	1.409	1.367
㉘	1.626	1.516	1.481	1.495	1.429	1.409	1.389	1.371	1.456	1.397
㉙	1.710	1.569	1.528	1.554	1.467	1.442	1.419	1.397	1.529	1.441
㉚	1.833	1.642	1.594	1.639	1.519	1.489	1.461	1.434	1.656	1.509
㉛	2.019	1.749	1.689	1.772	1.596	1.558	1.522	1.487	1.918	1.625
㉜	2.324	1.913	1.837	2.002	1.717	1.666	1.617	1.571	2.790	1.865
㉝	2.890	2.186	2.088	2.483	1.926	1.855	1.785	1.717	6.024	2.645
㉞	4.258	2.720	2.599	4.097	2.375	2.264	2.146	2.027	1.917	5.812
㉟	11.322	4.185	4.171	16.074	3.977	3.763	3.460	3.113	1.512	1.861
㊱	9.799	21.513	40.527	3.069	9.834	7.516	6.466	6.038	1.405	1.478
㊲	4.481	5.232	3.785	2.153	2.653	2.379	2.181	2.030	1.360	1.379
㊳	3.322	3.071	2.488	1.872	1.944	1.795	1.680	1.587	1.338	1.339
㊴	2.848	2.484	2.102	1.744	1.722	1.614	1.529	1.460	1.328	1.319
㊵	2.615	2.226	1.928	1.679	1.622	1.533	1.463	1.406	1.325	1.310
㊶	2.503	2.096	1.839	1.647	1.571	1.492	1.430	1.379	1.328	1.307
㊷	2.469	2.033	1.796	1.637	1.546	1.472	1.414	1.366	1.338	1.310
㊸	2.503	2.013	1.782	1.647	1.539	1.466	1.409	1.362	1.360	1.319
㊹	2.616	2.033	1.796	1.679	1.546	1.472	1.414	1.366	1.406	1.339
㊺	2.849	2.097	1.840	1.744	1.571	1.492	1.430	1.379	1.513	1.380
㊻	3.325	2.227	1.928	1.872	1.622	1.533	1.463	1.406	1.919	1.479

续表

索编号	由内而外径向索节点									
	1	2	3	4	5	6	7	8	9	10
㊼	4.490	2.485	2.103	2.155	1.723	1.615	1.530	1.461	6.076	1.863
㊽	9.869	3.074	2.490	3.073	1.945	1.796	1.681	1.587	2.787	5.859
㊾	11.229	5.249	3.793	16.320	2.656	2.381	2.183	2.032	1.917	2.643
㊿	4.246	21.169	41.516	4.085	9.932	7.582	6.516	6.086	1.655	1.864
51	2.886	4.172	4.158	2.480	3.965	3.751	3.452	3.107	1.529	1.624
52	2.321	2.716	2.595	2.000	2.372	2.260	2.143	2.025	1.456	1.508
53	2.017	2.184	2.086	1.771	1.925	1.853	1.784	1.716	1.409	1.440
54	1.832	1.912	1.835	1.638	1.716	1.665	1.616	1.570	1.377	1.397

索网体育场罩棚结构为风敏感体系，风荷载是结构主要控制荷载，而风振系数的取值是风载计算的重要环节。通过上面的分析可知，按规范将整个索网取一个风振系数的做法显然并不适合。所以在设计时，必须考虑结构的预应力水平、结构边界条件及结构阻尼等参数的影响，按节点的不同位置分别选取相应的风振系数。

单元内力风振系数为总风作用下的单元内力响应和平均风作用下的内力响应之比。对于预应力索网结构，在外荷载作用下，节点位移与外荷载的增减呈线性关系。但索单元内力和外荷载的增减为非线性关系，因此在脉动风作用下单元内力风振系数变化规律和节点位移风振系数变化规律并不相同。并且在正常使用阶段索单元始终处于较高张力水平，在平均风和脉动风作用下，单元内力变化为 300~400kN，但是索网单元内力一般均维持在 10^4kN，则单元内力风振系数接近 1，所以这里不讨论单元内力风振响应系数。

9.4.2 基于时域索穹顶风振响应特性分析

索穹顶结构[56]自振频率较低，且模态密集，属于对风作用敏感的柔性结构体系。研究结构在脉动风作用下的响应，理论上有两类方法：频域法和时域法。频域法对于分析线性结构或非线性较弱结构比较合理方便，但对于索穹顶结构这种自由度较多、具有较强非线性的结构，用频域法无法考虑风荷载的时间相关性，所以本节采用时域法进行结构风振响应分析。

1) 索穹顶风速时程曲线

根据脉动风速时程曲线模拟方法，编制分析程序，模拟节点的风速时程曲线。取索穹顶结构的一半进行说明，如图 9-4-5 所示，24 个区域分别取区域中心节点进行脉动风速时程曲线模拟。假设地面粗糙度为 0.16，平均风速为 25m/s，回归次数为 4 次，时间间隔为 0.1s，取其中 200s 的风速时程曲线。考虑结构短轴和长轴特点、结构的风荷载作用方向、结构对称性等因素，取其中 4 个点的模拟结果来代替整个结构的风速时程曲线。根据图 9-4-5，区域①中点处节点的风速时程曲线作为节点 1 的风速时程曲线，代表区域①～区域④的风速时程曲线，如图 9-4-6 和图 9-4-11 所示；区域③中点处节点的风速时程曲线作为节点 2 的风速时程曲线，代表区域⑤～区域⑧和区域⑰～区域⑳的风速时程曲线，如图 9-4-7 和图 9-4-12 所示；区域⑪中点处节点的风速时程曲线作为节点 3 的风速时程曲线，代表区域⑨～区域⑯的风速时程曲线，如图 9-4-8 和图 9-4-13 所示；区域㉓中点处节点的风速时程曲线作为节点 4 的风速时程曲线，代表区域㉑～区域㉔的风速时程曲线，如图 9-4-9 和图 9-4-14 所示。

　　模拟结果表明，模拟水平和竖向风速时程的功率谱与目标谱比较吻合(图 9-4-10 和图 9-4-15)，下面的风振分析采用上述模拟风速结果计算。

　　2) 索穹顶风振响应特性分析

　　根据求出的风速时程曲线推导出节点的风荷载时程，然后根据式(9-2-45)建立方程，采用 Newmark 法计算索穹顶在脉动风作用下的风振响应。为了充分说明膜面振动情况，除图 9-4-5 选取的节点 1～节点 4 外，又补充选取了图 9-4-16 的三个节点(节点 9、节点 10、节点 11)。

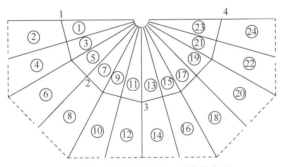

图 9-4-5　索穹顶节点和区域分布图

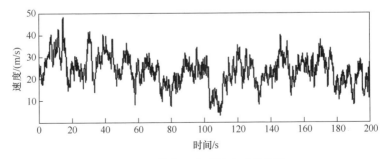

图 9-4-6　节点 1 水平风速时程曲线

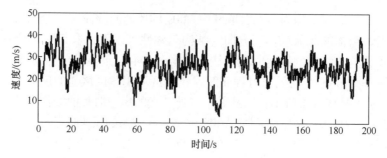

图 9-4-7 节点 2 水平风速时程曲线

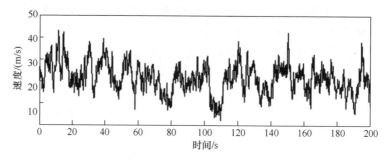

图 9-4-8 节点 3 水平风速时程曲线

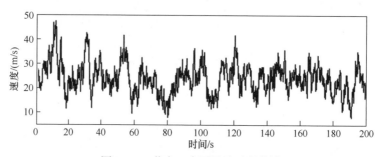

图 9-4-9 节点 4 水平风速时程曲线

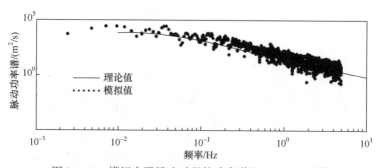

图 9-4-10 模拟水平风速时程的功率谱和 Davenport 谱

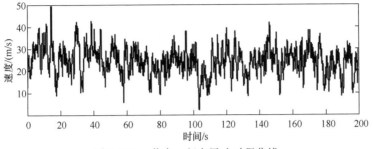

图 9-4-11　节点 1 竖向风速时程曲线

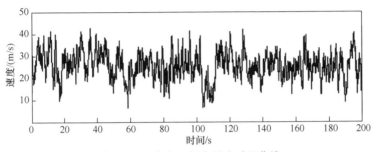

图 9-4-12　节点 2 竖向风速时程曲线

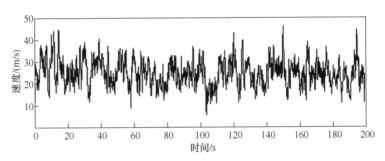

图 9-4-13　节点 3 竖向风速时程曲线

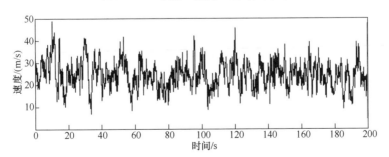

图 9-4-14　节点 4 竖向风速时程曲线

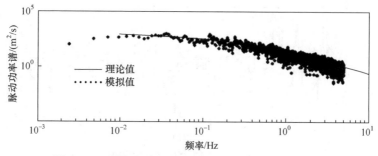

图 9-4-15　模拟竖向风速时程的功率谱和 Panofsky 谱

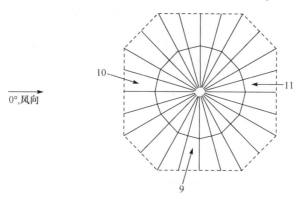

图 9-4-16　膜面节点分布

本节仅取 0° 方向风作用的风振响应进行分析，水平体型系数由计算流体动力学(数值风洞)方法模拟，如图 9-4-17 所示。湍流模型采用标准的 $k\text{-}\varepsilon$ 湍流模型，

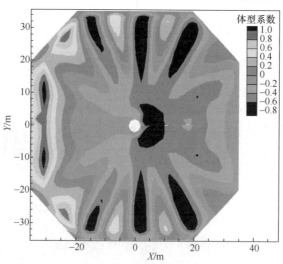

图 9-4-17　水平风荷载体型系数

湍流强度按照规范规定选用。图 9-4-18～图 9-4-25 所示为膜面应力为 4kN/m 时节点 1、节点 2、节点 3、节点 4 的 x 向和 z 向位移时程曲线；图 9-4-26～图 9-4-28 所示为膜面应力 4kN/m 时膜面节点 9、节点 10、节点 11 的 z 向位移时程曲线。

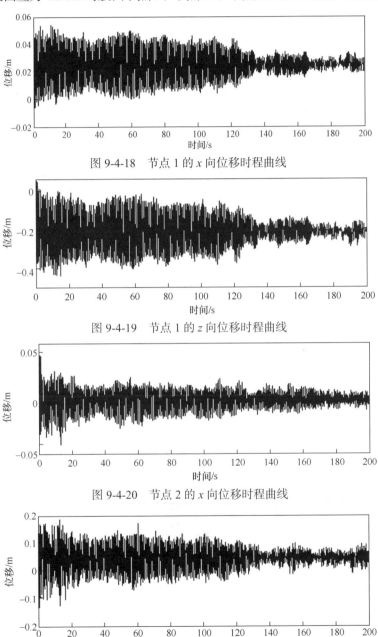

图 9-4-18　节点 1 的 x 向位移时程曲线

图 9-4-19　节点 1 的 z 向位移时程曲线

图 9-4-20　节点 2 的 x 向位移时程曲线

图 9-4-21　节点 2 的 z 向位移时程曲线

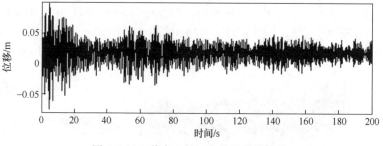

图 9-4-22 节点 3 的 x 向位移时程曲线

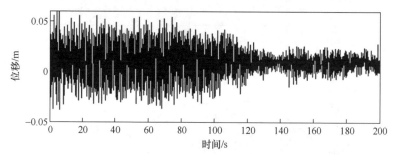

图 9-4-23 节点 3 的 z 向位移时程曲线

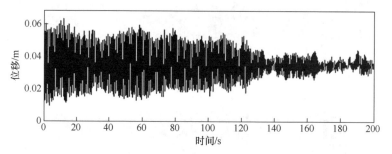

图 9-4-24 节点 4 的 x 向位移时程曲线

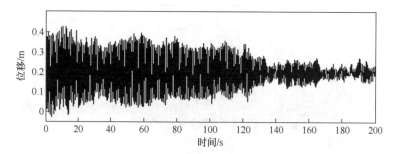

图 9-4-25 节点 4 的 z 向位移时程曲线

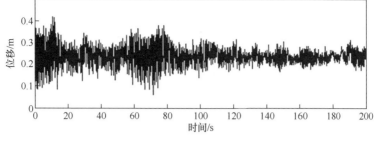

图 9-4-26　节点 9 的 z 向位移时程曲线

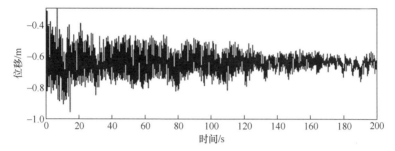

图 9-4-27　节点 10 的 z 向位移时程曲线

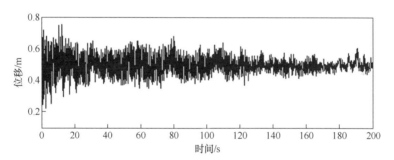

图 9-4-28　节点 11 的 z 向位移时程曲线

　　上面仅给出了膜面应力为 4kN/m 时节点 1、节点 2、节点 3、节点 4 的 x 向和 z 向及膜面节点 9、节点 10、节点 11 的 z 向位移时程曲线。膜面应力为 6kN/m 时位移时程曲线的变化趋势与膜面应力为 4kN/m 时基本一致，但峰值不同，峰值的对比如图 9-4-29 所示。从位移时程曲线和峰值分析结果可以看出：①节点 1～节点 4 的位移时程曲线分别代表不同膜面区域索膜交点位移的变化情况，4 个节点的 x 向位移变化较小，峰值最大达到 0.08m；而 z 向位移变化明显，位移峰值达到 0.4m，z 向位移方向与膜面体型系数方向相同。②节点 9～节点 11 的 z 向位移时程曲线分别代表不同区域膜面节点 z 向位移变化情况。从图 9-4-20～图 9-4-26 可以看出，膜面 z 向位移变化显著，位移方向与膜面体型系数代表方向相同，风压区峰值达到–1m，风吸区域峰值达到 0.8m；约为节点 1～节点 4 的 z 向位移峰值的

2.5 倍，膜面风振效应明显，对脉动风荷载更为敏感。③从图 9-4-29 的位移峰值对比可以看出，膜面应力为 6kN/m 时 z 向位移峰值降低约 0.2m，这也说明膜面应力的提高有利于提高结构抗振能力。④节点的位移时程曲线在 120s 之后振幅开始减弱，这说明结构在风速为 25m/s 时尚具有较好的动力稳定性。

　　表 9-4-3 是索杆内力变化范围，图 9-4-30～图 9-4-33 为膜面应力为 4kN/m 和 6kN/m 时膜面风压区和风吸区的应力变化情况，风压区在节点 10 附近，风吸区在节点 11 附近。以上分析结果表明：①在风荷载作用下，膜面第一主应力变化较大，变化范围为 4kN/m，峰值达到初应力的 1.5～2 倍，因此膜面风力主要由可变风荷载控制；②风压区和风吸区膜面应力变化幅值不同，这说明风振具有复杂的空间特性；③在脉动风作用下，各索杆内力变化较小，这说明索杆内力主要由初始预张力控制。

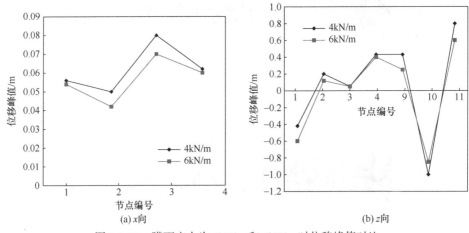

图 9-4-29　膜面应力为 4kN/m 和 6kN/m 时位移峰值对比

表 9-4-3　索杆内力变化范围　　　　　　　　（单位：kN）

初始预张力 /(kN/m)	内脊索	外脊索	内斜拉索	外斜拉索	外环索	压杆	谷索
4	529～620	793～915	216～370	255～361	434～628	−174～−113	232～385
6	514～590	766～894	219～378	277～355	483～622	−142～−108	320～394

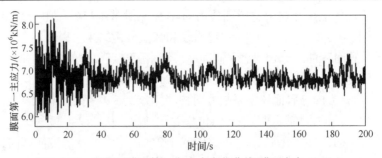

图 9-4-30　风压区膜面第一主应力变化曲线（膜面应力 4kN/m）

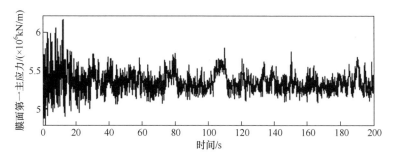

图 9-4-31　风吸区膜面第一主应力变化曲线(膜面应力 4kN/m)

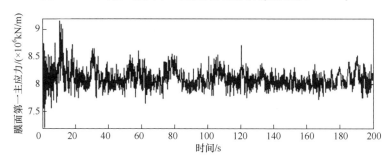

图 9-4-32　风压区膜面第一主应力变化曲线(膜面应力 6kN/m)

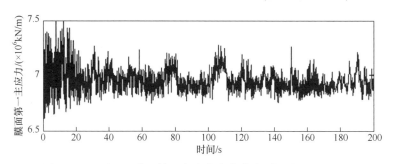

图 9-4-33　风吸区膜面第一主应力变化曲线(膜面应力 6kN/m)

9.5　本章小结

　　索杆张力结构动力特性,特别是风振特性,是工程设计应用最关心的问题。索杆张力结构刚度较低,是风敏感性结构体系,且刚度与张力耦合,因此呈现非线性动力特性。

　　模态特性是揭示结构动力行为最基本的特征。对于索杆张力结构体系,基于初应力刚化的预应力平衡态,采用分块兰乔斯法进行模态分析是有效分析方法。索杆张力结构低频、密集,随着预张力增加而呈现阶跃式增大,即在一定的预张力范围内变化刚度影响有限,同时膜和索杆形成的整体模型,其整体模态和频率接近索杆，这表明其整体结构行为主要由索杆张力体系决定。

针对大型索杆张力结构体系，通过基于频域风振响应分析表明，索杆体系频率密集、阶数高，采用普通截断模态的频域风振响应分析偏差较大，而采用较低阶(如 10 阶)+模态补偿，其风振响应偏差较小。因此，采用模态截断补偿法在频域计算风振响应有效可行，而采用直接模态法应慎重考虑模态阶数。节点位移风振系数与风荷载呈现较强的线性关系，而内力变化较小，预应力态张力占 90%以上。因此，位移风振系数能更有效地表征结构风振响应特征。大型结构节点风振系数呈空间分布特性，可根据响应值进行分区。

针对包含膜面的柔性张力结构，可采用基于时域的风振响应分析方法，使用自回归风速时程曲线，然后转换为风荷载时程曲线，通过 Newmark 时程积分方法求解动力响应。分析表明，膜面风力主要由可变风荷载控制，索杆内力主要由膜面应力控制。

第10章 构件与节点重要性分析方法

10.1 引 言

随着现代结构设计理论的逐渐完善，建筑材料、施工技术以及管理水平的稳步发展，越来越多的大跨度空间结构建成并投入使用，为人类提供了体育、旅行、集会等活动所需的安全空间。但是，如果过分追求震撼的空间特性与建筑效果，会使得结构连续性、韧性和冗余度等方面的设计需求变得难以得到满足。由于自然因素或人为因素的影响，大跨度空间结构坍塌事件[224-226]时有发生。1976 年，美国肯普体育馆因竖向刚度不足，一场暴风雨加剧了水池化效应，从而引起坍塌；1978 年，美国哈特福德体育馆因周边杆件缺乏足够的冗余承载力，在持续暴风雪作用下发生了由外向内的渐进式坍塌；1978 年，查尔斯浅壳因设计理论的缺陷使结构在不均匀雪荷载作用下发生了整体倒塌；2004 年，法国戴高乐机场 2E 候机厅因缺乏冗余约束，在不均匀温度作用下发生了连续性倒塌；2009 年，马来西亚东部丁加奴州的一座体育场的半边顶棚垮塌；2014 年，巴西科林蒂安斯球场发生严重的坍塌事故。上述事故案例说明，有必要对人流量大、人员密集的大跨空间结构考察其抗连续性倒塌性能。

构件的重要性是反映构件对结构整体性能影响能力的指标，构件重要性评估是一种评价结构整体性和鲁棒性的方法。如果某一构件的失效容易引起结构整体的大规模破坏，那么该构件在结构中至关重要；它的存在可能成为结构致命的薄弱环节，从而降低结构的鲁棒性；反之，若结构的构件重要性分布相对均匀，则结构具有较好的鲁棒性。可利用构件重要性指标为抗连续性倒塌性能的结构分析提供帮助，对结构拓扑设计进行优化和对关键构件进行加固等。目前，世界各国对于构件重要性的研究越来越深入，取得的研究成果也十分丰富，但并没有形成统一的理论和方法。

本章从弹性冗余度概念出发，指出其与基于刚度的构件重要性系数的内在联系，并在此基础上提出基于刚度的节点重要性概念；从结构传力属性的角度，提出基于能量分布的构件和节点重要性评估方法，该方法同时考虑了传力路径和刚度分布对构件重要性的影响；结合实际工程，对枣庄体育场的新型轮辐式罩棚结构进行构件和节点重要性评估分析，并在此基础上比较两种重要性系数的区别。

10.2　构件重要性

10.2.1　基于刚度的构件重要性系数

冗余度是结构冗余特性的表征，而分布式弹性冗余度则反映了各个构件的冗余情况，是体现构件多余约束程度的指标。从几何拓扑的角度来说，某构件的分布式弹性冗余度越小，就意味着该构件的冗余程度越小，则该构件失效后存在较少的替代传力路径，其失效就容易引起结构相对大范围的破坏，即说明该构件在整体结构中过于重要，不利于结构的鲁棒性。因此，构件的分布式弹性冗余度与构件的重要性息息相关。实际上，根据文献[41]可知，分布式弹性冗余度 $r_{\mathrm{Ela}_i}^*$ 与基于刚度的重要性系数存在如下关系：

$$r_{\mathrm{Ela}_i}^* + \chi_i = 1, \quad i = 1, 2, \cdots, b \tag{10-2-1}$$

式中，χ_i 为构件 i 基于刚度的重要性系数。根据第 3 章关于索杆张力结构体系分析对分布式弹性冗余度的定义，由式(3-6-16)可知，$\boldsymbol{\Omega}_1^*$ 为分布式弹性冗余度矩阵，$\boldsymbol{\Omega}_1^* = \boldsymbol{I} - \boldsymbol{A}^{\mathrm{T}}\boldsymbol{K}^{-1}\boldsymbol{A}\boldsymbol{K}$，其对角元素为分布式弹性冗余度 $r_{\mathrm{Ela}_i}^*$，$\chi_i\,(i = 1, 2, \cdots, b)$ 实则为矩阵 $\boldsymbol{\Psi} = \boldsymbol{I} - \boldsymbol{\Omega}_1^*$ 的对角元素，并有如下关系：

$$t = Ke = K(v + e_0) = K\boldsymbol{\Psi}e_0 \tag{10-2-2}$$

$$\boldsymbol{\Psi} = \boldsymbol{A}^{\mathrm{T}}\boldsymbol{K}^{-1}\boldsymbol{A}\boldsymbol{K} \tag{10-2-3}$$

式中，t 为构件内力；$\boldsymbol{\Psi}$ 为基于刚度的重要性系数矩阵。由式(10-2-2)可知，仅构件 i 存在初始误差 e_0^i，而其余构件不存在初始误差时，有

$$t_i = k_i \chi_i e_0^i \tag{10-2-4}$$

若假设 $e_0^i = 1/k_i = l_i / E_i A_i$，此时可将 e_0^i 当作沿自由构件主轴刚度方向(即两端无约束的构件)施加单位平衡力系时产生的自由变形量(图 10-2-1)，将其代入式(10-2-4)得 $t_i = \chi_i$。由此可见，基于刚度的重要性系数 χ_i 的力学意义即为构件在该力系下为维持原协调关系产生的内力值。从冗余度的角度看，构件拥有的冗余约束越小，其重要性越高，当 $\chi_i = 0$ 时，可认为构件两端完全约束，其破坏对结构无影响；而当 $\chi_i = 1$ 时，构件无冗余约束，该构件的破坏将导致整体结构相对大范围的破坏。从刚度的角度看，构件的失效或者移除意味着丧失了沿该构件主轴刚度方向的抵抗能力；也就是说，沿该方向施加单位平衡力系，构件产生的内力越大，即构件在该方向的刚度作用越大，其重要性越高。

图 10-2-1　施加单位平衡轴力的构件

10.2.2　基于能量分布的构件重要性系数

当引入初始误差 e_0 后，结构从初始位形 G_0 移动到新的位形 G，此时结构内力为

$$t = \tilde{\Gamma} e_0 \tag{10-2-5}$$

式中

$$\tilde{\Gamma} = K - S(S^{\mathrm{T}} F S)^{-1} S^{\mathrm{T}} \tag{10-2-6}$$

根据文献[224]～[226]可知：

$$t = (I - \Omega)^{\mathrm{T}} K e_0 = (I - \Omega)^{\mathrm{T}} P \tag{10-2-7}$$

式中，P 为施加于构件上任意大小的轴向外力，$P = K e_0$，$(I - \Omega)^{\mathrm{T}}$ 为文献[227]～[229]中所提到的平衡内力矩阵，是结构传力路径的体现，也是内力重分布简捷计算方法的基础。对比式(10-2-5)和式(10-2-7)可知，矩阵 $\tilde{\Gamma} = (I - \Omega)^{\mathrm{T}} K$ 由平衡内力矩阵和对角刚度矩阵组成，既反映了结构的传力路径，又体现了结构的刚度分布。

此时，结构对应的应变能 U^* 满足如下关系：

$$U^* = \frac{1}{2} e^{\mathrm{T}} t = \frac{1}{2} e_0^{\mathrm{T}} \left[K - S(S^{\mathrm{T}} F S)^{-1} S^{\mathrm{T}} \right] e_0 = \frac{1}{2} e_0^{\mathrm{T}} \tilde{\Gamma} e_0 \tag{10-2-8}$$

式中，$2U^*$ 是关于 e_0 的二次型形式，可以证明 $\tilde{\Gamma} (\in \mathbb{R}^{b \times b})$ 为 b 维对称半正定矩阵。由式(10-2-8)可知，总应变能受所有构件初始误差的综合影响，因为 e_0 为任意向量，而矩阵 $\tilde{\Gamma}$ 始终不变，所以矩阵 $\tilde{\Gamma}$ 反映了这种综合影响的规律，即各构件在任意初始误差分布下对总体应变能的贡献规律，该规则本质上是由内力传递规则和结构刚度分布共同决定的。

因此，可以通过研究矩阵 $\tilde{\Gamma}$ 的内在特性来评估各构件的重要性。从传力属性的角度考虑，在任意或特定 e_0^* 分布下，构件内力大小受传力路径和刚度分布的共同影响，构件刚度很大程度上反映了荷载作用下结构的传力能力，而传力路径中承担大比例荷载路径上的构件显然是重要性大的构件，即构件内力越大，其重要性越大；反之则重要性越小。从能量分布的角度考虑，在任意或特定 e_0^* 分布下，构件对结构总应变能贡献越大，说明其重要性越大；反之则重要性越小。故此处利用范数的概念来研究矩阵，矩阵 $\tilde{\Gamma}$ 的行向量 1-范数为 $\left\| \tilde{\Gamma}_i \right\|_1$ 可表示为

$$\tilde{\chi}_i = \frac{\left\| \tilde{\boldsymbol{\varGamma}}_i \right\|_1}{\sum\limits_{i=1}^{b} \left\| \tilde{\boldsymbol{\varGamma}}_i \right\|_1} \tag{10-2-9}$$

式中，$\sum\limits_{i=1}^{b} \tilde{\chi}_i = 1$。由于矩阵 $\tilde{\boldsymbol{\varGamma}}$ 为对称正定矩阵，根据式(10-2-5)和式(10-2-8)可知，$\tilde{\chi}_i$ 包含两个物理意义：

(1) $\tilde{\chi}_i$ 反映了任意 $\boldsymbol{e}_0$ 下各构件初始误差对 i 构件内力的综合影响，特别地，若取 $\boldsymbol{e}_0 = e_r \mathrm{sign}(\tilde{\boldsymbol{\varGamma}}_i)^{\mathrm{T}}$，其中，$e_r$ 为任意实数，相当于在各构件 i 两端施加 $k_i e_r \mathrm{sign}(\tilde{\boldsymbol{\varGamma}}_i)^{\mathrm{T}}$ $(i=1,2,\cdots,b)$ 的平衡轴力，此时 $\tilde{\chi}_i$ 为 i 构件的相对内力值。

(2) $\tilde{\chi}_i$ 反映了任意 $\boldsymbol{e}_0$ 下构件 i 的初始误差对各构件内力的综合影响，即反映了任意 $\boldsymbol{e}_0$ 下构件 i 的初始误差对结构总应变能的贡献。

因此，$\tilde{\chi}_i$ 的力学意义本质上是在任意索长误差 e_r 下构件 i 的相对内力大小，故可以将 $\tilde{\chi}_i$ 定义为重要性系数：构件 i 相对内力越大，即 $\tilde{\chi}_i$ 越大，它在结构中的重要性越高；反之，$\tilde{\chi}_i$ 越小，则构件 i 的重要性越低。此外，还可将 $\tilde{\chi}_i$ 视为构件 i 对结构总应变能的贡献度。于是，将 $\tilde{\chi}_i$ 定义为基于能量分布的构件重要性系数，将矩阵 $\tilde{\boldsymbol{\varGamma}}$ 定义为基于能量分布的重要性系数矩阵。

10.3　节点重要性

对索杆张力结构体系而言，组成结构的元素除了索单元、杆单元等构件，还包含另一重要部分，即节点。结构通过节点将各构件相互联系，实现了各种各样的几何拓扑样式。当许多重要构件汇聚于某节点时，该节点也变得格外关键。可见，为综合评估结构抗连续性倒塌的能力，节点的重要性分析也是必不可少的。

10.3.1　基于刚度的节点重要性系数

在索杆结构中，节点的作用就是将原先互不相连的构件汇聚起来，根据上述基于刚度的构件重要性系数，节点重要性系数可以表示为

$$\vartheta_j = \sum_{u=1}^{v} \chi_u \tag{10-3-1}$$

式中，ϑ_j 为 j 节点的基于刚度的重要性系数；u 为与 j 节点相连的构件；v 为汇聚于 j 节点的构件总数。汇聚于该节点的构件越多，构件越重要，则该节点在结构中的重要性越高。

参照基于能量分布的节点重要性系数和基于能量分布的构件重要性系数,可得到节点重要性系数为

$$\tilde{\vartheta}_j = \sum_{u=1}^{v} \tilde{\chi}_u \tag{10-3-2}$$

式中, $\tilde{\vartheta}_j$ 为 j 节点的基于能量分布的重要性系数; $\tilde{\chi}_u$ 为与 j 节点相连的构件 u 的重要性系数; v 为汇聚于 j 节点的构件总数。当 $\tilde{\vartheta}_j$ 值越大时,表示 j 节点越重要;而 $\tilde{\vartheta}_j$ 值越小,意味着 j 节点的重要性越低。

10.3.2　概念移除和结构响应指标

根据构件和节点的重要性计算方法,先参照式(10-2-1)和式(10-3-1)或式(10-2-9)和式(10-3-2)计算重要性系数,然后根据重要性系数大小删除相关构件或节点并观察结构的响应情况,即根据结构响应的指标来判定重要性系数定义的有效性。此处采用概念移除法,利用专业有限元软件 Easy 进行分析。此处的概念移除与断索模拟[230]不同,虽然都是研究结构的内力重分布过程,但断索模拟更侧重于研究结构的动态响应。由于不需要准确地模拟单元的动力行为,使用基于力密度法的非线性静力计算方法可以对构件或节点之间的重要性进行比较和判断。

本节主要考虑的结构响应包括构件内力和节点位移;在构件层面,具体指标包括索单元松弛数量、删除构件后结构中的最大内力、节点最大 Z 向位移、最大节点位移;而在结构层面,针对不完整结构(删除构件后的结构)给出如下指标:

$$\rho_t = \sqrt{\Delta \boldsymbol{t}^{\mathrm{T}} \Delta \boldsymbol{t}} \tag{10-3-3}$$

$$\rho_d = \sqrt{\boldsymbol{d}^{\mathrm{T}} \boldsymbol{d}} \tag{10-3-4}$$

式中, ρ_t 为结构的内力变化指标,此时 $\Delta \boldsymbol{t}$ 表示剩余构件的内力变化量,对 i 构件有 $\Delta t_i = t_i^{\mathrm{damaged}} - t_i^{\mathrm{intact}}$; ρ_d 为结构的位移变化指标,此时 $\boldsymbol{d}$ 表示剩余节点的位移,对 j 节点有 $\boldsymbol{d}_j = \boldsymbol{X}_j^{\mathrm{damaged}} - \boldsymbol{X}_j^{\mathrm{intact}}$, $\boldsymbol{X}_j$ 表示 j 节点坐标。

当移除构件 i 后,不完整结构中索单元松弛数量越大,则反映该构件重要性越大;最大内力和结构的内力变化指标 ρ_t 反映了不完整结构构件内力情况,指标 ρ_t 越大,则认为构件重要性越大;节点最大竖向位移、最大节点位移和结构的位移变化指标 ρ_d 反映了不完整结构的变形情况,认为各类位移和指标 ρ_d 越大,构件越重要;反之则构件重要性越小。

10.4　枣庄体育场构件与节点的重要性评估

以枣庄体育场[139]为例,模型参考 3.7.3 节和 6.4.2 节,对其进行重要性分析,

利用 Easy 软件进行构件的概念移除，通过各类结构响应指标判定重要性系数的适用性。荷载仅考虑构件自重，所有荷载等效为集中荷载施加于节点；结构的几何参数和材料参数见表 10-4-1，构件编号如图 10-4-1 所示；初始预应力分布如图 6-4-1 所示。

表 10-4-1　结构的几何参数和材料参数

构件	规格	最大拉力/kN	面积/m²	E/(kN/m²)	自重/(kN/m³)
飞柱	12ϕ375mm	—	0.0222	2.06×10^8	78.5
上环索	8ϕ85mm	8×7210	8×0.0050	1.60×10^8	78.5
上屋面索	ϕ98mm	8090	0.0057	1.55×10^8	78.5
下径向索	ϕ98mm	8090	0.0057	1.55×10^8	78.5
下环索	8ϕ95mm	8×8090	8×0.0063	1.60×10^8	78.5
内斜索	ϕ88mm	6390	0.0046	1.55×10^8	78.5

如图 6-4-1 所示，每组构件具有相同的初始预应力值；其中，位于屋面最高点处的下环索 1 组具有最大的预应力值约为 2.17×10^4kN，位于屋面最低点处的内加斜索 12 组具有最小的预应力值约为 3.28×10^2kN。对于整个屋盖结构，下环索的初始预应力为 $1.17\times10^4 \sim 2.17\times10^4$kN；上环索的初始预应力为 $1.52\times10^4 \sim 1.67\times10^4$kN；上屋面索的初始预应力为 $1.24\times10^3 \sim 3.79\times10^3$kN；下径向索的初始预应力为 $1.84\times10^3 \sim 2.50\times10^3$kN；内斜索的初始预应力为 $3.28\times10^2 \sim 2.61\times 10^3$kN。

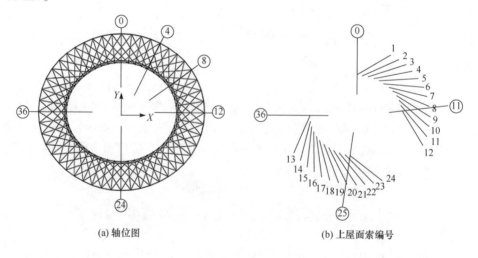

(a) 轴位图　　　　　　　　　　(b) 上屋面索编号

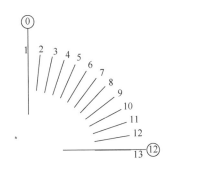

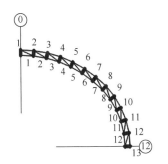

(c) 下径向索编号　　　　　　(d) 上环索、下环索、内斜索和飞柱编号

图 10-4-1　枣庄体育场构件编号

10.4.1　构件重要性评估

利用式(10-2-3)求解结构基于刚度的构件重要性系数，如图 10-4-2(a)所示；利用式(10-2-9)求解结构基于能量分布的构件重要性系数，如图 10-4-2(b)所示。

如图 10-4-2(a) 所示，内斜索、下径向索、飞柱、上环索和下环索的基于刚度的构件重要性系数 χ 较大且大小相近，而上屋面索的 χ 值最小；具体而言，位于罩棚结构最高点处的飞柱 1 具有最大的 $\chi_{max}=1.0000$，而位于罩棚 1/4 象限处的上屋面索 8 具有最小的 $\chi_{min}=0.4463$。如图 10-4-2(b) 所示，根据基于能量分布的构件重要性系数可知，各类构件的重要性排序如下：下环索>上环索>飞柱>内斜索>上屋面索>下径向索；即位于最高点附近的下环索 1 具有最大的 $\tilde{\chi}_{min}$，为 0.9350%，位于罩棚 1/4 象限处的下径向索 7 具有最小的 $\tilde{\chi}_{min}$，为 0.0434%。因此，在基于

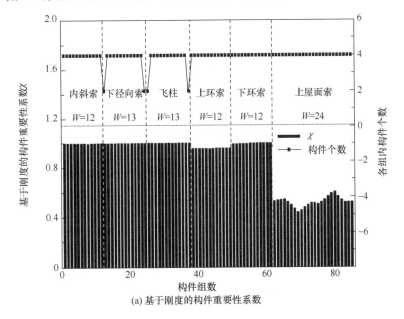

(a) 基于刚度的构件重要性系数

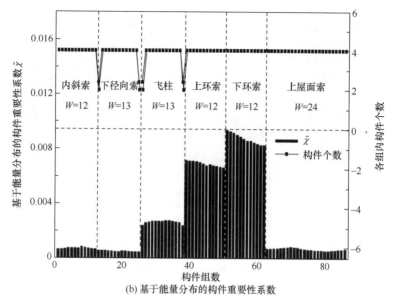

(b) 基于能量分布的构件重要性系数

图 10-4-2 枣庄体育场构件重要性系数

刚度的重要性概念里，最重要的构件是飞柱 1，而重要性最小的构件是上屋面索 8；从能量分布的角度看，最重要的构件是下环索 1，而重要性最小的构件是下径向索 7。为判定上述两种重要性系数概念的适用性，利用 Easy 软件逐一将飞柱 1、下环索 1、上屋面索 8 和下径向索 7 移除(每次仅删除一根构件)并观察对应不完整结构的响应情况。

图 10-4-3 给出了上述提及的 4 种移除情形下枣庄体育场罩棚结构的节点位移和构件内力数据。图 10-4-3(a)、(c)、(e)和(g)中的黑色圆点表示节点位移，黑点的大小反映了节点总位移的大小，黑点越大，表明该节点总位移越大；黑点的分布则体现了不完整结构的变形趋势，能从变形的角度直观地反映移除该构件对结

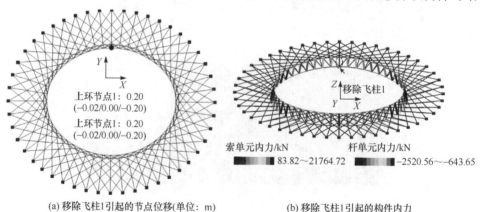

(a) 移除飞柱1引起的节点位移(单位: m)　　　(b) 移除飞柱1引起的构件内力

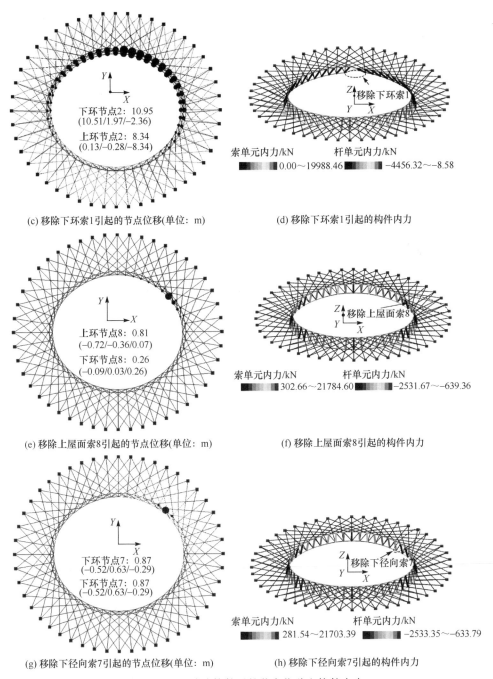

(c) 移除下环索1引起的节点位移(单位：m)

(d) 移除下环索1引起的构件内力

(e) 移除上屋面索8引起的节点位移(单位：m)

(f) 移除上屋面索8引起的构件内力

(g) 移除下径向索7引起的节点位移(单位：m)

(h) 移除下径向索7引起的构件内力

图 10-4-3　移除构件后的节点位移和构件内力

构的影响范围，黑点越大且分布越广泛说明受该构件移除行为影响的区域越大；图中标注的两节点分别为总位移最大节点和竖向位移最大节点，并注明了节点总位移数值和 X、Y、Z 的分位移数值。在图 10-4-3(b)、(d)、(f)和(h)中粗线代表杆单元，细线代表索单元。

根据基于刚度的重要性评估，构件具有最大的 χ 值，意味着在该构件两端施加单位力系时构件为维持原协调关系产生的内力最大；而从能量分布的角度出发，构件具有最大的 $\tilde{\chi}$ 值，即在 $\boldsymbol{e}_0 = e_r \text{sign}(\tilde{\boldsymbol{\Gamma}}_i)^{\text{T}}$ 的情况下，该构件具有最大的构件内力，则该构件为维持结构的稳定贡献最大，所以在结构中最重要。虽然上述重要性系数定义都有其合理之处，但不同方法得出的结论有所不同，因此需要进一步分析和判断。

图 10-4-3(a)和(b) 为移除飞柱 1 后枣庄体育场罩棚结构的响应情况，由图 10-4-3(a)可见，总位移最大节点和竖向位移最大节点都位于最高处的上环节点 1，该节点向下移动了 0.20m，除上环节点 1 附近发生较小位移外，其余部分变形不大，不完整结构位移变化指标 $\rho_d = 0.22\text{m}$；如图 10-4-3(b)所示，结构变形后无索单元松弛，最大索单元内力为 21764.72kN，出现在下环索 1 组中，不完整结构内力变化指标 $\rho_t = 448.10\text{kN}$。图 10-4-3(c)和(d)为移除下环索 1 后结构的响应情况，由图 10-4-3(c)可见，下环节点 2 具有最大的总位移 10.95m，而上环节点 2 具有最大的竖向位移 8.34m，约有 1/2 的结构发生了较大位移，不完整结构位移变化指标 $\rho_d = 47.40\text{m}$；如图 10-4-3(d)所示，结构变形后无索单元松弛，但有 23 个杆单元内力变为 0，不再受力，最大索单元内力为 19988.46kN，出现在上环索 1 组中，不完整结构内力变化指标 $\rho_t = 8.40 \times 10^4 \text{kN}$。通过比较图 10-4-3(a)~(d) 中的结构响应情况，认为下环索 1 在结构中的重要性显著大于飞柱 1。

图 10-4-3(e)和(f)为移除上屋面索 8 后枣庄体育场罩棚结构的响应情况，上环节点 8 具有最大的总位移 0.81m，下环节点 8 具有最大的竖向位移 0.26m，节点位移主要发生在上环节点 8 附近，不完整结构位移变化指标 $\rho_d = 1.42\text{m}$；如图 10-4-3(f)所示，结构变形后无索单元松弛，最大索单元内力为 21784.60kN，出现在下环索 1 组中，不完整结构内力变化指标 $\rho_t = 4.63 \times 10^3 \text{kN}$。图 10-4-3(g)和(h)为移除下径向索 7 后结构的响应情况。如图 10-4-3(g)所示，总位移最大节点和竖向位移最大节点都是下环节点 7，该节点主要沿 Z 轴下移了 0.87m，仅下环节点 7 附近节点发生较大位移，不完整结构位移变化指标 $\rho_d = 1.06\text{m}$；如图 10-4-3(h)所示，结构变形后无索单元松弛，最大索单元内力为 21703.39kN，出现在下环索 1 组中，不完整结构内力变化指标 $\rho_t = 1.49 \times 10^3 \text{kN}$。通过对图 10-4-3(e)~(h)进行比较，认为上屋面索 8 和下径向索 7 在整体结构中的重要性都偏小。

10.4.2　节点重要性评估

利用式(10-3-1)求解结构基于刚度的节点重要性系数，如图 10-4-4(a)所示；利用式(10-3-2)求解结构基于能量分布的节点重要性系数，如图 10-4-4(b)所示。

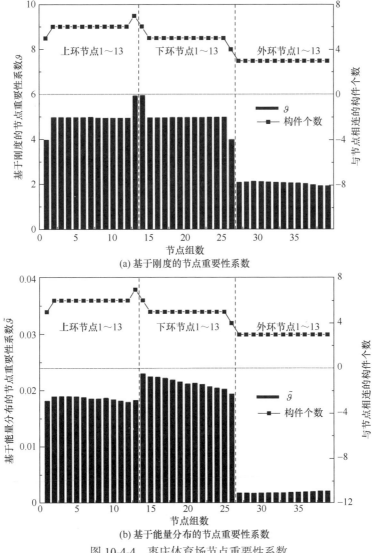

图 10-4-4　枣庄体育场节点重要性系数

如图 10-4-4(a)所示，上环节点和下环节点基于刚度的节点重要性系数较大且大小相近，而外环节点远小于上环节点、下环节点；即虽然上环最低节点 13 处汇聚了 7 根构件而下环最高节点 1 处仅汇聚了 6 根构件，但下环节点 1 具有最大的 ϑ_{max}，为 5.9656，这说明节点的重要性系数不仅和节点处汇聚的杆件数量有关，还和杆件自身重要性有关；外环最低节点 13 具有最小的 $\vartheta_{\min}$，为 1.9226。如图 10-4-4(b)所示，基于能量分布评估各类节点的重要性排序如下：下环节点>上环节点>外环节点。因此，下环最高节点 1 具有最大的 $\tilde{\vartheta}_{\max}$，为 2.2914%，外环节点 3 具有最小的 $\tilde{\vartheta}_{\min}$，为 0.1711%。

为判定上述两种重要性系数概念的适用性，逐一将下环节点 1、外环节点 13 和外环节点 3 移除并观察对应不完整结构的响应情况，如图 10-4-5 所示。无论是基于刚度的重要性定义还是基于能量分布的重要性定义，都可知下环节点 1 是结构中最重要的节点。图 10-4-5(a)和(b)为移除下环节点 1 后结构的响应情况。如图 10-4-5(a) 所示，下环节点 2 具有最大的总位移 10.73m，上环节点 1 向下发生了最大的竖向位移 8.06m，内环马鞍形曲面被拉平，整个结构发生剧烈变形，不完整结构位移变化指标 $\rho_d = 53.78\text{m}$；如图 10-4-5(b)所示，结构变形后共有 70 个索单元松弛，另有 24 个杆单元内力变为 0 而不再受力，不完整结构中最大索单元内力为 17350.62kN，出现在上环索 1 组中，不完整结构内力变化指标 $\rho_t = 9.31 \times 10^4 \text{kN}$。

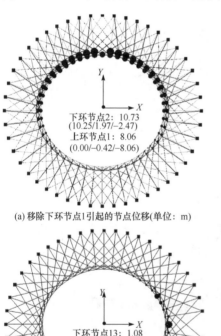

下环节点2: 10.73
(10.25/1.97/−2.47)
上环节点1: 8.06
(0.00/−0.42/−8.06)

(a) 移除下环节点1引起的节点位移(单位: m)

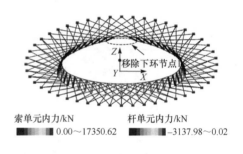

索单元内力/kN
0.00~17350.62

杆单元内力/kN
−3137.98~0.02

(b) 移除下环节点1引起的构件内力

下环节点13: 1.08
(−1.08/0.00/−0.02)
上环节点3: 0.32
(−0.18/0.07/0.32)

(c) 移除外环节点13引起的节点位移(单位: m)

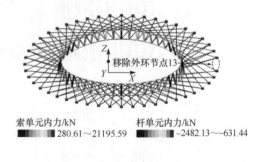

索单元内力/kN
280.61~21195.59

杆单元内力/kN
−2482.13~−631.44

(d) 移除外环节点13引起的构件内力

 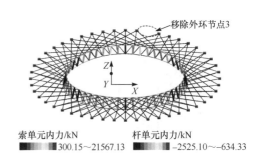

下环节点3：0.97
(−0.23/0.93/−0.14)

下环节点3：0.97
(−0.23/0.93/−0.14)

移除外环节点3

索单元内力/kN　　　　　　杆单元内力/kN
300.15～21567.13　　　　−2525.10～−634.33

(e) 移除外环节点3引起的节点位移(单位：m)　　　　(f) 移除外环节点3引起的构件内力

图 10-4-5　移除节点后的节点位移和构件内力

图 10-4-5(c)和(d)为移除外环节点 13 后结构的响应情况。由图 10-4-5(c)可知，下环节点 13 具有最大的总位移 1.08m，而上环节点 3 具有最大的竖向位移 0.32m，节点位移较大的区域集中在下环节点 13 附近，不完整结构位移变化指标 $\rho_d = 2.50\text{m}$；如图 10-4-5(d)所示，结构变形后无索单元松弛，最大索单元内力为 21195.59kN，出现在下环索 1 组中，不完整结构内力变化指标 $\rho_t = 7.14 \times 10^3 \text{kN}$。

图 10-4-5(e)和(f)所示为移除外环节点 3 后结构的响应情况。如图 10-4-5(e)所示，总位移最大节点和竖向位移最大节点都为下环节点 3，节点位移普遍较小且主要集中在下环节点 3 附近，不完整结构位移变化指标 $\rho_d = 1.58\text{m}$；如图 10-4-5(f) 所示，结构变形后无索单元松弛，最大索单元内力为 21567.13kN，出现在下环索 1 组中，不完整结构内力变化指标 $\rho_t = 3.37 \times 10^3 \text{kN}$。通过比较各项指标可知，外环节点 3 的重要性小于外环节点 13。为了更全面地考察节点重要性，将结构中的 39 个节点逐一删除，并统计对应的各项指标，结果如图 10-4-6 所示。

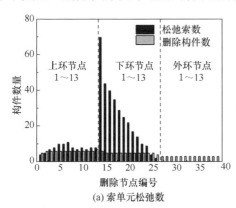

(a) 索单元松弛数

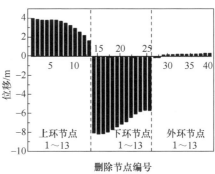

(b) 最大竖向位移

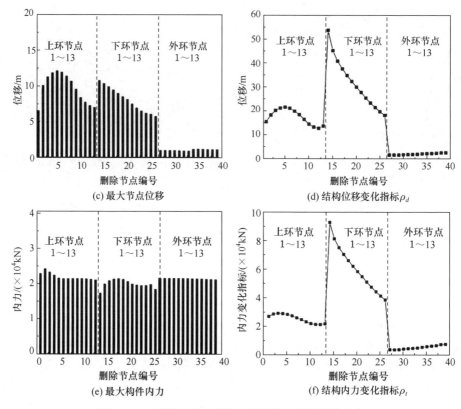

图 10-4-6　移除结构中各节点引起的各项指标的变化

如图 10-4-6(a) 所示，通过观察结构变形后索单元松弛数可知，下环节点的重要性大于上环节点，上环节点的重要性又大于外环节点；如图 10-4-6(b)～(d) 所示，综合比较节点位移，下环节点的重要性大于上环节点，上环节点的重要性又大于外环节点；如图 10-4-6(e)和(f)所示，观察内力变化可知，下环节点的重要性大于上环节点，上环节点的重要性又大于外环节点。

10.5　本章小结

冗余度是结构冗余特性的表征，而分布式弹性冗余度反映了各个构件的冗余情况，是体现构件多余约束程度的指标。从某种角度来看构件的分布式弹性冗余度与构件的重要性息息相关。从冗余度的角度看，构件拥有的冗余约束越小，其重要性越高。

基于能量分布的构件和节点重要性系数相比于基于刚度的构件和节点重要性系数更加符合实际情况。基于刚度的构件重要性方法首先在各构件两端分别施加单位平衡轴力,使构件内产生相应的内力,再将此内力值作为重要性评价系数;而基于能量分布的构件重要性方法是同时对各个构件两端施加平衡轴力,并在这些力系的共同作用下使构件内产生内力,再将此时的构件相对内力值作为重要性评价指标。虽然两者都考虑了传力路径和刚度分布等传力属性对构件重要性的作用,但基于刚度的指标是单一力系下得到的指标,而基于能量分布的指标是复杂力系下得出的指标,实际上考虑了各个构件对某一构件的影响,是一种考虑更为全面的指标。

　　对轮辐式体育场罩棚结构的构件和节点重要性的分析表明,各类构件的重要性排序如下:下环索>上环索>飞柱>内斜索>上屋面索>下径向索。各类节点的重要性排序如下:下环节点>上环节点>外环节点。这对轮辐式张力结构体系设计和结构分析设计具有重要的指导意义。

第 11 章　索长误差影响分析方法

11.1　引　　言

对索杆结构而言，因为预应力具有提供结构承载力和维持结构稳定性的重要作用，所以成形后结构的预应力(第 2 章构形预应力态)能否满足初始预应力设计，即实际构形预应力能否达到设计预应力要求，是面向建造期和服役期结构分析的重要问题。工程实践表明，在实际加工、安装、张拉等各环节中误差是不可避免的，并会导致结构初始预应力和形状的偏差；若误差因素与形成预应力的初始缺陷长度属于同一量级，则由误差引起的预应力偏差可能很大，将严重影响结构的后期承载力和安全性能[56,92,139]。特别是在定尺定长设计和张拉的工程中，若索长误差的存在导致构件长度过小，则构件难以张拉到位，若强行张拉，则会产生巨大的预张力，引起结构安全隐患；若构件长度过大，则构件中预应力偏小，可能达不到结构刚度要求。

因此，有关索杆结构预应力偏差问题受到国内外学者的广泛重视，在研究中通常将误差因素分为几何误差、材料物理参数误差、张力测量误差、温度变化影响等。其中，几何误差又包括拉索的长度制作误差、支座几何偏差、节点或锚具尺寸误差等，虽然各类误差一般是相互独立的影响因素，但常将这些误差在数学上转换为索长误差的形式进行研究。已有的研究主要涉及两方面：误差敏感性分析和误差限值的计算[139]。误差敏感性是指由误差因素引起的结构成形实际状态与初始设计状态间的预应力偏差和形态偏差；误差敏感性分析主要包括根据误差值求解预应力、形态偏差和以偏差为依据确定构件对误差的敏感程度，研究误差对结构的影响程度，为张力结构提供施工验收标准，研究构件对误差的敏感程度也有助于预留补张拉索或选择合理张拉方案，从而有目的地控制结构偏差。而误差限值计算是根据预应力偏差限值去寻找满足要求的最大允许误差值，为高精度或新形式等非常规结构工程设计和施工提供指导和帮助。

本章分别从索长制作误差、索长误差敏感性、索长误差限值等对索长误差的基本模型、分析方法和影响进行分析。

11.2　索长制作误差分析

在测量和称量过程中，长度、零件尺寸、测量误差以及同种产品重量等都服从正态分布，本节所研究的钢索制作误差就属于服从正态分布的随机变量。在对钢索制作误差的测量过程中，将不同长度的钢索按照一定范围进行分类，分别测量，这样就产生了多个服从正态分布的独立随机变量，每一组随机变量总有最大值存在，而钢索制作误差会对结构体系的初始预应力产生影响，研究误差极值对初始预应力的影响对于实际制作和施工中力的控制等有重要意义。为了对这个问题进行研究，首先要建立多个独立的正态分布随机变量最大值所服从的分布模型。

极值分布又称为 Gumbel 分布[231]，即极值 I 型概率分布，这种分布最初用于研究水文和最大风速的问题，侧重于对极值现象的研究[232-235]，而本节所要寻找的正是这样一种极值分布的模型，所以首先研究如何建立多个独立的正态分布随机变量最大值所服从的极值 I 型概率分布模型[92]。

11.2.1　最大值分布理论

最大值分布的基本理论简单介绍如下，设有一组相互独立且服从同一概率分布 $F(x)$（称为原始分布）的随机变量 $X_1, X_2, \cdots, X_n$，它的最大值也是这组随机变量的最大项 $X_M = \max\{X_1, X_2, \cdots, X_n\}$，其分布函数可表示为

$$F_m(x) = P(X_M \leqslant x) = P(X_1 \leqslant x, X_2 \leqslant x, \cdots, X_n \leqslant x) = [F(x)]^n \tag{11-2-1}$$

从式(11-2-1)可以看出，最大项 X_M 的分布函数就等于原始分布 $F(x)$ 的 n 次方。如果原始分布 $F(x)$ 具有密度函数 $f(x)$，那么 X_M 也有相应的分布密度函数：

$$f_m(x) = F'_m(x) = n[F(x)]^{n-1} f(x) \tag{11-2-2}$$

11.2.2　渐进分布理论

$X_1, X_2, \cdots, X_n$ 是 n 个相互独立的随机变量，其分布函数表示为 $F_{X_i}(z_i)(i = 1, 2, \cdots, n)$，其最大值 $M = \max(X_1, X_2, \cdots, X_n)$ 的分布函数为 $F_{\max}(z) = F_{X_1}(z)F_{X_2}(z) \cdots F_{X_n}(z)$，最大值分布函数采用最大值理论求出。但很多情况下，原始分布 $F(x)$ 是未知的，所以无法得到极值分布函数；有时 n 很大，很难直接计算 $F_{\max}(z)$ 的分布形式及 $F_{\max}(z)$ 的统计参数。因此，下面采用渐进分布理论来得出多个独立的指数分布随机变量的最大值分布模型。原始分布为指数型分布函数 $F(X)$，如果有 $\lim\limits_{x \to \infty} \dfrac{\mathrm{d}}{\mathrm{d}x}\left[\dfrac{1 - F(x)}{f(x)}\right] = 0$，那么其最大值 X_n 的分布函数 $F_n(X)$ 符合极值 I 型分布[56]。

11.2.3　正态分布最大值分布模型

对于一组正态分布随机变量的最大值符合极值 I 型概率分布模型，模型的表

达式和统计参数求解如下。

1) 极值 I 型概率分布函数

$X_1, X_2, \cdots, X_n$ 是一组相互独立的正态分布随机变量，其最大值为 Y_n，则

$$F_{Y_n}(x) = P(Y_n < x) = P\left[\max(X_1, X_2, \cdots, X_n) < x\right] = \left[F_X(x)\right]^n \qquad (11\text{-}2\text{-}3)$$

设 $\xi_n = n\left[1 - F_X(Y_n)\right]$，有

$$F_{\xi_n}(\xi) = P(\xi_n \leqslant \xi) = P\left\{n\left[1 - F_X(Y_n)\right] \leqslant \xi\right\} = 1 - \left(1 - \frac{\xi}{n}\right)^n \qquad (11\text{-}2\text{-}4)$$

又因为

$$\lim_{n \to +\infty} n \ln\left(1 - \frac{\xi}{n}\right) = \lim_{n \to +\infty} \frac{\ln\left(1 - \frac{\xi}{n}\right)}{\frac{1}{n}} = -\xi \qquad (11\text{-}2\text{-}5)$$

所以，当 $n \to +\infty$ 时，有

$$F_{\xi_n}(\xi) = 1 - e^{-\xi} \qquad (11\text{-}2\text{-}6)$$

因为 $Y_n = F_X^{-1}\left(1 - \frac{\xi_n}{n}\right)$，当 n 很大时，$F_{Y_n} = P(Y_n < y) = P\left[1 - \frac{\xi_n}{n} < 1 - \frac{g(y)}{n}\right]$，当 $g(y) = n\left[1 - F_X(y)\right]$ 时，有

$$F_{Y_n}(y) = \exp\left[-g(y)\right] \qquad (11\text{-}2\text{-}7)$$

2) 多个标准正态分布随机变量最大值分布函数

设变量 X^1 服从标准正态分布 $N(0,1)$，其分布函数 $F_X(x) = \frac{1}{\sqrt{2\pi}}\int_{-\infty}^{x} e^{-\frac{z^2}{2}} \mathrm{d}z$。一组随机变量 $X_1^1, X_2^1, \cdots, X_n^2$ 的最大值为 Y_n^1，假设 $\xi_n = n\left[1 - F_X(Y_n^1)\right]$，当 n 充分大时，Y_n^1 的分布函数为

$$F_{Y_n^1}(y^1) = \exp\left[-e^{-a_n^1(Y_n^1 - u_n^1)}\right] \qquad (11\text{-}2\text{-}8)$$

3) 多个非标准正态分布随机变量最大值分布函数

上面得出了多个独立标准正态分布随机变量最大值所服从的极值 I 型分布函数模型，对于非标准的正态分布，设变量 X 服从正态分布 $N(\mu, \sigma^2)$，其分布函数 $F_X(x) = \frac{1}{\sqrt{2\pi}\sigma}\int_{-\infty}^{x} e^{-\frac{(z-\mu)^2}{2\sigma^2}} \mathrm{d}z$。随机变量 $X_1^1, X_2^1, \cdots, X_n^1$ 的最大值为 Y_n，即有 $Y_n^1 = \frac{Y_n - \mu}{\sigma}$ 为 $\frac{X - \mu}{\sigma}$ 的最大值。因此，Y_n 的分布函数为

$$F_{Y_n}(y) = F_{Y_n^1}\left(\frac{y-\mu}{\sigma}\right) = \exp\left[-\mathrm{e}^{-a_n^1\left(\frac{y-\mu}{\sigma}-u_n^1\right)}\right] = \exp\left[-\mathrm{e}^{-a_n(y-u_n)}\right] \qquad (11\text{-}2\text{-}9)$$

式中，$u_n = \sigma\sqrt{2\ln n} - \sigma\dfrac{\ln\ln n + \ln(4\pi)}{2\sqrt{2\ln n}} + \mu$；$a_n = \dfrac{\sqrt{2\ln n}}{\sigma}$。

11.2.4　索长制作误差极值模型与计算

1) 索长制作误差极值模型

极值 I 型概率分布模型广泛应用于地震、洪水等自然灾害极值的描述，是一种连续的最大值概率分布模型[232-235]。本节索长制作误差是符合正态分布的，所以考虑索长制作误差对索杆张力结构体系预应力的影响，采用极值 I 型概率分布模型，其分布函数为

$$F(x) = \exp\{-\exp[-\alpha(x-u)]\}, \quad -\infty < u < +\infty, \quad \alpha > 0 \qquad (11\text{-}2\text{-}10)$$

式中，x 为索长制作误差最大值；$F(x)$ 为索长制作误差最大值的分布函数。如图 11-2-1 所示，极值 I 型概率分布密度函数 $f(x)$ 为

$$f(x) = \alpha\exp\{-[\alpha(x-u)]\}\exp\{-\exp[-\alpha(x-u)]\}, \quad -\infty < x < +\infty \qquad (11\text{-}2\text{-}11)$$

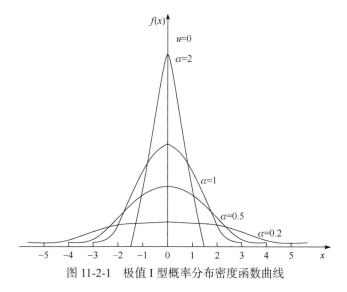

图 11-2-1　极值 I 型概率分布密度函数曲线

2) 索长制作误差极值计算

极值 I 型概率分布是具有两个参数的连续概率分布函数，其均值和方差为

$$E(x) = u + \frac{C_2}{\alpha} = \mu, \quad D(x) = \frac{C_1^2}{\alpha^2} = \sigma^2 \qquad (11\text{-}2\text{-}12)$$

式中，C_1、C_2 为与索长和最大值的样本数有关的系数。

根据索结构技术标准规定，判断索长制作误差是否满足要求。钢索长度标准规定：①索长最大制作误差为索长的 0.25%，并且 10m 以下索制作误差最大值为 10mm；②索长≤30m 的制作误差最大值为 15mm；③索长≤100m 的制作误差最大值为 20mm；④索长>100m 的制作误差最大值为索长的 1/5000。按照规定，以 10m 为一段，取出 15 个样本进行计算，每段样本的最大值按照上述分类取值，当索长>100m 时按照每 10m 一段，从 100~150m 分成 5 段，误差最大值分别取 22mm、24mm、26mm、28mm 和 30mm。

因为取出样本为 15 个，所以 $n=15$，按照伽马函数可以确定两个系数 $C_1=1.02057$，$C_2=0.5182^{[214]}$。样本的均值 $\mu=20.667$ 和方差 $\sigma^2=19.034$，根据式(11-2-12)可以求出极值 I 型概率分布的两个参数 $u=18.4518$，$\alpha=0.2339$。因此，极值 I 型概率分布函数可以表示为

$$F(x)=\exp\left\{-\exp\left[-0.2339(x-18.4518)\right]\right\} \tag{11-2-13}$$

对于任意给定的索长 l，其最大误差值是符合式(11-2-13)的极值 I 型概率分布函数，表示为

$$x=x_{10}+(x_{150}-x_{10})\frac{\ln l}{\ln 10-1} \tag{11-2-14}$$

式中，x_{10} 为 10m 长钢索的最大误差；x_{150} 为 150m 长钢索的最大误差。

11.2.5 索长制作误差对索穹顶体系的影响

1) 三种 Geiger 型索穹顶模型[56]

从图 11-2-2 可以看出：①经典的 Geiger 型索穹顶平面呈圆形，而肋环型索穹顶和切角四边形 Geiger 型索穹顶平面均呈八边形；②3 种索穹顶体系均由 12 榀索桁架组成，不同的是：经典的 Geiger 型索穹顶的 12 榀索桁架尺寸相同，而肋环型索穹顶和切角四边形 Geiger 型索穹顶均由 8 榀长的索桁架和 4 榀短的索桁架组成。

2) 不同索制作误差对索穹顶结构预应力的影响

对三种索穹顶体系来讲，外斜拉索是长度可以调节的定力索，通过改变斜拉索的长度可以改变整个体系的预应力水平；脊索和环索均为定长索，脊索的制作误差只要满足索的制作误差即可，而环索的整体是一根定长索，所以在考虑每根环索制作误差的同时，还要考虑每段环索的制作误差总和不大于整根环索的制作误差。索的制作误差分三种工况考虑：①缩短；②伸长；③伸长和缩短同时产生。对于伸长和缩短同时产生的情况，按以下方式实现。

(1) 对任意一种类型的索，设其索段总数为 Q，则每段索的长度为 $l_1, l_2, \cdots, l_Q$ (其中索按照一定顺序编号为 $1, 2, \cdots, Q$)。设任意选取的产生制作误差的索个数为 q，其中伸长的索个数为 q_1，缩短的索个数为 $q-q_1$，并且 $0<q\leqslant Q$，$0<q_1<q$。

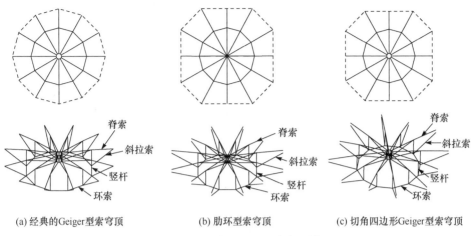

(a) 经典的Geiger型索穹顶　　　(b) 肋环型索穹顶　　　(c) 切角四边形Geiger型索穹顶

图 11-2-2　三种 Geiger 型索穹顶模型

(2) 按照排列组合的方法，可以任意选取的组合总数为 $\sum\limits_{q=1}^{Q} C_Q^q C_q^{q_1}$ 。对每一个组合选取的索分别给定误差，根据结构体系几何坐标的改变重新计算整个体系的预应力分布情况，进而与原有体系的预应力分布情况对比，最后得到各类型索的制作误差对索穹顶体系预应力的改变。

三种索穹顶体系均有外环索，内斜拉索、外斜拉索和内脊索、外脊索。每种类型索的制作误差产生的影响见表 11-2-1。

表 11-2-1　各类型索的制作误差对索穹顶结构预应力的影响　　　　（单位：%）

索类型	工况	经典的 Geiger 型索穹顶	肋环型索穹顶	切角四边形 Geiger 型索穹顶
外环索	①	7.5	9.6	10.2
	②	2.7	9.7	9.7
	③	6.2	8.8	8.7
内斜拉索	①	10.7	8.7	10.2
	②	4.3	13.1	9.2
	③	8.5	14.2	8.6
外斜拉索	①	4.7	5.8	5.9
	②	3.6	5.5	5.6
	③	4.5	4.9	4.7
内脊索	①	11.8	11.6	12.7
	②	7.7	12.7	11.7
	③	8.4	11.6	10.5

续表

索类型	工况	经典的 Geiger 型索穹顶	肋环型索穹顶	切角四边形 Geiger 型索穹顶
	①	17.5	17.4	19.4
外脊索	②	13.4	22.4	17.5
	③	15.0	17.0	15.9

从表 11-2-1 可以看出：①上面三种情况中对结构的预应力影响最大的索均为外脊索，最大值达到 22.4%；②对于切角四边形 Geiger 型索穹顶模型，受索制作误差影响最大的是外脊索缩短时，最大值可以达到 19.4%；③对于经典的 Geiger 型索穹顶模型，受索制作误差影响最大的是外脊索缩短时，最大值可以达到 17.5%；④对于肋环型索穹顶模型，受索制作误差影响最大的是外脊索伸长时，最大值可以达到 22.4%；⑤索缩短和伸长同时出现时，各类型索对体系预应力影响，外脊索最大，外斜拉索最小。

3) 索长制作误差对索穹顶结构整体预应力的影响

在实际加工过程中，索长制作误差可能出现在任何一根索当中，而且制作误差既可能引起索的伸长，也可能引起索的缩短。从不同类型索产生制作误差的分析可以看出，外脊索、内脊索和内斜拉索的制作误差对索穹顶体系的预应力影响较大，而外环索和外斜拉索对体系的预应力影响相对较小。

鉴于结构的这种特性，在研究索长制作误差对索穹顶体系预应力的影响时，做以下假设：只考虑外脊索、内脊索和内斜拉索出现制作误差，忽略外环索和外斜拉索的影响，即假设外环索和外斜拉索不产生制作误差。在满足索伸长和缩短同时出现的情况下，根据不同体系的几何对称情况，分别取出体系的一部分索来说明不同体系制作误差的组合方式，误差分布如图 11-2-3 所示。

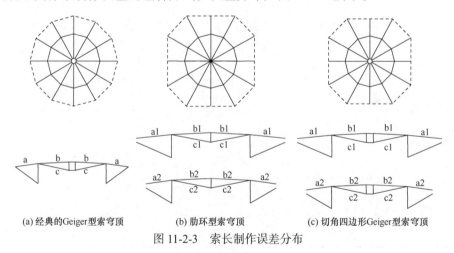

(a) 经典的Geiger型索穹顶　　　(b) 肋环型索穹顶　　　(c) 切角四边形Geiger型索穹顶

图 11-2-3　索长制作误差分布

(1) 如图 11-2-3(a) 所示，经典的 Geiger 型索穹顶是完全轴对称体系，因此取出一榀来设置其制作误差分布情况。对于这种体系，按图上编号，可以分以下 5 种情况考虑：① a 伸长，b 伸长，c 缩短；② a 伸长，b 缩短，c 缩短；③ a 缩短，b 伸长，c 伸长；④ a 缩短，b 缩短，c 伸长；⑤ a 伸长，b 缩短，c 伸长。

(2) 如图 11-2-3(b) 所示，肋环型索穹顶是非完全轴对称体系，有 4 条对称轴，所以取出相邻两榀来设置其制作误差分布情况。对于这种体系，按图上编号，可以分以下 6 种情况考虑：① a1 伸长，b1 伸长，c1 缩短，a2 伸长，b2 伸长，c2 缩短；② a1 伸长，b1 缩短，c1 缩短，a2 伸长，b2 缩短，c2 缩短；③ a1 伸长，b1 缩短，c1 伸长，a2 伸长，b2 缩短，c2 伸长；④ a1 缩短，b1 伸长，c1 伸长，a2 缩短，b2 伸长，c2 伸长；⑤ a1 缩短，b1 缩短，c1 伸长，a2 缩短，b2 缩短，c2 伸长；⑥ a1 缩短，b1 伸长，c1 缩短，a2 缩短，b2 伸长，c2 缩短。

(3) 如图 11-2-3(c) 所示，切角四边形 Geiger 型索穹顶与肋环型索穹顶几何相似，所以考虑的组合方式与(2)情况相同。

按照以上情况进行分析，得出索长制作误差对索穹顶结构整体预应力的影响见表 11-2-2。

表 11-2-2　索长制作误差对索穹顶结构整体预应力的影响　　　　(单位：%)

误差分布	经典的 Geiger 型索穹顶	肋环型索穹顶	切角四边形 Geiger 型索穹顶
①	21.7	36.0	24.7
②	0.2	0.9	2.0
③	0.2	24.8	15.8
④	21.7	0.1	2.0
⑤	15.4	26.0	25.4
⑥	—	30.2	20.3

从表 11-2-2 可以看出：①对经典的 Geiger 型索穹顶预应力产生最不利影响的误差是在脊索缩短、内斜拉索伸长时，影响最大可以达到 21.7%；②对肋环型索穹顶预应力产生最不利影响的误差是在脊索伸长、内斜拉索缩短时，影响最大可以达到 36.0%；③对切角四边形 Geiger 型索穹顶预应力产生最不利影响的误差是在脊索缩短、内斜拉索伸长时，影响最大可以达到 25.4%。

4) 钢索等效刚度(EA)变化对索穹顶结构预应力的影响

从参考文献[135]可以看出，钢索在加工过程中受到加工工艺和环境等的影响，使得钢索的有效截面面积和弹性模量发生改变，进而影响索穹顶体系的预应力。产生这些的原因主要有：①为了防止钢材发生锈蚀，通常会在钢索表面镀锌，一般的镀锌等级分为 3 级(A 级、B 级和 C 级)，钢索镀锌会增加钢索的直径和重量，但同时也会降低钢索的等效刚度，一般 EA 会降低 3%～8%。EA 的降低主要表现在：一般 A 级镀锌钢索的弹性模量为 $138\,\mathrm{kN/mm^2}$，B 级、C 级镀锌钢索弹性模量降低 3%～6%；钢索的有效截面面积一般会发生 ±2% 的变化。②钢索粗细的均匀性和直径加工偏差量的大小也是影响钢索等效刚度的主要因素。

考虑到上述原因，本节对钢索等效刚度变化引起索穹顶体系预应力改变的问题进行以下研究，由于 EA 的改变一般表现为钢索的有效截面面积和弹性模量的改变，所以对这一问题的研究转变为对索的有效截面面积和弹性模量的乘积 EA 的变化对体系预应力的影响。本节分别给定三种索穹顶中各有 20% 索的 EA 值同时发生 3%、5%、8% 的改变，然后分析结构预应力改变的最大值。

由表 11-2-3 可以看出：①三种索穹顶中索的 EA 值同时有 20% 产生变化时，各结构的预应力值均发生了改变。其中经典的 Geiger 型索穹顶的预应力变化最大值达到 4.8%；肋环型索穹顶的预应力变化最大值达到 5.1%；切角四边形 Geiger 型索穹顶的预应力变化最大值达到 4.6%。②随着 EA 值的增大，三种索穹顶的预应力值也随之增大，增加的最大值均达到 4.6% 以上。

表 11-2-3　钢索 EA 值的变化对体系预应力的影响　　　　　（单位：%）

EA 变化量	经典的 Geiger 型索穹顶	肋环型索穹顶	切角四边形 Geiger 型索穹顶
3	1.7	1.2	1.5
5	3.1	3.2	2.6
8	4.8	5.1	4.6

11.3　索长误差敏感性分析和索长误差限值的计算方法

误差敏感性分析中有两大问题需要解决：一是关于误差的模型，包括如何确定误差的取值、分布和组合；二是关于误差和预应力偏差之间的基本关系，即在已知误差分布后如何对结构预应力偏差进行定量估计。对于第一个问题，由于结构中的构件相互联系、数量众多，结构的预应力偏差是各构件索长误差共同影响的结果，因此每根构件的索长误差都可认为是一个随机变量。当不同随机误差同时存在时，带来的影响并非简单的叠加或正负抵消，因此需要考虑随机误差的分布规律，从而进一步分析这些误差分布的综合效应。一般认为各索长误差均符合正态分布，各索长误差的极值符合极值 I 型概率分布[92]；基于不同分布类型的随机误差，可利用 Monte-Carlo 法[95]或正交试验法[96-98]等得到这些随机变量的组合，从而进行误差敏感性分析；或利用数理统计方法[99]得到随机预应力偏差的统计特

性，从而得到各杆件长度误差敏感性评价方法。除上述基于随机误差的方法外，
也可基于确定的误差值采用排列组合的方式[56]给出不同的误差分布；确定的误差
值通常可以取《索结构技术规程》(JGJ 257—2012)中规定的拉索允许偏差限值，
或者根据索长误差的极值分布求解各索的极值大小。对于第二个问题，求解误差
引起的结构预应力偏差的主要方法有：①非线性有限元法；②动力松弛法；③基
于力法提出的索长误差效应线性计算方法。

目前，国内外相关技术规程中索杆结构拉索的误差限值是根据其长度来确定
的。但在实际工程中，即使两根拉索的长度相同，但其边界条件、与周围构件的
连接关系不同，拉索误差导致的索力偏差也不同。因此拉索在结构中的长度、边
界条件和拓扑关系不同，其误差限值的取值也应该不同。

下面以力法为基础，推导构件长度误差与预应力偏差、节点位移的基本关系
式，再结合规范给定的允许索长误差限值，提出构件的最不利预应力偏差计算公
式和可以反映结构整体预应力偏差的指标；利用上述索长误差与预应力偏差的线
性关系式，结合规范给定的预应力偏差限值，改进基于可靠度理论的索长误差限
值计算方法；应用上述方法对枣庄体育场的新型马鞍形轮辐式罩棚结构进行误差
敏感性分析、构件的最不利预应力偏差研究和索长误差限值计算。

11.3.1　基于索长误差的索杆张力结构体系敏感性分析

1) 索长误差与预应力偏差、节点位移的基本关系

初始位形 G_0 中，结构在外荷载 f 和构件内力 t_0 的作用下平衡，当前构件长
度为 l_0，由文献[236]可知，对构件 i 而言，其索长无应力长度满足：

$$l_{\text{non-stress}}^i = \frac{EA}{EA + t_0^i} l_0^i \tag{11-3-1}$$

当引入广义初始误差 $\hat{e}_0$ 后，结构从初始位形 G_0 移动到新位形 G，其广义协
调变形 $\hat{v}$ 和广义内力变化量 $\Delta\hat{t}$ 可以表示为

$$\hat{v} = \left[I - \overline{B}(\overline{B}^{\text{T}}\overline{Q}\overline{B})^{-1}\overline{B}^{\text{T}}\overline{Q} \right]\hat{e}_0 = \Omega^*\hat{e}_0 \tag{11-3-2}$$

$$\Delta\hat{t} = \overline{Q}\Omega^*\hat{e}_0 \tag{11-3-3}$$

式中，Ω^* 为分布式冗余度矩阵，参见式(3-6-16)。广义初始误差 $\hat{e}_0$ 由构件初始长
度误差 e_0 和由结构错位所导致的构件端点初始位移偏差 d_{geo_0} 两部分组成，$\hat{e}_0 = \left[e_0^{\text{T}}, d_{\text{geo}_0}^{\text{T}} \right]^{\text{T}}$。当仅考虑构件初始长度误差 e_0 时，结构的协调变形 v 和预应力偏差
Δt 分别简化为

$$v = \Omega_1^* e_0, \quad \Delta t = K\Omega_1^* e_0 \tag{11-3-4}$$

式中，$\boldsymbol{\Omega}_1^*$为$\boldsymbol{\Omega}^*$的子矩阵，式(11-3-4)实际为预应力偏差和构件初始长度误差间的近似解析关系。与文献中利用有限元软件试算所得的预应力偏差与部分构件长度误差的线性关系相比，式(11-3-4)可以体现所有构件长度误差对结构预应力偏差的影响，求解方法也更为直接和简单。

实际中，预应力偏差Δt和节点位移$\boldsymbol{d}$与构件初始长度误差$\boldsymbol{e}_0$呈非线性关系，节点位移$\boldsymbol{d}$为

$$\boldsymbol{d} = \boldsymbol{K}_S^{-1} \boldsymbol{B}^T \boldsymbol{K} \boldsymbol{e}_0 \tag{11-3-5}$$

在实际工程中索杆张力结构的预应力水平一般较高并且构件初始长度误差$\boldsymbol{e}_0$通常较小，所以当已知初始构件长度误差时，可直接利用式(11-3-4)和式(11-3-5)求解预应力偏差和节点位移。在本节中，以设计原长为基准，构件伸长时索长误差为正，构件压缩时索长误差为负；当构件具有拉力时，内力为正，当构件具有压力时，内力为负。

2) 索长误差允许范围

在各类构件加工或安装过程中会产生大量随机误差，如索长制作的误差、支座安装误差、索与索头及锚具连接后的尺寸偏差等，而这些误差都可以通过一定的数学变换转化为索长误差的形式。由于索长误差的随机性，且很难得到每个实际工程中的精确值，可依据相应规范给出各构件允许误差的限值，见表 11-3-1 和表 11-3-2。设正限值为$\boldsymbol{e}_u = [e_{u1}, e_{u2}, \cdots, e_{ui}, \cdots, e_{ub}]^T$（$e_{ui} \geqslant 0$），于是对构件 i 有

$$-e_{ui} \leqslant e_{0i} \leqslant e_{ui} \tag{11-3-6}$$

式中，$e_{ui} = |\xi_i|$。

表 11-3-1　《索结构技术规程》(JGJ 257—2012)规定的钢索长度的允许索长误差限值[237]

l/m	ξ/mm	μ/mm	σ/mm
≤50	±15	0	5.00
50<l≤100	±20	0	6.67
>100	±(l/5000)	0	l/15000

注：l 为拉索长度；ξ 为允许索长误差限值；μ 为均值；σ 为标准差。

表 11-3-2　《建筑用钢缆标准》(ASCE/SEI 19-10)规定的钢索长度的允许索长误差限值[238]

l/m	ξ/mm	μ/mm	σ/mm
≤8.45	±2.54	0	0.85
8.45<l≤36.59	±0.03%l	0	±0.01%l
>36.59	±($\sqrt{l}$+5)	0	($\sqrt{l}$+5)/3

注：l 为拉索长度；ξ 为允许索长误差限值；μ 为均值；σ 为标准差。

3) 构件的最不利预应力偏差

式(11-3-4)给出了预应力偏差和构件初始长度误差之间的近似解析关系,在该线性关系中, 假设各构件初始长度误差 $e_{0i}(i=1,2,\cdots,b)$ 为独立变量,那么各构件预应力偏差 Δt_i 实际上是关于上述变量的线性函数。在规范给定的变量范围内,求解各构件的最不利预应力偏差,实际上可抽象为一个线性规划问题: 将规范给定的各个变量允许范围作为约束条件,上述线性函数作为目标函数,对构件 j 而言,该线性规划的数学模型如下:

$$\max \quad k_j \left(\sum_{i=1}^{b} \Omega_{ji}^{1*} e_{0i} \right), \quad i=1,2,\cdots,b \tag{11-3-7}$$
$$\text{s.t.} \quad -e_{ui} \leqslant e_{0i} \leqslant e_{ui}$$

式中, Ω_{ji}^{1*} 为矩阵 $\boldsymbol{\Omega}_1^*$ 中第 j 行第 i 列的元素, max 表示 maximize; s.t.表示约束条件。

根据最优化理论与算法[239]可知, 上述线性规划的可行域非空, 且该线性规划存在有限最优解, 则目标函数的最优值可在某个极点上达到。这一特殊极点为

$$\tilde{\boldsymbol{e}}_0^j = \text{diag}(e_{u1}, e_{u2}, \cdots, e_{ub}) \cdot \tilde{\boldsymbol{\Theta}}_j^{\mathrm{T}} \tag{11-3-8}$$

式中, $\tilde{\boldsymbol{\Theta}}_j$ 为矩阵 $\boldsymbol{\Omega}_1^*$ 中第 j 行向量 $\tilde{\boldsymbol{\Omega}}_j$ 对应的符号向量, $\tilde{\boldsymbol{\Theta}}_j = \text{sign}(\tilde{\boldsymbol{\Omega}}_j)$;当行向量 $\tilde{\boldsymbol{\Omega}}_j$ 中的第 k 个元素为正时, 行向量 $\tilde{\boldsymbol{\Theta}}_j$ 中的第 k 个元素为 1, 此时列向量 $\tilde{\boldsymbol{\Omega}}_j$ 的第 k 个元素为 e_{uk} ;当其为负时, 行向量 $\tilde{\boldsymbol{\Theta}}_j$ 中相应元素为−1, 此时列向量 $\tilde{\boldsymbol{\Omega}}_j$ 的第 k 个元素为 $-e_{uk}$ 。

由于目标函数在该极点处取得最大值, 那么构件 j 的最不利预应力偏差 $\Delta \tilde{t}_j$ 为

$$\Delta \tilde{t}_j = k_j \tilde{\boldsymbol{\Omega}}_j \tilde{\boldsymbol{e}}_0^j \tag{11-3-9}$$

$\Delta \tilde{t}_j$ 反映了在给定允许索长误差范围内构件 j 可能会产生的最不利预应力偏差, 是一个构件层面的指标。在预应力偏差和构件初始长度误差存在线性关系以及规范给定索长误差允许范围两大假定下, $\Delta \tilde{t}_j$ 实际上是构件 j 可能出现的最大预应力偏差, 代表一种最不利的情况。

对于每一个构件, 都可以建立相应的线性规划问题, 继而求解得到该构件对应的最不利预应力偏差值, 组合形成向量 $\Delta \tilde{\boldsymbol{t}} = [\tilde{t}_1, \tilde{t}_2, \cdots, \tilde{t}_b]^{\mathrm{T}}$, 并定义指标 $\breve{\rho}$ 为

$$\breve{\rho} = \sum_{i=1}^{b} (\Delta \tilde{t}_i)^2 = \Delta \tilde{\boldsymbol{t}}^{\mathrm{T}} \Delta \tilde{\boldsymbol{t}} \tag{11-3-10}$$

由于 $\Delta \tilde{t}_j$ 是由所有构件的最不利预应力偏差集合而成的, 可将 $\breve{\rho}$ 当作反映整

体结构预应力偏差情况的指标，是一个整体系统层面的指标。$\breve{\rho}$ 值越高，说明整体结构可能的预应力偏差极限越大。但是 $\Delta \tilde{t}_j$ 并不一定真实存在，因为不一定各构件最不利预应力偏差所对应的符号向量恰好相同，即不一定能找到一个极点使所有目标函数同时取得最大值。故一般情况下，$\breve{\rho}$ 并不是下述箱形约束凸二次规划最大值问题的最优解[103]。

$$\max \quad \breve{\rho} = \Delta t^{\mathrm{T}} \Delta t = e_0^{\mathrm{T}} \hat{Q} e_0, \quad -e_{ui} \leqslant e_{0i} \leqslant e_{ui}, \quad i = 1, 2, \cdots, b \qquad (11\text{-}3\text{-}11)$$

式中，$\hat{Q}$ 为正定矩阵，$\hat{Q} = (K\Omega_1^*)^{\mathrm{T}} K\Omega_1^*$。

11.3.2　基于可靠度指标的索长误差限值计算方法

当已知结构允许索长误差范围时，可利用式(11-3-4)求解各构件的最大预应力偏差；反过来，当已知预应力偏差的允许范围时，也可利用该式确定构件初始长度误差限值，即给出长度误差的控制标准。一般由规范给定的索长误差限值都能使结构满足力学性能要求，此时结构处于安全的工作状态；但对于一些特殊结构，以上索长误差限值可能导致某些构件的预应力偏差大于设计要求，使结构偏于不安全。我国《预应力钢结构技术规程》(CECS 212：2006)规定，竣工前应对主要承重拉索进行索力测量，偏差值应控制在 ±10% 以内。因此，当已知预应力偏差允许范围后，可利用可靠度理论对这些结构进行索长误差限值的研究。

有学者[109-111]利用有限元软件试算得出了预应力偏差与承重索索长误差的线性关系，并在此基础上提出了基于可靠度理论的索长误差限值计算方法。但该方法中采用的线性关系仅考虑了部分构件索长误差对预应力变化的影响，降低了分析的精度。故本节采用式(11-3-3)考虑所有构件误差对预应力偏差的影响，改进了基于可靠度理论的索长误差限值计算方法。由结构可靠度理论[240]可知，结构的工作状态可表示为

$$Z_{\mathrm{F}} = g(x_1, x_2, \cdots, x_b) \qquad (11\text{-}3\text{-}12)$$

式中，Z_{F} 为结构功能函数；$x_1, x_2, \cdots, x_b$ 为结构的基本随机变量；若 $Z_{\mathrm{F}} = 0$ ，则称为临界状态方程。在结构随机可靠度分析中，失效概率的计算是关键；但直接应用数值积分方法计算失效概率 P_{f} 过于困难，为简化计算，工程中通常使用结构可靠度指标的概念作为近似方法，该指标的具体表达式为

$$\varpi = \frac{\mu_{Z_{\mathrm{F}}}}{\sigma_{Z_{\mathrm{F}}}} \qquad (11\text{-}3\text{-}13)$$

式中，$\mu_{Z_{\mathrm{F}}}$ 为平均值；$\sigma_{Z_{\mathrm{F}}}$ 为标准差；并且上述可靠度指标定义的前提是功能函数 Z_{F} 服从正态分布；此时，可靠度指标与结构失效概率的数学关系式可表示为

$$P_{\mathrm{f}} = \Phi(-\varpi) \tag{11-3-14}$$

式中，Φ 为标准正态分布函数。

将各构件的初始长度误差 e_{0i} 视为随机变量，并设其服从正态分布 $N(0, \sigma_{e_{0i}}^2)$，且各随机变量之间互不相关；假设各构件的预应力偏差允许值 Δt_i^{R} 是结构为抵抗长度误差影响而存储的能力，那么可根据式(11-3-3)得到由各索长误差引起的构件预应力偏差值 Δt_i^{S}，则对各个构件有如下临界状态方程：

$$Z_{\mathrm{F}i} = \Delta t_i^{\mathrm{R}} - \Delta t_i^{\mathrm{S}} = \Delta t_i^{\mathrm{R}} - \left(\sum_{j=1}^{b} k_i \Omega_{ij}^{1*} e_{0j} \right) \tag{11-3-15}$$

Z_{F} 的平均值 $\mu_{Z_{\mathrm{F}i}} = \Delta t_i^{\mathrm{R}} - \left(\sum_{j=1}^{b} k_i \Omega_{ij}^{1*} \mu_{e_{0j}} \right) = \Delta t_i^{\mathrm{R}}$，方差 $\sigma_{Z_{\mathrm{F}i}}^2 = \sum_{j=1}^{b} (k_i \Omega_{ij}^{1*} \sigma_{e_{0j}})^2$。每个构件的可靠度指标为

$$\varpi_i = \frac{\Delta t_i^{\mathrm{R}}}{\sqrt{\sum_{j=1}^{b} (k_i \Omega_{ij}^{1*} \sigma_{e_{0j}})^2}} \tag{11-3-16}$$

对于实际结构，构件间的逻辑关系并不是由简单的串联、并联或表决构成的[241]，而是更加复杂的关系。但从偏于安全的角度考虑，可将整个结构视为一个串联系统，此时可认为结构的可靠度指标 ϖ 等于各构件可靠度指标 ϖ_i 的最小值，即

$$\varpi = \min(\varpi_i) \tag{11-3-17}$$

只要保证 $\min(\varpi_i) \geqslant \tilde{\varpi}$，就可以保证结构的失效概率小于给定值，$\tilde{\varpi}$ 与给定的失效概率相关；而 ϖ_i 实际是关于 $\sigma_{e_{01}}, \sigma_{e_{02}}, \cdots, \sigma_{e_{0b}}$ 的函数，故可利用 ϖ_i 确定 $\sigma_{e_{01}}, \sigma_{e_{02}}, \cdots, \sigma_{e_{0b}}$ 的范围。

假设构件加工合格率为 $\tilde{P}$，那么构件 i 的最大索长误差限值为

$$\delta_{i\max} = \sigma_{e_{01}} \Phi^{-1}(\tilde{P}) \tag{11-3-18}$$

可见，利用 $\sigma_{e_{01}}, \sigma_{e_{02}}, \cdots, \sigma_{e_{0b}}$ 的范围就可以控制构件索长误差限值。

为了便于说明，以含有两个随机变量 e_{01} 和 e_{02} 的系统为例进行分析，此时结构的临界方程为

$$\begin{cases} Z_{\mathrm{F}1}(e_{01}, e_{02}) = \Delta t_1^{\mathrm{R}} - \Delta t_1^{\mathrm{S}} = 0 \\ Z_{\mathrm{F}2}(e_{01}, e_{02}) = \Delta t_2^{\mathrm{R}} - \Delta t_2^{\mathrm{S}} = 0 \end{cases} \tag{11-3-19}$$

如图 11-3-1 所示，以 $e_{01}/\sigma_{e_{01}}$ 和 $e_{02}/\sigma_{e_{02}}$ 为轴建立坐标系，式(11-3-19)中两个方程分别变为 $\overline{Z}_{\mathrm{F}1} = 0$ 和 $\overline{Z}_{\mathrm{F}2} = 0$ 的形式，图中阴影部分即为失效区域。

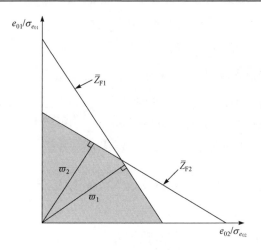

图 11-3-1　可靠度指标

构件可靠度指标 ϖ_1 和 ϖ_2 分别为

$$\varpi_1 = \frac{\Delta t_1^{\mathrm{R}}}{\sqrt{(k_1 \Omega_{11}^{1*} \sigma_{e_{01}})^2 + (k_1 \Omega_{12}^{1*} \sigma_{e_{02}})^2}}$$
$$\varpi_2 = \frac{\Delta t_2^{\mathrm{R}}}{\sqrt{(k_2 \Omega_{21}^{1*} \sigma_{e_{01}})^2 + (k_2 \Omega_{22}^{1*} \sigma_{e_{02}})^2}}$$

(11-3-20)

此时式(11-3-17)等价于 $\min\{\varpi_1 \geqslant \tilde{\varpi}\} \bigcap \min\{\varpi_2 \geqslant \tilde{\varpi}\}$，这两个不等式的解分别为

$$\frac{(k_1 \Omega_{11}^{1*} \sigma_{e_{01}})^2}{(\Delta t_1^{\mathrm{R}} / \tilde{\varpi})^2} + \frac{(k_1 \Omega_{12}^{1*} \sigma_{e_{02}})^2}{(\Delta t_1^{\mathrm{R}} / \tilde{\varpi})^2} \leqslant 1$$
$$\frac{(k_2 \Omega_{21}^{1*} \sigma_{e_{01}})^2}{(\Delta t_2^{\mathrm{R}} / \tilde{\varpi})^2} + \frac{(k_2 \Omega_{22}^{1*} \sigma_{e_{02}})^2}{(\Delta t_2^{\mathrm{R}} / \tilde{\varpi})^2} \leqslant 1$$

(11-3-21)

如图 11-3-2 所示，式(11-3-20)和式(11-3-21)分别为椭圆区域，其中重叠的部分为满足 $\min\{\varpi_1, \varpi_2\} \geqslant \tilde{\varpi}$ 的区域，即落在该区域内的点 $(\sigma_{e_{01}}, \sigma_{e_{02}})$ 能够保证结构的可靠度。自然地，当点 $(\sigma_{e_{01}}, \sigma_{e_{02}})$ 距离原点越近时，结构可靠度越高；但距离原点越近就意味着结构的制造成本和难度越高[110]。

该方法采用一次二阶矩可靠度指标，并给定结构失效概率，即给定了结构可靠度指标，再根据构件的预应力变化量临界方程求解各构件的可靠度指标，继而利用结构与构件可靠度指标间的关系限定各类构件的可靠度指标范围，从而计算出索长误差随机变量应当满足的范围，给出索长误差限值，具体步骤如下：

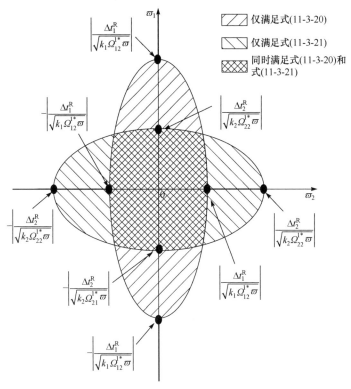

图 11-3-2　位于安全区域的方差

(1) 假设结构的失效概率 P_f、预应力允许偏差占设计值的比例和构件的加工合格率 $\tilde{P}$。

(2) 根据式(11-3-13)可求得结构可靠度指标 ϖ。

(3) 根据式(11-3-15)得到结构的临界方程。

(4) 根据式(11-3-17)或式(11-3-20)计算得到构件的可靠度指标 ϖ_i。

(5) 再利用式(11-3-17)或式(11-3-21)确定方差 $\sigma_{e_{0i}}$。

(6) 最后，根据式(11-3-18)求得由方差控制的最大索长误差限值 $\delta_{i\max}$。

11.3.3　枣庄体育场的索长误差敏感性分析和索长误差限值计算

1) 索长误差分析

以枣庄体育场罩棚结构[139]为例，对其进行不同索长误差工况下的误差敏感性分析，考察结构节点位移和预应力偏差情况。结构的具体几何参数和材料参数见表 10-4-1，初始预应力分布如图 10-4-2 所示。该结构的下径向索为主动张拉索，在施工过程中以构件内力控制，故此处不考虑下径向索存在索长误差的情况。利用式(11-3-1)求解无应力长度，并依据《索结构技术规程》(JGJ 257—2012)取得对应的索长允许误差，见表 11-3-3。

表 11-3-3 枣庄体育场构件无应力长度范围和索长误差正限值

长度和误差	上屋面索	内斜索	上环索	下环索
最大长度/m	67.75	18.51	—	—
最小长度/m	66.23	17.21	—	—
总长度/m	—	—	450.36	478.16
索长误差正限值/mm	20.00	15.00	90.00	96.00

当构件具有伸长误差时，即存在误差正值，构件倾向松弛，构件内力减小，结构刚度减小，不利于承担外荷载，故本节主要考虑以下四种具有索长误差正值的工况：

(1) 全部上屋面索都存在索长误差正限值 20mm，其余索单元无索长误差。

(2) 上环索存在索长误差正限值 90mm，在实际计算时上环索误差分别分配至相应的 48 个索段，其余索单元无索长误差。

(3) 全部内斜索都存在索长误差正限值 15mm，其余索单元无索长误差。

(4) 下环索存在索长误差正限值 96mm，在实际计算时下环索误差分别分配至相应的 48 个索段，其余索单元无索长误差。

利用式(11-3-5)求解不同索长误差情况下的节点位移 d。图 11-3-3～图 11-3-5 分别描述了不同误差工况引起的节点 X 坐标变化、Y 坐标变化和 Z 坐标变化。图中当节点向结构中心移动时，X 和 Y 方向位移为负，而当节点向结构外部移动时，X 和 Y 方向位移为正；当节点向下移动时，Z 方向位移为负，而当节点向上移动时，Z 方向位移为正。

如图 11-3-3 所示，节点 X 方向的位移在上述索长误差工况下都较小，且位于最高点处的上内环、下内环节点都没有沿 X 轴移动，即整个结构没有沿 X 轴发生偏移；在图 11-3-3(a)中，当所有的上屋面索存在允许误差正限值时，上内环节点在 X 方向的变化相比下内环节点变化大，位于最低点处的上内环节点发生了 -10mm 的移动，即沿着 X 轴向结构内部移动了 10mm；在图 11-3-3(b)中，当上环索存在允许误差正限值时，上内环节点在 X 方向的变化大于下内环节点的变化，位于最低点的上内环节点发生了 $+10$mm 的移动，即沿着 X 轴向结构外部移动了 10mm；在图 11-3-3(c)中，当所有内斜索存在允许误差正限值时，位于最低点处的上环节点沿着 X 轴向结构外部移动了 8mm，而位于最低点处的下环节点沿着 X 轴向结构中心移动了 12mm；在图 11-3-3(d)中，当下环索存在允许误差正限值时，下内环节点在 X 方向的变化大于上内环节点的变化，位于最低点处的下内环节点沿着 X 轴向外部移动了 9mm。

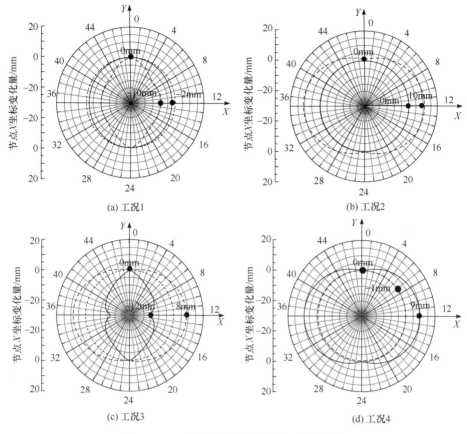

图 11-3-3　索长误差引起的节点 X 坐标变化

虚线代表上内环节点 X 坐标，实线代表下内环节点 X 坐标

　　如图 11-3-4 所示，在上述索长误差工况下节点 Y 方向的位移都较小，且最低的上内环、下内环节点都没有发生 Y 坐标变化，即整个结构没有沿 Y 轴发生偏移。在图 11-3-4(a)中，索长误差工况 1 对上内环节点 Y 坐标变化的影响大于对下内环节点的影响，最高的上内环节点发生了−18mm 的移动，即使该点沿着 Y 轴向结构内部移动了 18mm；在图 11-3-4(b)中，误差工况 2 使得上内环节点在 Y 方向的变化大于下内环节点的变化，最高的上内环节点发生了 10mm 的移动，即沿着 Y 轴向结构外部移动了 10mm；在图 11-3-4(c)中，当存在误差工况 3 时，最高的上环节点沿着 Y 轴向结构中心移动了 8mm，而最高的下环节点沿着 Y 轴向结构外部移动了 4mm；在图 11-3-4(d)中，误差工况 4 对下内环节点 Y 坐标变化的影响大于对上内环节点的影响，最高的下内环节点沿着 Y 轴向外部移动了 7mm。

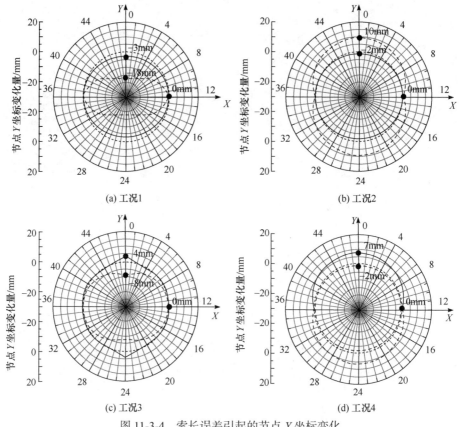

图 11-3-4　索长误差引起的节点 Y 坐标变化
虚线代表上内环节点 Y 坐标，实线代表下内环节点 Y 坐标

如图 11-3-5 所示，上述索长误差工况对节点 Z 方向位移的影响大于对其 X 和 Y 方向的影响，在四种工况中，误差工况 3 对节点 Z 方向位移的影响最大。如图 11-3-5(a)所示，在索长误差工况 1 下，节点都存在向上的位移，其中下内环节点位移大于上内环节点位移，最高的上内环、下内环节点分别向上移动了 19mm 和 23mm，而最低的上内环、下内环节点分别向上移动了 13mm 和 15mm；如图 11-3-5(b)所示，在误差工况 2 中，节点都存在向上的位移，其中上内环节点位移略大于下内环节点位移，最高的上内环、下内环节点分别向上移动了 11mm 和 9mm，而最低的上内环、下内环节点分别向上移动了 4mm 和 1mm；如图 11-3-5(c)所示，在误差工况 3 下，最高点附近的节点发生向下的位移，最低点附近的节点发生向上的位移，其中上内环节点位移略大于下内环节点位移，最高的上内环、下内环节点分别向下移动了 45mm 和 43mm，而最低的上内环、下内环节点分别向上移动了 16mm 和 9mm；如图 11-3-5(d)所示，在误差工况 4 中节点都存在向下的位移，其中上内环节点位移略大于下内环节点位移，最高的上内环、下内环

节点分别向下移动了 14mm 和 12mm，而最低的上内环、下内环节点分别向上移动了 19mm 和 17mm。

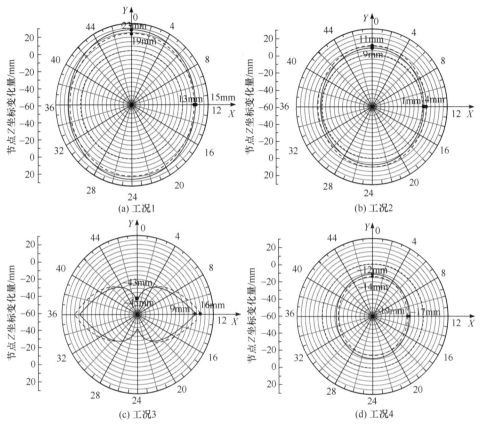

图 11-3-5　索长误差引起的节点 Z 坐标变化

虚线代表上内环节点 Z 坐标，实线代表下内环节点 Z 坐标

综上所述，当所有上屋面索存在索长误差正限值时，结构整体上移，矢高(最高点 Z 坐标−最低点 Z 坐标)略微减小，上内环节点向内移动位移大于下内环节点位移，内环内倾；当上环索存在索长误差正限值时，结构整体略微上移，矢高略微增大，上内环节点向外移动位移大于下内环节点位移，内环外倾；当所有内斜索存在索长误差正限值时，结构高点下移、低点上移，矢高显著减小，内环马鞍形趋于扁平；当下环索存在索长误差正限值时，结构整体略微下移，矢高略微减小，下内环节点向外移动、上内环节点向内移动，内环内倾。

利用式(11-3-4)求解不同索长误差情况下的预应力偏差，在每一工况下构件的预应力偏差各有不同，预应力偏差值最大的构件见表 11-3-4，包括绝对值最大和百分比最大的构件。值得一提的是，在上述工况的影响下，各构件的预应力与初始预应力相比都减小了。

表 11-3-4 不同索长误差工况下预应力偏差绝对值和百分比及其对应构件

工况	预应力偏差绝对值/kN	对应构件	预应力偏差百分比/%	对应构件
1	99.92	上环索 12	1.12	上环索 19
2	39.81	上环索 1	0.33	上环索 19
3	**152.17**	下环索 1	**9.32**	内斜索 1
4	77.91	下环索 1	0.60	下径向索 13

从表 11-3-4 可以看出，全体构件的预应力偏差百分比都没有超过 10%，构件的预应力偏差满足结构力学性能的要求；最大的预应力偏差绝对值 152.17kN 和预应力偏差百分比 9.32%都出现在工况 3 中，再结合工况 3 引起的节点位移情况可知，该结构对全体内斜索存在索长误差正限值的情况十分敏感。因此在该工程中，建议提高内斜索的制作加工精度。

2) 构件的最不利预应力偏差

当给定构件的长度误差限值后，基于构件长度误差和预应力偏差间的线性关系，可求得各构件的最不利预应力偏差。结合表 11-3-5，利用式(11-3-8)集成与各个构件对应的初始索长误差 $\tilde{e}_0^j$；再根据式(11-3-9)计算各构件的最不利预应力偏差 $\Delta \tilde{t}_j$，见表 11-3-5；最后根据式(11-3-10)计算得到整体结构的预应力偏差指标 $\bar{\rho} = 1.38 \times 10^7$。从表 11-3-5 可以看出，下环索 1 具有最大的最不利预应力偏差绝对值 437.69kN，而内斜索 1 具有最大的最不利预应力偏差百分比 47.30%；以预应力偏差绝对值衡量，上环索、下环索的最不利预应力偏差远大于其他构件的最不利预应力偏差；以预应力偏差百分比衡量，内斜索 1 和内斜索 12 的最不利预应力偏差远大于其他构件的最不利预应力偏差。除内斜索外，其他种类的索单元构件的最不利预应力偏差百分比都没有超过 10%，说明当前给定的索长误差限值满足这些构件的力学性能要求。综上所述，建议在实际工程中提高上环索、下环索和内斜索的制作加工精度，严格控制其索长误差限值，以减小索段中可能出现的预应力偏差。

表 11-3-5 枣庄体育场罩棚各构件的最不利预应力偏差

构件	编号	预应力偏差绝对值/kN	预应力偏差百分比/%	编号	预应力偏差绝对值/kN	预应力偏差百分比/%
内斜索	1	158.50	47.30	7	148.02	8.82
	2	153.69	16.03	8	146.11	5.60
	3	152.94	10.47	9	143.82	6.77
	4	152.37	8.52	10	141.28	8.98
	5	151.30	7.84	11	139.03	14.33
	6	149.72	7.93	12	141.27	43.04

续表

构件	编号	预应力偏差绝对值/kN	预应力偏差百分比/%	编号	预应力偏差绝对值/kN	预应力偏差百分比/%
下环索	1	437.69	2.02	7	393.35	2.38
	2	433.03	3.05	8	382.55	2.51
	3	427.34	2.10	9	371.13	2.62
	4	420.50	2.16	10	361.52	2.71
	5	412.22	2.24	11	353.83	2.75
	6	420.94	2.31	12	355.47	2.80
上环索	1	275.49	1.63	7	264.54	1.65
	2	270.40	1.61	8	260.28	1.70
	3	273.32	1.62	9	256.99	1.69
	4	274.38	1.62	10	254.48	1.67
	5	273.94	1.62	11	254.35	1.68
	6	271.13	1.63	12	254.72	1.68
下径向索	1	77.49	4.01	8	76.80	3.28
	2	76.92	3.11	9	78.38	3.47
	3	75.77	3.16	10	77.02	3.70
	4	74.51	3.27	11	75.09	3.85
	5	73.16	3.42	12	73.65	3.94
	6	72.00	3.62	13	74.02	3.10
	7	72.16	3.91	—	—	—
飞柱	1	91.66	12.31	8	145.60	6.20
	2	154.86	15.49	9	144.12	5.73
	3	155.50	10.55	10	140.69	6.96
	4	154.62	8.51	11	137.84	9.27
	5	152.94	7.61	12	135.15	14.61
	6	150.44	7.39	13	79.01	12.44
	7	147.18	7.73	—	—	—
上屋面索	1	73.94	3.52	13	72.16	2.40
	2	74.20	3.29	14	71.21	2.60
	3	74.26	3.09	15	71.13	2.82
	4	75.13	2.96	16	71.29	3.03
	5	75.67	2.80	17	71.27	3.24
	6	76.42	2.67	18	71.20	3.69
	7	76.98	2.54	19	71.13	5.75
	8	77.15	2.06	20	72.01	5.23
	9	76.52	2.02	21	72.92	4.87
	10	75.44	2.07	22	73.49	4.56
	11	74.20	2.12	23	73.49	4.11
	12	73.02	2.20	24	72.99	3.75

11.3.4 基于可靠度指标的索长误差限值

为了给出上环索、下环索和内斜索加工精度的标准，接下来利用基于可靠度指标的索长误差限值计算方法来确定其索长误差限值。

1) 基本假定

假设结构的允许失效概率 $P_f = 0.0001\%$，预应力偏差允许值为设计值的 10%，而构件的加工合格率 $\tilde{P} = 99.87\%$。为了简化计算，假设结构仅包含 2 个随机变量 e_{01} 和 e_{02}，本节研究如下两种情况：

(1) 所有上环索、下环索具有相同的索长误差 e_{01}，其余构件具有索长误差 e_{02}。

(2) 所有内斜索具有相同的索长误差 e_{01}，其余构件具有索长误差 e_{02}。

2) 临界方程

该罩棚结构由飞柱、下环索、上环索、内斜索、下径向索和上屋面索六大构件类别组成，据此结构的临界方程可整理为如下方程组：

$$\begin{cases} \boldsymbol{Z}_{F,strut} = \Delta \boldsymbol{t}_{strut}^{R} - \boldsymbol{\Omega}_{1,strut}^{*} \boldsymbol{e}_0 \\ \boldsymbol{Z}_{F,lhc} = \Delta \boldsymbol{t}_{lhc}^{R} - {}^{T}\boldsymbol{\Omega}_{1,lhc}^{*} \boldsymbol{e}_0 \\ \boldsymbol{Z}_{F,uhc} = \Delta \boldsymbol{t}_{uhc}^{R} - \boldsymbol{\Omega}_{1,uhc}^{*} \boldsymbol{e}_0 \\ \boldsymbol{Z}_{F,iac} = \Delta \boldsymbol{t}_{iac}^{R} - \boldsymbol{\Omega}_{1,iac}^{*} \boldsymbol{e}_0 \\ \boldsymbol{Z}_{F,lrc} = \Delta \boldsymbol{t}_{lrc}^{R} - \boldsymbol{\Omega}_{1,lrc}^{*} \boldsymbol{e}_0 \\ \boldsymbol{Z}_{F,urc} = \Delta \boldsymbol{t}_{urc}^{R} - \boldsymbol{\Omega}_{1,urc}^{*} \boldsymbol{e}_0 \end{cases} \tag{11-3-22}$$

式中，下标 strut 为飞柱，lhc 为下环索，uhc 为上环索，iac 为内斜索，lrc 为下径向索，urc 为上屋面索；向量 $\Delta \boldsymbol{t}_X^R$ 为相应构件的预应力偏差向量；矩阵 $\boldsymbol{\Omega}_{1X}^{*}$ 为式(11-3-4)中矩阵 $\boldsymbol{\Omega}_1^{*}$ 里相应行向量组成的矩阵。由图 3-7-4 可见，根据结构的几何和刚度分布对称性，所有构件可分为 86 组，其中，飞柱 13 组，下环索 12 组，上环索 12 组，内斜索 12 组，下径向索 13 组，上屋面索 24 组。那么，上述临界方程组可简化为 86 个方程。

3) 可靠度指标

根据式(11-3-14)计算可知，结构的可靠度指标 $\varpi = \Phi^{-1}(P_f) = 4.753$；由式(11-3-16)和式(11-3-17)可知，构件 i 的可靠度指标应满足：

$$\varpi_i = \frac{\Delta t_i^R}{\sqrt{\sum_{j=1}^{b}(k_i \Omega_{ij}^{1*} \sigma_{e_{0j}})^2}} \geqslant 4.753 \tag{11-3-23}$$

4) 随机变量的最大限值

根据式(11-3-21)可求出 $\sigma_{e_{01}}$ 和 $\sigma_{e_{02}}$ 的范围, 可得到 86 个不同的类似于图 11-3-2 的椭圆。当构件的索长误差方差位于所有椭圆形公共区域内时, 可认为该结构处于安全状态; 再根据式(11-3-18)求得对应的最大限值 δ_1 和 δ_2。以 δ_1 为横坐标, 以 δ_2 为纵坐标, 将 $\sigma_{e_{01}}-\sigma_{e_{02}}$ 坐标系中的椭圆转换到 δ_1-δ_2 坐标系中; 图 11-3-6 所示为第一种随机变量情况的索长误差限值, 图 11-3-7 所示为第二种随机变量情况的索长误差限值; 图中 6 个椭圆分别对应方程组中关于 δ_1 最小的椭圆。

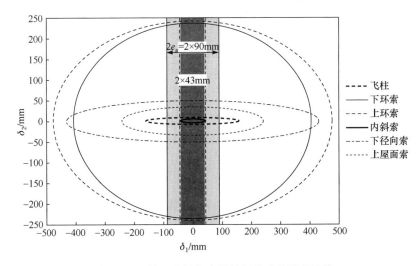

图 11-3-6　第一种随机变量情况的索长误差限值

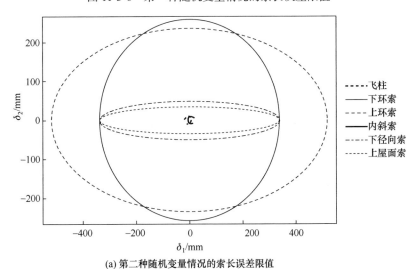

(a) 第二种随机变量情况的索长误差限值

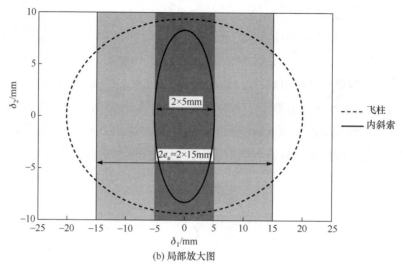

(b) 局部放大图

图 11-3-7　第二种随机变量情况的索长误差限值和局部放大图

　　如图 11-3-6 所示，观察所有椭圆的公共区域，基于可靠度指标的环索索长误差限值为 43mm，远小于依据我国规范所取的限值 90mm；如图 11-3-7 所示，基于可靠度指标的内斜索索长误差限值为 5mm，也远小于依据我国规范所取的限值 15mm。这说明，对于该特定结构表 11-3-5 所取的限值偏于不安全，与依据构件最大预应力偏差得出的结论一致。故需按新建议的索长误差限值提高对环索及内斜索的制作及安装精度。

11.4　本 章 小 结

　　一类索的长度误差一般服从正态分布，一个工程项目中若有多类索则服从多个正态分布，每类索存在极大值，从对结构效应的影响考虑，则存在极值效应，因此误差极值对初始预应力的影响对于实际制作和施工中内力的控制等有重要意义。实际工程中可分别采用正态分布模型和极值 I 型模型来分析评价索长误差对初始预应力的影响。

　　以力法为基础，推导构件长度误差与预应力偏差、节点位移的基本关系式，再结合规范给定的允许索长误差限值，提出构件的最不利预应力偏差计算公式和可以反映结构整体预应力偏差的指标；利用上述索长误差与预应力偏差的线性关系式，结合规范给定的预应力偏差限值，改进基于可靠度理论的索长误差限值计算方法。

　　针对枣庄体育场索杆张力结构罩棚，基于可靠度指标的环索、内斜索索长误差均显著小于规范建议值，且与依据构件最大预应力偏差得出的结论一致，说明该结构体系对索长制作误差的控制应高于规范建议值。

第12章 张拉成形模拟方法与数值分析

12.1 引 言

1986年至今,从Geiger型索穹顶到新型索杆张力结构,随着工程实践日益增多,有关索杆张力结构的施工技术和方案得到了不断发展。施工张拉方案的不同意味着施工中结构形态的不同,合理的施工张拉方案是顺利实现结构设计的重要前提。在实际施工之前,对施工技术和流程须进行详细的设计,形成可行的施工方案,确定预应力施加次序和步骤;在实际施工中,则须严格控制结构的形态变化,从而保证施工成形后索杆张力结构的外观、内力分布设计可以达到技术要求。

索杆张力结构的张拉成形过程常伴随着机构运动、弹性变形及混合问题,故对其施工成形过程的模拟难度较大。理论上,可将索杆张力结构施工成形分析视为已知原长的构件在特定外荷载(如自重)作用下达到平衡形态的求解过程,主要包括逆序分析和正序分析两种思路[221]。其中,逆序分析方法与实际张拉顺序相反,属于反向思维的方法;而正序分析主要包括非线性有限元法、动力松弛法、力密度法、非线性力法等。以上方法都能有效地分析索杆张力结构的施工安装张拉过程,但各有优缺点。

本章分别介绍基于两节点单元的索杆结构张拉成形模拟方法、广义逆非线性有限元法、动力松弛法、非线性力法、向量式有限元法等。

12.2 基于两节点单元的索杆结构张拉成形模拟方法

目前工程中常用的索杆张拉成形过程是采用辅助索张拉提升到特定位置后,固定辅助索,其他索杆构件在固定位置再张拉成形,这种情况适用于纯索杆结构的张拉提升[56]。对于外部有梁或其他固定钢结构构件的组合结构,索杆就位卸载后会和外部结构产生相互的力作用,引起结构的二次变形,在此基础上需要通过计算对整体结构的索杆部分进行试张拉,保证整体结构共同卸载后的整体就位。

实际分析中内部索杆部分和外部结构先统一建模，在张拉过程中采用外部结构先卸载，连接内部结构后，先内部结构找形，再内外协同找形，使结构整体到达预定位置的步骤。张拉过程中张拉辅助索采用两节点悬链线单元，其他索、杆单元均采用两节点直线索杆单元。找形采用小弹性模量找形方法，建模时设定两组相同几何索杆结构，采用生死单元法，既保证内部索杆的初始预应力，又不会出现由于大变形而产生的计算奇异。内部索杆张拉完成后，再采用有限元法实现内外协同找形，从而使得整体结构成形。

12.2.1　两节点索杆单元

1) 两节点悬链线单元[58]

对两点之间构成的索段进行分析，假设索段 IJ 受沿曲线均布的荷载，如图 12-2-1 所示，弹性模量为 E，截面面积为 A，索段两端点跨长为 L，高差为 C，索段无应力长度为 l^0，变形后的索长为 l。索段上一点 P 在索段变形前的无应力索长轮廓线上的拉格朗日坐标为 s，在自重 q 作用下，这一点移动到笛卡儿坐标 (x, y) 和索段轮廓线的拉格朗日坐标 r。

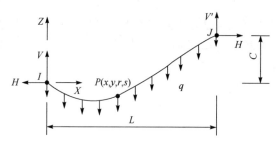

图 12-2-1　沿索均布荷载作用下的索段

根据上述定义，索段需满足的几何约束条件为

$$\left(\frac{\mathrm{d}x}{\mathrm{d}r}\right)^2 + \left(\frac{\mathrm{d}y}{\mathrm{d}r}\right)^2 = 1 \tag{12-2-1}$$

索段满足的边界条件为

$$\begin{cases} s=0, & x=0, & y=0, & r=0 \\ s=l^0, & x=L, & y=C, & r=l \end{cases} \tag{12-2-2}$$

根据静力平衡和质量守恒定理，有

$$T\frac{\mathrm{d}x}{\mathrm{d}r}=H, \quad T\left(-\frac{\mathrm{d}y}{\mathrm{d}r}\right)=V-W(s), \quad W(s)=qs \tag{12-2-3}$$

式中，$W(l)$ 为索段在区间 $(0, s)$ 的重量。

根据胡克定理，张力与应变的关系如下：

$$T = EA\varepsilon = EA\left(\frac{\mathrm{d}r - \mathrm{d}s}{\mathrm{d}s}\right) = EA\left(\frac{\mathrm{d}r}{\mathrm{d}s} - 1\right)$$

$$\mathrm{d}r = \left(\frac{T}{EA} + 1\right)\mathrm{d}s$$

(12-2-4)

$T(s)$、$V(s)$、$x(s)$、$y(s)$、$r(s)$ 的计算公式如式(12-2-5)~式(12-2-9)所示[58]。

$$T(s) = \sqrt{H^2 + \left[V - W(s)\right]^2} = \sqrt{H^2 + (V - qs)^2}$$

(12-2-5)

$$V(s) = T\left(-\frac{\mathrm{d}y}{\mathrm{d}r}\right) = V - W(s) = V - qs$$

(12-2-6)

$$x(s) = \frac{Hs}{EA} + \frac{H}{q}\ln\frac{V + \sqrt{H^2 + V^2}}{(V - qs) + \sqrt{H^2 + (V - qs)^2}}$$

(12-2-7)

$$y(s) = \frac{qs^2 - 2Vs}{2EA} - \frac{1}{q}\left[\sqrt{H^2 + V^2} - \sqrt{H^2 + (V - qs)^2}\right]$$

(12-2-8)

$$r(s) = s + \Delta(s)$$

(12-2-9)

式中，$T(s)$ 为索的张力；$V(s)$ 为张力的竖向增量；$x(s)$ 和 $y(s)$ 为坐标增量；$r(s)$ 为变形后的索段长。

整体坐标系下索单元的刚度矩阵和节点力分别可写为

$$\boldsymbol{K} = \boldsymbol{R}^{\mathrm{T}}\boldsymbol{K}'\boldsymbol{R}$$

(12-2-10)

$$\boldsymbol{F} = \boldsymbol{R}^{\mathrm{T}}\boldsymbol{\Phi}$$

(12-2-11)

式中，$\boldsymbol{\Phi}$ 为局部坐标系下的单元节点力，$\boldsymbol{\Phi} = \{H_I, 0, V_I, H_J, 0, V_J\}$；$\boldsymbol{R}$ 为局部坐标与总体坐标之间的转换矩阵。

2) 两节点直线索杆单元

图 12-2-2 所示的直线索杆单元，其两节点分别为 i 和 j，弹性模量为 E，截面面积为 A，索段无应力长度为 l_{ij}^0，变形后的索长为 l_{ij}。两节点直线索杆单元的单元刚度矩阵、节点力参见文献[24]和[166]。

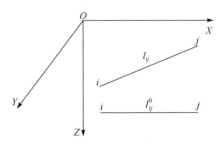

图 12-2-2　两节点直线索杆单元

12.2.2　生死单元

单元的生死[242]是通过修改单元刚度的方式实现的，有限元计算中杀死某个单元并不是真正去掉这些单元，而是通过给单元刚度乘以一个很小的系数，此系数一般采用 10^{-6} 来实现。同时被杀死单元的荷载、质量、阻尼等都为 0。但是被杀死的单元会随连接单元发生相应的跟随变形。

反之，单元激活也是通过修改刚度系数的方式实现的。因此，被激活的单元与被杀死的单元在建模时就必须同时建立。当单元被重新激活时，它的刚度、质量与荷载等参数被返回到真实状态。

一般在计算索杆连接大型外部构件时考虑生死单元，将内部索杆部分在原几何基础上复制一个，设定一个索杆真实弹性模量，设定另一个索杆小弹性模量，首先杀死真实弹性模量的索杆，用小弹性模量索杆找形，找形时两个索杆同时变形；找形结束后将小弹性模量索杆杀死，同时激活真实弹性模量索杆，再进行与外部结构的协同作用。

采用生死单元，可以保证找形计算收敛，还可以保证找形结束时索杆内力被继承。

12.2.3　索杆和外部结构协同张拉步骤

索杆和外部结构协同张拉按照下面 4 个步骤进行。

(1) 模型建立。根据设计几何，建立外部结构和内部索杆结构的几何模型，索杆部分在原位复制创建一组，最后形成具有两组一致索杆的整体协同分析模型。

(2) 外部钢结构卸载(拆除脚手架支撑自承力)。将两组索杆全部杀死，仅外部钢结构单元处于激活状态，考虑其自重，进行结构分析，得到变形后平衡形态。两组杀死的索杆单元随外部钢结构一起达到新的平衡形态，但索内无张力。

(3) 小弹性模量找形。在两组杀死索杆中，激活一组索杆，并假设其张力为找形所需要的张力，进行找形分析，得到找形平衡形态，此时外部结构在自重作用下与内部索杆达到了一个整体结构的平衡形态，被杀死的索杆也随结构变形到新的平衡形态，但无单元张力。

根据索网设定的初始张力 F_0、索有效截面面积 A_{eff}，设定索网初始应变 ε_0，由式(12-2-12)反算出索的弹性模量 E_{eff}^0：

$$F_0 = E_{\text{eff}}^0 A_{\text{eff}} \varepsilon_0 \tag{12-2-12}$$

(4) 真实模量找形分析。基于第(3)步找形分析结果，将找形分析索网各单元张力 F_0^i 导出，然后由式(12-2-13)计算真实弹性模量 E_{eff}^r ($1.7 \times 10^8 \text{kN/m}^2$) 下的单元应变 ε_i^r：

$$\varepsilon_i^r = \frac{F_0^i}{E_{\text{eff}}^r A_{\text{eff}}} \tag{12-2-13}$$

根据真实弹性模量下的单元应变，将计算所得初应变赋给原先杀死的各对应单元，将原先杀死的一组索杆单元激活，同时将原先处于激活的索杆杀死，最后进行真实弹性模量下结构的整体协同找形，此时张拉完成。

12.2.4　算例

1. 算例 1——中国航海博物馆中央帆体索网结构

本节以中国航海博物馆[243]中央帆体外部钢结构和内部索网的结构为例，说明采用两节点有限元法进行索杆结构整体协同张拉的过程。该工程(图 12-2-3)索网总高度约为 58m，最宽约 24m，前后两片索网幕墙为马鞍形单层双曲索网，外加玻璃幕墙。

图 12-2-3　中国航海博物馆中央帆体工程

1) ANSYS 整体协同分析模型

根据初始索网、网壳的几何、结构设计，建立网壳、索网的整体 ANSYS 分析模型，同时原位复制创建一组索网，最后形成具有两组一致索网的整体协同分析模型，如图 12-2-4 所示。

图 12-2-4　整体结构模型

2) 钢网壳自重作用平衡形态

将两组索网全部杀死(包括索网与钢结构之间的连接转换件)，仅钢网壳结构单元处于激活状态，考虑钢网壳自重，进行结构分析，得到变形后平衡形态。两组锁死的索网单元随钢网壳达到新的平衡形态，但索内无张力，结果如图 12-2-5 所示。

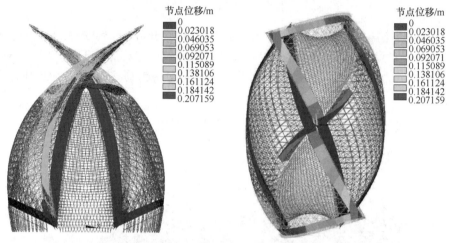

图 12-2-5　钢网壳自重下结构变形

3) 施工张拉

在张拉模拟中，以张拉端索力控制为主，张拉端的行程控制为辅。在张拉过程中对部分典型索段的索力进行监测。模拟中首先将找形结果的横向、纵向索网预应力提取出来作为初始状态，然后制定施工张拉方案，再由有限元法进行施工模拟，最后确定索网预应力分析和位置。

(1) 找形目标和张拉初始状态。

终态找形目标是张拉施工模拟需达到的最终结果，索网的终态找形目标如图 12-2-6 和图 12-2-7 所示。目标是在帆体钢结构自重和索网自重下，完成张拉施工时需达到的索力分布状态，其中横索索力控制在 59016~102725N，竖索索力控制在 151405~173835N。

(2) 张拉方案。

整体结构中两片索网中心对称，考虑索的边界为壳体钢结构，为弹性边界条件，因此采用两片索网同时对称张拉的方式，以减少边界的相互影响。以此为前提，两片索网的张拉控制相同。每片索网横索、竖索的编号如图 12-2-8 所示，其中横索共 56 根，自下向上编号，依次为 H1~H56；竖索共 18 根，自左向右编号，依次为 V1~V18。根据实际情况制定如下三套张拉方案。

方案一：横索为主张拉方案，竖索下端首先一次张拉完成(实际施工时，为定长挂竖索)，然后横索右端分批分级张拉。

方案二：竖索为主张拉方案，横索右端首先一次张拉完成(实际施工时，为定长挂横索)，然后竖索下端分批分级张拉。

方案三：竖索混合张拉方案，竖索下端首先张拉至某一中间值(如 70% 终态应力值)，然后横索右端分批分级张拉，最后竖索下端分批完成张拉。

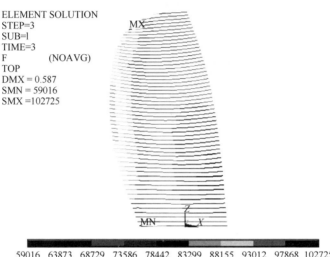

59016 63873 68729 73586 78442 83299 88155 93012 97868 102725

图 12-2-6 横索终态找形目标(单位：N)

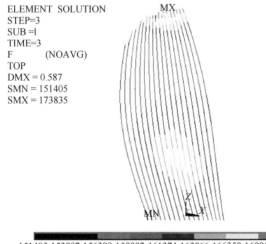

151405 153897 156389 158882 161374 163866 166358 168851 171343 173835

图 12-2-7 竖索终态找形目标(单位：N)

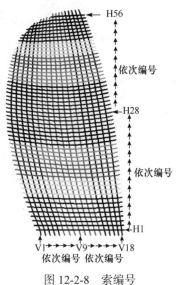

図 12-2-8　索编号

(3) 张拉模拟分析。

计算中，外部钢结构支承边界刚度较小，因此需要考虑整体结构统一计算，而且索网是非抛物线形，所以在初始预应力基础上，采用 ANSYS 软件，采用生死单元，将索网原位复制成两组，杀死真实弹性模量的一组索网，另一组采用小弹性模量模拟分批张拉，张拉到位后激活真实弹性模量的索网(继承索网变形值和预应力结果)，杀死小弹性模量索网后，重新分析获得张拉模拟结果。经过多次张拉，三套方案的最终结果如下：

方案一张拉模拟结果：整个索网张拉完毕后，横索、竖索索力都比较均匀，其中横索索力范围为 58934～102663N，竖索索力范围为 151162～173704N，与终态找形目标的设计索力十分接近。

方案二张拉模拟结果：整个索网张拉完毕后，横索、竖索索力都比较均匀，其中横索索力范围为 58868～102660N，竖索索力范围为 151221～173621N，与终态找形目标的设计索力十分接近。

方案三张拉模拟结果：整个索网张拉完毕后，横索、竖索索力都比较均匀，其中横索索力范围为 58887～102669N，竖索索力范围为 151239～173607N，与终态找形目标的设计索力十分接近。

2) 算例 2——中华民族园蓝海洋索穹顶

中华民族园蓝海洋索穹顶如图 12-2-9 所示，索穹顶中谷索、斜拉稳定索为定力索，是在安装过程中导入力的钢索；整体张力体系的脊索、环索为定长索，在任何状态都保持一定长度，索内张力水平由定力索的作用和结构体系的有机作用共同确定。

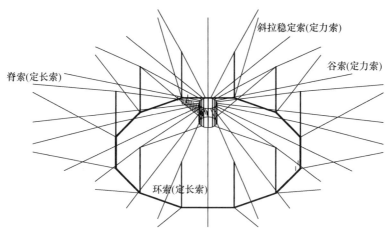

图 12-2-9　中华民族园蓝海洋索穹顶体系配置图

索杆部分安装方案分 6 步进行，首先地面组装，外斜拉索作为主动索连接外部辅助索，在辅助索的作用下逐步将整个结构张拉至定位位置，去掉辅助索后，张拉斜拉索实现整体结构的张拉就位。模拟中采用与设计实际相似的方案，采用非线性有限元法从分析角度模拟了施工过程，模拟过程如图 12-2-10 所示。

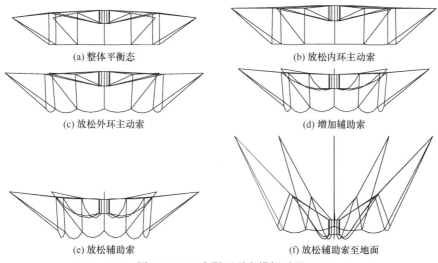

图 12-2-10　有限元逆向模拟过程

详细模拟结果见文献[56]，张拉模拟分析表明：

(1) 索穹顶的逆向整体提升，从标高 36.87m 的支承混凝土环梁，逐步放松主动索和辅助索直至中央环梁下端放至设定地面。

(2) 索穹顶安装过程，两个对称面内索杆内力变化很大，需要通过外斜拉索外脊索(含辅助索)长度的有效控制，方可实现结构的整体张拉成形。

(3) 施工过程中桅杆内力变化显著，随着主动索和辅助索逐渐放松，压杆由受压变为受拉。

(4) 张拉过程前三步在平衡状态附近，张力变化大，位移变化小，后三步为结构整体提升过程，位移形态变化大。

(5) 中央环内力逐渐减小，竖杆由受压逐渐变成受拉；内环上端梁单元内力比下端大。

12.3　广义逆非线性有限元张拉成形模拟方法

从索杆张力结构有限元平衡方程[58]出发，用广义逆矩阵求解体系运动方程，采用方程特解修正结构运动的方法，对索杆张力结构由无应力不稳定态张拉至有初步预应力的稳定平衡态的过程进行模拟。并利用悬链线单元的非线性有限元，采用控制索内力和无应力长度相结合的方法，跟踪索杆整体提升的施工过程。

12.3.1　广义逆矩阵

索杆施工过程是将结构各杆件平摊在地面，然后张拉部分边索至整个体系在自重和边索提升力的作用下重新平衡，这个过程中索采用 12.2 节的悬链线索单元，杆采用两节点直线单元。平摊在地面时结构处于零应力状态，此时结构的力学本质为机构；由零应力状态张拉到有初步预应力态的数值追踪(属于机构的运动)是施工模拟分析的关键。本节采用广义逆求解非线性有限元方程，对于非满秩的刚度矩阵，采用控制位移增量 ΔU 的方法，跟踪机构运动，实现施工模拟分析。

当索杆结构的刚度矩阵 K^n 的秩为 r 时，如果 $r = N$ (N 为刚度矩阵的阶数)，则 K^n 为满秩矩阵，体系为静定或超静定结构，索杆结构的有限元方程如式(5-4-1)就是一般的非线性有限元方程，可直接求解。若 $r < N$，则刚度矩阵 K^n 为非满秩矩阵，方程无唯一解，其解包含通解和特解[13]：

$$\Delta U = \Delta U_G + \Delta U_S \tag{12-3-1}$$

$$\Delta U_G = [I - (K^n)^+ K^n]\alpha \tag{12-3-2}$$

$$\Delta U_S = (K^n)^+ (f^{n+1} - f_R^{\ n}) \tag{12-3-3}$$

式中，$(K^n)^+$ 为 K^n 的 Moore-Penrose 广义逆矩阵；α 为任意 n 阶向量，α 决定了机构的运动约束方向和运动增量，$\alpha = \beta \cdot f^n$，β 的取值将直接影响运算收敛速度，若 β 取值过小，会使运算收敛速度过慢；若取值过大，会使迭代运算无法收敛；ΔU_G 为通解，是在运动约束向量下的机构运动增量，它可以使运动偏离即时的运动约束轨迹，使单元产生非零的节点不平衡向量；ΔU_S 为其特解，是修正

ΔU_G 使机构运动的 ΔU 符合即时运动约束条件和弹性变形条件。修正时控制 ΔU 为一个极小值，使得计算较快收敛，通过多次迭代，可以实现索杆张拉提升。

12.3.2　基于广义逆的索杆结构张拉步骤和程序流程图

根据广义逆的基本原理，索杆各阶段施工过程如下：

(1) 将索杆各段在地面拼装就位，牵引索和各边索连接后将牵引索穿过各边界点为后续分步张拉做准备。

(2) 初步张拉各牵引索，使结构整体提升，提升中部分杆件产生预应力并达到初步的稳定平衡形态。

(3) 分步、分批张拉各牵引索，使索杆逐步提升，这一过程中各索内力逐渐增加，体系刚度逐步增强。

(4) 索杆张拉端到达设计指定位置，在指定位置继续张拉调整结构形态至设计高度，预应力达到设计水平，将牵引索完全拉出，各边索固定于边界点。

根据上述张拉过程，编制相应的非线性有限元程序，程序流程图如图 12-3-1 所示。

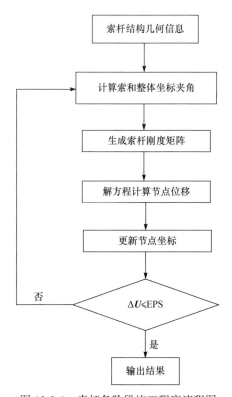

图 12-3-1　索杆各阶段施工程序流程图

12.3.3 算例

本节算例参照 8.3.1 节的单层索网罩棚[58]，分析模型如图 8-3-1 所示，结构所用杆件及杆件无应力长度等信息见表 8-3-1 和表 8-3-2。

根据 12.3.2 节的计算步骤和程序，设定该结构的张拉过程，张拉结果如下。

(1) 将结构各索段连接后放置在地面或已有建筑物边界上。将牵引索一端和各边索相连，另一端穿过各固定边界的张拉点处，为后续张拉做准备，如图 12-3-2 所示。

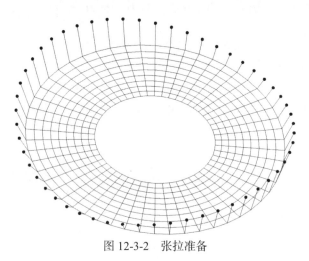

图 12-3-2　张拉准备

(2) 开始张拉，达到结构的初始平衡态。计算中假定当边索牵引力达到成形后内力的 5% 时为体系的初始平衡态，然后再用悬链线单元替代直线单元模拟初始平衡态，提升后各杆件预应力如图 12-3-3 所示(此处只给出左下 1/4 单元数据，下同)。图中径向索张力分布均匀(440～460kN)，除内环外的其他环向索张力为 0，这说明张拉初始阶段环索处于松弛状态，预应力从径向索和内环索导入。

由图 12-3-3 可知，内环索和各道径向索在提升张拉后产生预应力，其余各道环索还处于松弛状态，结构在自重和边索牵引力作用下稳定平衡。完成该步张拉后，开始分步对各边索进行张拉。

(3) 进行逐步张拉迭代，以各索段成形后张力的 5% 作为计算增量开始提升，追踪控制过程如下：

① 先将边界点 1～14(位置如图 8-3-1 所示)张拉到控制张力的 10%。

② 对节点 15～节点 28 张拉至控制张力的 15%，依次张拉各边索，索网各构件张力逐渐增加。

③ 将节点 15～节点 28 张拉到控制张力的 60% 时，各索全部进入工作状态。

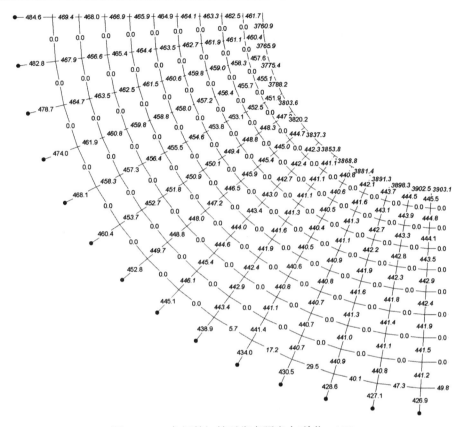

图 12-3-3　各杆件初始平衡态预应力(单位：kN)

④ 将节点 15～节点 28 张拉到控制张力的 80% 时，为防止有些边索拉过边界点的索段长度较大，不再按 5% 的增量对索段进行张拉，而是分批将索张拉到标定的位置点，将各边索连接到边界点。

⑤ 将索的无应力长度作为非线性有限元计算的控制条件，对这一过程进行追踪。

⑥ 最终成形，成形后的张力参见表 8-3-1，形状如图 8-3-1 所示。

整个索网张拉过程如图 12-3-4 所示,张拉过程中各索张力变化如图 12-3-5 所示,以几段有代表性的索为例，可以看出各索段在施工过程中均处于逐渐加载的状态。从图 12-3-5 中可以看出，多根索在第 17 步时出现张力突变，此后再张拉不再按 5% 的索力增量加载，而是以索的初始长度作为加载控制目标。内环索和各道径向索在施工张拉初期就产生张力，而其余各环索在张拉中才逐渐参与工作，这和实际情况较为吻合。最后索网各构件的内力及各节点的位置与预期的设计值非常接近，其误差不超过 0.1%。

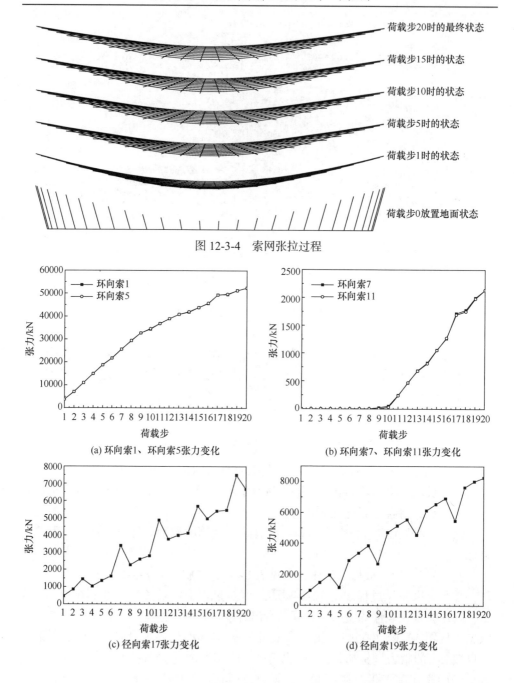

图 12-3-4 索网张拉过程

(a) 环向索1、环向索5张力变化

(b) 环向索7、环向索11张力变化

(c) 径向索17张力变化

(d) 径向索19张力变化

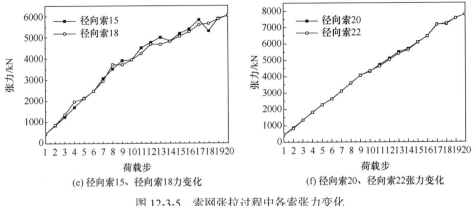

(e) 径向索15、径向索18力变化　　　　　(f) 径向索20、径向索22张力变化

图 12-3-5　索网张拉过程中各索张力变化

12.4　基于动力松弛法的张拉成形模拟方法

12.4.1　动力松弛法张拉成形原理概述

在第 5 章索杆结构找形分析中也用到动力松弛法，其基本原理相同，都是用动力方法解决静力问题，基于牛顿第二定律建立控制方程。动力松弛法基本思想是：在给定的构形下，结构体系在不平衡力的作用下开始运动，过程类似于弹簧振子的自由振动。在经过平衡构形时体系的动能达到最大、同时势能达到最小，因此平衡构形附件将体系的速度设为 0 并重新开始运动，则体系的各个节点(振动中的质点)逐渐逼近平衡位置，直到体系的动能足够小(可忽略)时，体系达到势能极小值。只要节点不平衡力没有达到控制要求，张拉将持续进行，因此对节点不平衡力的控制是动力松弛法的关键点。5.3 节以索杆结构为研究对象介绍了动力松弛法，这里不再赘述。

实际中，很多大型索杆罩棚结构支承在周边环梁上，如果按照前述方法不考虑张拉过程的协同作用，周边刚性环梁的变形即被忽略，那么与实际施工差异较大。实际上，成形过程中周边环梁的梁柱体系产生变形以后又会对索张力体系产生影响。因此，索张力体系与周边梁柱体系相互影响、协同作用，是不可分割的整体。

本节首先推导出考虑周边梁柱体系的统一节点不平衡力列式，然后采用动力松弛法求解考虑周边梁柱体系的索杆结构张拉成形过程。

12.4.2　考虑周边环梁的节点不平衡力

假定：①梁、柱单元始终处于弹性阶段；②索是理想柔性，只受拉力而不受压和弯；③索单元与梁单元为铰接节点。

索杆张力结构的周边梁柱体系一般包含大型环梁、立柱和柱间支撑等。内部索杆张力结构提升之前，确定周边梁柱体系的安装位置；内部索杆张力结构提升过程中，确定索单元、杆单元无应力长度，索杆张力作用使周边梁柱体系产生变形，周边梁柱体系变形反过来会影响索杆张力结构内部的状态。周边梁柱体系与内部索杆张力体系连接节点的几何模型和节点不平衡力模型[130]分别如图 12-4-1 和图 12-4-2 所示。

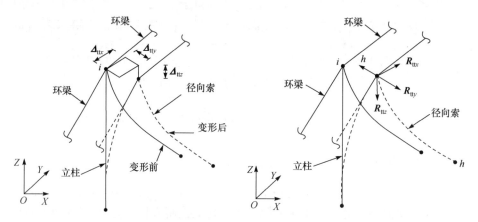

图 12-4-1   周边节点几何模型   图 12-4-2   周边节点不平衡力模型

周边节点为梁、柱、索连接节点，梁和柱单元具有空间 6 自由度，包括 3 线位移和 3 转角连续，节点平衡方程含弯矩平衡。基于局部坐标系，可列出梁、柱和索的张力方程，通过整体坐标变换，建立整体坐标下的节点平衡方程[172]。因内部索杆节点具有 3 自由度，仅线位移连续，为便于整体节点不平衡力列式的统一和求解，将周边节点平衡方程写为线位移、角度分组的分块形式：

$$\begin{bmatrix} \boldsymbol{K}_{tt} & \boldsymbol{K}_{tr} \\ \boldsymbol{K}_{rt} & \boldsymbol{K}_{rr} \end{bmatrix} \begin{Bmatrix} \boldsymbol{\varDelta}_{tt} \\ \boldsymbol{\varDelta}_{rr} \end{Bmatrix} = \begin{Bmatrix} \boldsymbol{F}_{tt} \\ \boldsymbol{F}_{rr} \end{Bmatrix} + \begin{Bmatrix} \boldsymbol{R}_{tt} \\ \boldsymbol{R}_{rr} \end{Bmatrix} \tag{12-4-1}$$

式中，$\boldsymbol{K}_{tt}$、$\boldsymbol{K}_{tr}$、$\boldsymbol{K}_{rt}$ 和 $\boldsymbol{K}_{rr}$ 为总节点刚度矩阵的各分块子矩阵；$\boldsymbol{\varDelta}_{tt}$ 为周边节点线位移向量，通过动力松弛法中式(12-4-1)求解；$\boldsymbol{\varDelta}_{rr}$ 为周边节点角位移向量；$\boldsymbol{F}_{tt}$ 和 $\boldsymbol{F}_{rr}$ 分别为综合节点力和节点弯矩；$\boldsymbol{R}_{tt}$ 和 $\boldsymbol{R}_{rr}$ 分别为节点不平衡力和节点不平衡弯矩，对于周边节点，$\boldsymbol{R}_{rr}=0$。

按矩阵乘法展开式(12-4-1)，分别得到

$$\boldsymbol{K}_{tt}\boldsymbol{\varDelta}_{tt} + \boldsymbol{K}_{tr}\boldsymbol{\varDelta}_{rr} = \boldsymbol{F}_{tt} + \boldsymbol{R}_{tt} \tag{12-4-2}$$

$$\boldsymbol{K}_{rt}\boldsymbol{\varDelta}_{tt} + \boldsymbol{K}_{rr}\boldsymbol{\varDelta}_{rr} = \boldsymbol{F}_{rr} \tag{12-4-3}$$

由式(12-4-3)求得周边节点角位移为

$$\boldsymbol{\varDelta}_{rr} = \boldsymbol{K}_{rr}^{-1}(\boldsymbol{F}_{rr} - \boldsymbol{K}_{rt}\boldsymbol{\varDelta}_{tt}) \tag{12-4-4}$$

将式(12-4-4)代入式(12-4-2)，得到周边梁柱体系产生的周边节点不平衡力为

$$\boldsymbol{R}_{tt} = -\boldsymbol{F}_{tt} + \boldsymbol{K}_{tt}\boldsymbol{\varDelta}_{tt} + \boldsymbol{K}_{tr}\boldsymbol{K}_{rr}^{-1}(\boldsymbol{F}_{rr} - \boldsymbol{K}_{rt}\boldsymbol{\varDelta}_{tt}) \tag{12-4-5}$$

组合式(5-3-12)和式(12-4-5)，得到考虑周边结构协同作用的统一节点不平衡力列式：

$$\boldsymbol{R} = -\boldsymbol{F}_{tt} + \boldsymbol{K}_{tt}\boldsymbol{\varDelta}_{tt} + \boldsymbol{K}_{tr}\boldsymbol{K}_{rr}^{-1}(\boldsymbol{F}_{rr} - \boldsymbol{K}_{rt}\boldsymbol{\varDelta}_{tt}) + \boldsymbol{P} - \boldsymbol{A}\frac{\boldsymbol{t}}{\boldsymbol{r}} \tag{12-4-6}$$

考虑周边结构协同作用的索杆张力结构成形过程数值算法详见5.5节。

12.4.3　算例

1. 正交索杆结构[130]

正交索杆结构最终平衡状态如图 12-4-3(e)所示，平面尺寸为 9.144m × 9.144m，周边节点全部约束，索截面面积为 $3.15 \times 10^{-4}\text{m}^2$，弹性模量为 $1.7 \times 10^8\text{kPa}$；杆单元采用 ϕ30mm × 2.5mm 钢管。该结构包括 24 个索单元和 4 个杆单元(竖杆)，索单元又可分为上径向索、上环索、下径向索和下环索，如图 12-4-3(e)所示。下径向索全部为主动索，单元无应力长度见表 12-4-1，其中主动索的初始无应力长度中包括牵引长度0.4m。分两种方式来模拟该结构成形过程，分别为同步张拉主动索和不同步张拉主动索，单元和节点变化如图 12-4-3(e)所示。

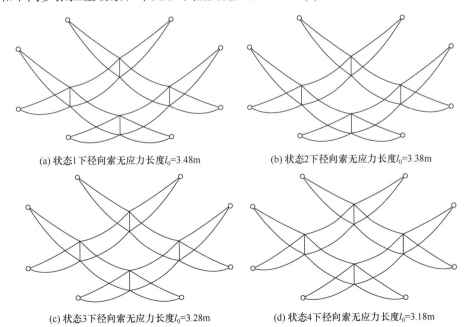

(a) 状态1下径向索无应力长度l_0=3.48m　　　　　(b) 状态2下径向索无应力长度l_0=3.38m

(c) 状态3下径向索无应力长度l_0=3.28m　　　　　(d) 状态4下径向索无应力长度l_0=3.18m

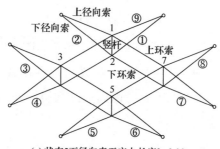

(e) 状态5下径向索无应力长度l_0=3.08m

图 12-4-3　正交索杆结构成形过程

1) 同步张拉

每步主动索同步缩短 0.1m 来分析成形过程，通过四步完成模拟分析，共包括 5 个平衡状态，如图 12-4-3 所示。

由于结构对称性，只将节点 1 和节点 2 的坐标变化列于表 12-4-2。在成形过程中，预应力建立前，即下径向索无应力长度缩短到 3.08m 以前，上径向索张力从 0.874kN 减小到 0.191kN，下径向索张力从 0.099kN 增加到 0.586kN，整体结构的内力很小；当下径向索无应力长度缩短到 3.08m 时，上径向索、下径向索张力分别变为 100.906kN、101.853kN，张力变化呈现强非线性特性。

表 12-4-1　初始状态单元无应力长度　　　　　　(单位：m)

构件参数	上径向索	上环索	下径向索	下环索	飞柱
无应力长度	3.080	3.048	3.480	3.048	1.000

表 12-4-2　成形过程节点 1 和节点 2 坐标　　　　　　(单位：m)

成形过程	节点 1			节点 2		
	x	y	z	x	y	z
状态 1	1.5235	1.5235	−0.4333	1.4855	1.4855	−1.4319
状态 2	1.5226	1.5226	−0.4131	1.5156	1.5156	−1.4130
状态 3	1.5154	1.5154	−0.1965	1.5217	1.5217	−1.1965
状态 4	1.5139	1.5139	0.1042	1.5229	1.5229	−0.8958
状态 5	1.5268	1.5268	0.4994	1.5269	1.5269	−0.4999

2) 不同步张拉

不同步张拉每步只缩短一根主动索，缩短量为 0.1m，缩短顺序为①～⑧，整个成形过程共分 32 步，其他条件不变。在成形过程中，节点 1、节点 3、节点 5 和节点 7 的 z 坐标变化如图 12-4-4 所示；索①、⑨的张力变化如图 12-4-5 所示。

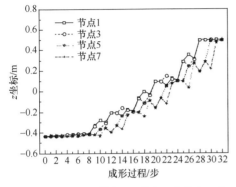

图 12-4-4　节点 1、节点 3、节点 5 和节点 7 的 z 坐标变化过程

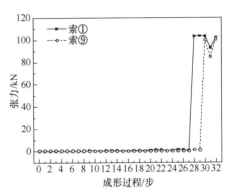

图 12-4-5　索①、索⑨张力

从图 12-4-4 可以看出，当主动索从 3.480m 缩短到 3.380m 时，自由节点 z 坐标变化不大；而随着主动索的进一步缩短，自由节点 z 坐标发生显著变化。因为该过程是通过不同步张拉完成的，所以节点 z 坐标在振荡中增加。从图 12-4-5 可以看出，当索①～索③的无应力长度为 3.080m 时，索①的张力仅从 0.0731kN 增加到 1.519kN，索⑨的张力仅从 0.19kN 增加到 1.347kN，因此系统整体内力依然很小；当索④的无应力长度也为 3.080m 时，索①的张力会增大到 103.364kN，也就是说，此时单元①中已成功导入了预应力；而索⑥的无应力长度为 3.080m 时，索⑨中才成功导入了预应力 100.016kN。

表 12-4-3 列出了两种成形过程中最终平衡状态时的构件内力，两种成形过程得到的结果几乎完全相同，进一步证明系统的平衡状态与成形过程无关，而只与结构单元的无应力长度相关。

表 12-4-3　最终平衡状态时的构件内力对比　　　　　　　　（单位：kN）

构件类型		上径向索	上环索	下径向索	下环索	竖杆
单元内力	同步	100.906	99.481	101.853	100.415	−32.829
	不同步	100.904	99.479	101.856	100.417	−32.829

2. 宝安体育场罩棚与周边梁柱协同张拉成形[130]

深圳市宝安体育场罩棚结构形式为轴对称马鞍形索杆张力结构，最大跨度为 230m，周边结构和罩棚结构如图 12-4-6 所示。周边结构由立柱和环梁组成，外压环为内设加劲肋的单层钢箱梁；内拉环为双层索环，上环索和下环索通过无应力长度为 18m 的飞柱相连；内外环通过 36 榀索桁架相连。

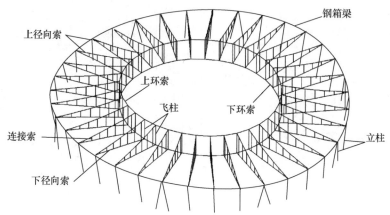

图 12-4-6　宝安体育场周边结构和罩棚结构

整体施工张拉方案为：先张拉上径向索，再张拉下径向索。根据该方案，其施工过程如下。

(1) 在地面上拼接上径向索和上环索，分步张拉上牵引索使 $l_1^u = 0.25\text{m}$。

(2) 安装飞柱、下环索和下径向索，此时下径向索的牵引索长度 $l_1^d = 8\text{m}$。

(3) 张拉上牵引索长度至 0。

(4) 分步张拉下牵引索至 $l_1^d = 0$。

(5) 安装连接索。

根据工程实际情况，罩棚索杆截面规格和质量见表 12-4-4，索弹性模量为 $1.65 \times 10^{11}\text{Pa}$，梁杆弹性模量为 $2.1 \times 10^{11}\text{Pa}$。索无应力长度根据设计初始平衡状态索张力及几何形状在制作工厂张拉以后放样得到。

表 12-4-4　罩棚索杆截面规格和质量

构件参数	下径向索	下环索	上径向索	上环索	飞柱	连接索
规格	$\phi 95\text{mm}$	$6\phi 90\text{mm}$	$\phi 75\text{mm}$	$6\phi 70\text{mm}$	$10\phi 375\text{mm}$	$\phi 20\text{mm}$
质量/(kg/m)	50.7	270	31.3	163.2	90	2.04

该工程立柱和环梁截面尺寸及材料属性为已知，上径向索、下径向索与环梁的交点按自由节点考虑，即考虑立柱和环梁的变形对屋盖系统提升过程的影响。施工过程状态描述及状态图见表 12-4-5。

表 12-4-5　施工张拉成形过程状态描述及状态图

中间状态	三维图	立面图	中间状态	三维图	立面图
状态 1 $l_1^u=4\text{m}$ $l_1^d=8\text{m}$			状态 2 $l_1^u=2\text{m}$ $l_1^d=8\text{m}$		
状态 3 安装飞柱 $l_1^u=$ 0.25m $l_1^d=8\text{m}$			状态 4 上径向索就位 $l_1^d=8\text{m}$		
状态 5 $l_1^u=0$ $l_1^d=3\text{m}$			状态 6 $l_1^u=0$ $l_1^d=1\text{m}$		
状态 7 $l_1^u=0$ $l_1^d=0\text{m}$			状态 8 安装连接索		

　　详细过程见文献[166]，图 12-4-7、图 12-4-8 分别为提升过程中周边环梁节点位移变化过程。在预应力建立前，周边节点位移很小，最大位移在 20mm 以内，从状态 6 开始节点位移迅速变大，最终状态最大位移发生在+X轴，达到–114.4mm。因为索轴向刚度非常大，周边节点位移将对索张力产生很大影响，所以本节采用的考虑周边结构变形算法更接近实际施工过程。

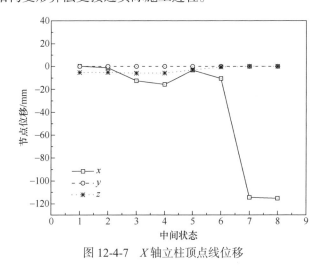

图 12-4-7　X轴立柱顶点线位移

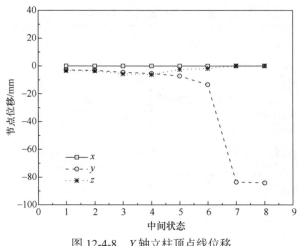

图 12-4-8　　Y 轴立柱顶点线位移

12.5　基于非线性力法的张拉成形模拟方法

采用正序分析思路，从结构的基本平衡方程出发，利用力法推导构件内力和节点位移计算公式，再通过修正轴力考虑结构的几何非线性，实现索杆张力结构的施工成形[139]。

基于非线性力法的施工找形分析过程中，被动索原长不变，而与主动索相连的牵引索长度减小，即通过对各施工步中的主动索施加初始变形来模拟结构的张拉提升过程。算例中以一个轮辐式马鞍形体育场罩棚(枣庄体育场罩棚)为研究对象，对其从初始无应力不稳定态张拉到有预应力稳定平衡态的过程进行模拟，分析每个施工步的体系形状和杆件内力。

12.5.1　非线性力法张拉成形基本理论

1. 基本假定

(1) 拉索为理想柔性索，只承受拉力作用。

(2) 索单元、杆单元材料符合线弹性，满足胡克定律。

(3) 索单元、杆单元自重等效为节点荷载，平摊到杆件两端节点。

(4) 考虑节点自重。

(5) 结构变形为小应变。

(6) 不考虑周边环梁对索杆张力结构的影响。

2. 线性力法

在节点外荷载 f (包含构件自重和节点自重)和初始索长误差 e_0 的共同作用

下，结构需满足以下平衡方程、协调方程和本构方程：

$$At = f \tag{12-5-1}$$

$$Bd = e \tag{12-5-2}$$

$$e = e_0 + Ft \tag{12-5-3}$$

当结构具有动不定或静不定特性时，平衡矩阵 A 不是正方阵。此时，可利用广义逆法求解方程式(12-5-1)，那么构件内力 t 可表示为特解和通解之和的形式[134]：

$$t = t_s + t_g \tag{12-5-4}$$

式中，特解 $t_s = A^+ f$，A^+ 为矩阵 A 的 Moore-Penrose 广义逆；通解 $t_g = S\alpha$，参照文献[139]仅考虑初始索长误差对通解部分的作用，可求解得 $\alpha = -(S^T F S)^{-1} S^T e_0$，故构件内力可简化为

$$t = A^+ f - S(S^T F S)^{-1} S^T e_0 \tag{12-5-5}$$

式(12-5-5)中右端第一项可视为外荷载引起的构件内力 $t_f = A^+ f$；而右端第二项可视为由初始索长误差导致的构件内力 $t_{e_0} = -S(S^T F S)^{-1} S^T e_0$。

当结构具有静定特性时，即 $S=0$，式(12-5-5)变为

$$t = A^+ f \tag{12-5-6}$$

即对于静定结构，初始索长误差 e_0 不会引起构件内力的变化。

同理，当协调矩阵 $B = A^T$ 不是正方阵时，利用广义逆方法求解方程式(12-5-2)可得

$$d = d_s + d_g \tag{12-5-7}$$

即节点位移 d 也由特解和通解两部分组成。其中，通解 $d_g = M\beta$；特解 $d_s = B^+ e$。式中，矩阵 B^+ 为矩阵 B 的 Moore-Penrose 广义逆。

$$d = B^+ e + M(M^T Z M)^{-1} M^T f \tag{12-5-8}$$

可认为式(12-5-8)中右端第一项为由构件变形引起的节点位移，$d_e = B^+ e$。式中，e 由式(12-5-3)求得；而右端第二项即由节点外荷载导致的节点位移 $d_f = M(M^T Z M)^{-1} M^T f$。

式(12-5-8)可以作为该形态解析法在考虑了构件弹性变形之后所得到的扩展方程，适用于索杆结构张拉成形过程中存在的机构位移和弹性位移混合问题。

3. 几何非线性力法

在实际施工过程中，索杆张力结构可能会出现大位移、大转角、刚体位移以

及体系变化等强几何非线性情况，故有必要引入迭代算法对上述线性力法进行几
何非线性修正。当考虑几何非线性后，协调矩阵实际分为两部分：

$$B = B_L + B_{NL} \tag{12-5-9}$$

式中，B_L 与节点坐标有关；B_{NL} 与节点位移有关。此时式(12-5-2)是关于节点位
移的非线性方程；借鉴非线性有限元法，此处采用 Newton-Raphson 法进行迭代
求解[134]。

在第 k 次迭代中，有

$$A^{i(k)}(d)\delta t^{i(k)} = \delta f^{i(k)} \tag{12-5-10}$$

$$B^{i(k)}(d)\delta d^{i(k)} = \delta e^{i(k)} \tag{12-5-11}$$

式(12-5-10)右端项为节点不平衡力，$A^{i(k)}(d)$ 为第 k 次迭代的平衡矩阵，$\delta t^{i(k)}$、
$\delta f^{i(k)}$ 分别为内力和节点力的增量；式(12-5-11)中，$B^{i(k)}(d)$ 为第 k 次迭代的协调
矩阵，$\delta d^{i(k)}$ 和 $\delta e^{i(k)}$ 分别为节点位移和构件变形量。

每次迭代需满足：

$$\delta f^{i(k)} = f - A^{i(k)}(d)t^{i(k-1)} \tag{12-5-12}$$

$$t^{i(k)} = t^{i(k-1)} + \delta t^{i(k)} \tag{12-5-13}$$

$$e^{i(k)} = e^{i(k-1)} + \delta e^{i(k)} \tag{12-5-14}$$

$$d^{i(k)} = d^{i(k-1)} + \delta d^{i(k)} \tag{12-5-15}$$

式中，f 为节点外荷载，假设其在各施工步中大小和方向不变；$t^{i(k-1)}$ 为第 $(k-1)$
次迭代所求得的构件内力，而 $\delta t^{i(k)}$ 可由式(12-5-5)或式(12-5-6)求得；$e^{i(k-1)}$ 为第
$(k-1)$ 次迭代所求得的构件变形量，利用式(12-5-3)求解 $\delta e^{i(k)}$；$d^{i(k-1)}$ 为第 $(k-1)$
次迭代中求解得到的节点位移，$\delta d^{i(k)}$ 可由式(12-5-8)求得。

12.5.2　基于非线性力法的施工张拉成形步骤和程序框图

索杆张力结构的成形正是由于拉索缩短，使得结构逐渐成形。而根据前文可
知，在几何非线性力法中，可利用初始变形不断改变拉索长度，从而模拟拉索在
张拉过程中不断缩短的情况。该方法适用于分析动不定、静不定结构体系，能有
效地解决结构的刚体位移或刚体位移和弹性位移混合问题。此外，该方法还能反
映初应变、初应力对结构的影响，满足索杆张力结构形态分析要求。

综上所述，基于非线性力法的施工张拉成形分析流程如图 12-5-1 所示，基于
非线性力法的施工模拟主要步骤如下。

(1) 输入每一施工步的初始数据,包括材料弹性刚度 Ea、节点外荷载 f(包含构件自重和节点自重)、小量 EPS 和节点初始坐标。

(2) 初始化,$t^{i(0)}$ 取第 $i-1$ 施工步求得的最终构件内力值;特别地,若在第 i 施工步中需安装新构件,则设新构件的内力 $t^{i(0)}$ 为 0。$e_0^{i(0)}$ 为满足施工步要求而给定的初始变形,以此减小牵引索长度,从而模拟主动索的张拉提升过程。基于第 i 施工步的初始位形,即第 $i-1$ 施工步的最终位形,集成平衡矩阵 $A^{i(0)}$。

(3) 计算节点不平衡力 $\delta f^{i(k)} = f - A^{i(k)}(d)t^{i(k-1)}$。

(4) 根据式(12-5-12)或式(12-5-13)求解 $\delta t^{i(k)}$,根据式(12-5-14)求解 $\delta e^{i(k)}$,再由式(12-5-15)求解 $\delta d^{i(k+1)}$,如果在迭代过程中出现索松弛现象或断索现象,那么不考虑这些单元对结构几何刚度矩阵的贡献。

(5) 分别计算第 k 次迭代中的节点位移 $d^{i(k)} = d^{i(k-1)} + \delta d^{i(k)}$ 和构件内力 $t^{i(k)} = t^{i(k-1)} + \delta t^{i(k)}$。

(6) 根据节点位移 $d^{i(k)}$ 更新平衡矩阵 $A^{i(k+1)}$。

(7) $k = k+1$,重复步骤(3)~步骤(7),直到非线性力法收敛。

(8) $i = i+1$,重复步骤(2)~步骤(8),直到满足该施工步的结束条件。

12.5.3　算例

以枣庄体育场罩棚[139]为例,采用非线性力法控制每一个施工步的构件内力、结构位形。枣庄体育场罩棚的最终成形结果见 5.5.2 节,结构模型如图 5-5-1 所示,主要参数见表 5-5-1。张拉中仅考虑图 5-5-2(b) 的索杆部分,忽略外部梁柱支承体系。

张拉中,枣庄体育场罩棚将上屋面索和下径向索作为主动索、内斜索、上环索、下环索以及飞柱作为被动构件,制定张拉方案如下:

(1) 先铺放下环索和下径向索,然后铺放上环索和上屋面索。

(2) 利用张拉设备同步张拉提升 96 根上屋面索,使上环索离开马道脚手架约 16m。

(3) 在下环索位于马道高度的状态下安装飞柱和内斜索,将下环索与上环索相连接,飞柱和内斜索的安装顺序为从东西侧向南北侧对称安装(图 12-5-2(a))。

(4) 将 48 根下径向索与下环索连接,并提升第一组下径向索(图 12-5-2(b))直到上环索约与外环梁等高。

(5) 同步张拉提升 96 根上屋面索直至拉索距离索头约 0.2m。

(6) 同步张拉提升上屋面索直至完全就位。

(7) 利用张拉设备提升第一组下径向索直至拉索距离索头约 1m。

(8) 张拉提升第一组下径向索直至拉索距离索头约 0.5m。

(9) 张拉提升第一组下径向索直至拉索距离索头约 0.1m。

(10) 张拉提升第一组下径向索直至完全就位。

(11) 利用张拉设备提升第二组下径向索(图 12-5-2)直至拉索距离索头约 1m。

(12) 张拉提升第二组下径向索直至拉索距离索头约 0.5m。

(13) 张拉提升第二组下径向索直至拉索距离索头约 0.1m。

(14) 张拉提升第一组下径向索直至完全就位。

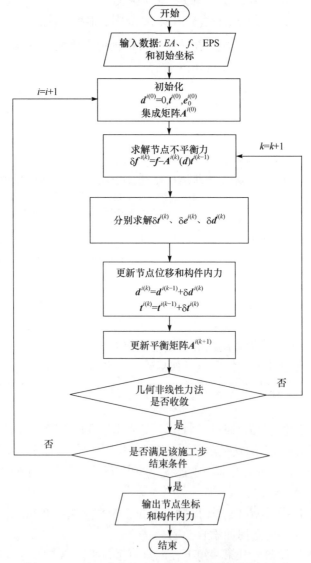

图 12-5-1　基于非线性力法的施工张拉成形分析流程

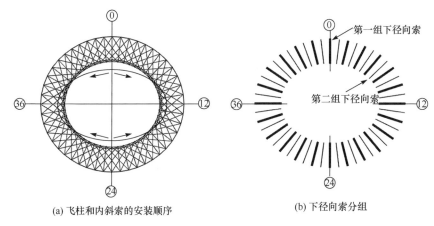

(a) 飞柱和内斜索的安装顺序　　　　(b) 下径向索分组

图 12-5-2　安装顺序和分组

　　根据张拉方案,在步骤(1)中,需要将结构中环索放置在马道上,并将上屋面索的一端与上环索相连,另一端则穿过固定边界的张拉点,为后续施工做准备,假设步骤(1)中各索内力为 0,此时主动索为上屋面索,求得其下料长度,见表 12-5-1;在步骤(4)中,将下径向索与下环索连接,此时主动索为下径向索,可确定此时下径向索的下料长度,见表 12-5-1,其中①为原长,②为步骤(1)的无应力长度,③为牵引长度,④为步骤(4)的无应力长度。

表 12-5-1　步骤(1)和步骤(4)中主动索的下料长度　　　　(单位:m)

上屋面索	①	②	③	上屋面索	①	②	③	下径向索	①	④	③
1	68.63	75.49	6.86	13	69.20	75.29	6.09	1	45.05	59.83	14.78
2	68.60	75.21	6.61	14	69.27	75.68	6.41	2	45.05	59.81	14.76
3	68.56	74.94	6.38	15	68.62	75.29	6.67	3	45.05	59.72	14.67
4	68.55	74.71	6.16	16	68.34	75.26	6.92	4	45.05	59.59	14.54
5	69.28	75.06	5.78	17	68.38	75.51	7.13	5	45.05	59.44	14.39
6	69.58	75.09	5.51	18	68.70	75.99	7.29	6	45.05	59.28	14.23
7	69.51	74.86	5.35	19	68.71	76.15	7.44	7	45.05	58.98	13.93
8	69.15	74.43	5.28	20	68.71	76.25	7.54	8	45.05	58.28	13.23
9	69.12	74.43	5.31	21	68.71	76.25	7.54	9	45.05	57.73	12.68
10	69.11	74.52	5.41	22	68.69	76.16	7.47	10	45.05	57.40	12.35
11	69.12	74.70	5.58	23	68.67	76.00	7.33	11	45.05	57.14	12.09
12	69.15	74.96	5.81	24	68.65	75.76	7.11	12	45.05	56.94	11.89
—	—	—	—	—	—	—	—	13	45.05	56.91	11.86

　　以施工步(a)为起点,对枣庄体育场索杆结构成形过程的位形进行观察,成形

过程中的位形变化如图 12-5-3 所示，图中分别标注了当前施工步中得到的上、下环最高点和最低点的 Z 坐标。张拉中，各类构件的张力变化如图 12-5-4 所示。

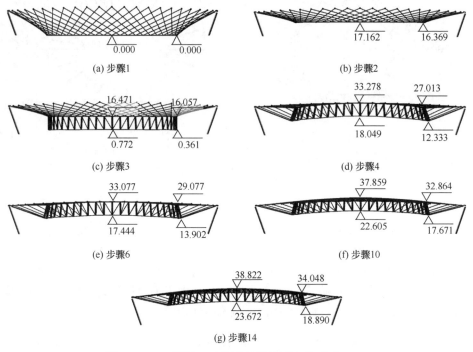

图 12-5-3　不同施工步下的结构位形变化(单位：m)

从图 12-5-3(a)～(d)可以看出，平铺于水平面的结构逐渐提升张拉至上屋面索就位；随着上屋面索的张拉逐步增大，上、下环节点高度也随之增大，上屋面索与初始状态相比增高了约 30m，整个屋面相对较平；位于最低点附近的飞柱在提升过程中发生的倾斜较大，但在后续提升中逐渐恢复到设计状态。从图 12-5-3(e)和 (f) 可知，从上屋面索就位到第一组下径向索就位，节点高度也随着第一组下径向索的张拉逐步增大，屋面内环初现马鞍形状。从图 12-5-3(g) 可知，结构从第一组下径向索就位到第二组下径向索就位，节点高度仍随着第二组下径向索的张拉而逐步增大，屋面内环顺利张拉成马鞍形状。

张拉过程中主要拉索的张力变化如图 12-5-4 所示。施工步 1～施工步 6，上屋面索张力迅速增大，施工步 7～施工步 14，张力变化较小。位于高点附近的内斜索 1 和位于低点附近的内斜索 12 在整个提升过程中变化较小，而从施工步 1～施工步 10，内斜索 6 和内斜索 7 张力迅速增大。施工步 11～施工步 14 张力稳步增大。从初始状态到上屋面索安装就位过程中，上环索张力迅速增大，随着第一组下径向索和第二组下径向索的逐渐张拉，上环索张力变化很小。从图 12-5-4(d)

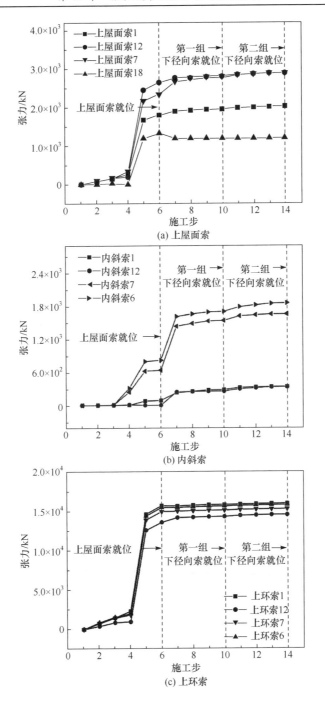

(a) 上屋面索

(b) 内斜索

(c) 上环索

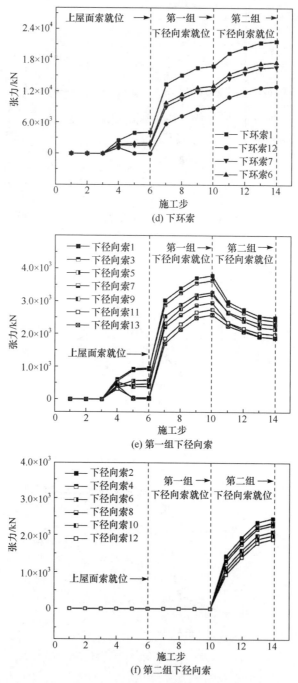

图 12-5-4　张拉过程中各类构件的张力变化

可见，施工步 1～施工步 6，上屋面索逐渐张拉，下环索张力变化很小，施工步 7～施工步 14，随着下径向索的分批张拉，下环索张力呈逐渐增大的趋势。从图 12-5-4(e)和(f)可见，施工步 1～施工步 10，随着第一组下径向索的张拉提升，第一组下径向索张力迅速增大，第二组下径向索张力为 0，并不参加工作，施工步 11～施工步 14，随着第二组下径向索的逐步张拉，第一组下径向索张力变化中存在下降段，这说明在张拉第二组斜索时对第一组斜索张力有卸载的作用，而第二组下径向索张力呈逐步增大的趋势；当施工结束时，两组下径向索具有几乎相当水平的预应力。

12.6　基于向量式有限元的张拉成形模拟方法

12.6.1　向量式有限元基本原理

向量式有限元是美国普渡大学 Ting[244-246]提出的一种基于点值描述和向量力学理论的数值分析方法。该方法以质点的运动来描述体系行为，其计算流程是逐点逐步循环，不存在单元刚度矩阵和矩阵奇异问题，且无须求解复杂的非线性联立方程组，即不存在迭代不收敛问题。通过引入逆向运动和变形坐标系分离出刚体位移和纯变形位移，以求解单元节点内力，再利用质点所受的不平衡合力，根据牛顿运动定律来求解质点的运动情况。对于静力分析问题，须经过动力分析的过程，最后达到稳定时即为分析结果；而对于动力分析问题，可直接跟踪质点运动获得。因此，向量式有限元适合大位移、大转动的结构以及机构问题的动力预测分析；且由于其采用质点描述模式，对于碰撞接触、破裂破碎和穿透等复杂不连续行为的问题，均可采用统一的主分析程序。相对于传统有限元，向量式有限元法并不存在对应复杂行为理论公式和偏微分控制方程的模块转换，因而具有极大的优势。下面介绍向量式有限元的基本原理。

1. 基本概念

1) 点值描述

点值描述是将结构离散为有限个质点的组合体，因而不存在连续体中的函数描述和微分方程控制。点值描述包括形成结构几何形状与空间位置的点值描述和运动轨迹的点值描述。前者是用离散点的位置表示结构的形状和位置，后者通过离散点的运动轨迹表示结构的位移和变形。与传统有限元类似，离散的质点数量越多，就越能准确描述结构的形态，计算结果就越接近真实解。

2) 向量力学

向量力学建立了质点的基本概念以及与质点运动相关的力学参数，如力、力矩、质量、加速度等，也制定了质点运动定律作为力学行为的准则。向量式有限元方法将向量力学应用于结构分析，将质点运动所满足的牛顿运动定律作为质点运动控制方程，通过质点的运动轨迹来描述结构的行为。

3) 行为分析

行为分析是一种通过数值分析来预测模拟结构真实运动行为的分析方法，其力学行为是不可预知的，即不能通过函数描述和微分方程的控制来事先获得，而只能随着环境的变动来预测模拟结构的行为变化。向量式有限元避免了函数描述和微分方程式的假设及限制，是一种适用于行为预测分析的理论。

2. 基本假设

(1) 将结构离散为有限个有质量的质点，质点的运动满足牛顿运动定律，质点间的约束可通过试验测定或直接采用传统有限元中单元的物理方程描述。

(2) 在时间增量步(即途经单元)内，结构单元的纯变形很小，即单元节点内力的计算是小应变和大变位的问题，且以变形前的几何位置作为基本架构，不考虑单元的几何变化对节点内力的影响，对应材料性质也保持不变。

3. 基本原理

向量式有限元的基本原理是将结构离散为有质量的质点和质点间无质量的单元，通过质点的动力运动过程来获得结构的位移和应力情况，质点间的运动约束通过单元连接来实现。质点 a 的运动满足质点平动微分方程和质点转动微分方程：

$$M_a \ddot{x}_a + \alpha M_a \dot{x}_a = F_a$$
$$I_a \ddot{\theta}_a + \alpha I_a \dot{\theta}_a = F_{\theta a} \tag{12-6-1}$$

式中，M_a 和 I_a 分别为质点 a 的平动质量矩阵和转动惯量矩阵；$\dot{x}_a$ 和 $\dot{\theta}_a$ 分别为质点 a 的速度向量和角速度向量；$\ddot{x}_a$ 和 $\ddot{\theta}_a$ 分别为质点 a 的加速度向量和角加速度向量；α 为阻尼参数，F_a 和 $F_{\theta a}$ 分别为质点受到的合力向量和合力矩向量，$F_a = f_a^{\text{ext}} + f_a^{\text{int}}$，$F_{\theta a} = f_{\theta a}^{\text{ext}} + f_{\theta a}^{\text{int}}$，其中，$f_a^{\text{ext}}$ 和 $f_{\theta a}^{\text{ext}}$ 分别为质点的外力向量和外力矩向量，f_a^{int} 和 $f_{\theta a}^{\text{int}}$ 分别为单元传递给质点的内力向量和内力矩向量。

1) 中心差分公式

质量矩阵 M_a 是对角矩阵，而转动惯量矩阵 I_a 一般是非对角矩阵，因此利用中心差分公式显式数值求解质点运动方程式(12-6-1)时，需先通过求逆矩阵 I_a^{-1} 进行角位移自变量的解耦，即

$$\ddot{x}_a + \alpha \dot{x}_a = \frac{1}{m_a} F_a$$
$$\ddot{\theta}_a + \alpha \dot{\theta}_a = I_a^{-1} F_{\theta a} \tag{12-6-2}$$

式中，m_a 为质点 a 的质量；然后进行各质点运动微分方程式(12-6-2)的求解。

2) 共转坐标和逆向运动

在每个时间子步(途经单元)内，向量式有限元通过定义变形坐标系(即共转坐标)的方法将空间单元问题转化到平面(或参考面)上，同时引入逆向运动的概念，扣除单元的刚体位移(刚体平移和刚体转动)，获得单元节点的纯变形位移量，然后由纯变形位移量求解单元节点内力，避免了刚体运动对单元节点内力计算误差的影响。

变形坐标系通常选取单元的某个参考面进行定义，将空间单元问题(整体坐标系下)转化到平面(变形坐标系下)上；同时通过原点的定义(定义在单元某个节点上)和坐标轴方向的定义(定义在单元某节点纯变形位移方向)，以减少所需求解的未知量数目，从而大大减少计算量。由于存在变形坐标系，在每个时间子步内，位移、内力、应力和应变等均需进行变形坐标系和整体坐标系之间的转换运算。

逆向运动包括逆向刚体平移、面外逆向刚体转动和面内逆向刚体转动三部分。逆向刚体平移部分通常选择单元其中一个节点作为参考点，取其全位移为刚体平移量，反向位移量即为逆向刚体平移量；逆向刚体转动部分则通过单元参考面进行求解，通过单元参考面的面外逆向刚体转动矩阵和面内逆向刚体转动矩阵求解逆向刚体转动位移量。

12.6.2　基于向量式有限元的索杆结构张拉方法

在向量式有限元中引入单元变形坐标系和逆向运动的概念，在单元节点全位移中扣除单元的刚体运动(刚体平移和刚体转动)，获得节点纯变形位移，继而求解单元节点内力，较好地解决了结构大变形和大转动问题的分析模拟，其本身并不存在几何非线性的问题，相对传统有限元具有较大的优势[247,248]。

1) 索杆基本方程

向量式有限元将结构离散为质点和结构单元，由质点的运动轨迹来描述结构的几何变化与空间位置，结构的质量通过一定的方式全部分配到质点上，质点的运动满足牛顿第二定律，考虑阻尼的作用时，式(12-6-1)可以表示为

$$m\ddot{x} + f_d = f^{\text{ext}} + f^{\text{int}} \tag{12-6-3}$$

式中，f^{ext} 为质点受到的外力向量；f^{int} 为结构单元传递给质点的内力向量；f_d 为阻尼力向量。

2) 方程求解

根据中心差分法，质点的速度、加速度可以表示为

$$\dot{x}_{n+1} = \frac{1}{2\Delta t}(x_{n+1} + x_{n-1}) \tag{12-6-4}$$

$$\ddot{x}_{n+1} = \frac{1}{\Delta t^2}(x_{n+1} - 2x_n + x_{n-1}) \tag{12-6-5}$$

将式(12-6-4)和式(12-6-5)代入式(12-6-3)中，可得运动方程式的解为

$$x_{n+1} = \frac{4}{\alpha\Delta t + 2}x_n + \frac{\alpha\Delta t - 2}{\alpha\Delta t + 2}x_{n-1} + \frac{2\Delta t^2}{m(\alpha\Delta t + 2)}(f_n^{\text{ext}} + f_n^{\text{int}}) \tag{12-6-6}$$

式(12-2-6)为力控制的求解方程，在给定外力及初始条件的情况下，通过该方程可以求出节点位移，从而获得结构的几何变化和空间位置。根据式(12-6-6)可得位移控制的求解方程：

$$f_n^{\text{ext}} = \frac{m}{\Delta t^2}\left(\frac{\alpha\Delta t + 2}{2}x_{n+1} - 2x_n - \frac{\alpha\Delta t - 2}{2}x_{n-1}\right) - f_n^{\text{int}} \tag{12-6-7}$$

在给定位移增量的条件下，对索杆张力结构进行施工成形分析，在张拉初始阶段可采用张拉力控制的方法，但当拉力达到一定数值后，再增加拉力值也不能精确控制索端位置，需采用位移控制方法。

3) 张拉模拟步骤

向量式有限元通过逆向运动解决了刚体位移的问题，通过质点的运动及相互之间的约束关系，可以直接求解刚体位移与变形耦合的问题，对于反分析的过程，可以直接拆除预应力索或杆件，而代之以一组平衡力或施加阻尼力，结构在节点不平衡力的作用下发生运动，直至平衡状态，过程中同时计算了刚体位移和弹性变形，而不需引入中间约束状态和刚体位移假定。

向量式有限元的基本求解步骤如下：

(1) 单元节点纯变形线(角)位移计算。由中心差分公式数值求解质点运动方程，获得质点总位移后，采用逆向运动方法扣除其中的刚体位移，以获得单元节点的纯变形位移量。

(2) 单元节点内力计算。在获得单元节点的纯变形线位移量后，通过单元变形满足的虚功方程来求解单元节点内力。

(3) 质点总线位移计算。将质点内力向量和下一步初质点外力向量代回质点中心差分位移式获得下一步的质点总位移，并回到第(1)步重新计算新的单元节点纯变形位移量。如上循环往复以实现结构位移和应力的逐步循环计算。

12.6.3 算例

铜仁奥体中心体育场建筑面积为77000m²，设4.5万固定座席，其罩棚采用轮辐式张拉索膜结构，如图12-6-1所示。罩棚平面近似椭圆形，尺寸约为283m×265m。索膜罩棚结构的组成包括轮辐式索桁架、外环受压平面钢桁架、钢拱杆、PTFE膜面。索桁架共36榀，悬挑长度均为56.5m。轮辐式索桁架由上

径向索、下径向索、吊索、上环索、下环索、内环飞柱组成，飞柱高度 21m。钢
索全采用 Galfan 镀层密封钢丝绳。

图 12-6-1　铜仁奥体中心体育场

考虑外围支承柱、A 型柱等结构，并与罩棚结构构成整体模型，经过找形优
化，确定体育场罩棚结构形态，主要构件的预张力见表 12-6-1。

表 12-6-1　铜仁奥体中心体育场主要构件规格与预张力

杆件参数	上环索	下环索	上径向索	下径向索	吊索	飞柱	交叉索
规格	$4\phi85mm$	$6\phi120mm$	$\phi75mm$	$\phi130mm/$ $\phi115mm$	$\phi20mm$	$\phi450mm \times 16$	$\phi40mm$
预张力/kN	6061～6077	18322～18400	952～1385	2867～3861	20～78	−559～−420	—
强度/MPa	1670	1670	1670	1670	1670	310	1670

根据整体施工方案，在外围钢结构安装完成卸载(移除胎架)之后，进行罩棚
张拉，其张拉安装过程如下：

(1) 地面拼装上环索，安装上径向索。

(2) 张拉上径向索高度至 21m。

(3) 安装撑杆、下径向索和下环索。

(4) 上径向索张拉到位。

(5) 逐步安装吊索，逐步张拉下径向索、吊索。

(6) 安装交叉索。

根据上述安装张拉过程，采用向量式有限元进行施工张拉模拟(龚景海教授
提供)，图 12-6-2 为各安装张拉过程构形，图 12-6-3 给出了张拉过程索张力变化，
在安装张拉前期索杆受力较小，索杆体系大范围运动，在构件安装完成后，通过
第(5)步的下径向索逐步张拉，至罩棚体系达到预张力成形。

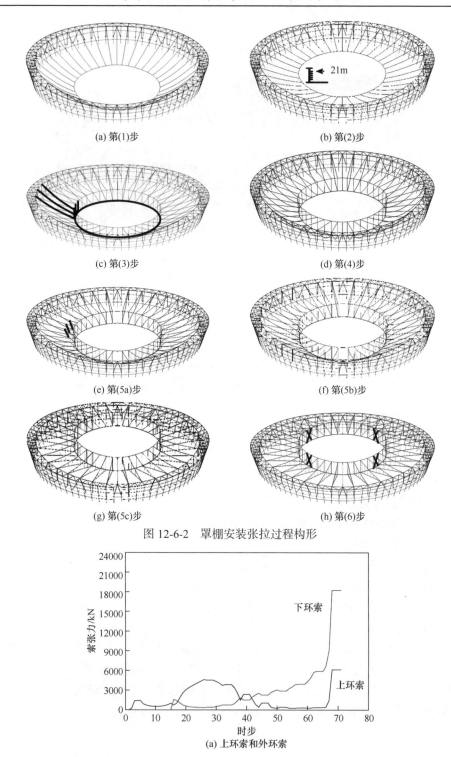

(a) 第(1)步　　　　　　　　　　　　　　　　(b) 第(2)步

(c) 第(3)步　　　　　　　　　　　　　　　　(d) 第(4)步

(e) 第(5a)步　　　　　　　　　　　　　　　(f) 第(5b)步

(g) 第(5c)步　　　　　　　　　　　　　　　(h) 第(6)步

图 12-6-2　罩棚安装张拉过程构形

(a) 上环索和外环索

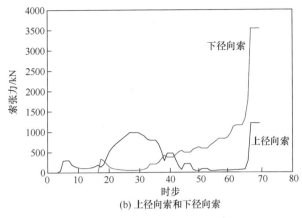

(b) 上径向索和下径向索

图 12-6-3　张拉过程索张力变化曲线

12.7　本章小结

张拉成形模拟方法，从施工过程及模拟工序可分为正向模拟和逆向模拟，逆向模拟类似桥梁工程领域常用的倒拆法，正向模拟类似悬拼等概念，但是由于柔性张力索杆体系在没有形成有效预应力之前，索杆体系为欠定机构，存在系列理论挑战。

张拉成形模拟方法，从力学和数值方法角度，主要包括基于有限元的方法、动力松弛法、广义逆非线性有限元、非线性力法、向量式有限元、有限质点法等，这些方法都可实现逆向施工模拟，其中基于非线性有限元静态逆向平衡形态的模拟是目前工程领域广泛采用的有效方法，可以基于通用有限元软件实现，如 ANSYS 或 Abaqus 等，其他方法不具有通适性，多用于科研，但是其他方法可以实现正向模拟过程。

正向模拟需要确定索杆张力结构体系的初始几何形状、拓扑关系、无应力长度、构件材料特性，其中初始几何为假设合理可行几何，正向模拟可通过边界点移动、主动索张拉及无应力长度的改变来实现。逆向张拉基于预应力平衡分析形态，从屋面卸载开始，按照张拉过程的逆向逐渐模拟。在实际工程施工模拟时，需要从几何形状和张力两个方面来控制，以便保障施工过程索杆体系的稳定性、可控性、安全性。

第 13 章　索杆张力结构工程设计应用

13.1　引　　言

索杆张力结构具有优异的力学性能、丰富的结构体系及其建筑表现力，广泛应用于土木建筑工程，其中广为应用的是索网、索穹顶、轮辐式结构，是空间结构领域科研和工程应用创新最活跃的方向。

虽然索杆张力结构在国内已经广泛应用，并呈现高速发展的趋势，但是，索杆张力结构工程应用技术难度远大于刚性空间网格结构或半刚性的空间结构体系。目前虽然编制了行业或地方规程，如《索结构技术规程》(JGJ 257—2012)[237]，对索杆张力结构的工程设计应用起到了重要的指导作用，但是索杆张力结构的创新需要精细设计、精密制造、精确施工，从而保障结构实现设计性的能；同时，对大型索杆张力结构特性的认识也需要与时俱进。

本章基于对索杆张力结构体系的理论研究，特别是承担或参与的重要索杆张力结构的工程分析或设计等，并结合我国典型索杆张力结构工程设计，侧重于工程设计思想、设计方法、设计技术，介绍索网、索穹顶、轮辐式罩棚结构的工程设计应用，为索杆张力结构工程设计应用提供参考。

13.2　索杆张力结构工程设计

索杆张力结构工程设计不仅是一个结构设计分析问题，更是一个系统工程设计，涉及建筑、结构、电气、制作、安装以及智能监控和管理技术等，而且这些跨学科交叉带来的技术融合是实现工程设计目标的基础，倡导系统工程设计与管理思想对大型索杆张力结构的应用非常有益。但本章仍然着重建筑和结构问题。

1. 结构选型与选材

针对索杆张力结构的工程设计，选型与选材都是建筑和结构需要统一考虑的问题，而不是单纯的建筑或结构问题，这点与传统建筑结构差异巨大。

首先，针对建筑结构选型，由于索杆张力结构特有的构成和力学机理，其形圉于力，力与形统一，并且固有拓扑，因此在表达建筑空间、建筑艺术时要充分考虑其属性，如张拉索网合理负高斯曲率和主曲率布索、索穹顶等，并结合具体建筑环境和其他因素(如造价、工期等)，选择最佳的结构体系。

其次，针对建筑结构选材。这里可以明确两类材料：一类是以结构力学控制为主的材料，主要是索、杆；另一类是以建筑表现和建筑物理为核心要求的材料。屋面材料典型分类为刚性屋面、柔性屋面，目前柔性屋面多为轻质膜材(G、P、E类膜皆可应用)，刚性屋面为金属屋面，应用较少，玻璃结构也是一个重要的屋面体系。对建筑物理(保温隔热、声学、采光等)要求高的场馆，采用轻质膜屋面，可设双层或多层，且设隔热保温层，如新型气凝胶隔热材料，轻质、高热阻、耐火、半透明。刚性屋面具有优异建筑表现和建筑物理性能，但是屋面及其檩系较重，结构整体预张力设计值大，平衡结构大，进而使整体结构成本增加。因此，针对建筑选材，需要充分考虑建筑功能，进行合理的建筑性能设计，并考虑结构影响，选择合理的屋面及其材料体系。

针对结构选材，索和杆是构成结构体系的基本要素。杆主要是指体系中承受压力的构件，又称压杆，通常为钢管或钢构件。索主要是指体系中承受拉力的构件，又称拉索，实际设计可为柔性钢拉索或刚性钢拉杆。拉索的选择对结构性能、造价、施工等有较大影响，并且对建筑技术呈现有一定影响。刚性钢拉杆多为高强合金钢，强度高、模量高、性能稳定，拉杆常由杆体和锚具、调节端构成，不能盘卷运输，制作长度受到限制。

柔性钢拉索分不锈钢拉索和高强镀锌-5%铝钢拉索，不锈钢拉索主要用于幕墙等索结构，大跨索杆张力结构的索材主要为低松弛高强高模量钢拉索，模量大于 160GPa，有效截面率大于 65%。拉索由索体、锚具、调节端构成，索体常为钢绞索、封闭索、半平行钢丝束。高钒镀锌-5%铝钢绞索是主要的索杆承力索，具有优异的力学和工艺性能，索直径可大于 100mm。封闭索的索体结构较复杂，索芯采用圆形钢绞索，外面为两层或多层 Z 形、马牙形异形截面钢丝相互咬合，可提高截面有效率、防腐、模量高、松弛低，主要用于环索等主承力索，近年已国产，且直径可以达到 100mm 和 130mm。半平行钢丝束采用 $\phi5mm$、$\phi7mm$ 镀锌钢丝，半平行捻制，模量高，接近 195GPa，低松弛，但是，需要外加高密度聚乙烯(high density polyethylene，HDPE)套防护层，盘卷半径大，多用于张拉索。多股钢丝绳索体多应用于索膜结构，其模量较低，约 130GPa。锚具为冷铸锚、热铸锚、压接，压接适宜较小拉索(直径 30~40mm)。拉索是索杆张力结构体系的核心受力构件，对工程结构受力、节点设计、施工张拉及其综合造价等具有重要影响。

2. 结构基本设计分析

索杆张力结构设计显著区别于传统刚性结构设计，但是其结构基本设计所包含的内容和技术要求基本一致，总体上基于统一可靠度设计理论，按照承载力极限状态和正常使用状态进行结构设计。

需要说明的是，目前《建筑结构荷载规范》(GB 50009—2012)[214]规定：根据荷载类型，先进行各荷载效应分析，再进行荷载效应组合，考虑各种组合系数，最后进行结构设计校验。鉴于索杆张力结构的强非线性特点，目前《建筑索结构技术标准》(DG/TJ 08—019—2018)等均规定，先进行荷载组合，再进行分析，之后计算荷载效应，并进行结构设计。同时，预应力对结构力学形态有重要影响，调整预应力会改变结构形态，因此结构设计的基准应为初始预应力，且初始预应力使结构具有较好的刚度，在一般荷载下具有弱非线性。此时，应将初始预应力考虑组合系数和其他荷载及其组合系数结合，进行结构非线性荷载效应分析，并最后进行承载力、变形设计。

具体到结构设计分析的基本方法仍包括找形分析和优化、预应力分析、荷载效应分析，均应充分考虑结构设计建模分析的合理性、准确性。在初步设计阶段，重点针对索杆张力结构体系、方案可行性等，采用较简化的边界条件。在详细施工图设计阶段，应充分考虑边界条件的协同设计，特别明确建筑要求尺寸，往往将其作为结构初始设计尺寸，但是在协同找形分析和预应力分析后，建筑定位尺寸可能有一定的变化。要统一好刚性支承结构和索杆结构制作状态之间的关系，目前这里是容易出现问题的地方，最后可能导致预应力难以达到设计要求。

基于基本结构设计分析，再对构件、节点进行分析和设计，从而满足工程设计完备性要求。节点设计是一个值得重视的环节，不仅需要连接功能、强度，同时应考量工艺学、美学，达到精巧、精致、经济。

3. 结构专项设计分析

大型索杆张力结构设计工作仍然存在较大技术挑战，除进行结构基本设计分析外，还有必要进行部分结构专项设计分析。

1) 风工程设计分析

在结构基本设计分析时，确定风荷载需要体型系数、风振系数等，而大型索杆张力结构体型较复杂，难以简单参考既有体型系数，可采用模型风洞或计算流体力学模拟风压体型系数。

索杆张力结构是柔性结构，刚度低、频率密集，风荷载动效应复杂，同时结构阻尼低，因此应进行结构风致动力响应分析，以及风振系数分析，为结构抗风设计提供更准确的依据。风振分析可采用基于模态补偿频域分析方法或随机风振时程分析方法。

2) 施工张拉设计分析

施工张拉是索杆张力结构十分关键的技术，其关乎整体设计、细部构造设计、施工措施，以及最后结构力学性能的实现情况。对施工模拟方法而言，可采用第12章介绍的各种方法，但是目前工程领域应用仍多基于非线性有限元的倒拆拟静力平衡形态的模拟方法。根据实际施工确定的关键施工张拉成形步骤，基于预应力平衡形态或者预应力+长期恒载状态，按照相反的步骤，逐渐卸载，从而模拟各施工阶段的状态，如几何位形、索杆受力，从而为施工张拉设备(千斤顶)选型、措施(辅助牵引索、临时支撑)、工序组织(同步、分级等)等提供依据，并指导施工张拉。

13.3　索　网　结　构

13.3.1　中国航海博物馆索网结构

1) 工程概述

中国航海博物馆中央帆体是索网结构[243]，模型如图 13-3-1 所示，该索网结构是目前我国规模最大、设计和施工技术难度最大的单层索网玻璃结构。该项目由德国 GMP 国际有限责任公司和上海建筑设计研究院有限公司共同设计，索网总高度约为 58m，最宽近 24m，前后两片索网幕墙为马鞍形单层双曲索网，外加玻璃幕墙。

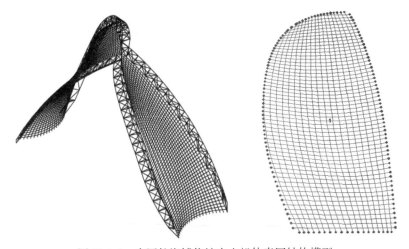

图 13-3-1　中国航海博物馆中央帆体索网结构模型

2) 索网结构

中国航海博物馆结构索网由两片组成(图 13-3-1)，每片通过连接件与外侧钢桁架连接，共有水平索 56 根，竖向索 18 根，索力初始值设为：横向索力 80kN，竖向索力 160kN。两片索网共有 4076 块玻璃，模型如图 13-3-2 所示。

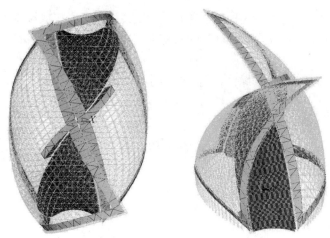

图 13-3-2　结构整体分析模型(包括玻璃)

　　玻璃设计采用三层玻璃：TP8mm+12 氩气+中空夹胶钢化玻璃(TP8mm+1.52PVB+TP8mm)，等效厚度 10.9mm。玻璃板与索网格一致，均为四边形，在每个索网接点有一个点式不锈钢泊接爪，爪具与玻璃之间可在切面内微小变形，玻璃之间有 20mm 结构硅胶，在玻璃热胀时可以传递压力，但仅承受较小压力。玻璃之间力和荷载作用的传递主要通过爪具实现。

　　3) 整体协同找形

　　施工中，首先实现外部钢结构卸载，卸载后的结果如图 12-2-5 所示，然后开始挂索、张拉，张拉结果如图 12-2-6 和图 12-2-7 所示。施工结束后，开始整体协同找形，协同找形过程和张拉过程一样，采用生死单元，先实现小弹性模量找形，再进行真实弹性模量找形，结果如图 13-3-3 和图 13-3-4 所示。

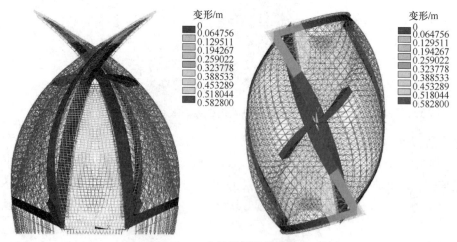

图 13-3-3　小杨氏模量找形结果

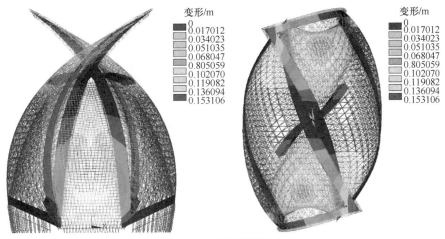

图 13-3-4   协同找形结果

4) 整体协同荷载分析

整体协同荷载分析是在整体协同找形后结构初始预应力基础上进行的，在协同找形(即 LC0)基础上进行荷载计算分析，荷载情况按照文献[243]提供的数值和组合工况(共 21 种工况)进行计算分析，仅列出其中 12 种工况，见表 13-3-1。

表 13-3-1   LC10～LC21 工况索网内力   (单位：kN)

工况	横向索		竖向索	
	最大值	最小值	最大值	最小值
LC10	129.46	47.01	268.12	55.80
LC11	151.28	37.07	376.89	63.91
LC12	152.87	35.72	306.55	42.90
LC13	152.87	27.45	257.62	15.48
LC14	140.68	44.01	273.82	58.55
LC15	154.08	40.52	375.26	67.18
LC16	154.98	33.34	308.42	45.98
LC17	153.91	26.95	261.75	17.23
LC18	128.58	50.04	262.79	53.36
LC19	148.81	33.36	378.53	60.92
LC20	151.86	38.12	307.75	40.57
LC21	152.06	28.21	258.36	14.68

表 13-3-1 列出了 LC10～LC21 等 12 种工况的索网内力，可以看出：①工况 LC12、LC17、LC21 的索网格内力最小值出现在竖向索上，最小值为 14.68kN，出现在索网格竖向索最下端；②工况 LC11、LC15、LC19 的竖向索最大值达到 375kN 左右，出现在竖向索最上端短索处；③横向索的最小值出现在工况 LC13、

LC17、LC21，最小值为 27kN 左右，最大值在 150kN 附近。因此，风荷载作用在 60°和 140°时对索网内力影响最大，而温度荷载对索网的影响较小。

　　分析外部钢结构变形情况，以工况 LC15 为例，如图 13-3-5 所示。从结果可以看出，①变形最大值均在网壳的最顶端，最大值为 0.3～0.39m，其中工况 LC11、LC15、LC19(风荷载在 60°方向作用)的变形比其他情况大；②其他部分钢结构变形在 0.1m 左右，下端逐渐减小至 0.04m；③变形在三铰拱和边桁架出现不均匀变化；④温度升高，钢结构变形增大，温度降低，钢结构变形减小。

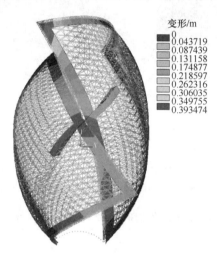

变形/m
0
0.043719
0.087439
0.131158
0.174877
0.218597
0.262316
0.306035
0.349755
0.393474

图 13-3-5　LC15 结构变形

13.3.2　索网结构典型细部设计

　　索网结构典型节点为索网节点、索与边索或支承边界的节点，其中索网交叉连接节点是索结构设计的关键，早期德国索网多采用双索并连，索采用较小直径(＜20mm，常为 12～16mm)，索网节点如图 13-3-6 所示，节点设计除满足钢索、螺栓构造外，还需分析钢索承压强度、摩擦力滑移验算、螺旋索(裸索)与钢节点板间摩擦系数、钢索容许强度，德国曾做过大量试验研究，且美国钢铁协会标准

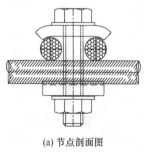

(a) 节点剖面图　　　　　　　(b) 中间节点　　　　　　　(c) 边缘节点

图 13-3-6　索网节点

(America Iron and Steel Institute，AISI)规定，摩擦系数为 7%，容许压应力为 27.6MPa(直径 ≥76mm)和约 41.4MPa(直径 ≤25mm)[238]。钢索间摩擦系数离散大，与钢丝大小和捻法有关，可保守按钢、钢索设计。HDPE 索套摩擦系数和承压强度应根据试验来确定设计方案。

图 13-3-7 为维护结构，是采用聚偏二氟乙烯(PVDF)阳光板或玻璃板时的索网及索网与维护结构节点。图 13-3-7(a) 为双索正交索网节点连接有机玻璃板屋面，网格约 2.0m，采用可切向活动的胶吸板。图 13-3-7(b) 为单索正交索网节点连接玻璃，玻璃采用双层夹胶或三层(中空加夹胶)，节点须保障玻璃的法向支承和切向微变形，以及由索网四边形不共面带来的玻璃面板的环境适应性、相互适配性。

(a) 双索正交索网节点　　　　　　　(b) 单索正交索网节点

图 13-3-7　索网与维护结构

索结构支承边界简单约束就是索体锚具连接支承钢结构，多采用耳板或叉耳连接。图 13-3-8(a)为索端串联低松弛弹簧组，可用于高张力、低曲率索网，在长期荷载松弛、动荷载下索张力自适应，弹簧组可串联或并联。图 13-3-8(b) 为复杂

(a)索端串联低松弛弹簧组　　　　　(b)复杂索网结构张拉角节点

图 13-3-8　索网支承边界节点

索网结构张拉角节点，连接主脊索、边缘索、平衡张拉索等，通过角板、节点板等连接，设计准确的空间几何定位和运动约束至关重要。

13.4　索穹顶结构

13.4.1　索穹顶结构工程应用

1) 北京蓝海洋索穹顶

北京蓝海洋索穹顶[56]是北京中华民族园的多功能厅，最早 2002 年由 Geiger 公司提出设计方案，作者参加了该项目的国内工程设计和咨询等，但是由于各种原因，该工程未能最终实施。由于采用了经典的 Geiger 型索穹顶的技术体系，而与国内索穹顶的一些技术特征有差异，但其介绍仍值得借鉴。

北京蓝海洋索穹顶是典型的 Geiger 型索穹顶，包括两个相似但尺寸不同的穹顶，称为 Dome-A、Dome-B，平面均为切角八边形，Dome-A 为 72m，Dome-B 为 40m，屋面采用聚四氟乙烯/玻璃纤维(poly tetra fluoroethylene/glass fiber，PTFE/GF)，且设内膜和半透明隔热玻璃纤维棉，周圈梁为高低折线钢筋混凝土梁。

图 13-4-1 为索穹顶立面，环索设置宽 1.2m 猫道，顶部中心设 $\phi4.0$m 天窗膜结构，由猫道至顶部设宽 1.0m 猫道桥，从而可以满足建筑设备、维修、采光和通风等功能。

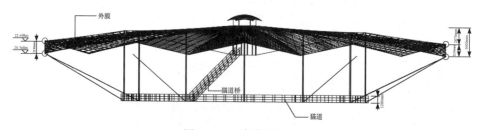

图 13-4-1　索穹顶立面

脊索、飞柱、环索、斜索等构成主索杆体系，在原设计中钢索均采用低松弛钢绞线 $\phi16$-1×7mm，通过多股实现，脊索 $8\phi16$mm 在飞柱顶鞍形座连续跨过，环索为 $8\phi16$mm 并列，且作为环向马道支撑，外斜索 $6\phi16$mm 穿过钢筋混凝土锚座后张拉锚固。设计采用低松弛、高模量索，其变形小、应力变化小，有利于索穹顶应力保持，同时外斜索后张锚固法有利于控制张力。谷索设膜套，$6\phi16$mm 并列(图 13-4-2)，张拉压紧膜面，对屋面进行整体二次张拉，提升屋面整体刚度。目前，我国大部分采用分段脊索，索松弛和后期可张措施缺乏，索穹顶张力保持对结构刚度和承载至关重要。

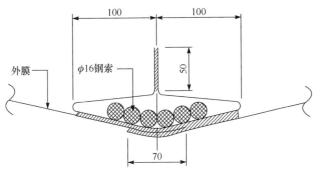

图 13-4-2　谷索节点(单位：mm)

2) 鄂尔多斯伊金霍洛旗体育馆索穹顶

伊金霍洛旗体育馆位于内蒙古鄂尔多斯伊金霍洛旗，体育馆为大跨度空间钢结构，高 23.98m，总建筑面积 37000m²，总占地面积 67981 m²。该项目索穹顶部分于 2011 年建成，屋盖中间为平面圆形、直径 71.2m、矢高 5.5m 的索穹顶结构，由外环梁、内环梁、环索、斜索、脊索及两圈撑杆组成，表面覆盖膜结构，如图 13-4-3 所示。

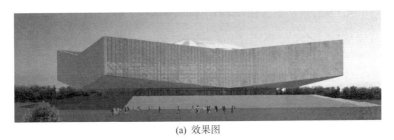

(a) 效果图

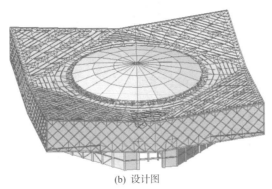

(b) 设计图

图 13-4-3　内蒙古鄂尔多斯伊金霍洛旗体育馆索穹顶

该体育馆采用地面组装索系、空间整体提升、一次张拉成型的"U 型提升"索穹顶施工方法，应用动态模拟分析、计算机同步控制和过程监控等技术，形成了一整套全新的索穹顶结构施工技术，成功开创了我国自主设计并施工完成穹顶结构工程的先河，如图 13-4-4 所示。

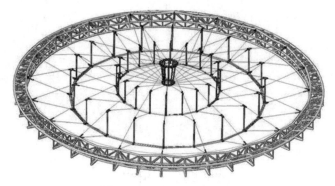

图 13-4-4　索穹顶结构图

3) 天津理工大学体育馆穹顶

天津理工大学体育馆(图 13-4-5)位于天津市西青区宾水西道 391 号的天津理工大学校内，占地 43045m²，总建筑面积 17100 m²，主体高度 27.5m，是 2017 年天津全运会的承办场馆之一。该体育馆的顶部平面为椭圆形，屋盖造型采用索穹顶结构形式，使用了 ϕ60mm(D60)、ϕ71mm(D71)、ϕ80mm(D80)、ϕ99mm(D99)、ϕ116mm(D116)、ϕ133mm(D133)等规格的 Galfan 拉索产品，长轴跨度 102m，短轴跨度 82m。这是国内首个跨度超过 100m 的长短轴马鞍形索穹顶结构，也是目前全国最大的索穹顶结构，其长短轴剖面如图 13-4-6 所示。

图 13-4-5　天津理工大学体育馆

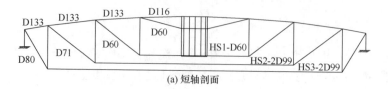

(a) 短轴剖面

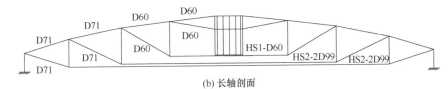

(b) 长轴剖面

图 13-4-6 长短轴剖面示意图

4) 天全县体育馆穹顶

天全县体育馆位于四川省雅安市，是 420 芦山地震后重塑美丽天全的重建项目，该体育馆整体形态呈倒圆台形，如图 13-4-7 所示，建筑面积 13190.34m²，建筑高度 29.270m，可举行地区性综合赛事和全国单项比赛。体育馆屋盖平面呈圆形，采用刚性屋面索穹顶结构，直径约 92m，屋顶标高约 31m，索穹顶采用中圈肋环型、外圈葵花型混合型布置(图 13-4-8)；屋盖边缘设置 2.5m × 1.9m 钢筋混凝

图 13-4-7 天全县体育馆

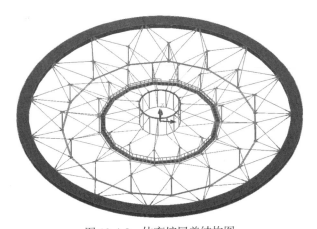

图 13-4-8 体育馆屋盖结构图

土受压环梁,索杆部分采用锌-5%铝-混合稀土合金镀层钢绞线和 Q345B 钢管,屋面板采用金属屋面板。

5) 银川机场 T3 中庭索穹顶

银川机场 T3 航站楼中庭采用类似索穹顶体系的劲性穹顶体系,平面呈六边形,跨度 58m,矢高 8.35m,矢跨比约 1/7,屋面采用 PTFE/GF 膜结构,径向脊谷形为劲性矩形钢管、边缘为波折矩形钢管,在谷线对应设径向拉索,两道环索 ϕ24mm-1 × 19 分别在外边和中点,钢索采用锌-5%铝-混合稀土合金镀层拉索,中心设倒锥宝石支撑,如图 13-4-9 所示。在主穹顶的顶部六边形矩形钢管内环另设跨度 13m 六边形张拉整体单元,由上径向索 ϕ10mm、下径向索 ϕ18mm、中心飞柱张拉 ϕ180mm × 6mm,采用不锈钢索,屋面 ETFE250NJ 薄膜。

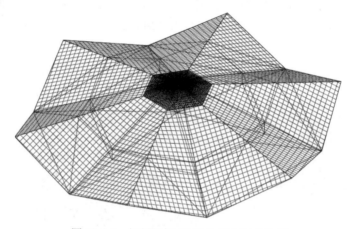

图 13-4-9　银川机场 T3 航站楼中庭索穹顶

13.4.2　索穹顶结构典型细部设计

索穹顶特殊的结构体系、几何拓扑关系以及预张拉成形工艺,决定了它专业化的细部设计,要满足功能、工艺、美学、经济等要求。典型的索穹顶节点包括屋面索-杆连接、环索-桅杆(飞柱)节点等。

图 13-4-10(a)为 Geiger 型索穹顶脊索-桅杆-斜索节点,节点主体可采用钢板焊接、机械加工或铸造锻造件,常见径向脊索分段通过叉耳连接,亦可连续跨鞍座连接,桅杆与节点主体铰接或成一体形式,索、杆满足较理想运动约束和强度。图 13-4-10(b)为环索-桅杆-斜索节点,环索索夹采用钢板焊接或铸件,索夹持力、索体挤压与节点抗滑移、卷曲半径、索体防护等是设计要素。

Levy 型索穹顶采用交叉索网格和交叉斜拉索的设计,可以提升结构的整体稳定性,但同时增加了节点制作和施工难度。图 13-4-11(a)为屋面索节点,索一

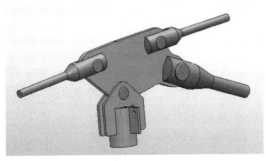

(a) 脊索-桅杆-斜索节点　　　　　　　(b) 环索-桅杆-斜索节点

图 13-4-10　Geiger 型索穹顶典型节点

般采用定长索，节点连接四根屋面交叉索和两根斜索，索耳板精确空间定位和
角度，桅杆支承节点且可满足弱铰。图 13-4-11(b)为环索节点，两根斜索呈空间
设置，环索可根据受力设置为多股(2～4)，索夹可为焊接或铸件，索体技术要求
如图 13-4-10(b)所示。

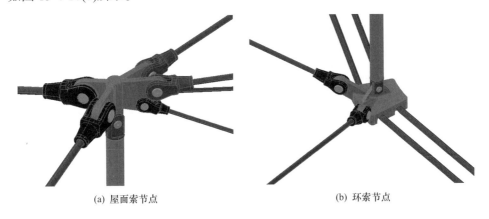

(a) 屋面索节点　　　　　　　　　　　(b) 环索节点

图 13-4-11　Levy 型索穹顶典型节点

13.5　轮辐式结构

13.5.1　轮辐式结构工程应用

1) 枣庄体育场罩棚

枣庄体育场的罩棚结构如图 13-5-1 所示，结构施工过程如图 13-5-2 所示，该
体育场呈椭圆形，尺寸为 255m × 232m。其罩棚结构采用新型马鞍形轮辐式索杆
张力结构，上覆由 288 根膜拱杆和 48 个 PTFE 膜面单元组成的膜结构。该罩棚

图 13-5-1　枣庄体育场

图 13-5-2　枣庄体育场罩棚施工过程

结构是由屋面、内环和外环三大部分组成的自平衡结构系统。其中，内环受拉，采用索桁架，由上内环、下内环、刚性撑杆、斜向拉索组成；外环受压，采用钢箱梁，与外围支承结构形成整体；屋面部分由上层菱形网格索网和肋向布置的下径向索组成，上下弦之间用拉索形成双层结构体系。与常见的轮辐式张拉结构相比，该罩棚结构具有如下不同之处：一是该罩棚结构在内环间新增内斜索以实现结构内环形式的多样性，将普通等高内环变形为马鞍形内环，使得建筑效果更加轻盈、流畅和动感；二是用交叉布置呈菱形网格状的上层索代替常见的肋向上径向索，大幅提高罩棚抗扭刚度。可以说，该结构既具有轮辐式张拉结构的基本结构特征，又与常见的轮辐式结构在受力性能上有一定差异。

　　该罩棚结构简化为由 288 个索单元和 48 个杆单元组成的索杆张力结构，共有 48 个固定边界节点和 96 个自由节点。结构由飞柱、下环索、上环索、内斜索、上层索和下径向索等 6 大类构件组成，各类构件的具体布置如图 3-7-1(b)所示，结构的具体几何参数如图 3-7-2 所示，材料参数见表 3-7-1。其中，最大拉力为材料的抗拉强度与构件截面面积之积；初始预应力如图 6-4-1 所示。

2) 深圳宝安体育场罩棚

深圳市宝安体育场罩棚[130]是 2011 年世界大学生运动会的足球场，罩棚结构形式为轴对称马鞍形轮辐式张力结构，平面呈椭圆形，短轴 230m、高 28.5m，长轴 237m、高 18.9m，内环长轴 129.3m、短轴 122.0m，悬挑跨度约 54m，飞柱高 18m，三维实景照片如图 13-5-3(a)所示，立面取意岭南竹林，柱子仅是摇摆柱，不传递圈梁竖向和径向荷载。罩棚结构体系与看台分离，屋面采用 G 类膜(PTFE/GF)，有 36 个膜单元，支承于环向拱杆和次环向索，形成稳定的双曲膜屋面。

(a) 三维实景照片

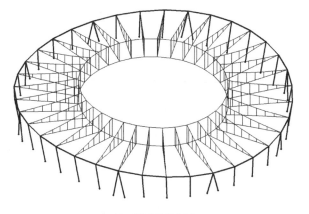

(b) 三维主结构体系

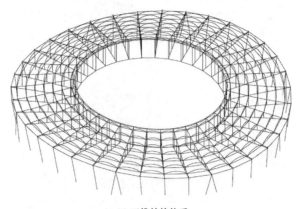

(c) 三维结构体系

图 13-5-3　深圳宝安体育场罩棚

　　三维主结构体系如图 13-5-3(b)所示，包括 36 榀径向索桁架、上环索、下环索、外环圈梁、飞柱、外立柱。其中，上径向索 $\phi75mm$、下径向索 $\phi95mm$、上环索 $6\phi70mm$、下环索 $6\phi90mm$、飞柱 $10\phi375mm$、外压环梁矩形 $1800mm \times 1120mm \times 40mm$、外立柱 $\phi650mm \times 12mm$，主索系均采用封闭索，悬挂索 $\phi20mm$ 为高帆索。上径向索张力 100t、下径向索张力 400t、上环索张力 1000t、下环索张力 2000t，外环变形约 100mm。

　　图 13-5-3(c)为三维结构体系，在主结构体系上，两榀索桁架之间，设 7 榀拱杆 $\phi219mm \times 8mm$、系杆拉索 $\phi20mm$，拱跨 12～19m。在上径向索和拱杆上覆盖张拉膜，拱杆上设型材滑模节点，径向拉索设 U 形扣张拉膜面。

　　3) 苏州工业园区体育中心体育场罩棚

　　图 13-5-4 为苏州工业园区体育中心体育场于 2017 年建成，41000 座综合运动设施。平面内外环呈椭圆，外环长轴 260m，采用 28 根外倾斜 V 形柱支承圈梁，可更有效地平衡径向拉力，外环长 695m、内环长 521m，单层径向索、内环

图 13-5-4　苏州工业园区体育中心体育场罩棚

索张拉成马鞍形主索网结构屋面体系，主索系均为进口密闭索。设环向连系索、拱杆支承 G 类膜(PTFE/GF)。

索结构由 40 根径向钢索和 8 根环向钢索构成，40 个 PTFE 膜单元，使得体育场总用钢量大幅降低，仅约 4600t，比传统钢结构体育场罩棚节约 60%。径向索、内环索级别均为 1670MPa 的 Galfan 索，径向索直径 110～120mm，内环索 8φ100mm；径向索力 2450～3700kN，内环索索力为 18500～19500kN。

13.5.2　轮辐式结构典型细部设计

图 13-5-5 为经典轮辐式罩棚体系典型节点。图 13-5-5(a)为上环索、上径向索、飞柱节点。图 13-5-5(b)为下环索、下径向索、飞柱节点，节点体为铸件，环索索匝，通过盖板螺栓压紧环索，径向索多采用叉耳连接节点体耳板，环索多为双排 6～8 股，索平行定位、长度一致，飞柱与节点耳板铰接。图 13-5-5(c)为径向拉索、悬挂索、拱杆连接节点，索夹下设节点板，连接悬挂索，垂直耳板连接

(a) 上环索、上径向索、飞柱节点

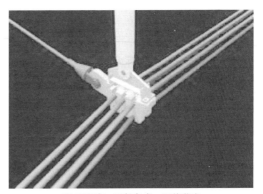

(b) 下环索、下径向索、飞柱节点

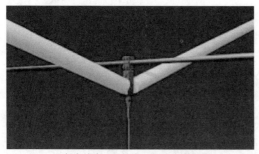

(c) 径向拉索、悬挂索、拱杆连接节点　　　　　　(d) 外环、径向索、立柱节点

图 13-5-5　轮辐式结构典型节点(一)

拱杆。图 13-5-5(d)为外环、径向索、立柱节点，外环梁多采用外法兰螺栓连接，同时连接板作为上下径向拉索、立柱的连接板。

图 13-5-6 为巴西著名的 Manacara 体育场下环索、径向索、菱形飞柱节点，径向索桁架为梭形，内环为单索，可显著降低屋面和飞柱高度，在菱形飞柱中间设环形马道，下环索为单排 1×6 布设。

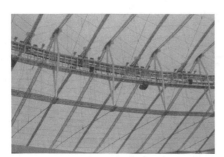

图 13-5-6　轮辐式结构典型节点(二)

13.6　本 章 小 结

　　本章从索杆张力结构工程设计角度概括总结了工程设计方法，主要包括三个方面：建筑结构选型与选材、结构基本设计分析、结构专项设计分析。基于对索杆张力结构体系的理论研究，特别是承担或参与的重要索杆张力结构工程分析或设计等，并结合典型索杆张力结构工程设计，侧重于从工程设计思想、设计方法、设计技术角度，介绍索网、索穹顶、轮辐式结构工程设计应用，为索杆张力结构工程设计应用提供参考。

参 考 文 献

[1] Jauregui V G. Controversial origins of tensegrity[C]//Proceedings of the International Association for Shell and Spatial Structures Symposium, Valencia, 2009.

[2] Emmerich D G. Construction de réseaux autotendants: France, 1377290[P]. 1964-09-28.

[3] Fuller R B. Tensile integrity structures: US, 3063521[P]. 1962-11-13.

[4] Snelson K D. Continuous tension, discontinuous compression structures: US, 3169611[P]. 1965-02-16.

[5] Motro R. Tensegrity: Structural Systems for the Future[M]. London: Kogan Page Science, 2003.

[6] Oliveira M C, Skelton R E. Tensegrity Systems[M]. Boston: Springer, 2009.

[7] Burkhardt R W. A Practical Guide to Tensegrity Design[M]. 2nd ed. Cambridge: Massachusetts Institute of Technology, 2008.

[8] Connelly R. Handbook of Convex Geometry[M]. Amsterdam: North-Holland, 1993.

[9] Connelly R, Terrell M. Globally rigid symmetric tensegrities[J]. Structural Topology, 1995, 21: 59-79.

[10] Connelly R, Back A. Mathematics and tensegrity[J]. American Scientist, 1998, 86(2): 142-151.

[11] Kwan A S K, Pellegrino S. Design and performance of the Octahedral Deployable Space Antenna(ODESA)[J]. International Journal of Space Structures, 1994, 9(3): 163-173.

[12] Furuya H. Concept of deployable tensegrity structures in space application[J]. International Journal of Space Structures, 1992, 7(2): 143-151.

[13] Hanaor A. Double-layer tensegrity grids as deployable structures[J]. International Journal of Space Structures, 1993, 8(1-2): 135-143.

[14] Pinaud J P, Solari S, Skelton R E. Deployment of a class 2 tensegrity boom[C]//SPIE's 11th Annual International Symposium on Smart Structures and Materials, San Diego, 2004.

[15] Tibert G. Deployable tensegrity structures for space applications[D]. Stockholm: Kungliga Tekniska Högskolan, 2002.

[16] Caspar D L. Movement and self-control in protein assemblies[J]. Biophysical Journal, 1980, 32(1): 103-138.

[17] Ingber D E. Cellular tensegrity: Defining new rules of biological design that govern the cytoskeleton[J]. Journal of Cell Science, 1993, 104(3): 613-627.

[18] Ingber D E. The architecture of life[J]. Scientific American, 1998, 278(1): 48.

[19] Ingber D E. Cellular mechanotransduction: Putting all the pieces together again[J]. The FASEB Journal, 2006, 20(7): 811.

[20] Ingber D E, Landau M. Tensegrity[J]. Scholarpedia, 2012, 7(2): 8344.

[21] Kroto H W, Heath J R, O'Brien S C, et al. C$_{60}$: Buckminsterfullerene[J]. Nature, 1985, 318: 162.

[22] Geiger D H, Stefaniuk A, Chen D. The design and construction of two cable domes for the Korean Olympics, shells, membranes and space flames[C]//Proceedings of the International Association for Shell and Spatial Structures Symposium, Osaka, 1986.

[23] 陆金钰, 武啸龙, 赵曦蕾, 等. 基于环形张拉整体的索杆全张力穹顶结构形态分析[J]. 工程力学, 2015, 32(s1): 66-71.

[24] 杜斌. 大型体育场轮辐式张拉结构分析与施工模拟[D]. 上海: 上海交通大学, 2016.

[25] 祖义祯. 受荷索杆机构的运动分析[D]. 杭州: 浙江大学, 2012.

[26] 朱红飞. 索杆体系的冗余度及其特性分析[D]. 上海: 上海交通大学, 2012.

[27] Timoshenko S, Young D H. Theory of Structures[M]. Beijing: Tsinghua University Press, 2002.

[28] Pellegrino S, Calladine C R. Matrix analysis of statically and kinematically indeterminate frameworks[J]. International Journal of Solids and Structures, 1986, 22(4): 409-428.

[29] Pellegrino S. Analysis of prestressed mechanisms[J]. International Journal of Solids and Structures, 1990, 26(12): 1329-1350.

[30] Calladine C R, Pellegrino S. First-order infinitesimal mechanisms[J]. International Journal of Solids and Structures, 1991, 27(4): 505-515.

[31] Pellegrino S. Structural computations with the singular value decomposition of the equilibrium matrix[J]. International Journal of Solids and Structures, 1993, 30(21): 3025-3035.

[32] Vassart N, Laporte R, Motro R. Determination of mechanism's order for kinematically and statically indetermined systems[J]. International Journal of Solids and Structures, 2000, 37(28): 3807-3839.

[33] Ströbel D. Die anwendung der ausgleichungsrechnung auf elastomechanische systeme[D]. Stuttgart: Universitat Stuttgart, 1997.

[34] Ströbel D, Singer P. Recent developments in the computational modelling of textile membranes and inflatable structures[J]. Textile Composites and Inflatable Structures II, 2008, 8: 253-266.

[35] Tibert G. Distributed indeterminacy in frameworks[C]//Proceedings of the 5th International Conference on Computation of Shell and Spatial Structures, Satzburg, 2005.

[36] Tibert G. Flexibility evaluation of prestressed kinematically indeterminate frameworks[C]// 18th Nordic Seminar on Computational Mechanics, Espoo, 2005.

[37] Eriksson A, Tibert A G. Redundant and force-differentiated systems in engineering and nature[J]. Computer Methods in Applied Mechanics and Engineering, 2006, 195(41-43): 5437-5453.

[38] 朱红飞, 陈务军, 董石麟. 杆系结构的弹性冗余度及其特性分析[J]. 上海交通大学学报, 2013, 47(6): 872-877.

[39] 丁锐. 刚性结构构件冗余度研究及应用[D]. 杭州: 浙江大学, 2015.

[40] 袁行飞, 蒋淑慧, 丁锐. 梁系结构冗余度及其特性分析[J]. 建筑结构学报, 2016, 37(11):

167-173.

[41] 柳承茂, 刘西拉. 基于刚度的构件重要性评估及其与冗余度的关系[J]. 上海交通大学学报, 2005, 39(5): 746-750.

[42] Zhou J Y, Chen W J, Zhao B, et al. Distributed indeterminacy evaluation of cable-strut structures: Formulations and applications[J]. Journal of Zhejiang University—Science A, 2015, 16: 737-748.

[43] Crisfield M A, Tassoulas J L. Non-linear finite element analysis of solids and structures[J]. Journal of Engineering Mechanics, 1993, 119(7): 1504-1505.

[44] Carstens S, Kuhl D. Non-linear static and dynamic analysis of tensegrity structures by spatial and temporal Galerkin methods[J]. Journal of the International Association for Shell and Spatial Structures, 2005, 46(2): 116-134.

[45] Barnes M R. Form finding and analysis of tension structures by dynamic relaxation[J]. International Journal of Space Structures, 1999, 14(2): 89-104.

[46] Zhang L, Maurin B, Motro R. Form-finding of nonregular tensegrity systems[J]. Journal of Structural Engineering, 2006, 132(9): 1435.

[47] Linkwitz K, Schek H J. A new method of analysis of prestressed cable networks and its use to the roofs of the Olympic games facilities[C]//The 9th Congress of International Association for Bridge and Structural Engineering, Chicago, 1972.

[48] Linkwitz K. Formfinding by the "direct approach" and pertinent strategies for the conceptual design of prestressed and hanging structures[J]. International Journal of Space Structures, 1999, 14(2): 73-87.

[49] Schek H J. The force density method for form finding and computation of general networks[J]. Computer Methods in Applied Mechanics and Engineering, 1974, 3(1): 115-134.

[50] 夏劲松, 关富玲, 廖理. 张拉索膜结构找力分析的复位平衡法[J]. 科技通报, 2005, 21(3): 306-310.

[51] Guest S. The stiffness of prestressed frameworks: A unifying approach[J]. International Journal of Solids and Structures, 2006, 43(3-4): 842-854.

[52] 王宏, 郭彦林, 任革学. 大跨度悬吊索系结构目标位置成形分析方法[J]. 工程力学, 2003, 20(6): 93-98.

[53] 夏劲松, 丁成云, 关富玲. 一种结合找形和找力的索膜结构设计方法[J]. 空间结构, 2008, 14(2): 48-52.

[54] Raj R P, Guest S D. Using symmetry for tensegrity form-finding[J]. Journal of the International Association for Shell and Spatial Structures, 2006, 47(3-4): 245-252.

[55] Ströbel D. Computational modeling concepts[C]//The Ninth International Workshop on the Design and Practical Realisation of Architectural Membrane Structures, Berlin, 2004.

[56] 张丽梅. 非完全对称 Geiger 索穹顶结构特征与分析理论研究[D]. 上海: 上海交通大学, 2008.

[57] Zhang L M, Chen W J, Dong S L. Initial pre-stress finding procedure and structural performance research for Levy cable dome based on linear adjustment theory[J]. Journal of

Zhejiang University—Science A, 2007, 8(9): 1366-1372.

[58] 任涛. 单层索网体育场罩蓬结构分析及施工模拟研究[D]. 上海: 上海交通大学, 2008.

[59] 任涛, 陈务军, 付功义. 索杆张力结构初始预应力分布计算方法研究[J]. 工程力学, 2008, 25(5): 137-141.

[60] Ren T, Chen W J, Fu G Y. Initial pre-stress finding and structural behaviors analysis of cable net based on linear adjustment theory[J]. Journal of Shanghai Jiaotong University (Science), 2008, 13(2): 155-160.

[61] Quirant J, Kazi-Aoual N M, Laporte R. Tensegrity systems: The application of linear programmation in search of compatible selfstress states[J]. Journal of the International Association for Shell and Spatial Structures, 2003, 44(1): 33-50.

[62] Quirant J. Selfstressed systems comprising elements with unilateral rigidity: Selfstress states, mechanisms and tension setting[J]. International Journal of Space Structures, 2007, 22(4): 203-214.

[63] Sánchez R, Maurin B, Kazi-Aoual M N, et al. Selfstress states identification and localization in modular tensegrity grids[J]. International Journal of Space Structures, 2007, 22(4): 215-224.

[64] 罗尧治, 董石麟. 索杆张力结构初始预应力分布计算[J]. 建筑结构学报, 2000, 21(5): 59-64.

[65] 袁行飞, 董石麟. 索穹顶结构整体可行预应力概念及其应用[J]. 土木工程学报, 2001, 34(2): 33-37, 61.

[66] Yuan X F, Chen L M, Dong S L. Prestress design of cable domes with new forms[J]. International Journal of Solids and Structures, 2007, 44(9): 2773-2782.

[67] 陈联盟, 董石麟, 袁行飞, 等. 多整体自应力模态索穹顶结构优化设计[J]. 建筑结构, 2008, 38(2): 35-38.

[68] 陈联盟, 袁行飞, 董石麟. 索杆张力结构自应力模态分析及预应力优化[J]. 土木工程学报, 2006, 39(2): 11-15.

[69] 阚远, 叶继红. 索穹顶结构的找力分析方法——不平衡力迭代法[J]. 应用力学学报, 2006, 23(2): 250-254.

[70] Tran H C, Lee J. Self-stress design of tensegrity grid structures with exostresses[J]. International Journal of Solids and Structures, 2010, 47(20): 2660-2671.

[71] Tran H C, Lee J. Initial self-stress design of tensegrity grid structures[J]. Computers & Structures, 2010, 88(9): 558-566.

[72] Tran H C, Lee J. Form-finding of tensegrity structures using double singular value decomposition[J]. Engineering with Computers, 2013, 29(1): 71-86.

[73] Tran H C, Park H S, Lee J. A unique feasible mode of prestress design for cable domes[J]. Finite Elements in Analysis and Design, 2012, 59: 44-54.

[74] 张沛, 冯健. 一种求解索杆张力结构整体自应力模态的能量方法[J]. 土木工程学报, 2013, 46(6): 62-68.

[75] Chen Y, Feng J. Initial prestress distribution and natural vibration analysis of tensegrity structures based on group theory[J]. International Journal of Structural Stability and

Dynamics, 2012, 12(2): 213-231.

[76] 陈耀. 新型对称可展结构的形态及展开过程分析与应用研究[D]. 南京: 东南大学, 2014.

[77] 董石麟, 袁行飞. 肋环型索穹顶初始预应力分布的快速计算法[J]. 空间结构, 2003, 9(2): 3-8.

[78] 董石麟, 袁行飞. 葵花型索穹顶初始预应力分布的简捷计算法[J]. 建筑结构学报, 2004, 25(6): 9-14.

[79] 董石麟, 梁昊庆. 肋环人字型索穹顶受力特性及其预应力态的分析法[J]. 建筑结构学报, 2014, 35(6): 102-108.

[80] Agarwal J, Blockley D, Woodman N. Vulnerability of 3-dimensional trusses[J]. Structural Safety, 2001, 23(3): 203-220.

[81] Nafday A M. System safety performance metrics for skeletal structures[J]. Journal of Structural Engineering, 2008, 134(3): 499-504.

[82] 胡晓斌, 钱稼茹. 结构连续倒塌分析改变路径法研究[J]. 四川建筑科学研究, 2008, 34(4): 8-13.

[83] 胡晓斌, 钱稼茹. 单层平面钢框架连续倒塌动力效应分析[J]. 工程力学, 2008, 25(6): 38-43.

[84] 张雷明, 刘西拉. 框架结构能量流网络及其初步应用[J]. 土木工程学报, 2007, 40(3): 45-49.

[85] 高扬, 刘西拉. 结构鲁棒性评价中的构件重要性系数[J]. 岩石力学与工程学报, 2008, 27(12): 2575-2584.

[86] 高扬. 基于拓扑的结构鲁棒性定量分析[D]. 上海: 上海交通大学, 2014.

[87] 张成, 吴慧, 高博青, 等. 非概率不确定性结构的鲁棒性分析[J]. 计算力学学报, 2013, 30(1): 51-56.

[88] 张成, 吴慧, 高博青, 等. 基于 $H\infty$ 理论的结构鲁棒性分析[J]. 建筑结构学报, 2012, 33(5): 87-92.

[89] 何江飞, 高博青. 桁架结构的易损性评价及破坏场景识别研究[J]. 浙江大学学报(工学版), 2012, 46(9): 1633-1637, 1714.

[90] 刘文政, 叶继红. 杆系结构的拓扑易损性分析[J]. 振动与冲击, 2012, 31(17): 67-80.

[91] Gharaibeh E S, Frangopol D M, Onoufriou T. Reliability-based importance assessment of structural members with applications to complex structures[J]. Computers & Structures, 2002, 80(12): 1113-1131.

[92] Zhang L M, Chen W J, Dong S L. Manufacture error and its effects on the initial pre-stress of the geiger cable domes[J]. International Journal of Space Structures, 2006, 21(3): 141-147.

[93] 潘海涛. 月牙形索桁架施工成型优化分析及误差影响和控制技术研究[D]. 南京: 东南大学, 2014.

[94] Luo B, Sun Y, Guo Z X, et al. Multiple random-error effect analysis of cable length and tension of cable-strut tensile structure[J]. Advances in Structural Engineering, 2016, 19(8): 1289-1301.

[95] 尤德清. 施工误差对 Geiger 型索穹顶结构内力影响的研究[D]. 北京: 北京工业大学,

2008.

[96] 高博青, 谢忠良, 梁佶, 等. 拉索对肋环型索穹顶结构的敏感性分析[J]. 浙江大学学报 (工学版), 2005, 39(11): 1685-1689.

[97] 吕超力. Levy 型索穹顶的敏感性分析及结构改进[D]. 杭州: 浙江大学, 2008.

[98] Gao B Q, Weng E H. Sensitivity analyses of cables to suspen-dome structural system[J]. Journal of Zhejiang University—Science A, 2004, 5(9): 1045-1052.

[99] 陈联盟, 邓华, 叶锡国, 等. 索杆预张力结构杆件长度误差敏感性的理论分析与试验研究[J]. 建筑结构学报, 2015, 36(6): 93-100.

[100] 蒋本卫. 受荷连杆机构的运动稳定性和索杆结构的索长误差效应分析[D]. 杭州: 浙江大学, 2008.

[101] 宋荣敏. 索杆张力结构的几何误差效应分析和控制[D]. 杭州: 浙江大学, 2011.

[102] 邓华, 宋荣敏. 面向控制随机索长误差效应的索杆张力结构张拉分析[J]. 建筑结构学报, 2012, 33(5): 71-78.

[103] 夏巨伟. 索杆张力结构的预张力偏差和刚度解析[D]. 杭州: 浙江大学, 2014.

[104] 郭彦林, 王小安, 田广宇, 等. 车辐式张拉结构施工随机误差敏感性研究[J]. 施工技术, 2009, 38(3): 35-39.

[105] 赵平, 孙善星, 周文胜. 索长误差对索穹顶结构初始预应力分布的敏感性分析[J]. 建筑技术, 2013, 44(7): 638-640.

[106] 田广宇, 郭彦林, 张博浩, 等. 宝安体育场车辐式屋盖结构施工误差敏感性试验及误差限值控制方法研究[J]. 建筑结构学报, 2011, 32(3): 11-18.

[107] 崔宇红, 郑小飞, 陈联盟, 等. 空间预张力结构施工误差及敏感性分析[J]. 施工技术, 2016, 45(9): 71-73.

[108] Quirant J, Kazi-Aoual M N, Motro R. Designing tensegrity systems: The case of a double layer grid[J]. Engineering Structures, 2003, 25(9): 1121-1130.

[109] 田广宇. 车辐式张拉结构设计理论与施工控制关键技术研究[D]. 北京: 清华大学, 2012.

[110] 郭彦林, 田广宇, 张博浩, 等. 基于一次二阶矩可靠度指标的车辐式结构索长误差控制限值研究[J]. 建筑科学与工程学报, 2010, 27(4): 69-77.

[111] 郭彦林, 张旭乔. 温度作用和索长误差对采用定长索设计的张拉结构影响研究[J]. 土木工程学报, 2017, 50(6): 11-22.

[112] Kumar P, Pellegrino S. Computation of kinematic paths and bifurcation points[J]. International Journal of Solids and Structures, 2000, 37(46): 7003-7027.

[113] 陈务军, 关富玲, 董石麟. 空间展开折叠桁架结构动力学分析研究[J]. 计算力学学报, 2000, 17(4): 410-416.

[114] 赵孟良, 吴开成, 关富玲. 空间可展桁架结构动力学分析[J]. 浙江大学学报(工学版), 2005, 39(11): 1669-1674.

[115] 陆金钰, 舒赣平, 李娜. 基于机构位移模态的受荷可展结构平衡状态找形方法[J]. 东南大学学报(自然科学版), 2011, 41(3): 616-621.

[116] 张其林, 罗晓群, 杨晖柱. 索杆体系的机构运动及其与弹性变形的混合问题[J]. 计算力学学报, 2004, 21(4): 470-474.

[117] 祖义祯, 邓华. 基于弧长法的平面连杆机构运动分析[J]. 浙江大学学报(工学版), 2011, 45(12): 2159-2168.

[118] 祖义祯, 邓华. 空间杆系机构运动路径的多重分岔分析[J]. 工程力学, 2013, 30(7): 129-135.

[119] 袁行飞, 董石麟. 索穹顶结构施工控制反分析[J]. 建筑结构学报, 2001, 22(2): 75-79.

[120] 郭彦林, 江磊鑫, 田广宇, 等. 车辐式张拉结构张拉过程模拟分析及张拉方案研究[J]. 施工技术, 2009, 38(3): 30-35.

[121] 江磊鑫, 郭彦林, 田广宇. 索杆结构张拉过程模拟分析方法研究[J]. 空间结构, 2010, 16(1): 11-18.

[122] 唐建民. 索穹顶体系的结构理论研究[D]. 上海: 同济大学, 1996.

[123] 唐建民, 董明, 钱若军. 张拉结构非线性分析的五节点等参单元[J]. 计算力学学报, 1997, 14(1): 110-115.

[124] 唐建民, 沈祖炎. 圆形平面轴对称索穹顶结构施工过程跟踪计算[J]. 土木工程学报, 1998, 31(5): 24-32.

[125] 沈祖炎, 张立新. 基于非线性有限元的索穹顶施工模拟分析[J]. 计算力学学报, 2002, 19(4): 466-471.

[126] 张志宏, 董石麟, 王文杰. 索杆张拉结构的设计和施工全过程分析[J]. 空间结构, 2003, 9(2): 20-24.

[127] 张志宏. 大型索杆梁张拉空间结构体系的理论研究[D]. 杭州: 浙江大学, 2003.

[128] 伍晓顺, 邓华. 基于动力松弛法的松弛索杆体系找形分析[J]. 计算力学学报, 2008, 25(2): 229-236.

[129] 陈联盟, 董石麟, 袁行飞. 索穹顶结构施工成形理论分析[J]. 工程力学, 2008, 25(4): 134-139.

[130] 赵俊钊. 柔性张力结构状态与关键分析过程数值方法研究[D]. 上海: 上海交通大学, 2011.

[131] 邓华, 姜群峰. 环形张力索桁罩棚结构施工过程的形态分析[J]. 土木工程学报, 2005, 38(6): 1-7.

[132] Deng H, Jiang Q F, Kwan A S K. Shape finding of incomplete cable-strut assemblies containing slack and prestressed elements[J]. Computers & Structures, 2005, 83(21-22): 1767-1779.

[133] 杨晖柱. 索杆钢结构的成形分析与仿真研究[D]. 上海: 同济大学, 2003.

[134] 罗尧治. 索杆张力结构的数值分析理论研究[D]. 杭州: 浙江大学, 2000.

[135] 陈务军. 膜结构工程设计[M]. 北京: 中国建筑工业出版社, 2005.

[136] 陈务军, 张丽梅, 董石麟. 索网结构找形平衡态弹性化与零应力态分析[J]. 上海交通大学学报, 2011, 45(4): 523-527.

[137] 赵俊钊, 陈务军, 付功义, 等. 充气膜结构零应力态求解[J]. 中国科学: 技术科学, 2012, 42(4): 430-436.

[138] Chen W J, Zhang L M. Approximated zero-stress state based on structural analysis procedures for the cable structures[C]//International Symposium on Advances in Mechanics, Materials and Structures, Hangzhou, 2008.

[139] 周锦瑜. 索杆张力结构体系的力学特征与成形分析方法[D]. 上海: 上海交通大学, 2018.

[140] Pllegrino S. Reduction of equilibrium compatibility and flexibility matrices in the force method[J]. International Journal for Numerical Methods in Engineering, 1992, 35: 1219-1236.

[141] 钱若军, 林智斌, 桂国庆. 力法中的平衡方程的建立[J]. 空间结构, 2005, 11(4): 11-15.

[142] 董石麟, 钱若军. 空间网格结构分析理论与计算方法[M]. 北京: 中国建筑工业出版社, 2000.

[143] 陈务军, 张淑杰. 空间可展结构体系与分析导论[M]. 北京: 中国宇航出版社, 2006.

[144] 曹志浩. 变分迭代法[M]. 北京: 科学出版社, 2005.

[145] 龙驭球, 包世华, 匡文起, 等. 结构力学 I——基本教程[M]. 2 版. 北京: 高等教育出版社, 2006.

[146] Wagner R. The virtual world of "tensional integrity"[C]//Processing of the 5th International Conference on Space Structures, Guildford, 2002.

[147] Wagner R. Design process on tension structures[C]//European Congress on Computational Methods in Applied Sciences and Engineering, Jyväskylä, 2004.

[148] 韩大建, 苏建华. 一种确定预应力索网结构几何形状与索力的方法[J]. 工程力学, 2005, 22(3): 107-111.

[149] 孔新国, 罗忆, 徐宁, 等. 索结构预应力、几何非线性和刚度关系的研究[J]. 工业建筑, 2002, 32(2): 49-50, 54.

[150] Guest S D. The stiffness of tensegrity structures[J]. Journal of Applied Mathematics, 2011, 76(1): 57-66.

[151] 杜贵首. 索杆张力结构的柔性分析[D]. 上海: 上海交通大学, 2008.

[152] Working groups on concepts and techniques, safety evaluation, design and optimization and code implementation. Research needs in structural reliability[J]. Structural Safety, 1990, 7(2): 299-309.

[153] Feng Y S, Moses F. Optimum design, redundancy and reliability of structural systems[J]. Computers & Structures, 1986, 24(2): 239-251.

[154] 王勖成. 有限单元法[M]. 北京: 清华大学出版社, 2003.

[155] 钱若军, 杨联萍. 张力结构的分析·设计·施工[M]. 南京: 东南大学出版社, 2003.

[156] 罗尧治, 陆金钰. 杆系结构可动性判定准则[J]. 工程力学, 2006, 23(11): 70-75, 84.

[157] 董石麟, 刘宏创, 朱谢联. 葵花三撑杆 II 型索穹顶结构预应力态确定、参数分析及试设计[J]. 建筑结构学报, 2020, 42(1): 1-17.

[158] 张丽梅, 陈务军, 董石麟. 基于线性调整理论分析 Levy 型索穹顶体系初始预应力及结构特性[J]. 上海交通大学学报, 2008, 42(6): 979-984.

[159] Pellegrino S. Solution of equilibrium equations in the force method, compact band scheme for under-determinate linear systems[J]. Computers & Structures, 1990, 37(5): 743-751.

[160] Mollmann H. Analysis of plane prestressed cable structures[J]. Journal of the Structural Division, 1970, 96(10): 2059-2082.

[161] 罗尧治, 沈雁彬. 索穹顶结构初始状态确定与成形过程分析[J]. 浙江大学学报(工学版), 2004, 38(10): 1321-1327, 1374.

[162] 陈务军, 关富玲. 索杆可展开结构体系分析[J]. 空间结构, 1997, 3(4): 43-48.

[163] 李庆扬, 王能超, 易大义. 数值分析[M]. 武汉: 华中科技大学出版社, 2001.

[164] 赵俊钊. 索网找力分析方法和成形过程试验研究[D]. 上海: 上海交通大学, 2008.

[165] 陈联盟. Kiewitt 型索穹顶结构的理论分析和试验研究[D]. 杭州: 浙江大学, 2005.

[166] 詹伟东. 葵花型索穹顶结构的理论分析和试验研究[D]. 杭州: 浙江大学, 2004.

[167] 郑君华. 矩形平面索穹顶结构的理论分析与试验研究[D]. 杭州: 浙江大学, 2006.

[168] 冯庆兴. 大跨度环形空腹索桁结构体系的理论和实验研究[D]. 杭州: 浙江大学, 2003.

[169] 张汝清, 詹先义. 非线性有限元[M]. 重庆: 重庆大学出版社, 2001.

[170] 薛山. MATLAB2012 简明教程[M]. 北京: 清华大学出版社, 2013.

[171] 宋天霞. 非线性结构有限元计算[M]. 武汉: 华中理工大学出版社, 1995.

[172] 刘树堂. 杆系结构有限元分析与 MATLAB 应用[M]. 北京: 中国水利水电出版社, 2007.

[173] 刘人杰, 薛素铎, 李雄彦, 等. 环形交叉索桁结构局部断索(杆)的动力响应分析[J]. 工业建筑, 2015, 45(1): 32-35.

[174] Otter J R H. Computations for prestressed concrete reactor pressure vessels using dynamic relaxation[J]. Nuclear Structure Engineering, 1964, 1: 61-75.

[175] Linkwitz K, Gründig L, Bahndorf J, et al. Strategies for formfinding and design of cutting patterns for large sensitive emembrane structures[C]//The International Conference on the Design and Construction of Non-conventional Structures, London, 1987: 315-321.

[176] Argyris J H, Scharpf D W. Large deflection analysis of prestressed networks[J]. ASCE Journal of Structural Division, 1972, (3): 633-654.

[177] Argyris J H, Angelopoulos T, Bichat B. A general method for the shape finding of lightweight tension structures[J]. Computer Methods in Applied Mechanics and Engineering, 1974, 3: 135-149.

[178] Singer P. Die Berechnung von minimalflächen, seifenblasen, membrane und pneus aus geodätischer sicht[D]. Stuttgart: Stuttgart University, 1995.

[179] 苏建华, 韩大建, 徐其功. 带 T 单元的膜结构力密度法找形及程序编制[J]. 华南理工大学学报(自然科学版), 2005, 33(8): 75-79.

[180] 韩大建, 宋雄彬, 王海涛. 带弹性支撑杆张拉结构整体找形分析的动力松弛法[J]. 华南理工大学学报(自然科学版), 2005, 33(11): 67-71.

[181] 韩大建, 苏建华. 梁-柱支承的张拉膜结构整体找形分析[J]. 华南理工大学学报(自然科学版), 2005, 33(7): 78-83.

[182] Sultan C, Corless M, Skelton R E. Symmetrical reconfigution of tensegrity structures[J]. International Journal of Solids and Structures, 2002 39(8): 2215-2234.

[183] Day A S, Bunce J H. Analysis of cable network by dynamic relaxation[J]. Civil Engineering Public Works Review, 1970, (4): 383-386.

[184] Barnes M R. Dynamic relaxation analysis of tension network[C]//Proceedings of the International Conference on Tension Roof Structures, London, 1974.

[185] Lewis W J, Jones M S. Dynamic relaxation analysis of the non-linear static response of pretensioned cable roof[J]. Computers & Structures, 1984, 18(6): 989-997.

[186] Barnes M R. From-finding and analysis of prestressed nets and membranes[J]. Computers

& Structures, 1988, 30(3): 685-695.

[187] Lewis W J. The efficiency of numerical methods for the analysis of prestressed nets and pin-jointed frame structures[J]. Computers & Structures, 1989, 33(3): 791-800.

[188] 夏劲松. 索膜结构的构造理论和柔性天线的结构分析[D]. 杭州: 浙江大学, 2005.

[189] 张丽梅, 杜守军. 两种索膜结构找形方法的比较[J]. 施工技术, 2010, 39(S): 577-579.

[190] Stöbel D, Wagner R. Flexibilitätsellipsoide zur beurteilung von tragwerken[J]. Der Bauingenieur, 2003, (11): 509-516.

[191] Gründig L, Bahndorf J. The design of wide-span roof structure using micro-computers[J]. Computers & Structures, 1988, 30(3): 495-501.

[192] Gründig L. Minimal surfaces for finding forms of structural membranes[J]. Computers & Structures, 1988, 30(3): 679-683.

[193] Gründig L, Moncrieff E. Formfinding, analysis and patterning of regular and irregular-mesh cablenet structures[C]//Symposium of the International Association for Shell and Spatial Structures, Sydney, 1998.

[194] Calladine C R. Buckminster Fuller's "Tensegrity" structures and Clerk Maxwell's rules for the construction of stiff frames[J]. International Journal of Solids Structures, 1978,14(2): 161-172.

[195] Volokh K Y. Nonlinear analysis of underconstrained structures[J]. International Journal of Solids and Structures, 1999, 36(15): 2175-2187.

[196] Zhao J Z, Chen W J, Fu G Y, et al. Form-finding method research and formation procedure experiment of cable-net[J]. Spatial Structures, 2008, 14(2): 60-64.

[197] 李南南, 吴清, 曹辉林. MATLAB 7 简明教程[M]. 北京: 清华大学出版社, 2006.

[198] Buchholdt H A. An Introduction to Cable Roof Structures [M]. 2nd ed. New York: Cambridge University Press, 1999.

[199] 郭彦林, 王昆, 田广宇, 等. 车辐式张拉结构体型研究与设计[J]. 建筑结构学报, 2013, 34(5): 1-10.

[200] 杨庆山, 沈世钊. 悬索结构抗风设计(上)[J]. 空间结构, 1996, 2(2): 11-20.

[201] 杨庆山, 沈世钊. 悬索结构抗风设计(下)[J]. 空间结构, 1996, 2(3): 23-31.

[202] 赵臣, 杨庆山. 悬索结构随机风振反应分析方法研究[R]. "悬索与网壳结构应用关键技术"研究报告之五. 哈尔滨: 哈尔滨建筑大学, 1995.

[203] 马星. 桅杆结构风振理论及风效应系数研究[D]. 上海: 同济大学, 1999.

[204] 胡继军. 网壳风振及控制研究[D]. 上海: 上海交通大学, 2001.

[205] 胡继军, 黄金枝, 董石麟, 等. 网壳风振随机响应有限元法分析[J]. 上海交通大学学报, 2000, 34(8): 1053-1060.

[206] 胡继军, 李春祥, 黄金枝. 网壳风振响应主要贡献模态的识别及模态相关性影响分析[J]. 振动与冲击, 2001, 20(1): 22-25.

[207] 何艳丽. 大跨空间网格结构的风振理论及空气动力失稳研究[R]. 上海: 上海交通大学博士后研究工作报告, 2001.

[208] 何艳丽, 董石麟, 龚景海. 大跨空间网格结构风振系数探讨[J]. 空间结构, 2001, 28(6): 3-10.

[209] 何艳丽，董石麟，龚景海. 空间网格结构频域风振响应分析模态补偿法[J]. 工程力学，2002, 19(4): 1-6.

[210] 袁伟斌. 索穹顶的节点设计及动力特性分析[D]. 昆明：昆明理工大学，2002.

[211] 冯虹，袁勇. 索穹顶结构静、动力特性分析[J]. 四川建筑科学研究，2006, 32(2): 12-14.

[212] 张波，盛和太. ANSYS 有限元数值分析原理与工程应用[M]. 北京：清华大学出版社，2005.

[213] 张相庭. 工程结构风荷载理论和抗风计算手册[M]. 上海：同济大学出版社，1990.

[214] 中华人民共和国住房和城乡建设部. GB 50009—2012 建筑结构荷载规范[S]. 北京：中国建筑工业出版社，2012.

[215] Davenport A G, Sparling B F. Dynamic gust response factors for guyed towers[J]. Journal of Wind and Engineering Industrial Aerodynamics, 1992, 43(1-3): 2237-2248.

[216] 埃米尔 S, 罗伯特 H S. 风对结构的作用——风工程导论[M]. 上海：同济大学出版社，1992.

[217] 张相庭. 结构风工程：理论·规范·实践[M]. 北京：中国建筑工业出版社，2006.

[218] 李燕. 单层网壳抗风设计实用计算方法[D]. 上海：上海交通大学，2005.

[219] 黄本才. 结构抗风分析原理及应用[M]. 上海：同济大学出版社，2000.

[220] 何艳丽. 桅杆结构的动力稳定性分析[D]. 上海：同济大学，1999.

[221] 张立新. 索穹顶结构成形关键问题和风致振动[D]. 上海：同济大学，2001.

[222] 沈世钊，徐崇宝，赵臣，等. 悬索结构设计[M]. 北京：中国建筑工业出版社，2006.

[223] 胡宁. 索杆膜空间结构协同分析理论及风振响应研究[D]. 杭州：浙江大学，2003.

[224] Levy M, Salvadori M. 建筑生与灭：建筑物为何倒下去[M]. 顾天明，吴省斯，译. 天津：天津大学出版社，2002: 51-70.

[225] Smith E A, Epstein H. Hartford coliseum roof collapse: Structural collapse sequence and lessons learned[J]. Civil Engineering, ASCE, 1980, 50(4): 59-62.

[226] 陈肇元，钱稼茹. 建筑与工程结构抗倒塌分析与设计[M]. 北京：中国建筑工业出版社，2010.

[227] Chen Q, Kou X J, Zhang Y M. Internal force and deformation matrixes and their applications in load path[J]. Journal of Zhejiang University—Science A, 2010, 11(8): 563-570.

[228] Chen Q, Kou X J. A constraint matrix approach for structural ultimate resistance to access the importance coefficient values of rigid joints[J]. Advances in Structural Engineering, 2013, 16(11): 1863-1870.

[229] 陈棋. 杆系结构的易损性分析方法研究[D]. 上海：上海交通大学，2014.

[230] 何键，袁行飞，金波. 索穹顶结构局部断索分析[J]. 振动与冲击，2010, 29(11): 13-16.

[231] 张丽梅，陈务军，董石麟. 正态分布钢索误差对索穹顶体系初始预应力的影响[C]//第四届海峡两岸结构与岩土工程学术研讨会论文集. 杭州：浙江大学出版社，2007.

[232] 刘德辅，王莉萍，宋艳，等. 复合极值分布理论及其工程应用[J]. 中国海洋大学学报(自然科学版)，2004, 34(5): 893-902.

[233] 段忠东，欧进萍，周道成. 极值风速的最优概率模型[J]. 土木工程学报，2002, 35(5): 11-16.

[234] 于峰. 杆式结构风荷载计算及响应分析[D]. 大连: 大连理工大学, 2004.

[235] 李继华, 林忠民, 李明顺, 等. 建筑结构概率极限状态设计. [M]北京: 中国建筑工业出版社, 1990.

[236] Chen W J, Zhou J Y, Zhao J Z. Computational methods for the zero-stress state and the pre-stress state of tensile cable-net structures[J]. Journal of Zhejiang University—Science A, 2014, 15(10): 813-828.

[237] 中华人民共和国住房和城乡建设部. JGJ 257—2012 索结构技术规程[S]. 北京: 中国建筑出版社, 2012.

[238] ASCE/SEI Standard 19-10. Structural applications of steel cables for buildings[S]. Reston: The American Society of Civil Engineers, 2010.

[239] 陈宝林. 最优化理论与算法[M]. 北京: 清华大学出版社, 2005.

[240] 赵国藩. 结构可靠度理论[M]. 北京: 中国建筑工业出版社, 2000.

[241] 杨逢春. 基于结构体系可靠度的空间结构杆件重要性分析[D]. 杭州: 浙江大学, 2015.

[242] 龚曙光, 谢桂兰. ANSYS 操作命令与参数化编程[M]. 北京: 机械工业出版社, 2004.

[243] 李亚明, 周晓峰. 中国航海博物馆——曲面索网玻璃幕墙的结构设计与施工关键技术[M]. 北京: 中国建筑工业出版社, 2010.

[244] Ting E C, Shih C, Wang Y K. Fundamentals of a vector form intrinsic finite element—Part I: Basic procedure and a plane frame element[J]. Chinese Journal of Mechanics, 2004, 20(2): 113-122.

[245] Ting E C, Shih C, Wang Y K. Fundamentals of a vector form intrinsic finite element—Part II: Plane solid elements[J]. Journal of Mechanics, 2004, 20(2): 123-132.

[246] Shih C, Wang Y K, Ting E C. Fundamentals of a vector form intrinsic finite element—Part III: Convected material frame and examples[J]. Chinese Journal of Mechanics, 2004, 20(2): 133-143.

[247] 赵阳, 彭涛, 王震. 基于向量式有限元的索杆张力结构施工成形分析[J]. 土木工程学报. 2013, 46(5): 13-21.

[248] 王震. 向量式有限元薄壳单元的理论与应用[D]. 杭州: 浙江大学, 2013.